现代控制基础

主　编　张秀宇

副主编　李志伟　祝国强　王　越

科学出版社

北　京

内 容 简 介

本书涵盖了动态系统分析与现代控制理论的核心基础内容。其中，现代控制理论以状态空间表达式为研究对象，以微分方程和线性代数为研究工具，从时域角度完成对控制系统的分析和综合设计。

本书介绍了研究现代控制系统的主要方法，包括可控性、可观测性、规范分解、实现问题、状态反馈、输出反馈、极点配置、系统解耦等。

本书可作为控制科学与工程学科的高年级本科生或研究生教材，尤其适合硕士研究生使用，也可供相关领域的科研人员参考。

图书在版编目（CIP）数据

现代控制基础 / 张秀宇主编. —北京：科学出版社，2023.8
ISBN 978-7-03-076096-8

Ⅰ. ①现… Ⅱ. ①张… Ⅲ. ①控制系统-基本知识 Ⅳ. ①TP13

中国国家版本馆 CIP 数据核字（2023）第 142484 号

责任编辑：余 江 陈 琪 / 责任校对：王 瑞
责任印制：张 伟 / 封面设计：马晓敏

科学出版社 出版
北京东黄城根北街 16 号
邮政编码：100717
http://www.sciencep.com

北京华宇信诺印刷有限公司印刷
科学出版社发行 各地新华书店经销

*

2023 年 8 月第 一 版 开本：787×1092 1/16
2024 年11月第二次印刷 印张：14 3/4
字数：350 000

定价：79.00 元

（如有印装质量问题，我社负责调换）

前　言

在系统与控制科学领域内，线性系统是基本的研究对象。其大量的概念、方法、原理和结论，对于系统与控制科学的许多分支学科都具有重要和基本的作用。“线性系统理论”是控制科学与工程学科的专业核心课程，本书编写团队在总结教学与科研成果的基础上，吸纳教材使用中的反馈意见和建议，对原自编教材《线性系统理论》进行了重新编写。

全书共 6 章。第 1 章为绪论，主要对线性系统的基本概念进行介绍，使读者初步认识本书的主要研究对象。第 2 章详细论述线性系统的可控性及可观测性，通过引入几何判别准则简化线性系统可控性及可观测性的证明过程，基于可控性、可观测性概念对线性时不变系统的规范分解步骤进行分析说明。第 3 章主要分析线性时不变系统的标准形与最小阶实现，围绕单变量系统实现问题，将结论推广至多变量系统，重点介绍正则有理函数矩阵的最小阶实现方法。第 4 章讨论线性系统的综合分析，在读者掌握状态空间方法的基础上，通过状态反馈方法完成极点配置及系统解耦。第 5 章进一步深化通过极点配置优化系统性能指标的方法，引入静态输出反馈系统与动态输出反馈系统，从达到系统极点配置的角度介绍动态补偿器设计问题。第 6 章为线性时变系统，主要介绍一致完全可控性与一致完全可观测性概念，介绍利用反馈改变系统的衰减度和基于 n 维状态观测器的反馈系统设计方法。

本书系统并有重点地阐述了线性系统分析与综合的理论和方法。在内容选择上，结合近年来控制科学的发展趋势，增加了若干新的内容，力求以少而精的原则论述线性系统理论的基本概念、基本方法和基本结论。每章最后以小结形式对本章涉及的重要概念、原理、方法和公式进行归纳与梳理，强调贯穿于各个章节中的知识点，以提高本书的适用性。限于篇幅，本书内容包括线性系统状态空间方法和多项式矩阵理论。对于已经具有状态空间方法知识的读者，可以把第 3～6 章作为主要学习内容。在知识的组织中，对绝大多数重要命题都提供了严格的证明，并在习题中包括了一些证明类型的题目，提高读者对于书中概念、方法和结论的理解和运用能力，帮助读者深入理解书中介绍的主要内容。

本书由张秀宇担任主编。第 1 章由祝国强编写，第 2、3 章由李志伟编写，第 4～6 章由张秀宇编写，各章习题由王越编写。全书由张秀宇、李志伟统稿。博士研究生胡争艳、刘月航、鲁浦锟、倪钰林，硕士研究生郭富、刘熹儒承担了部分文稿的计算机录入工作。

感谢吉林省精密驱动智能控制国际联合研究中心与吉林省高教科研重点课题项目对本书出版的支持。

由于作者学识有限，书中难免存在不妥之处，敬请广大读者批评指正。

张秀宇
2022 年 11 月于东北电力大学

目　　录

第 1 章　线性系统的基本概念

系统分析研究的第一步是建立描述系统的数学方程。由于所解决的问题不同，所用的分析方法不同，描述同一系统的数学表达式往往有所不同。经典控制理论中的传递函数就是定常线性系统输入-输出关系的一种描述，而现代控制理论中状态变量的描述方法，不仅描述了系统的输入-输出关系，还描述了系统内部的特性。

本章将从非常一般的情形出发，引入系统输入-输出描述和状态变量描述，并叙述两种描述之间的关系。一方面对已经学过的内容进行复习和扩充，另一方面为今后系统的分析和研究做必要的准备。

1.1　系统的输入-输出描述

系统的输入-输出描述给出了系统输入与输出之间的关系。在推导这一描述时，系统内部结构的信息是不知道的。唯一可接触的是系统的输入端与输出端。在这种情况下，可把系统视为如图 1.1.1 所示的一个“黑箱”。显然，所能做的只是向该黑箱施加各种类型的输入，并测量与之相应的输出。然后，从这些输入-输出对中获悉有关系统的重要特性。

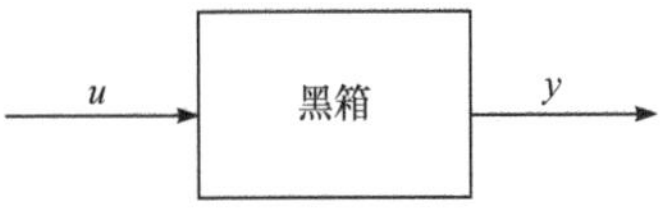

图 1.1.1　系统的输入-输出描述

先介绍一些符号。在图 1.1.1 中，有 p 个输入端，q 个输出端；$u_1,u_2,\cdots,u_p$ 为输入，或用 $p\times 1$ 列向量 $\boldsymbol{u}=[u_1 \quad u_2 \quad \cdots \quad u_p]^{\mathrm{T}}$ 表示输入。$y_1,y_2,\cdots,y_q$ 为输出，同样，可用 $q\times 1$ 列向量 $\boldsymbol{y}=[y_1 \quad y_2 \quad \cdots \quad y_q]^{\mathrm{T}}$ 表示输出。输入或输出有定义的时间区间为 $(-\infty,+\infty)$，用 $\boldsymbol{u}$ 或 $\boldsymbol{u}(\cdot)$ 表示定义在 $(-\infty,+\infty)$ 上的向量函数，而 $\boldsymbol{u}(t)$ 则表示 $\boldsymbol{u}$ 在时间 t 的值。若 $\boldsymbol{u}$ 仅定义在 $[t_0,t_1)$ 上，则表示为 $\boldsymbol{u}_{[t_0,t_1)}$。

定义 1.1.1　单变量/多变量系统。当且仅当 $p=q=1$ 时，系统称为**单变量系统**，否则称为**多变量系统**。

若系统在 t_0 时的输出仅取决于其在 t_0 时的输入，则称该系统为瞬时系统或无记忆系统。只由电阻组成的网络就是这样的系统。然而，更为普遍的系统不是瞬时系统，即系统在 t_0 时的输出不仅取决于 t_0 时的输入，也取决于 t_0 以前和(或)以后的输入。因此，当输入 $\boldsymbol{u}_{[t_0,+\infty)}$ 加于系统时，如果不知道 t_0 以前的输入 $\boldsymbol{u}_{(-\infty,t_0]}$，那么是无法确定输出 $\boldsymbol{y}_{[t_0,+\infty)}$ 的。换句话说，在这种情况下，输入 $\boldsymbol{u}_{[t_0,+\infty)}$ 与输出 $\boldsymbol{y}_{[t_0,+\infty)}$ 没有唯一确定的关系。显然，这种没有唯一确定关系的输入-输出对，对于决定系统重要特性是毫无用处的。因此在推导输入-输出描述时，必须假设在加入输入之前系统是松弛的或是静止的，且输出仅由以后的输入所引起。从能量的概念来看，这种假设意味着，系统在 t_0 时刻不存储任何能量，系

统在 t_0 时刻是松弛的。在工程实践中，总可认为系统在 $-\infty$ 时刻是不存储任何能量的，也就是说总可假定系统在 $-\infty$ 时刻是松弛或静止的。这时若在 $-\infty$ 时把输入 $\boldsymbol{u}_{(-\infty,+\infty)}$ 加入系统，则与之相应的输出是唯一的，完全由输入 $\boldsymbol{u}_{(-\infty,+\infty)}$ 所决定。称 $-\infty$ 时刻松弛或静止的系统为初始松弛系统，称为松弛系统。对于一个松弛系统，自然就有

$$\boldsymbol{y}(t)=\boldsymbol{H}\boldsymbol{u} \tag{1.1.1}$$

其中，$\boldsymbol{H}$ 是某一算子，通过它由系统的输入唯一地规定了系统的输出。式(1.1.1)也可用下面等价的写法表示：

$$\boldsymbol{y}(t)=\boldsymbol{H}\boldsymbol{u}_{(-\infty,+\infty)},\quad \forall t\in(-\infty,+\infty) \tag{1.1.2}$$

式(1.1.2)表示了一般的初始松弛系统，若对算子 $\boldsymbol{H}$ 的性质加上适当限制，就可以得到初始松弛的线性系统的表达形式。

定义 1.1.2 线性/非线性系统。一个松弛系统称为**线性系统**，当且仅当对于任何输入 $\boldsymbol{u}^1$ 和 $\boldsymbol{u}^2$，以及任何实数 α_1 和 α_2，有

$$\boldsymbol{H}(\alpha_1\boldsymbol{u}^1+\alpha_2\boldsymbol{u}^2)=\alpha_1\boldsymbol{H}\boldsymbol{u}^1+\alpha_2\boldsymbol{H}\boldsymbol{u}^2 \tag{1.1.3}$$

否则称为**非线性系统**。

式(1.1.3)的条件又可写成：对于任何 $\boldsymbol{u}^1$ 和 $\boldsymbol{u}^2$ 及任何实数 α，有

$$\boldsymbol{H}(\boldsymbol{u}^1+\boldsymbol{u}^2)=\boldsymbol{H}\boldsymbol{u}^1+\boldsymbol{H}\boldsymbol{u}^2 \tag{1.1.4}$$

$$\boldsymbol{H}(\alpha\boldsymbol{u}^1)=\alpha\boldsymbol{H}\boldsymbol{u}^1 \tag{1.1.5}$$

很容易证明式(1.1.3)和式(1.1.4)、式(1.1.5)是等价的。式(1.1.4)称为可加性，而式(1.1.5)称为齐次性。可加性与齐次性合称叠加原理。在经典控制理论中，就已经用叠加原理是否成立来区分线性系统和非线性系统了。

要特别指出的是，齐次性和可加性是两个不可互相代替的概念，即具有齐次性的系统并不意味着可加性成立。现举例如下。

例 1.1.1 设一个单变量系统，对所有 t，其输入、输出之间有如下关系：

$$y(t)=\begin{cases}\dfrac{u^2(t)}{u(t-1)}, & u(t-1)\neq 0\\ 0, & u(t-1)=0\end{cases}$$

解 容易验证，输入-输出对满足齐次性，但不满足可加性。

同样，可加性一般也不隐含齐次性，因为式(1.1.5)中的 α 要求是任何实数。具体地说，由式(1.1.4)可以推导出对任何有理数 α，有 $\boldsymbol{H}(\alpha\boldsymbol{u})=\alpha\boldsymbol{H}\boldsymbol{u}$ 成立(见习题 1.9)，但一般不能导出 α 是无理数时，式(1.1.5)也成立。

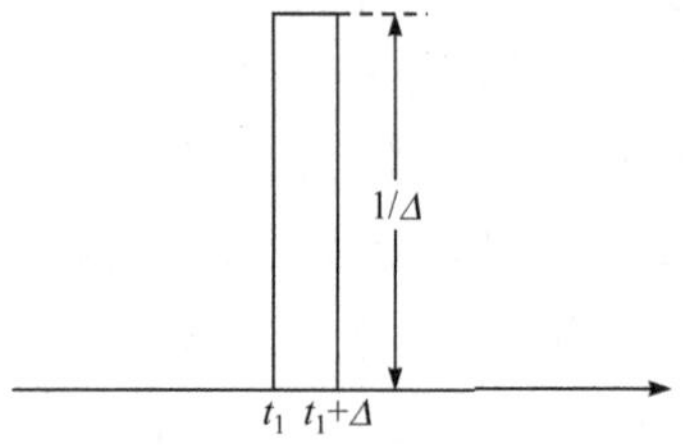

图 1.1.2 脉冲函数

为说明线性松弛系统的脉冲响应，首先引入 δ 函数或脉冲函数的概念，为此考虑图 1.1.2 所示的脉冲函数

$\delta_\varDelta(t-t_1)$，即

$$\delta_\varDelta(t-t_1)=\begin{cases}0, & t<t_1\\ \dfrac{1}{\varDelta}, & t_1\leqslant t<t_1+\varDelta\\ 0 & t\geqslant t_1+\varDelta\end{cases}$$

对于所有的$\varDelta$, $\delta_\varDelta(t-t_1)$的面积总是1,它表明了脉冲的强度,当$\varDelta$趋于零时,$\delta_\varDelta(t-t_1)$的极限:

$$\delta(t-t_1)=\lim_{\varDelta\to 0}\delta_\varDelta(t-t_1)$$

称为t_1时刻的单位脉冲函数，简称为δ函数。δ函数最重要的性质是采样性，即对在 t_1 连续的任何函数$f(t)$，有

$$\int_{-\infty}^{+\infty}f(t)\delta(t-t_1)\mathrm{d}t=f(t_1) \tag{1.1.6}$$

利用脉冲函数的概念，很容易导出单变量线性松弛系统的输入-输出描述。每一分段连续的输入$u(\cdot)$均可用一系列脉冲函数来近似，如图 1.1.3 所示，即

$$u\approx\sum_i u(t_i)\delta_\varDelta(t-t_i)\varDelta$$

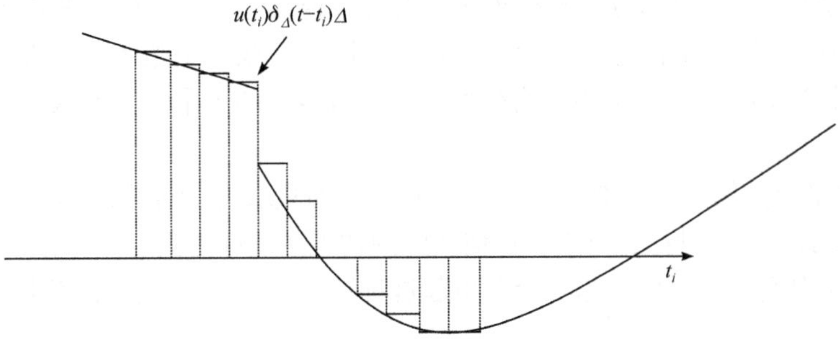

图 1.1.3　用脉冲函数近似输入

因为系统是初始松弛的线性系统，故输出为

$$y=\boldsymbol{H}u\approx\sum_i[\boldsymbol{H}\delta_\varDelta(t-t_i)]u(t_i)\varDelta \tag{1.1.7}$$

当$\varDelta$趋于零时，式(1.1.7)成为

$$y=\int_{-\infty}^{+\infty}[\boldsymbol{H}\delta(t-\tau)]u(\tau)\mathrm{d}\tau \tag{1.1.8}$$

若对所有的τ，$\boldsymbol{H}\delta(t-\tau)$已知，则对于任何输入，输出可由式(1.1.8)定义。令

$$\boldsymbol{H}\delta(t-\tau)=g(t,\tau) \tag{1.1.9}$$

式(1.1.9)中$g(t,\tau)$的变量τ表示δ函数加于系统的时刻，而第一个变量t为观测输出的时刻。利用式(1.1.9)可将式(1.1.8)改写为

$$y(t)=\int_{-\infty}^{+\infty}g(t,\tau)u(\tau)\mathrm{d}\tau \tag{1.1.10}$$

即对于单变量线性松弛系统，其输入-输出关系完全由式(1.1.10)的卷积积分所描述。

若一个初始松弛的线性系统具有 p 个输入端和 q 个输出端，则式(1.1.10)可相应地推广为

$$\boldsymbol{y}(t)=\int_{-\infty}^{+\infty}\boldsymbol{G}(t,\tau)\boldsymbol{u}(\tau)\mathrm{d}\tau \tag{1.1.11}$$

其中

$$\boldsymbol{G}(t,\tau)=\begin{bmatrix} g_{11}(t,\tau) & g_{12}(t,\tau) & \cdots & g_{1p}(t,\tau) \\ g_{21}(t,\tau) & g_{22}(t,\tau) & \cdots & g_{2p}(t,\tau) \\ \vdots & \vdots & & \vdots \\ g_{q1}(t,\tau) & g_{q2}(t,\tau) & \cdots & g_{qp}(t,\tau) \end{bmatrix}$$

称为系统的脉冲响应矩阵。$\boldsymbol{G}(t,\tau)$ 的元 $g_{ij}(t,\tau)$ 的物理意义是，只在系统第 j 个输入端，于时刻 τ 加脉冲函数，其他输入端不加信号时，在系统第 i 个输出端引起的时刻 t 的响应。或者简单地说 $g_{ij}(t,\tau)$ 是第 i 个输出端对第 j 个输入端的脉冲响应。

这里规定今后所研究的脉冲响应矩阵 $\boldsymbol{G}(t,\tau)$ 可含有一系列的 δ 函数，并且除这些 δ 函数之外，$\boldsymbol{G}(t,\tau)$ 的其余部分是 τ 和 $t(t>\tau)$ 的分段连续函数。在这一假设下，如果输入是分段连续函数，那么输出也是分段连续函数。因此，线性松弛系统可以视为一个线性算子，它将定义在 $(-\infty,+\infty)$ 上由所有分段连续函数组成的无限维空间映射到另一个无限维函数空间。

若系统在时刻 t 的输出不取决于 t 之后的输入，而只取决于时刻 t 和在 t 时刻之前的输入，则称系统具有因果性(图 1.1.4)。任何实际的物理系统都是具有因果性的。通俗地说，对于任何实际物理过程，结果总不会在引起这种结果的原因发生之前产生。引入截断算子，定义如下：

$$y(t)=\boldsymbol{P}_{\alpha}u(t)=\begin{cases} u(t), & t\leqslant\alpha \\ 0, & t>\alpha \end{cases}$$

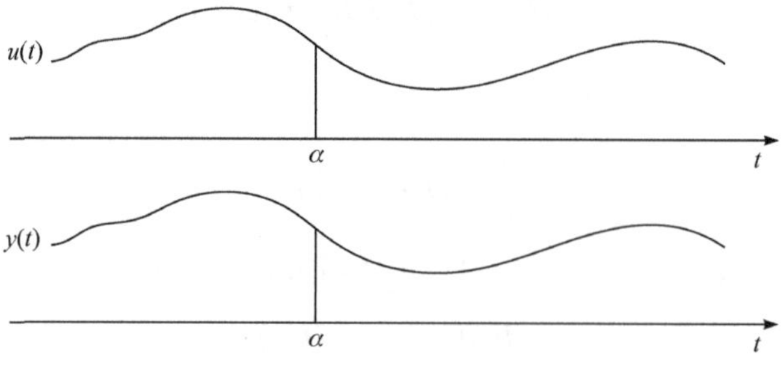

图 1.1.4　系统的因果性

因果性可用截断算子来表示，即 $\boldsymbol{H}$ 表示的系统是具有因果性的，是指成立如下的关系：

$$\forall T, \quad \boldsymbol{P}_T(\boldsymbol{H}u) = \boldsymbol{P}_T(\boldsymbol{H}\boldsymbol{P}_T u)$$

上式左端的输入比右边多了 $t > T$ 的一段，而输出在 $t \leqslant T$ 是一样的，这说明 $t > T$ 的输入对 $t \leqslant T$ 的输出无影响。

对于有因果性的松弛系统，其输入和输出的关系可以写成

$$\boldsymbol{y}(t) = \boldsymbol{H}\boldsymbol{u}_{(-\infty,t]}, \quad \forall t \in (-\infty,+\infty) \tag{1.1.12}$$

对于具有线性和因果性的松弛系统，根据 $\boldsymbol{G}(t,\tau)$ 的定义，$\boldsymbol{G}(t,\tau)$ 中的每一个元都是时刻 τ 加于系统的 δ 函数输入所引起的输出，若系统具有因果性，则系统在加入输入之前的输出为零，即

$$\boldsymbol{G}(t,\tau) = 0, \quad \forall t < \tau, \tau \in (-\infty,+\infty) \tag{1.1.13}$$

故具有线性和因果性的松弛系统的输入-输出描述为

$$\boldsymbol{y}(t) = \int_{-\infty}^{t} \boldsymbol{G}(t,\tau)\boldsymbol{u}(\tau)\mathrm{d}\tau \tag{1.1.14}$$

现在将前面所说的初始松弛的概念用于任意时刻 t_0。

定义 1.1.3 松弛。系统在时刻 t_0 称为**松弛**的，当且仅当输出 $\boldsymbol{y}_{[t_0,+\infty)}$ 仅仅唯一地由 $\boldsymbol{u}_{[t_0,+\infty)}$ 所决定。若已知系统在 t_0 时松弛，则其输入-输出关系可以写成

$$\boldsymbol{y}_{[t_0,+\infty)} = \boldsymbol{H}\boldsymbol{u}_{[t_0,+\infty)} \tag{1.1.15}$$

显然，若系统初始松弛，且 $\boldsymbol{u}_{(-\infty,t_0)} \equiv 0$，则系统在 t_0 时刻也是松弛的。但是对初始松弛系统，$\boldsymbol{u}_{(-\infty,t_0)} \equiv 0$，并非系统在时刻 t_0 松弛的必要条件。

例 1.1.2 考虑一个单位时间延迟系统。这种系统的输出就是输入延迟了单位时间，即对所有的 t，有 $y(t) = u(t-1)$。虽然 $u_{(-\infty,t_0-1)} \neq 0$，但只要 $u_{(t_0-1,t_0)} \equiv 0$，则系统在 t_0 是松弛的。

解 对于线性系统而言，不难证明，系统在 t_0 松弛的充要条件是对于所有的 $t \geqslant t_0$，有 $\boldsymbol{y}(t) = \boldsymbol{H}\boldsymbol{u}_{(-\infty,t_0)} = 0$。也就是说，若 $\boldsymbol{u}_{(-\infty,t_0)}$ 对于 t_0 以后的输出无影响，则线性系统在 t_0 时刻是松弛的。在 t_0 时刻是松弛的线性系统的一种输入-输出描述可表示为

$$\boldsymbol{y}(t) = \int_{t_0}^{+\infty} \boldsymbol{G}(t,\tau)\boldsymbol{u}(\tau)\mathrm{d}\tau \tag{1.1.16}$$

一个很自然的问题是，给定一个线性系统，如何判断该系统在 t_0 时刻是松弛的？前面虽然给出了一个充要条件，但条件中要考察系统过去的历史情况，即 $\boldsymbol{u}_{(-\infty,t_0)}$ 对系统的影响。下面的定理给出的判断可以不必知道系统过去的历史。

定理 1.1.1 由下式描述的系统：

$$\boldsymbol{y}(t) = \int_{-\infty}^{+\infty} \boldsymbol{G}(t,\tau)\boldsymbol{u}(\tau)\mathrm{d}\tau$$

在 t_0 时刻是松弛的，必要且只要 $\boldsymbol{u}_{[t_0,+\infty)} \equiv 0$ 隐含着 $\boldsymbol{y}_{[t_0,+\infty)} \equiv 0$。

证明　必要性：若系统在 t_0 松弛，则对于 $t \geqslant t_0$，输出 $\boldsymbol{y}(t)$ 为 $\int_{t_0}^{+\infty} \boldsymbol{G}(t,\tau)\boldsymbol{u}(\tau)\mathrm{d}\tau$，因此若 $\boldsymbol{u}_{[t_0,+\infty)} \equiv 0$，则有 $\boldsymbol{y}_{[t_0,+\infty)} \equiv 0$。

充分性：因为

$$\boldsymbol{y}(t) = \int_{-\infty}^{+\infty} \boldsymbol{G}(t,\tau)\boldsymbol{u}(\tau)\mathrm{d}\tau = \int_{-\infty}^{t_0} \boldsymbol{G}(t,\tau)\boldsymbol{u}(\tau)\mathrm{d}\tau + \int_{t_0}^{+\infty} \boldsymbol{G}(t,\tau)\boldsymbol{u}(\tau)\mathrm{d}\tau$$

对所有 $t \in (-\infty,+\infty)$ 均成立。在 $\boldsymbol{u}_{[t_0,+\infty)} \equiv 0$ 和 $\boldsymbol{y}_{[t_0,+\infty)} = 0$ 的假定条件下，可得

$$\int_{-\infty}^{t_0} \boldsymbol{G}(t,\tau)\boldsymbol{u}(\tau)\mathrm{d}\tau = 0, \quad \forall t \geqslant t_0$$

即 $\boldsymbol{u}_{(-\infty,t_0)}$ 对输出 $\boldsymbol{y}(t)$ ($t \geqslant t_0$)的影响为零，因此系统在 t_0 是松弛的。

定理 1.1.1 虽然给出了判断 t_0 时刻是否松弛的规则，但是在实用中想要从 t_0 时刻到 $+\infty$ 来观测输出仍然是不现实的。下面的推论将给出判断 t_0 是否松弛的一个实用条件。

推论 1.1.1　若系统的脉冲响应矩阵 $\boldsymbol{G}(t,\tau)$ 可以分解成 $\boldsymbol{G}(t,\tau) = \boldsymbol{M}(t)\boldsymbol{N}(\tau)$，且 $\boldsymbol{M}(t)$ 中每一个元素在 $(-\infty,+\infty)$ 上是解析的(注 1.1.1)，则系统在 t_0 松弛的一个充分条件是对于某个固定的正数 ε，$\boldsymbol{u}_{[t_0,t_0+\varepsilon)} \equiv 0$ 意味着 $\boldsymbol{y}_{[t_0,t_0+\varepsilon)} \equiv 0$。

证明　若 $\boldsymbol{u}_{[t_0,+\infty)} = 0$，则系统输出 $\boldsymbol{y}(t)$ 为

$$\boldsymbol{y}(t) = \int_{-\infty}^{t_0} \boldsymbol{G}(t,\tau)\boldsymbol{u}(\tau)\mathrm{d}\tau = \boldsymbol{M}(t)\int_{-\infty}^{t_0} \boldsymbol{N}(\tau)\boldsymbol{u}(\tau)\mathrm{d}\tau, \quad \forall t \geqslant t_0$$

上式最后一个积分的结果是与 t 无关的常向量，故 $\boldsymbol{M}(t)$ 是解析的假定意味着 $\boldsymbol{y}(t)$ 在 $[t_0,+\infty)$ 上是解析的，又因为 $\boldsymbol{y}_{[t_0,t_0+\varepsilon)} \equiv 0$，由解析开拓原理可知 $\boldsymbol{y}_{[t_0,+\infty)} \equiv 0$。至此证明了 $\boldsymbol{u}_{[t_0,+\infty)} \equiv 0$ 隐含着 $\boldsymbol{y}_{[t_0,+\infty)} \equiv 0$，由定理 1.1.1 可知系统在 t_0 是松弛的。

推论 1.1.1 的结果之所以重要，是因为对于任何满足推论 1.1.1 条件的系统，其松弛性可以由在任何非零时间区间上观测输出来确定。若在该区间内系统的输出为零，则系统在该时刻是松弛的。以后将证明凡可由有理传递函数矩阵或线性常系数微分方程描述的系统，是满足推论 1.1.1 的条件的。因此推论 1.1.1 具有广泛的实用价值。

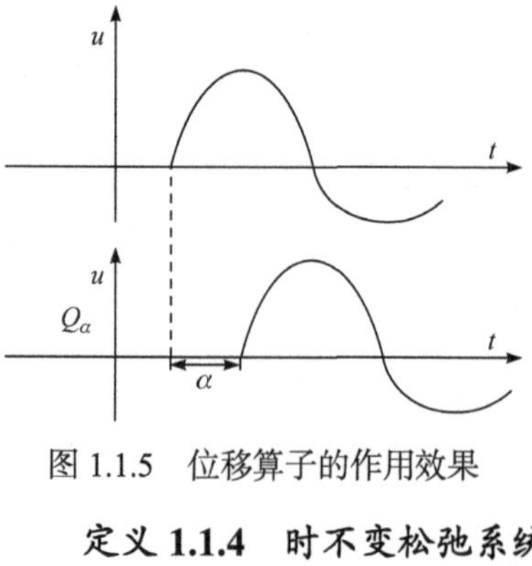

图 1.1.5　位移算子的作用效果

为说明时不变性的概念，首先引入位移算子 Q_α。位移算子 Q_α 的作用效果如图 1.1.5 所示。经 Q_α 作用后的输出等于延迟了 α 的输入。

用数学式子可表示为

$$\overline{u}(t) = Q_\alpha u(t), \quad \forall t \tag{1.1.17}$$

即对任意的 t，下式：

$$\overline{u} = u(t-\alpha) \text{ 或 } \overline{u}(t+\alpha) = u(t)$$

成立。

定义 1.1.4　时不变松弛系统。松弛系统称为**时不变**的，当且仅当对于任何输入 $\boldsymbol{u}$ 和任何实数 α，有关系式：

$$\boldsymbol{H}Q_{\alpha}\boldsymbol{u} = Q_{\alpha}\boldsymbol{H}\boldsymbol{u} \tag{1.1.18}$$

成立。否则称为**时变**的。

关系式(1.1.18)的含义是输入位移α，输出波形除位移α之外保持不变。换句话说，不管在什么时刻把输入加于时不变松弛系统，输出波形总是相同的。对线性松弛系统，若又具有时不变性，这时的脉冲响应函数仅仅取决于加脉冲时刻τ和观测时刻t之差，即$\boldsymbol{H}\delta(\xi-\tau)=g(t-\tau,0)$。实际上，根据时不变性有

$$Q_{\alpha}\boldsymbol{H}\delta(\xi-\tau)=\boldsymbol{H}Q_{\alpha}\delta(\xi-\tau)=\boldsymbol{H}\delta[\xi-(\tau+\alpha)]=g(t,\tau+\alpha)$$

由Q_{α}的定义，等式$Q_{\alpha}g(t,\tau)=g(t,\tau+\alpha)$意味着对于任何的$t,\tau,\alpha$都有$g(t,\tau)=g(t+\alpha,\tau+\alpha)$成立，若取$\alpha=-\tau$就可得

$$g(t,\tau)=g(t-\tau,0),\quad \forall t,\tau$$

为了方便起见，今后仍把$g(t-\tau,0)$记为$g(t-\tau)$。这一结论推广到多变量系统就是：对于所有的t和τ，有

$$\boldsymbol{G}(t,\tau)=\boldsymbol{G}(t-\tau,0)=\boldsymbol{G}(t-\tau)$$

因而线性、时不变，在t_0时刻松弛的因果系统，其输入-输出满足：

$$\boldsymbol{y}(t)=\int_{t_0}^{t}\boldsymbol{G}(t-\tau)\boldsymbol{u}(\tau)\mathrm{d}\tau \tag{1.1.19}$$

在时不变的情况下，不失一般性，总可以选零作为初始时刻t_0，即$t_0=0$是开始研究系统或开始向系统提供输入u的时刻，这时式(1.1.19)就变成下列卷积积分的形式：

$$\boldsymbol{y}(t)=\int_{0}^{t}\boldsymbol{G}(t-\tau)\boldsymbol{u}(\tau)\mathrm{d}\tau \tag{1.1.20}$$

或

$$\boldsymbol{y}(t)=\int_{0}^{t}\boldsymbol{G}(t)\boldsymbol{u}(t-\tau)\mathrm{d}\tau \tag{1.1.21}$$

将式(1.1.20)进行拉普拉斯变换，并记为

$$\boldsymbol{Y}(s)=L[\boldsymbol{y}(t)]=\int_{0}^{\infty}\boldsymbol{y}(t)\mathrm{e}^{-st}\mathrm{d}t$$

由拉普拉斯变换的卷积定理，可得

$$\boldsymbol{Y}(s)=\boldsymbol{G}(s)\boldsymbol{U}(s) \tag{1.1.22}$$

其中，$\boldsymbol{G}(s)=\int_{0}^{\infty}\boldsymbol{G}(t)\mathrm{e}^{-st}\mathrm{d}t$是脉冲响应矩阵的拉普拉斯变换，称为系统的传递函数矩阵。

传递函数矩阵的元素不一定是s的有理函数，但在本书中所讨论的传递函数矩阵的元素都是s的有理函数，这样的传递函数矩阵称为有理函数矩阵。今后总假设$\boldsymbol{G}(s)$的每一个元都已经是既约形式，即每一个元的分子多项式和分母多项式没有非常数的公因式。推广经典控制原理中关于传递函数零点和极点的概念，可以定义有理函数矩阵$\boldsymbol{G}(s)$的零点和极点。有理函数矩阵零点和极点的等价定义很多(注 1.1.2)，为了尽可能不涉及多项

式矩阵和多项式矩阵互质的概念，这里采用 $\boldsymbol{G}(s)$ 的不同子式来定义它的零点和极点。设 $\boldsymbol{G}(s)$ 是 $q\times p$ 有理函数矩阵，且 $\boldsymbol{G}(s)$ 的秩为 r 。

定义 1.1.5　极点多项式。$\boldsymbol{G}(s)$ 所有不恒为零的各阶子式的首一最小公分母称为 $\boldsymbol{G}(s)$ 的**极点多项式**。极点多项式的零点称为 $\boldsymbol{G}(s)$ 的**极点**。

定义 1.1.6　零点多项式。$\boldsymbol{G}(s)$ 的所有 r 阶子式，在其分母取 $\boldsymbol{G}(s)$ 的极点多项式时，其分子的首一最大公因式称为 $\boldsymbol{G}(s)$ 的**零点多项式**。零点多项式的零点称为 $\boldsymbol{G}(s)$ 的**零点**。

定义中的“首一”表示一个多项式的最高幂次项的系数为 1。定义 1.1.5 在第 3 章中还要用到。根据定义 1.1.5 和定义 1.1.6，可直接计算 $\boldsymbol{G}(s)$ 的零点和极点。

例 1.1.3　写出下式的零点多项式：

$$\boldsymbol{G}(s)=\begin{bmatrix}\dfrac{1}{s+1} & 0 & \dfrac{s-1}{(s+1)(s+2)}\\ \dfrac{-1}{s-1} & \dfrac{1}{s+2} & \dfrac{1}{s+2}\end{bmatrix}$$

解　根据定义 1.1.5，可以计算出 $\boldsymbol{G}(s)$ 的一阶子式的公分母为 $(s+1)(s-1)(s+2)$ ，而 $\boldsymbol{G}(s)$ 的三个二阶子式分别为

$$\frac{1}{(s+1)(s+2)},\quad \frac{-(s-1)}{(s+1)(s+2)^2},\quad \frac{2}{(s+1)(s+2)}$$

二阶子式的公分母为 $(s+1)(s+2)^2$ 。因此 $\boldsymbol{G}(s)$ 的极点多项式为一阶子式的公分母和二阶子式的公分母的最小公倍式，即 $(s+1)(s-1)(s+2)^2$ ，显然 $\boldsymbol{G}(s)$ 有四个极点，它们分别为 -1 、-2 、-2 和 1 。另外，三个二阶子式在分母取成极点多项式时分别为

$$\frac{(s+2)(s-1)}{(s+1)(s-1)(s+2)^2},\quad \frac{-(s-1)^2}{(s+1)(s-1)(s+2)^2},\quad \frac{2(s-1)(s+2)}{(s+1)(s-1)(s+2)^2}$$

它们分子的最大公因式为 $(s-1)$ ，因此 $\boldsymbol{G}(s)$ 的零点多项式为 $(s-1)$ ， $\boldsymbol{G}(s)$ 有一个零点 $s=1$ 。

注 1.1.1　实变量解析函数：$f(t)$ 在 (a,b) 是解析的，若对于 (a,b) 中任一点 t_0 ，存在一个 ε_0 ，使得对 $(t_0-\varepsilon_0,t_0+\varepsilon_0)$ 中所有 t ， $f(t)$ 可表示成 t_0 处的泰勒级数：

$$f(t)=\sum_{n=0}^{+\infty}\frac{(t-t_0)^n}{n!}f^{(n)}(t_0)$$

定理 1.1.2　解析开拓。若函数 f 在 $\mathbb{D}$ 上解析，已知函数在 $\mathbb{D}$ 中任意小的非零区间上恒为零，则函数在 $\mathbb{D}$ 上恒为零。

证明　如果函数 f 在任意小的非零区间 (t_0,t_1) 上恒为零，那么函数 f 及其各阶导数在区间 (t_0,t_1) 上恒为零。通过解析开拓，函数 f 在 $\mathbb{D}$ 上恒为零。

注 1.1.2　例 1.1.3 中的 $\boldsymbol{G}(s)$ ，它的一个左互质分解式为

$$\boldsymbol{G}(s)=\boldsymbol{P}^{-1}(s)\boldsymbol{Q}(s)=\begin{bmatrix}(s+1)(s+2) & \\ & (s-1)(s+2)\end{bmatrix}^{-1}\begin{bmatrix}s+2 & 0 & s-1\\ -(s+2) & s-1 & s-1\end{bmatrix}$$

其中

$$\boldsymbol{P}(s)=\begin{bmatrix}(s+1)(s+2) & \\ & (s-1)(s+2)\end{bmatrix},\quad \boldsymbol{Q}(s)=\begin{bmatrix}s+2 & 0 & s-1\\ -(s+2) & s-1 & s-1\end{bmatrix}$$

类似于有理函数的分母和分子，称 $\boldsymbol{P}(s)$为 $\boldsymbol{G}(s)$ 的分母阵，称 $\boldsymbol{Q}(s)$为 $\boldsymbol{G}(s)$ 的分子阵。可以由 $\boldsymbol{G}(s)$ 的分母阵和分子阵来定义 $\boldsymbol{G}(s)$ 的极点和零点。

$\boldsymbol{G}(s)$ 的极点为多项式 $\det\boldsymbol{P}(s)$ 的根，即

$$\det\boldsymbol{P}(s)=\det\begin{bmatrix}(s+1)(s+2) & \\ & (s-1)(s+2)\end{bmatrix}=(s-1)(s+1)(s+2)^2$$

的根。

$\boldsymbol{G}(s)$ 的零点为使分子阵 $\boldsymbol{Q}(s)$降秩的那些复数值。这里 $\boldsymbol{Q}(s)$ 的正常秩为

$$\operatorname{rank}\boldsymbol{Q}(s)=\operatorname{rank}\begin{bmatrix}s+2 & 0 & s-1\\ -(s+2) & s-1 & s-1\end{bmatrix}=2$$

当将 $s=1$ 代入 $\boldsymbol{Q}(s)$ 时，其秩为

$$\operatorname{rank}\boldsymbol{Q}(s)\big|_{s=1}=\operatorname{rank}\begin{bmatrix}s+2 & 0 & s-1\\ -(s+2) & s-1 & s-1\end{bmatrix}\Bigg|_{s=1}=1$$

小于正常秩，故 $\boldsymbol{G}(s)$ 有 $s=1$ 的零点。

1.2 系统的状态变量描述

在现代控制理论中，采用状态变量对系统进行描述，为此先介绍状态变量的概念。系统的输入-输出描述仅在松弛的条件下才能采用。若系统在 t_0 时刻是非松弛的，输出 $\boldsymbol{y}_{[t_0,+\infty)}$ 并不能单单由 $\boldsymbol{u}_{[t_0,+\infty)}$ 所决定，还取决于 t_0 时的状态。例如，在 t_0 时刻对质点(系统)施加一个外力(输入)，则在 $t \geqslant t_0$ 时质点的运动(输出)并不能唯一地确定。但如果已知在 t_0 时刻质点的位置和速度，那么在 $t \geqslant t_0$ 时质点的运动就唯一地确定了。因此可以把质点在 t_0 时的位置和速度视为一组信息量，它与施加于质点的外力(输入)一起，可唯一地确定质点的运动(输出)。具有这样性质的一组信息量称为该质点运动的一组状态变量。

定义 1.2.1 信息量。系统在 t_0 时刻的状态变量是系统在 t_0 时刻的**信息量**，它与 $\boldsymbol{u}_{[t_0,+\infty)}$ 一起，唯一地确定系统在所有 $t \geqslant t_0$ 时刻的行为。

定义中的信息量可以视为系统以往活动情况的某种最简练的表示，但这种表示又是足够全面的，使得它足以和 $\boldsymbol{u}_{[t_0,+\infty)}$ 一起确定系统的输出和信息量本身的更新。在上述质点运动的例子中，信息量只取速度显然是不全面的；同样若取位置、速度、动量也是不必要的，因为速度和动量并不独立。为了进一步说明状态变量的概念，考虑下面的例子。

例 1.2.1 考虑如图 1.2.1 所示的网络。图中 $R=3\Omega$ ， $L=1\text{H}$ ， $C=0.5\text{F}$ 。

解 由复数阻抗的方法容易求出该网络的传递函数：

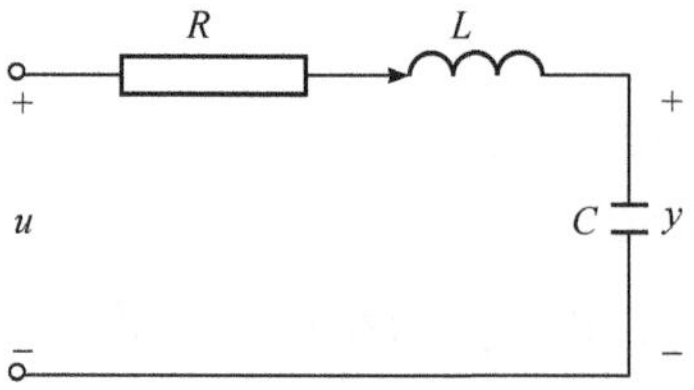

图 1.2.1　二阶线性网络

$$\frac{y(s)}{u(s)}=\frac{1}{LCs^2+RCs+1}=\frac{2}{(s+1)(s+2)}=\frac{2}{s+1}-\frac{2}{s+2}$$

相应的脉冲响应函数为

$$g(t)=2\mathrm{e}^{-t}-2\mathrm{e}^{-2t},\quad t\geqslant 0 \tag{1.2.1}$$

在 t_0 时刻非松弛的情况下，输入-输出的关系式为

$$y(t)=\int_{-\infty}^{t}g(t-\tau)u(\tau)\mathrm{d}\tau,\quad t\geqslant t_0$$

$$y(t)=\int_{-\infty}^{t_0}g(t-\tau)u(\tau)\mathrm{d}\tau+\int_{t_0}^{t}g(t-\tau)u(\tau)\mathrm{d}\tau \tag{1.2.2}$$

式(1.2.2)第一个积分可以视为输入 $u_{(-\infty,t_0)}$ 对 $t\geqslant t_0$ 输出产生的影响，而这种影响即是 t_0 时刻以前的输入电压通过电容和电感在 t_0 存储了能量，这一存储的能量对 $t\geqslant t_0$ 的输出产生了影响。实际上，将式(1.2.1)代入式(1.2.2)的第一个积分，可得

$$\begin{aligned}\int_{-\infty}^{t_0}g(t-\tau)u(\tau)\mathrm{d}\tau&=2\mathrm{e}^{-t}\int_{-\infty}^{t_0}\mathrm{e}^{\tau}u(\tau)\mathrm{d}\tau-2\mathrm{e}^{-2t}\int_{-\infty}^{t_0}\mathrm{e}^{2\tau}u(\tau)\mathrm{d}\tau\\&=2\mathrm{e}^{-t}c_1(t_0)-2\mathrm{e}^{-2t}c_2(t_0)\end{aligned} \tag{1.2.3}$$

其中

$$c_1(t_0)=\int_{-\infty}^{t_0}\mathrm{e}^{\tau}u(\tau)\mathrm{d}\tau,\quad c_2(t_0)=\int_{-\infty}^{t_0}\mathrm{e}^{2\tau}u(\tau)\mathrm{d}\tau$$

如果 $c_1(t_0)$ 和 $c_2(t_0)$ 已知，则由未知输入 $u_{(-\infty,t_0)}$ 引起的 $t\geqslant t_0$ 后的输出就可完全确定。从式(1.2.2)和式(1.2.3)可得

$$y(t)=2\mathrm{e}^{-t}c_1(t_0)-2\mathrm{e}^{-2t}c_2(t_0)+\int_{t_0}^{t}g(t-\tau)u(\tau)\mathrm{d}\tau \tag{1.2.4}$$

对式(1.2.4)取关于 t 的导数，可得

$$\dot{y}(t)=-2\mathrm{e}^{-t}c_1(t_0)+4\mathrm{e}^{-2t}c_2(t_0)+g(0)u(t)+\int_{t_0}^{t}\frac{\partial g(t-\tau)}{\partial t}u(\tau)\mathrm{d}\tau$$

由式(1.2.1)可知 $g(0)=0$，将上式中的 t 换为 t_0 可得

$$\dot{y}(t_0)=-2\mathrm{e}^{-t_0}c_1(t_0)+4\mathrm{e}^{-2t_0}c_2(t_0) \tag{1.2.5}$$

将式(1.2.4)中的 t 换为 t_0，可得

$$y(t_0)=2\mathrm{e}^{-t_0}c_1(t_0)-2\mathrm{e}^{2t_0}c_2(t_0) \tag{1.2.6}$$

式(1.2.5)和式(1.2.6)给出了 $c_1(t_0)$、$c_2(t_0)$ 与 $\dot{y}(t_0)$、$y(t_0)$ 的关系。为了表现 t_0 时非松弛的情况，这里需在 t_0 时补充的信息量完全可以取 $c_1(t_0)$、$c_2(t_0)$。从 $c_1(t_0)$ 及 $c_2(t_0)$ 的表达式中可以看出它们的确概括了 t_0 以前的输入在 t_0 时的影响。在 t_0 时补充的信息量也可以取 $y(t_0)$ 和 $\dot{y}(t_0)$，即状态变量可取为 y、$\dot{y}$，这与通常电工学的知识是一致的。众所周知，对于这个网络，若流经电感的初始电流以及电容两端的初始电压已知，则在任何驱

动电压下，网络的动态行为就完全可以确定。而 y 就是电容上的电压，$\dot{y}$ 是电压变化率，电容的电流大小与电压变化率成正比。

例 1.2.2　单位时间延迟系统是对所有 t 时刻输出 $y(t)$ 等于 $u(t-1)$ 的装置。对于这一系统，为了唯一地由 $u_{[t_0,+\infty)}$ 确定 $y_{[t_0,+\infty)}$，需要知道 $u_{(t_0-1,t_0)}$ 的信息。因此这一信息 $u_{(t_0-1,t_0)}$ 就可以作为系统在 t_0 时刻的状态。这个例子和例 1.2.1 不同，这里 t_0 时刻的状态由无限个数所组成。

例 1.2.3　电枢控制的直流电动机模型如图 1.2.2 所示，R_a 和 L_a 表示电枢回路的电阻和电感。激磁电流 i_f 为常数。电动机驱动的负载具有惯量 J 和阻尼 f。输入电压 u 加于电枢两端，电动机输出轴的角位移 θ 是所需要的输出量。

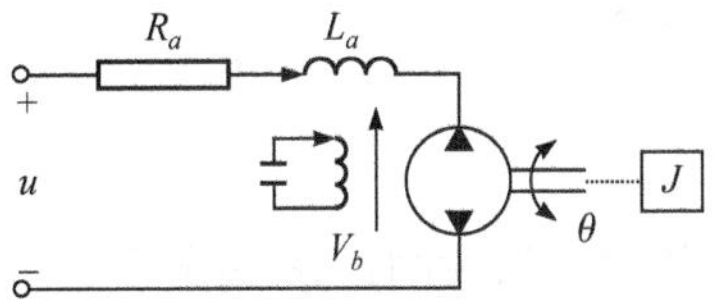

图 1.2.2　电枢控制的直流电动机

解　电动机的驱动力矩 T_m 是激磁电流 i_f 产生的磁通和电枢电流 i_a 的函数。因 i_f 假设为常数，故在无饱和的假设下，驱动力矩为

$$T_m = K_m i_a \tag{1.2.7}$$

其中，K_m 是电动机常数。电动机的力矩平衡方程为

$$T_m = J\frac{\mathrm{d}^2\theta}{\mathrm{d}t^2} + f\frac{\mathrm{d}\theta}{\mathrm{d}t} \tag{1.2.8}$$

电枢电流与输入电压之间有如下关系：

$$u(t) = R_a i_a + L_a\frac{\mathrm{d}i_a}{\mathrm{d}t} + V_b(t) \tag{1.2.9}$$

其中，$V_b(t)$ 是反电势，它正比于电动机转速。设反电势系数为 K_b，则有

$$V_b(t) = K_b\frac{\mathrm{d}\theta}{\mathrm{d}t} \tag{1.2.10}$$

为了描述上述电动机模型内部的电学过程和力学运动过程，可以选择流经电感的电流 i_a、电动机输出轴的角位移 θ 和角速度 $\dot{\theta}$ 作为状态变量，即如果知道了 t_0 时刻的上述三个量，该电动机模型的运动就可完全由驱动电压唯一决定。

通过上面三个例子的叙述，可以简单地归纳出下列几点。

(1) 状态变量的选择不是唯一的，对于图 1.2.1 所示的网络，可以选流经电感的电流和电容上的电压作为状态变量，也可以选 $y(t)$ 和 $\dot{y}(t)$ 或 $c_1(t)$ 和 $c_2(t)$ 作为状态变量。

(2) 状态变量可以选具有明显物理意义的量，在图 1.2.2 所示的电动机模型中，电枢电流、输出轴的角位移及角速度都是具有明显物理意义的量，前者是电学中的物理量，后者是力学中的物理量。状态变量也可以根据数学描述的需要，选从物理意义上难以直接解释的量。

(3) 如果用能量的概念，可以把系统的运动过程视为能量的变换过程。因此状态变量的数目仅仅等于系统中包含的独立储能元件的数目。在例 1.2.3 中有电能储存元件电感，以及机械能(位能和动能)储存元件电动机转动轴、电动机转子连同负载。

(4) 状态变量的数目可以是有限个，如例 1.2.1 和例 1.2.3；也可以和例 1.2.2 一样，状态变量的数目是无限个。

在本书中，仅研究状态变量数目是有限个的情况。这时，若将系统每一个状态变量作为分量，可将系统的状态变量集合成有限维列向量 $\boldsymbol{x}$，称 $\boldsymbol{x}$ 为系统的状态向量。因为状态变量通常取实数值，所以状态向量取值的线性空间通常是熟知的有限维实向量空间，称为状态空间。

引入系统的状态变量之后，可以得到描述系统输入、输出和状态之间关系的方程组，这个方程组称为系统的动态方程。在状态变量的定义中曾经指出状态变量的更新问题，也就是说状态变量是其自身和输入变量的泛函，状态变量是通过一组时间函数与输入变量、状态的过去特性联系起来的，这种最简单的泛函关系就是积分，即状态向量的表达式为

$$\boldsymbol{x}(t)=\int_{-\infty}^{t}\boldsymbol{f}(\boldsymbol{x},\boldsymbol{u},t)\mathrm{d}t$$

其中，函数向量 $\boldsymbol{f}$ 确定了系统特性，上式表明状态向量满足下列向量微分方程：

$$\frac{\mathrm{d}\boldsymbol{x}}{\mathrm{d}t}=\boldsymbol{f}(\boldsymbol{x},\boldsymbol{u},t) \tag{1.2.11}$$

如果再由输入向量与状态向量求出输出向量 $\boldsymbol{y}$ 的关系式：

$$\boldsymbol{y}=g(\boldsymbol{x},\boldsymbol{u},t) \tag{1.2.12}$$

这样，一个系统的动态模型就算完整了。

目前都把式(1.2.11)和式(1.2.12)所表示的描述形式取作状态空间模型的标准形式，并称为系统的动态方程式。为使式(1.2.11)真正成为系统的动态方程式，还必须假设对任何初态 $\boldsymbol{x}(t_0)$和任何给定的容许控制$u(t)$，方程有唯一解。对于给定 $\boldsymbol{u}$ 和给定的初态，方程有唯一解的一个充分条件是 f_i 和 $\dfrac{\partial f_i}{\partial x_j}(i,j=1,2,\cdots,n)$ 是时间的连续函数。若式(1.2.11)存在唯一解，则可证明它能用 $\boldsymbol{x}(t_0)$ 和 $\boldsymbol{u}_{[t_0,t)}$ 表示。正如所期望的一样，$\boldsymbol{x}(t_0)$ 当然就是 t_0 时的状态。式(1.2.11)决定了状态的行为，故称为状态方程，方程(1.2.12)给出输出，故称为输出方程。

若式(1.2.11)和式(1.2.12)中的 $\boldsymbol{f}$ 、$\boldsymbol{g}$ 是 $\boldsymbol{x}$ 和 $\boldsymbol{u}$ 的线性函数，则称式(1.2.11)和式(1.2.12)为线性动态方程，它们的具体形式为

$$\begin{aligned}\boldsymbol{f}(\boldsymbol{x},\boldsymbol{u},t)&=\boldsymbol{A}(t)\boldsymbol{x}(t)+\boldsymbol{B}(t)\boldsymbol{u}(t)\\ \boldsymbol{g}(\boldsymbol{x},\boldsymbol{u},t)&=\boldsymbol{C}(t)\boldsymbol{x}(t)+\boldsymbol{D}(t)\boldsymbol{u}(t)\end{aligned}$$

其中，$\boldsymbol{A}(t)$、$\boldsymbol{B}(t)$、$\boldsymbol{C}(t)$ 和 $\boldsymbol{D}(t)$ 分别是 $n\times n$、$n\times p$、$q\times n$、$q\times p$ 的矩阵，因此 n 维线性动态方程有形式：

$$\dot{\boldsymbol{x}}=\boldsymbol{A}(t)\boldsymbol{x}+\boldsymbol{B}(t)\boldsymbol{u} \quad \text{(状态方程)} \tag{1.2.13}$$

$$\boldsymbol{y}=\boldsymbol{C}(t)\boldsymbol{x}+\boldsymbol{D}(t)\boldsymbol{u} \quad \text{(输出方程)} \tag{1.2.14}$$

式(1.2.13)有唯一解的一个充分条件是 $\boldsymbol{A}(t)$ 的每一元素均为定义在 $(-\infty,+\infty)$ 上的 t 的连续函数。为了方便，假设 $\boldsymbol{B}(t)$、$\boldsymbol{C}(t)$ 和 $\boldsymbol{D}(t)$ 的元素也在 $(-\infty,+\infty)$ 上连续。式(1.2.13)

和式(1.2.14)的方程称为线性时变动态方程，$\boldsymbol{A}(t)$ 称为系统矩阵，$\boldsymbol{B}(t)$ 和 $\boldsymbol{C}(t)$ 分别称为控制分布矩阵和量测矩阵，$\boldsymbol{D}(t)$ 表示输入和输出的直接耦合关系，称为前馈矩阵。式(1.2.13)和式(1.2.14)又可用图 1.2.3 所示的框图来表示。

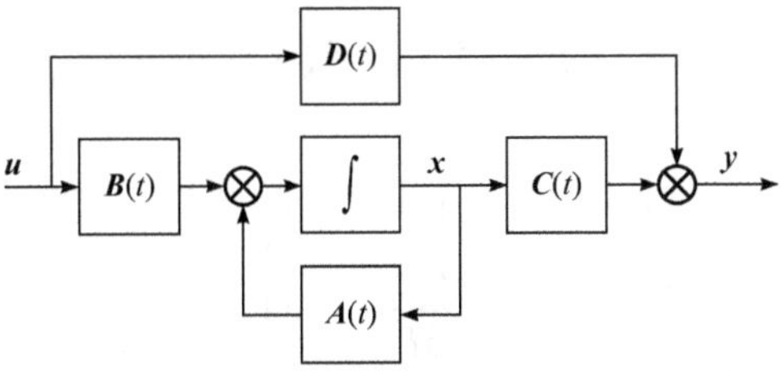

图 1.2.3　线性时变动态方程的框图

若矩阵 $\boldsymbol{A}$、$\boldsymbol{B}$、$\boldsymbol{C}$ 和 $\boldsymbol{D}$ 不随时间变化，则方程称为线性时不变动态方程。n 维线性时不变动态方程的一般形式为

$$\begin{cases}\dot{\boldsymbol{x}}=\boldsymbol{A}\boldsymbol{x}+\boldsymbol{B}\boldsymbol{u}\\ \boldsymbol{y}=\boldsymbol{C}\boldsymbol{x}+\boldsymbol{D}\boldsymbol{u}\end{cases} \tag{1.2.15}$$

其中，$\boldsymbol{A}$、$\boldsymbol{B}$、$\boldsymbol{C}$ 和 $\boldsymbol{D}$ 分别是 $n\times n$ 、$n\times p$ 、$q\times n$ 和 $q\times p$ 的实常量矩阵。在时不变的情况下，方程的特性不随时间而变，因此不失一般性可选初始时间为零，从而时间区间可选为 $[0,+\infty)$ 。

例 1.2.4　设有一倒立摆安装在马达传动车上，如图 1.2.4 所示。这实际上是一个空间起飞助推器的姿态控制模型。图中 M 为传动车的质量，l 为摆长，m 为摆的质量，u 为控制力。假设摆只在图 1.2.4 所示的平面上运动。

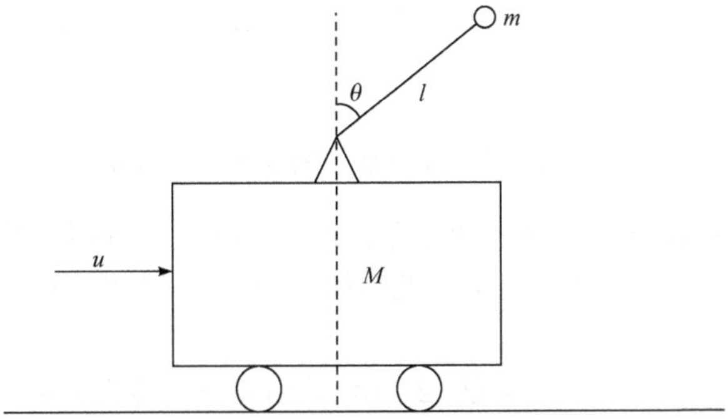

图 1.2.4　倒立摆装置示意图

解　若取系统的坐标为 x 及 θ ，则这个系统的动力学方程如下：

$$ml\ddot{\theta}+m\ddot{x}\cos\dot{\theta}=mg\sin\theta$$

$$(M+m)\ddot{x}+ml\ddot{\theta}\cos\theta-ml\dot{\theta}^2\sin\theta=u$$

这是一组非线性方程，注意到 θ 很小时有

$$\sin\theta\approx\theta,\quad \cos\theta\approx 1-\frac{\theta^2}{2}$$

忽略掉方程中的高阶小量，可得线性化方程：

$$(M+m)\ddot{x}+ml\ddot{\theta}=u$$
$$m\ddot{x}+ml\ddot{\theta}=mg\theta$$

取 x、$\dot{x}$、θ、$\dot{\theta}$ 为系统的状态变量，并引入状态向量 $\boldsymbol{x}=[x_1\ \ x_2\ \ x_3\ \ x_4]^{\mathrm{T}}=[x\ \ \dot{x}\ \ \theta\ \ \dot{\theta}]^{\mathrm{T}}$，可将上述线性化方程表示为

$$\dot{\boldsymbol{x}}=\begin{bmatrix}0 & 1 & 0 & 0\\ 0 & 0 & -\dfrac{mg}{M} & 0\\ 0 & 0 & 0 & 1\\ 0 & 0 & \dfrac{(M+m)g}{Ml} & 0\end{bmatrix}\boldsymbol{x}+\begin{bmatrix}0\\ \dfrac{1}{M}\\ 0\\ -\dfrac{1}{Ml}\end{bmatrix}u$$

如果 $\boldsymbol{x}$ 为测量变量，即输出变量 $y=\boldsymbol{x}$，因此输出方程为

$$y=[1\ \ 0\ \ 0\ \ 0]\boldsymbol{x}$$

在研究线性时不变动态方程时，在初态为零的条件下，通过对动态方程进行拉普拉斯变换，可以得到与动态方程相应的传递函数矩阵。对方程(1.2.15)进行拉普拉斯变换：

$$s\boldsymbol{x}(s)-\boldsymbol{x}^0=\boldsymbol{A}\boldsymbol{x}(s)+\boldsymbol{B}\boldsymbol{u}(s) \tag{1.2.16}$$

$$\boldsymbol{y}(s)=\boldsymbol{C}\boldsymbol{x}(s)+\boldsymbol{D}\boldsymbol{u}(s) \tag{1.2.17}$$

由式(1.2.16)和式(1.2.17)可得

$$\boldsymbol{x}(s)=(s\boldsymbol{I}-\boldsymbol{A})^{-1}\boldsymbol{x}^0+(s\boldsymbol{I}-\boldsymbol{A})^{-1}\boldsymbol{B}\boldsymbol{u}(s)$$
$$\boldsymbol{y}(s)=\boldsymbol{C}(s\boldsymbol{I}-\boldsymbol{A})^{-1}\boldsymbol{x}^0+[\boldsymbol{C}(s\boldsymbol{I}-\boldsymbol{A})^{-1}\boldsymbol{B}+\boldsymbol{D}]\boldsymbol{u}(s)$$

若 $\boldsymbol{x}^0=0$，可得

$$\boldsymbol{y}(s)=[\boldsymbol{C}(s\boldsymbol{I}-\boldsymbol{A})^{-1}\boldsymbol{B}+\boldsymbol{D}]\boldsymbol{u}(s)=\boldsymbol{G}(s)\boldsymbol{u}(s) \tag{1.2.18}$$

其中，$\boldsymbol{G}(s)=\boldsymbol{C}(s\boldsymbol{I}-\boldsymbol{A})^{-1}\boldsymbol{B}+\boldsymbol{D}$ 称为动态方程式(1.2.15)的传递函数矩阵，对一个具有输入-输出描述和状态变量描述的线性时不变系统，用式(1.1.22)和式(1.2.18)导出的传递函数矩阵是相同的。

在给了动态方程之后，可根据式(1.2.18)计算出相应的传递函数矩阵。由式(1.2.18)可知，传递函数矩阵的主要部分是预解矩阵 $(s\boldsymbol{I}-\boldsymbol{A})^{-1}$，其拉普拉斯逆变换是矩阵指数 $\mathrm{e}^{\boldsymbol{A}t}$，预解矩阵是不易计算的。现在介绍与 $(s\boldsymbol{I}-\boldsymbol{A})^{-1}$ 有关的一些关系式，这些关系在今后的计算或论证中经常要用到。

对于任何一个 $n\times n$ 的矩阵 $\boldsymbol{A}$，其预解矩阵 $(s\boldsymbol{I}-\boldsymbol{A})^{-1}$ 可以写成下列形式：

$$(s\boldsymbol{I}-\boldsymbol{A})^{-1}=\frac{1}{\varDelta(s)}(\boldsymbol{R}_0s^{n-1}+\boldsymbol{R}_1s^{n-2}+\cdots+\boldsymbol{R}_{n-2}s+\boldsymbol{R}_{n-1}) \tag{1.2.19}$$

其中

$$\Delta(s)=\det(s\boldsymbol{I}-\boldsymbol{A})=s^n+a_1s^{n-1}+a_2s^{n-2}+\cdots+a_n \tag{1.2.20}$$

$\boldsymbol{R}_0$、$\boldsymbol{R}_1$、$\boldsymbol{R}_2$、…、$\boldsymbol{R}_{n-1}$为$n\times n$的常量矩阵。将式(1.2.19)左乘$(s\boldsymbol{I}-\boldsymbol{A})\Delta(s)$，可得

$$\Delta(s)\boldsymbol{I}=(s\boldsymbol{I}-\boldsymbol{A})(\boldsymbol{R}_0s^{n-1}+\boldsymbol{R}_1s^{n-2}+\cdots+\boldsymbol{R}_{n-1})$$

比较上式两边s同次幂的系数矩阵有

$$\begin{cases}\boldsymbol{R}_0=\boldsymbol{I}\\ \boldsymbol{R}_1=\boldsymbol{A}\boldsymbol{R}_0+a_1\boldsymbol{I}=\boldsymbol{A}+a_1\boldsymbol{I}\\ \boldsymbol{R}_2=\boldsymbol{A}\boldsymbol{R}_1+a_2\boldsymbol{I}=\boldsymbol{A}^2+a_1\boldsymbol{A}+a_2\boldsymbol{I}\\ \quad\vdots\\ \boldsymbol{R}_{n-1}=\boldsymbol{A}\boldsymbol{R}_{n-2}+a_{n-1}\boldsymbol{I}=\boldsymbol{A}^{n-1}+a_1\boldsymbol{A}^{n-2}+\cdots+a_{n-1}\boldsymbol{I}\\ 0=\boldsymbol{A}\boldsymbol{R}_{n-1}+a_n\boldsymbol{I}=\Delta(\boldsymbol{A})\end{cases} \tag{1.2.21}$$

利用式(1.2.19)和式(1.2.21)可得

$$\mathrm{adj}(s\boldsymbol{I}-\boldsymbol{A})=\Delta(s)(s\boldsymbol{I}-\boldsymbol{A})^{-1}=\sum_{k=0}^{n-1}p_k(s)\boldsymbol{A}^k \tag{1.2.22}$$

其中

$$\begin{bmatrix}p_0(s)\\ p_1(s)\\ \vdots\\ p_{n-1}(s)\end{bmatrix}=\begin{bmatrix}1 & a_1 & a_2 & \cdots & a_{n-1}\\ & 1 & a_1 & \cdots & a_{n-2}\\ & & 1 & & \vdots\\ & & & \ddots & a_1\\ & & & & 1\end{bmatrix}\begin{bmatrix}s^{n-1}\\ s^{n-2}\\ \vdots\\ s^0\end{bmatrix} \tag{1.2.23}$$

由式(1.2.22)可得

$$(s\boldsymbol{I}-\boldsymbol{A})^{-1}=\sum_{k=0}^{n-1}\frac{p_k(s)}{\Delta(s)}\boldsymbol{A}^k \tag{1.2.24}$$

若对式(1.2.24)进行拉普拉斯逆变换，且令$p_k(t)=L^{-1}\left[\dfrac{p_k(s)}{\Delta(s)}\right]$，则可以得到矩阵指数$\mathrm{e}^{\boldsymbol{A}t}$的一种表达式：

$$\mathrm{e}^{\boldsymbol{A}t}=\sum_{k=0}^{n-1}p_k(t)\boldsymbol{A}^k \tag{1.2.25}$$

也可以从凯莱-哈密顿定理或矩阵函数等不同角度得出这些关系式。式(1.2.21)有时可以用来计算特征多项式的系数a_i。

1.3　线性动态方程的解与等价动态方程

根据微分方程的理论，当$\boldsymbol{A}(t)$和$\boldsymbol{B}(t)$为连续或分段连续函数时，方程：

$$\begin{cases}\dot{\boldsymbol{x}}=\boldsymbol{A}(t)\boldsymbol{x}+\boldsymbol{B}(t)\boldsymbol{u}(t)\\ \boldsymbol{x}(t_0)=\boldsymbol{x}^0\end{cases} \tag{1.3.1}$$

对任意的连续或分段连续的 $\boldsymbol{u}(t)$ 均有唯一解。为了确定这个方程的解，先研究对应的齐次方程：

$$\dot{\boldsymbol{x}} = \boldsymbol{A}(t)\boldsymbol{x} \tag{1.3.2}$$

的解。首先说明齐次方程(1.3.2)解的一些性质。

定理 1.3.1　方程(1.3.2)的所有解的集合，组成了实数域上的 n 维向量空间。

证明　命 Ψ^1 和 Ψ^2 是方程(1.3.2)的任意两个解，则对于任意的实数 a_1 和 a_2，$a_1\Psi^1 + a_2\Psi^2$ 也是式(1.3.2)的解。事实上：

$$\begin{aligned}\frac{\mathrm{d}}{\mathrm{d}t}(a_1\Psi^1 + a_2\Psi^2) &= a_1\frac{\mathrm{d}}{\mathrm{d}t}\Psi^1 + a_2\frac{\mathrm{d}}{\mathrm{d}t}\Psi^2 \\ &= a_1\boldsymbol{A}(t)\Psi^1 + a_2\boldsymbol{A}(t)\Psi^2 = \boldsymbol{A}(t)(a_1\Psi^1 + a_2\Psi^2)\end{aligned}$$

因此，解的集合组成了实数域上的线性空间，并称它为式(1.3.2)的解空间。下面证明解空间的维数为 n。令 $\boldsymbol{e}^1,\boldsymbol{e}^2,\cdots,\boldsymbol{e}^n$ 是 n 个线性无关的向量，Ψ^i 是在初始条件 $\Psi^i(t_0)=\boldsymbol{e}^i$ $(i=1, 2, \cdots, n)$ 时，方程(1.3.2)的解。若能证明这 n 个解 $\Psi^1,\Psi^2,\cdots,\Psi^n$ 是线性无关的，且式(1.3.2)的任一解均可表示成它们的线性组合，则维数为 n 的论断就得到了证明。现在用反证法，若 $\Psi^1,\Psi^2,\cdots,\Psi^n$ 线性相关，必存在一个 $n\times 1$ 的非零实向量 $\boldsymbol{a}$ 使得

$$[\Psi^1 \quad \Psi^2 \quad \cdots \quad \Psi^n]\boldsymbol{a} = 0, \quad \forall t$$

当 $t=t_0$ 时就有

$$[\Psi^1 \quad \Psi^2 \quad \cdots \quad \Psi^n]\boldsymbol{a} = [\boldsymbol{e}^1 \quad \boldsymbol{e}^2 \quad \cdots \quad \boldsymbol{e}^n]\boldsymbol{a} = 0$$

上式意味着向量组 $\boldsymbol{e}^1,\boldsymbol{e}^2,\cdots,\boldsymbol{e}^n$ 线性相关，这与原先假设相矛盾，矛盾表明 $\Psi^1,\Psi^2,\cdots,\Psi^n$ 在 $(-\infty,+\infty)$ 上线性无关，设 Ψ 是式(1.3.2)的任一解，且 $\Psi(t_0)=\boldsymbol{e}$。显然 $\boldsymbol{e}$ 可唯一地用 $\boldsymbol{e}^1,\boldsymbol{e}^2,\cdots,\boldsymbol{e}^n$ 的线性组合表示：

$$\boldsymbol{e} = a_1\boldsymbol{e}^1 + a_2\boldsymbol{e}^2 + \cdots + a_n\boldsymbol{e}^n$$

考虑 $\sum_{i=1}^{n} a_i\Psi^i(t)$，它是方程式(1.3.2)满足初始条件 $\boldsymbol{e}$ 的解，根据唯一性定理有

$$\Psi(t) = \sum_{i=1}^{n} a_i\Psi^i(t)$$

即 $\Psi(t)$ 可表示为 $\Psi^1,\Psi^2,\cdots,\Psi^n$ 的线性组合。

定义 1.3.1　基本矩阵。以方程(1.3.2)的 n 个线性无关解为列所构成的矩阵 $[\Psi^1 \ \Psi^2 \ \cdots \ \Psi^n] = \boldsymbol{\Psi}$，称为式(1.3.2)的**基本矩阵**。不难验证，式(1.3.2)的基本矩阵是下列矩阵微分方程的解，$\boldsymbol{E}$ 是某一个非奇异实常量矩阵。

$$\begin{cases}\dot{\boldsymbol{\Psi}} = \boldsymbol{A}(t)\boldsymbol{\Psi} \\ \boldsymbol{\Psi}(t_0) = \boldsymbol{E}\end{cases} \tag{1.3.3}$$

定理 1.3.2　方程(1.3.2)的基本矩阵 $\boldsymbol{\Psi}(t)$ 对于 $(-\infty,+\infty)$ 中的每一个 t 均为非奇异矩阵。

证明　用反证法：设有 t_0，使得 $\boldsymbol{\Psi}(t_0)$ 为奇异矩阵，则存在非零的实向量 $\boldsymbol{a}$，使得

$$[\Psi^1(t_0) \quad \Psi^2(t_0) \quad \cdots \quad \Psi^n(t_0)]\boldsymbol{a}=0$$

利用此 $\boldsymbol{a}$ 构造 $\boldsymbol{\Psi}(t)=[\Psi^1(t_0) \quad \Psi^2(t_0) \quad \cdots \quad \Psi^n(t_0)]\boldsymbol{a}$，显然，$\boldsymbol{\Psi}(t_0)=0$，且 $\boldsymbol{\Psi}(t)$ 是式(1.3.2)的解，故由唯一性定理可知有 $\boldsymbol{\Psi}(t)\equiv\boldsymbol{0}$，即 $[\Psi^1(t) \quad \Psi^2(t) \quad \cdots \quad \Psi^n(t)]\boldsymbol{a}\equiv 0$，这和 $\boldsymbol{\Psi}(t)$ 是基本矩阵的假设相矛盾。故对于 $(-\infty,+\infty)$ 中所有的 t 均有 $\det\boldsymbol{\Psi}(t)\neq 0$。

定理 1.3.3　若 $\boldsymbol{\Psi}_1$、$\boldsymbol{\Psi}_2$ 均为式(1.3.2)的基本矩阵，则存在 $n\times n$ 的非奇异实常量矩阵 $\boldsymbol{C}$，使得

$$\boldsymbol{\Psi}_1(t)=\boldsymbol{\Psi}_2(t)\cdot\boldsymbol{C}$$

这一结论不难利用基本矩阵的性质给出证明。

定义 1.3.2　状态转移矩阵。令 $\boldsymbol{\Psi}(t)$ 是式(1.3.2)的任一基本矩阵，则 $\boldsymbol{\Phi}(t,t_0)=\boldsymbol{\Psi}(t)\boldsymbol{\Psi}^{-1}(t_0)$ 称为式(1.3.2)的**状态转移矩阵**，这里 $t,t_0\in(-\infty,+\infty)$。

根据定理 1.3.3 可知，式(1.3.2)的状态转移矩阵与基本矩阵的选择无关。同时根据定义容易验证状态转移矩阵具有下列重要性质：

$$\boldsymbol{\Phi}(t,t)=\boldsymbol{I}$$

$$\boldsymbol{\Phi}^{-1}(t,t_0)=\boldsymbol{\Psi}(t_0)\boldsymbol{\Psi}^{-1}(t)=\boldsymbol{\Phi}(t_0,t)$$

$$\boldsymbol{\Phi}(t_2,t_0)=\boldsymbol{\Phi}(t_2,t_1)\boldsymbol{\Phi}(t_1,t_0)$$

由式(1.3.3)可以证明 $\boldsymbol{\Phi}(t,t_0)$ 是下列矩阵微分方程的唯一解：

$$\begin{cases}\dfrac{\mathrm{d}\boldsymbol{\Phi}(t,t_0)}{\mathrm{d}t}=\boldsymbol{A}(t)\boldsymbol{\Phi}(t,t_0)\\ \boldsymbol{\Phi}(t_0,t_0)=\boldsymbol{I}\end{cases} \tag{1.3.4}$$

由状态转移矩阵的概念，可以立即得到齐次方程式(1.3.2)在初始条件 $\boldsymbol{x}(t_0)=\boldsymbol{x}^0$ 下的解为

$$\boldsymbol{x}(t)=\boldsymbol{\Phi}(t,t_0)\boldsymbol{x}^0 \tag{1.3.5}$$

由式(1.3.5)可以清楚地看出状态转移矩阵的物理意义，在输入恒等于零的时间间隔内，状态转移矩阵决定了状态向量的运动，$\boldsymbol{\Phi}(t,t_0)$ 可视为一个线性变换，它将 t_0 时的状态 $\boldsymbol{x}^0$ 映射到时刻 t 的状态 $\boldsymbol{x}(t)$。

下面讨论非齐次方程 $\dot{\boldsymbol{x}}=\boldsymbol{A}(t)\boldsymbol{x}+\boldsymbol{B}(t)\boldsymbol{u}$ 的解，令 $\boldsymbol{x}(t)=\boldsymbol{\Phi}(t,t_0)\xi(t)$，代入式(1.3.1)的左边，可得

$$\dot{\boldsymbol{x}}(t)=\dot{\boldsymbol{\Phi}}(t,t_0)\xi(t)+\boldsymbol{\Phi}(t,t_0)\dot{\xi}(t)=\boldsymbol{A}(t)\boldsymbol{\Phi}(t,t_0)\xi(t)+\boldsymbol{\Phi}(t,t_0)\dot{\xi}(t)$$

将 $\boldsymbol{x}(t)=\boldsymbol{\Phi}(t,t_0)\xi(t)$ 代入式(1.3.1)的右边，可得

$$\dot{\boldsymbol{x}}(t)=\boldsymbol{\Phi}(t,t_0)\dot{\xi}(t)=\boldsymbol{A}(t)\boldsymbol{\Phi}(t,t_0)\xi(t)+\boldsymbol{B}(t)\boldsymbol{u}(t)$$

由左边和右边相等，可以得到

$$\dot{\xi}(t)=\boldsymbol{\Phi}^{-1}(t,t_0)\boldsymbol{B}(t)\boldsymbol{u}(t)$$

积分上式得

$$\xi(t)-\xi(t_0)=\int_{t_0}^{t}\boldsymbol{\Phi}^{-1}(\tau,t_0)\boldsymbol{B}(\tau)\boldsymbol{u}(\tau)\mathrm{d}\tau$$

因为 $\xi(t_0)=\boldsymbol{x}(t_0)=\boldsymbol{x}^0$，$\xi(t)=\boldsymbol{\Phi}^{-1}(t,t_0)\boldsymbol{x}(t)$，所以得 $\boldsymbol{x}(t)$的表达式如下：

$$\begin{aligned}\boldsymbol{x}(t)&=\boldsymbol{\Phi}(t,t_0)\boldsymbol{x}^0+\boldsymbol{\Phi}(t,t_0)\int_{t_0}^{t}\boldsymbol{\Phi}(t_0,\tau)\boldsymbol{B}(\tau)\boldsymbol{u}(\tau)\mathrm{d}\tau\\&=\boldsymbol{\Phi}(t,t_0)\boldsymbol{x}^0+\int_{t_0}^{t}\boldsymbol{\Phi}(t,\tau)\boldsymbol{B}(\tau)\boldsymbol{u}(\tau)\mathrm{d}\tau\end{aligned}\tag{1.3.6}$$

在式(1.3.6)的推导中多次用到状态转移矩阵的性质。将以上结果写成定理形式。

定理 1.3.4　状态方程：

$$\begin{cases}\dot{\boldsymbol{x}}=\boldsymbol{A}(t)\boldsymbol{x}+\boldsymbol{B}(t)\boldsymbol{u}\\\boldsymbol{x}(t_0)=\boldsymbol{x}^0\end{cases}$$

的解由式(1.3.6)给出。

若用 $\boldsymbol{\Phi}(t,t_0,\boldsymbol{x}^0,\boldsymbol{u})$ 来表示初始状态 $\boldsymbol{x}(t_0)=\boldsymbol{x}^0$ 和输入 $\boldsymbol{u}_{[t_0,t)}$ 共同引起的在 t 时刻的状态，当 $\boldsymbol{u}\equiv 0$ 时，则式(1.3.6)化为

$$\boldsymbol{\Phi}(t,t_0,\boldsymbol{x}^0,0)=\boldsymbol{\Phi}(t,t_0)\boldsymbol{x}^0\tag{1.3.7}$$

若 $\boldsymbol{x}(t_0)=0$，则式(1.3.6)化为

$$\boldsymbol{\Phi}(t,t_0,0,\boldsymbol{u})=\int_{t_0}^{t}\boldsymbol{\Phi}(t,\tau)\boldsymbol{B}(\tau)\boldsymbol{u}(\tau)\mathrm{d}\tau\tag{1.3.8}$$

$\boldsymbol{\Phi}(t,t_0,\boldsymbol{x}^0,0)$ 和 $\boldsymbol{\Phi}(t,t_0,0,\boldsymbol{u})$ 分别称为状态方程的零输入响应和零状态响应。由式(1.3.6)可以看到，一个线性状态方程的响应总能分解成零输入响应和零状态响应的和，且这两部分响应分别是 $\boldsymbol{x}^0$ 和 $\boldsymbol{u}$ 的线性函数。

推论 1.3.1　动态方程式(1.2.13)和式(1.2.14)的输出为

$$\boldsymbol{y}(t)=\boldsymbol{C}(t)\boldsymbol{\Phi}(t,t_0)\boldsymbol{x}^0+\int_{t_0}^{t}\boldsymbol{C}(t)\boldsymbol{\Phi}(t,\tau)\boldsymbol{B}(\tau)\boldsymbol{u}(\tau)\mathrm{d}\tau+\boldsymbol{D}(t)\boldsymbol{u}(t)\tag{1.3.9}$$

同样可以将 $\boldsymbol{y}(t)$分解为零输入响应和零状态响应。若 $\boldsymbol{x}^0=0$，则式(1.3.9)变为

$$\begin{aligned}\boldsymbol{y}(t)&=\int_{t_0}^{t}\left[\boldsymbol{C}(t)\boldsymbol{\Phi}(t,\tau)\boldsymbol{B}(\tau)+\boldsymbol{D}(t)\delta(t-\tau)\right]\boldsymbol{u}(\tau)\mathrm{d}\tau\\&=\int_{t_0}^{t}\boldsymbol{G}(t,\tau)\boldsymbol{u}(\tau)\mathrm{d}\tau\end{aligned}\tag{1.3.10}$$

比较式(1.3.10)和在 1.1 节中引入的输入-输出的描述，可知矩阵函数：

$$\begin{cases}\boldsymbol{G}(t,\tau)=\boldsymbol{C}(t)\boldsymbol{\Phi}(t,\tau)\boldsymbol{B}(\tau)+\boldsymbol{D}(t)\delta(t-\tau), & t\geqslant\tau\\\boldsymbol{G}(t,\tau)=0, & t<\tau\end{cases}\tag{1.3.11}$$

是动态方程的脉冲响应矩阵。

考虑线性时不变动态方程的解，设线性时不变动态方程为

$$\begin{cases}\dot{\boldsymbol{x}}=\boldsymbol{A}\boldsymbol{x}+\boldsymbol{B}\boldsymbol{u}\\ \boldsymbol{y}=\boldsymbol{C}\boldsymbol{x}+\boldsymbol{D}\boldsymbol{u}\end{cases}\tag{1.3.12}$$

其中，$\boldsymbol{A}$、$\boldsymbol{B}$、$\boldsymbol{C}$和$\boldsymbol{D}$分别为$n\times n$、$n\times p$、$q\times n$和$q\times p$的实常量矩阵。因为这种情况是线性时变动态方程的特殊情况，所以前面导出的所有结果，此处均能适用，它的主要结论如下。

(1) $\dot{\boldsymbol{x}}=\boldsymbol{A}\boldsymbol{x}$的基本矩阵为$\mathrm{e}^{\boldsymbol{A}t}$；状态转移矩阵为

$$\boldsymbol{\Phi}(t,t_0)=\mathrm{e}^{\boldsymbol{A}t}(\mathrm{e}^{\boldsymbol{A}t_0})^{-1}=\mathrm{e}^{\boldsymbol{A}(t-t_0)}=\boldsymbol{\Phi}(t-t_0)$$

(2) 动态方程(1.3.12)的解为

$$\boldsymbol{x}(t)=\mathrm{e}^{\boldsymbol{A}(t-t_0)}\boldsymbol{x}^0+\int_{t_0}^{t}\mathrm{e}^{\boldsymbol{A}(t-\tau)}\boldsymbol{B}\boldsymbol{u}(\tau)\mathrm{d}\tau\tag{1.3.13}$$

$$\boldsymbol{y}(t)=\boldsymbol{C}\mathrm{e}^{\boldsymbol{A}(t-t_0)}\boldsymbol{x}^0+\int_{t_0}^{t}\boldsymbol{C}\mathrm{e}^{\boldsymbol{A}(t-\tau)}\boldsymbol{B}\boldsymbol{u}(\tau)\mathrm{d}\tau+\boldsymbol{D}\boldsymbol{u}(t)\tag{1.3.14}$$

通常假设 $t_0=0$，这时有

$$\boldsymbol{x}(t)=\mathrm{e}^{\boldsymbol{A}t}\boldsymbol{x}^0+\int_{0}^{t}\mathrm{e}^{\boldsymbol{A}(t-\tau)}\boldsymbol{B}\boldsymbol{u}(\tau)\mathrm{d}\tau\tag{1.3.15}$$

$$\boldsymbol{y}(t)=\boldsymbol{C}\mathrm{e}^{\boldsymbol{A}t}\boldsymbol{x}^0+\int_{0}^{t}\boldsymbol{C}\mathrm{e}^{\boldsymbol{A}(t-\tau)}\boldsymbol{B}\boldsymbol{u}(\tau)\mathrm{d}\tau+\boldsymbol{D}\boldsymbol{u}(t)\tag{1.3.16}$$

(3) 方程(1.3.12)对应的脉冲响应矩阵：

$$\begin{cases}\boldsymbol{G}(t-\tau)=\boldsymbol{C}\mathrm{e}^{\boldsymbol{A}(t-\tau)}\boldsymbol{B}+\boldsymbol{D}\delta(t-\tau), & t\geqslant\tau\\ \boldsymbol{G}(t,\tau)=\boldsymbol{0}, & t<\tau\end{cases}$$

或更通常地写为

$$\boldsymbol{G}(t)=\boldsymbol{C}\mathrm{e}^{\boldsymbol{A}t}\boldsymbol{B}+\boldsymbol{D}\delta(t)\tag{1.3.17}$$

(4) 方程(1.3.12)对应的传递函数矩阵$\boldsymbol{G}(s)$是一个有理函数矩阵：

$$\boldsymbol{G}(s)=\boldsymbol{C}(s\boldsymbol{I}-\boldsymbol{A})^{-1}\boldsymbol{B}+\boldsymbol{D}\tag{1.3.18}$$

在建立系统动态方程描述时曾经指出，系统的状态变量，是当系统为非初始松弛时，为了给出系统输入和输出之间的唯一关系而引出的一种信息量。状态变量的选择不是唯一的，不同的选择方法会导致形式上不同的动态方程。现在研究这些不同的状态方程之间的关系，即等价变换与等价动态方程。首先讨论时不变的情况。

定义 1.3.3　等价动态方程。线性时不变方程：

$$\begin{cases}\dot{\bar{\boldsymbol{x}}}=\bar{\boldsymbol{A}}\bar{\boldsymbol{x}}+\bar{\boldsymbol{B}}\boldsymbol{u}\\ \boldsymbol{y}=\bar{\boldsymbol{C}}\bar{\boldsymbol{x}}+\bar{\boldsymbol{D}}\boldsymbol{u}\end{cases}\tag{1.3.19}$$

称为式(1.3.12)的**等价动态方程**，当且仅当存在非奇异矩阵$\boldsymbol{P}$，使得

$$\bar{\boldsymbol{A}}=\boldsymbol{P}\boldsymbol{A}\boldsymbol{P}^{-1},\quad \bar{\boldsymbol{B}}=\boldsymbol{P}\boldsymbol{B},\quad \bar{\boldsymbol{C}}=\boldsymbol{C}\boldsymbol{P}^{-1},\quad \bar{\boldsymbol{D}}=\boldsymbol{D}\tag{1.3.20}$$

由定义不难看出，只要在方程(1.3.12)中令 $\bar{\boldsymbol{x}}=\boldsymbol{P}\boldsymbol{x}$ ，就可得到方程(1.3.19)，这也就是说动态方程(1.3.19)相当于动态方程(1.3.12)在变换状态空间的基底后所得的结果， $\boldsymbol{P}^{-1}$ 就是状态空间的基底变换矩阵，而 $\boldsymbol{P}$ 则是坐标变换矩阵。而同一系统选取不同的状态变量所得到的状态方程之间的关系，是等价动态方程关系。

显然，动态方程是等价动态方程的必要条件是它们的维数相同和传递函数矩阵相同。但反之未必成立。

定义 1.3.3 可以推广到时变情况。设线性时变动态方程为

$$\begin{cases}\dot{\boldsymbol{x}}=\boldsymbol{A}(t)\boldsymbol{x}+\boldsymbol{B}(t)\boldsymbol{u}\\ \boldsymbol{y}=\boldsymbol{C}(t)\boldsymbol{x}+\boldsymbol{D}(t)\boldsymbol{u}\end{cases}\tag{1.3.21}$$

其中， $\boldsymbol{A}(t)$ 、 $\boldsymbol{B}(t)$ 、 $\boldsymbol{C}(t)$ 和 $\boldsymbol{D}(t)$ 为具有相应维数的矩阵，它们的元素都是 t 的实值连续函数。设 $\boldsymbol{P}(t)$ 为定义在 $(-\infty,+\infty)$ 上的复数矩阵，若对所有 t ， $\boldsymbol{P}(t)$ 是非奇异且关于 t 是连续可微的。

定义 1.3.4　动态方程：

$$\begin{cases}\dot{\bar{\boldsymbol{x}}}=\bar{\boldsymbol{A}}(t)\bar{\boldsymbol{x}}+\bar{\boldsymbol{B}}(t)\boldsymbol{u}\\ \boldsymbol{y}=\bar{\boldsymbol{C}}(t)\bar{\boldsymbol{x}}+\bar{\boldsymbol{D}}(t)\boldsymbol{u}\end{cases}\tag{1.3.22}$$

称为方程(1.3.21)的**代数等价动态方程**，当且仅当存在 $\boldsymbol{P}(t)$，使得

$$\begin{cases}\bar{\boldsymbol{A}}(t)=\left[\boldsymbol{P}(t)\boldsymbol{A}(t)+\dot{\boldsymbol{P}}(t)\right]\boldsymbol{P}^{-1}(t)\\ \bar{\boldsymbol{B}}(t)=\boldsymbol{P}(t)\boldsymbol{B}(t),\quad \bar{\boldsymbol{C}}(t)=\boldsymbol{C}(t)\boldsymbol{P}^{-1}(t),\quad \bar{\boldsymbol{D}}(t)=\boldsymbol{D}(t)\end{cases}\tag{1.3.23}$$

由定义可见，只要在方程(1.3.21)中令 $\bar{\boldsymbol{x}}(t)=\boldsymbol{P}(t)\boldsymbol{x}(t)$ 就可以得到方程(1.3.22)，因此同样可以将定义 1.3.4 的代数等价关系和时不变的情况一样，视为状态空间的基底变换的结果，只不过这里基底向量是随时间而变化的。

若 $\boldsymbol{\varPsi}(t)$ 是方程(1.3.21)的一个基本矩阵，显然 $\boldsymbol{P}(t)\boldsymbol{\varPsi}(t)$ 是方程(1.3.22)的基本矩阵。因此若 $\boldsymbol{\varPhi}(t,t_0)$ 是方程(1.3.21)的状态转移矩阵，那么方程(1.3.22)的状态转移矩阵为

$$\boldsymbol{P}(t)\boldsymbol{\varPhi}(t,t_0)\boldsymbol{P}^{-1}(t_0)\tag{1.3.24}$$

1.4　系统两种数学描述之间的关系

在 1.1 节和 1.2 节中分别介绍了线性系统的输入-输出描述和状态变量描述，这里对这两种描述方法进行比较。

系统的输入-输出描述，仅揭示在初始松弛的假定下输入与输出之间的关系。因此这种描述方法不能表示在非松弛情况下系统输入与输出的关系。更重要的一点是它也不能揭示系统内部的行为。如图 1.4.1 所示的网络，电阻均为 1Ω ，电容均为 $1\mathrm{F}$ 。

图 1.4.1(a)所示网络的传递函数为 0.5，图 1.4.1(b)所示网络的传递函数为 1。当电容初始电压不为零时，因电容为负，致使图 1.4.1(a)中的电压 y_1 随时间增加而增加，而图 1.4.1(b)中的 y_2 则对所有 t 均保持等于 $u(t)$ 不变。显然图 1.4.1(a)的网络是不能令人满意

的。因为在非零初始条件下，该网络的输出将随时间增加而无限增长。而图 1.4.1(b)的网络显然输出特性较好，但因支路电压 y_1 和 y_2 随时间增加而增加，结果可能导致电容被击穿。因此图 1.4.1 所示的网络均不能正常工作，在网络内部结构不知道的情况下，上述现象是根据传递函数检查不出来的。这就是说，在有些情况下，输入-输出描述尚不足以完全描述系统。

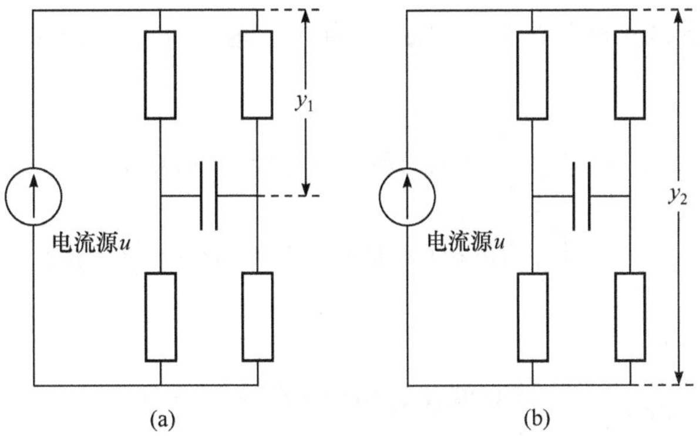

图 1.4.1　具有负电容的网络

图 1.4.1 中网络的动态方程分别为

$$\text{(a)}\quad \begin{cases} \dot{x} = x \\ y_1 = 0.5x + 0.5u \end{cases}$$

$$\text{(b)}\quad \begin{cases} \dot{x} = x \\ y_2 = u \end{cases}$$

容易求出动态方程的解，并通过解的表达式说明前述的物理现象，可见动态方程不仅描述了任何初始状态下输入和输出之间的关系，而且描述了在任何初始状态下系统的内部行为，所以与输入-输出描述相比，动态方程更完善地描述了系统。

对于比较复杂的线性系统，建立其动态方程是很烦琐的。在这种情况下，通过直接量测求得输入-输出描述，可能比较容易一些，例如，可以通过对系统加入某些典型外作用，然后量测系统在典型外用下的响应。

在经典控制理论中，分析和综合都是在传递函数基础上实现的。例如，容易用根轨迹方法或 Bode 图完成反馈系统的设计，这种设计由于解的不唯一性，在设计法上含有较多试凑的成分，故设计者的经验起着很重要的作用。在现代控制理论中，系统设计是用动态方程完成的，虽然动态方程的解析解可能直接得到似乎是简单的，但是它的数值计算却是很麻烦的，通常要用数字机来计算。然而，现代控制理论能处理那些经典控制理论所不能处理的问题，如最优控制设计问题。

本书中所研究的动态方程仅限于有限维的情况，故它们仅适用于集中参数系统。而输入-输出描述既适用于集中参数系统也适用于分布参数系统。采用动态方程描述，系统很容易在模拟机或数字机上仿真。

由上述讨论可见，输入-输出描述和动态方程描述各有长处。因此，为了有效地进行设计，一个设计者应该掌握这两种描述方法。

为研究脉冲响应矩阵与动态方程，首先研究时变的情况。若给定系统的动态方程如下：

$$\begin{cases}\dot{\boldsymbol{x}}=\boldsymbol{A}(t)\boldsymbol{x}+\boldsymbol{B}(t)\boldsymbol{u}\\ \boldsymbol{y}=\boldsymbol{C}(t)\boldsymbol{x}+\boldsymbol{D}(t)\boldsymbol{u}\end{cases} \tag{1.4.1}$$

容易根据动态方程式(1.4.1)得到系统的输入-输出描述；因为在 $\boldsymbol{x}(t_0)=0$ 时，动态方程的解为

$$\begin{aligned}\boldsymbol{y}(t)&=\boldsymbol{C}(t)\int_{t_0}^{t}\boldsymbol{\Phi}(t,\tau)\boldsymbol{B}(\tau)\boldsymbol{u}(\tau)\mathrm{d}\tau+\boldsymbol{D}(t)\boldsymbol{u}(t)\\ &=\int_{t_0}^{t}\left[\boldsymbol{C}(t)\boldsymbol{\Phi}(t,\tau)\boldsymbol{B}(\tau)+\boldsymbol{D}(t)\delta(t-\tau)\right]\boldsymbol{u}(\tau)\mathrm{d}\tau\end{aligned} \tag{1.4.2}$$

令

$$\boldsymbol{G}(t,\tau)=\begin{cases}\boldsymbol{C}(t)\boldsymbol{\Phi}(t,\tau)\boldsymbol{B}(\tau)+\boldsymbol{D}(t)\delta(t-\tau), & t\geqslant\tau\\ 0, & t<\tau\end{cases} \tag{1.4.3}$$

式(1.4.2)可写成

$$\boldsymbol{y}(t)=\int_{t_0}^{t}\boldsymbol{G}(t,\tau)\boldsymbol{u}(\tau)\mathrm{d}\tau$$

这正是在 t_0 松弛、具有因果性的线性时变系统的输入-输出描述。而式(1.4.3)所定义的 $\boldsymbol{G}(t,\tau)$ 正是脉冲响应矩阵，式中，当 $t<\tau$ 时 $\boldsymbol{G}(t,\tau)=0$ 是式(1.4.2)中积分上限终止于 t 的体现，即体现了该系统具有因果性。

若一个系统可以用状态变量描述，利用式(1.4.3)容易得到其输入-输出描述。相反的问题，即从系统的输入-输出描述求取状态变量描述就要复杂得多。这里实际上包含了以下两个问题：

(1) 是否可能从系统的脉冲响应矩阵获得状态变量描述?

(2) 如果可能，怎样由脉冲响应矩阵求出状态变量描述?

定义 1.4.1　实现。一个具有脉冲响应矩阵 $\boldsymbol{G}(t,\tau)$ 的系统，若存在一个线性有限维的动态方程 $\boldsymbol{E}:(\boldsymbol{A}(t),\boldsymbol{B}(t),\boldsymbol{C}(t),\boldsymbol{D}(t))$，与它具有相同的脉冲响应矩阵，则称 $\boldsymbol{G}(t,\tau)$ 是**可实现**的，并称 $(\boldsymbol{A}(t),\boldsymbol{B}(t),\boldsymbol{C}(t),\boldsymbol{D}(t))$ 是 $\boldsymbol{G}(t,\tau)$ 的一个**动态方程实现**。

显然，在定义 1.4.1 中，实现仅给出了与系统同样的零状态响应；若动态方程不存在零状态，则其响应可与系统没有任何关系。另外，并不是每一个 $\boldsymbol{G}(t,\tau)$ 都是可实现的。例如，没有一个如式(1.4.1)所示形式的线性动态方程，能够产生单位时间延迟系统的脉冲响应。下面将给出 $\boldsymbol{G}(t,\tau)$ 可实现的充分必要条件。

定理 1.4.1　$q\times p$ 脉冲响应矩阵 $\boldsymbol{G}(t,\tau)$ 是能用式(1.4.1)所示形式的有限维动态方程实现的，当且仅当 $\boldsymbol{G}(t,\tau)$ 可分解为

$$\boldsymbol{G}(t,\tau)=\boldsymbol{D}(t)\delta(t-\tau)+\boldsymbol{M}(t)\boldsymbol{N}(t),\quad \forall t\geqslant\tau \tag{1.4.4}$$

其中，$\boldsymbol{D}(t)$ 是 $q\times p$ 矩阵；$\boldsymbol{M}(t)$ 和 $\boldsymbol{N}(t)$ 分别是 t 的 $q\times n$ 和 $n\times p$ 连续矩阵。

证明　必要性：设动态方程(1.4.1)是 $\boldsymbol{G}(t,\tau)$ 的一个实现，则有

$$\boldsymbol{G}(t,\tau)=\boldsymbol{D}(t)\delta(t-\tau)+\boldsymbol{C}(t)\boldsymbol{\Phi}(t,\tau)\boldsymbol{B}(\tau)=\boldsymbol{D}(t)\delta(t-\tau)+\boldsymbol{C}(t)\boldsymbol{\Psi}(t)\boldsymbol{\Psi}^{-1}(\tau)\boldsymbol{B}(\tau)$$

其中，$\boldsymbol{\Psi}(t)$ 是 $\dot{\boldsymbol{x}}=\boldsymbol{A}(t)\boldsymbol{x}$ 的基本矩阵。若令

$$\boldsymbol{M}(t)=\boldsymbol{C}(t)\boldsymbol{\Psi}(t)$$

$$\boldsymbol{N}(t)=\boldsymbol{\Psi}^{-1}(t)\boldsymbol{B}(\tau)$$

则必要性得证。

充分性：若 $\boldsymbol{G}(t,\tau)$ 有式(1.4.4)的形式，构造下列 n 维动态方程：

$$\begin{cases}\dot{\boldsymbol{x}}(t)=\boldsymbol{N}(t)\boldsymbol{u}(t)\\ \boldsymbol{y}(t)=\boldsymbol{M}(t)\boldsymbol{x}(t)+\boldsymbol{D}(t)\boldsymbol{u}(t)\end{cases}\tag{1.4.5}$$

容易证明方程(1.4.5)是 $\boldsymbol{G}(t,\tau)$ 的一个实现。

注意到，方程(1.4.5)可用图 1.4.2 所示的没有反馈的结构来模拟。

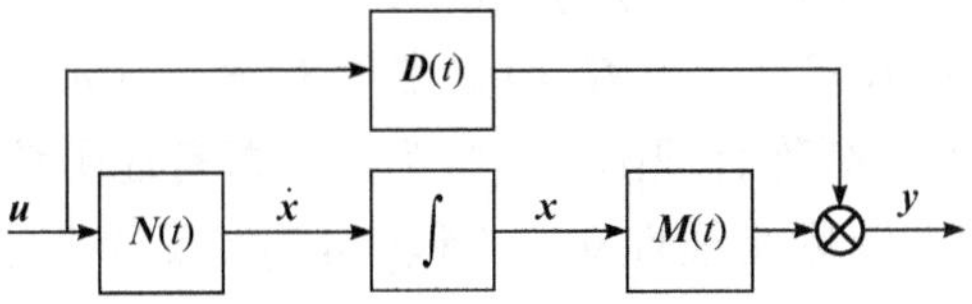

图 1.4.2　方程(1.4.5)的模拟结构图

例 1.4.1　设 $g(t,\tau)=g(t-\tau)=(t-\tau)\mathrm{e}^{\lambda(t-\tau)}$。

解　容易证明：

$$g(t-\tau)=(t-\tau)\mathrm{e}^{\lambda(t-\tau)}=[\mathrm{e}^{\lambda t}\quad t\mathrm{e}^{\lambda t}]\begin{bmatrix}-\tau\mathrm{e}^{-\lambda\tau}\\ \mathrm{e}^{-\lambda\tau}\end{bmatrix}$$

因此，动态方程的一个实现为

$$\begin{bmatrix}\dot{x}_1\\ \dot{x}_2\end{bmatrix}=\begin{bmatrix}-t\mathrm{e}^{-\lambda t}\\ \mathrm{e}^{-\lambda t}\end{bmatrix}u(t)$$

$$y(t)=[\mathrm{e}^{\lambda t}\quad t\mathrm{e}^{\lambda t}]\begin{bmatrix}x_1\\ x_2\end{bmatrix}$$

所有等价动态方程都具有相同的脉冲响应矩阵。因此，若找到 $\boldsymbol{G}(t,\tau)$ 的一个实现，就可利用等价变换找到 $\boldsymbol{G}(t,\tau)$ 的另一个实现。但是注意 $\boldsymbol{G}(t,\tau)$ 可以有维数不同的实现，故并非 $\boldsymbol{G}(t,\tau)$ 的所有实现均等价。

进一步讨论有理函数矩阵可实现的条件。对于时不变的情况，先从 s 域来讨论。设系统的输入-输出描述为

$$\boldsymbol{y}(t)=\int_0^t\boldsymbol{G}(t-\tau)\boldsymbol{u}(\tau)\mathrm{d}\tau$$

或在复数域中为

$$\boldsymbol{Y}(s)=\boldsymbol{G}(s)\boldsymbol{U}(s) \tag{1.4.6}$$

其中，$\boldsymbol{G}(s)$是脉冲响应矩阵$\boldsymbol{G}(t)$的拉普拉斯变换，也就是传递函数矩阵。现假定已找到系统的动态方程描述为

$$\begin{cases}\dot{\boldsymbol{x}}=\boldsymbol{A}\boldsymbol{x}+\boldsymbol{B}\boldsymbol{u}\\ \boldsymbol{y}=\boldsymbol{C}\boldsymbol{x}+\boldsymbol{D}\boldsymbol{u}\end{cases} \tag{1.4.7}$$

由式(1.4.6)可求出

$$\boldsymbol{Y}(s)=[\boldsymbol{C}(s\boldsymbol{I}-\boldsymbol{A})^{-1}\boldsymbol{B}+\boldsymbol{D}]\boldsymbol{U}(s) \tag{1.4.8}$$

比较式(1.4.6)与式(1.4.8)，有

$$\boldsymbol{G}(s)=\boldsymbol{C}(s\boldsymbol{I}-\boldsymbol{A})^{-1}\boldsymbol{B}+\boldsymbol{D}=\frac{\boldsymbol{C}\mathrm{adj}(s\boldsymbol{I}-\boldsymbol{A})\boldsymbol{B}}{\det(s\boldsymbol{I}-\boldsymbol{A})}+\boldsymbol{D} \tag{1.4.9}$$

式(1.4.9)表明，$\boldsymbol{G}(s)$可用式(1.4.7)的动态方程实现的条件是$\boldsymbol{G}(s)$的每一个元都是s的有理函数，而且它的分母的次数不小于分子的次数。

定义 1.4.2　真有理函数矩阵。若$\boldsymbol{G}(\infty)$是常量矩阵，则称有理函数矩阵$\boldsymbol{G}(s)$是**真有理函数矩阵**。若$\boldsymbol{G}(\infty)=\boldsymbol{0}$，则称有理函数矩阵为**严格真有理函数矩阵**。

定理 1.4.2　$\boldsymbol{G}(s)$可由有限维线性动态方程(1.4.7)实现的充分必要条件是传递函数矩阵$\boldsymbol{G}(s)$为真有理函数矩阵。

证明　必要性：由式(1.4.9)就可说明，因为$(s\boldsymbol{I}-\boldsymbol{A})$的行列式是$s$的$n$次多项式，$\mathrm{adj}(s\boldsymbol{I}-\boldsymbol{A})$的每一个元是矩阵$(s\boldsymbol{I}-\boldsymbol{A})$的$n-1$阶子式，而这些子式都是次数至多为$n-1$的多项式。因此$\boldsymbol{C}(s\boldsymbol{I}-\boldsymbol{A})^{-1}\boldsymbol{B}$是严格真有理函数矩阵，根据式(1.4.9)可知$\boldsymbol{G}(\infty)=\boldsymbol{D}$，所以$\boldsymbol{G}(s)$是真有理函数矩阵。

充分性：因为$\boldsymbol{G}(s)$是$q\times p$的真有理函数矩阵，显然$\boldsymbol{G}(\infty)$是一常量矩阵，记$\boldsymbol{G}(\infty)$为$\boldsymbol{D}$，因而$\boldsymbol{G}(s)$可分解如下：

$$\boldsymbol{G}(s)=\boldsymbol{G}_0(s)+\boldsymbol{D} \tag{1.4.10}$$

其中，$\boldsymbol{G}_0(s)$是严格真有理函数矩阵。现在证明存在$\boldsymbol{A}$、$\boldsymbol{B}$、$\boldsymbol{C}$矩阵，使得

$$\boldsymbol{C}(s\boldsymbol{I}-\boldsymbol{A})^{-1}\boldsymbol{B}=\boldsymbol{G}_0(s)$$

设$\boldsymbol{G}_0(s)$各元素分母的首一最小公倍式为$g(s)=s^r+g_{r-1}s^{r-1}+\cdots+g_1s+g_0$，显然$g(s)\boldsymbol{G}_0(s)$是多项式矩阵，因为$\boldsymbol{G}_0(s)$是严格真有理函数矩阵，故$g(s)\boldsymbol{G}_0(s)$可表示如下：

$$g(s)\boldsymbol{G}_0(s)=\boldsymbol{G}_0+\boldsymbol{G}_1s+\cdots+\boldsymbol{G}_{r-1}s^{r-1}$$

其中，$\boldsymbol{G}_0,\boldsymbol{G}_1,\cdots,\boldsymbol{G}_{r-1}$都是$q\times p$的常量矩阵。按下列方式构造$\boldsymbol{A}$、$\boldsymbol{B}$、$\boldsymbol{C}$矩阵：

$$\boldsymbol{A}=\begin{bmatrix}\boldsymbol{0}_p & \boldsymbol{I}_p & & & \\ & \boldsymbol{0}_p & \boldsymbol{I}_p & & \\ & & \ddots & \ddots & \\ & & & \boldsymbol{0}_p & \boldsymbol{I}_p \\ -g_0\boldsymbol{I}_p & -g_1\boldsymbol{I}_p & \cdots & & -g_{r-1}\boldsymbol{I}_p\end{bmatrix},\quad \boldsymbol{B}=\begin{bmatrix}\boldsymbol{0}_p\\ \boldsymbol{0}_p\\ \vdots\\ \boldsymbol{0}_p\\ \boldsymbol{I}_p\end{bmatrix} \tag{1.4.11}$$

$$\boldsymbol{C}=[\boldsymbol{G}_0 \quad \boldsymbol{G}_1 \quad \cdots \quad \boldsymbol{G}_{r-1}]$$

显然 $\boldsymbol{A}$ 、$\boldsymbol{B}$ 、$\boldsymbol{C}$ 分别为 $rp\times rp$ 、$rp\times p$ 、$q\times rp$ 的矩阵。为了证明由式(1.4.11)给出的 $\boldsymbol{A}$ 、$\boldsymbol{B}$ 、$\boldsymbol{C}$ 是 $\boldsymbol{G}_0(s)$ 一个实现，先考虑下列矩阵方程：

$$(s\boldsymbol{I}-\boldsymbol{A})\begin{bmatrix}\boldsymbol{X}_1\\ \boldsymbol{X}_2\\ \vdots\\ \boldsymbol{X}_r\end{bmatrix}=\boldsymbol{B}$$

其中，$\boldsymbol{X}_1,\boldsymbol{X}_2,\cdots,\boldsymbol{X}_r$ 是 $p\times p$ 的矩阵。上述矩阵方程等价于

$$s\begin{bmatrix}\boldsymbol{X}_1\\ \boldsymbol{X}_2\\ \vdots\\ \boldsymbol{X}_r\end{bmatrix}-\begin{bmatrix}\boldsymbol{X}_2\\ \boldsymbol{X}_3\\ \vdots\\ -(g_0\boldsymbol{X}_1+g_1\boldsymbol{X}_2+\cdots+g_{r-1}\boldsymbol{X}_r)\end{bmatrix}=\begin{bmatrix}\boldsymbol{0}_p\\ \boldsymbol{0}_p\\ \vdots\\ \boldsymbol{I}_p\end{bmatrix}$$

因此可得

$$\begin{aligned}
&s\boldsymbol{X}_1=\boldsymbol{X}_2\\
&s\boldsymbol{X}_2=\boldsymbol{X}_3\\
&\quad\vdots\\
&s\boldsymbol{X}_{r-1}=\boldsymbol{X}_r\\
&s\boldsymbol{X}_r=\boldsymbol{I}_p-(g_0\boldsymbol{X}_1+g_1\boldsymbol{X}_2+\cdots+g_{r-1}\boldsymbol{X}_r)
\end{aligned}$$

将上式前 $r-1$ 个式子代入最后一式，可得

$$\boldsymbol{X}_1=\frac{1}{g(s)}\boldsymbol{I}_p$$

所以

$$\begin{bmatrix}\boldsymbol{X}_1\\ \boldsymbol{X}_2\\ \vdots\\ \boldsymbol{X}_r\end{bmatrix}=\frac{1}{g(s)}\begin{bmatrix}\boldsymbol{I}_p\\ s\boldsymbol{I}_p\\ \vdots\\ s_{r-1}\boldsymbol{I}_p\end{bmatrix} \quad 或 \quad (s\boldsymbol{I}-\boldsymbol{A})^{-1}\boldsymbol{B}=\frac{1}{g(s)}\begin{bmatrix}\boldsymbol{I}_p\\ s\boldsymbol{I}_p\\ \vdots\\ s_{r-1}\boldsymbol{I}_p\end{bmatrix}$$

$$\boldsymbol{C}(s\boldsymbol{I}-\boldsymbol{A})^{-1}\boldsymbol{B}=[\boldsymbol{G}_0 \quad \boldsymbol{G}_1 \quad \cdots \quad \boldsymbol{G}_{r-1}]\cdot(s\boldsymbol{I}-\boldsymbol{A})^{-1}\boldsymbol{B}=g(s)\boldsymbol{G}_0(s)\cdot\frac{1}{g(s)}=\boldsymbol{G}_0(s)$$

上式表示由式(1.4.11)所定义的 $\boldsymbol{A}$ 、$\boldsymbol{B}$ 、$\boldsymbol{C}$ 是 $\boldsymbol{G}_0(s)$ 的一个实现，因此根据式(1.4.10)，可知 $\boldsymbol{A}$ 、$\boldsymbol{B}$ 、$\boldsymbol{C}$ 、$\boldsymbol{D}$ 是 $\boldsymbol{G}(s)$ 的一个实现。

式(1.4.10)所给出的实现的维数为 rp ，是否可以构成维数比 rp 更小的 $\boldsymbol{G}(s)$ 的实现？这个问题将在第 3 章进行深入讨论。

例 1.4.2　若有理函数矩阵为

$$\boldsymbol{G}(s)=\begin{bmatrix}\dfrac{2}{(s+1)(s+2)} & \dfrac{1}{(s+3)(s+1)}+5\\ \dfrac{1}{(s+4)(s+3)} & \dfrac{1}{(s+4)(s+5)}\end{bmatrix}$$

试求 $\boldsymbol{G}(s)$ 的一个实现。

解　首先不难验证 $\boldsymbol{G}(s)$ 是真有理函数矩阵，且

$$\boldsymbol{G}(s)=\boldsymbol{G}_0(s)+\begin{bmatrix}0&5\\0&0\end{bmatrix}$$

其中，$\boldsymbol{G}_0(s)$ 为严格真有理函数矩阵，进行下列计算：

$$g(s)=(s+1)(s+2)(s+3)(s+4)(s+5)=s^5+15s^4+85s^3+225s^2+274s+120$$

$$r=5,\quad g_0=120,\quad g_1=274,\quad g_2=225,\quad g_3=85,\quad g_4=15$$

$$g(s)\boldsymbol{G}_0(s)=\begin{bmatrix}2s^3+24s^2+94s+120 & s^3+11s^2+38s+40\\ s^3+8s^2+17s+10 & s^3+6s^2+11s+6\end{bmatrix}$$

$$\boldsymbol{G}_0=\begin{bmatrix}120&40\\10&6\end{bmatrix},\quad \boldsymbol{G}_1=\begin{bmatrix}94&38\\17&11\end{bmatrix},\quad \boldsymbol{G}_2=\begin{bmatrix}24&11\\8&6\end{bmatrix},\quad \boldsymbol{G}_3=\begin{bmatrix}2&1\\1&1\end{bmatrix},\quad \boldsymbol{G}_4=\begin{bmatrix}0&0\\0&0\end{bmatrix}$$

因此根据式(1.4.11)，可得 $\boldsymbol{G}(s)$ 的一个实现如下：

$$\boldsymbol{A}=\begin{bmatrix}0&0&1&0&0&0&0&0&0&0\\0&0&0&1&0&0&0&0&0&0\\0&0&0&0&1&0&0&0&0&0\\0&0&0&0&0&1&0&0&0&0\\0&0&0&0&0&0&1&0&0&0\\0&0&0&0&0&0&0&1&0&0\\0&0&0&0&0&0&0&0&1&0\\0&0&0&0&0&0&0&0&0&1\\-120&0&-274&0&-225&0&-85&0&-15&0\\0&-120&0&-274&0&-225&0&-85&0&-15\end{bmatrix},\quad \boldsymbol{B}=\begin{bmatrix}0&0\\0&0\\0&0\\0&0\\0&0\\0&0\\0&0\\0&0\\1&0\\0&1\end{bmatrix}$$

$$\boldsymbol{C}=\begin{bmatrix}120&40&94&38&24&11&2&1&0&0\\10&6&17&11&8&6&1&1&0&0\end{bmatrix},\quad \boldsymbol{D}=\begin{bmatrix}0&5\\0&0\end{bmatrix}$$

这是一个 $rp=10$ 维的实现。容易将定理 1.4.2 改换为时域的形式来叙述。

推论 1.4.1　脉冲响应矩阵 $\boldsymbol{G}(t)$ 可由动态方程(1.4.7)实现的充分必要条件是 $\boldsymbol{G}(t)$ 的元素是如 $t^k\mathrm{e}^{\lambda_i t}\,(k=0,1,\cdots$ 和 $i=1,2,\cdots)$ 形式的诸项的线性组合，但其中可能还含有在 $t=0$ 时的 δ 函数。

本章小结

本章首先在松弛、线性、因果性、时不变性等概念的基础上，引出了线性系统的输入-输出描述和状态变量描述，并在 1.4 节中对这两种描述方法进行了比较。

在 1.3 节中讨论了动态方程的解。解动态方程的关键在于求出状态转移矩阵 $\boldsymbol{\Phi}(t,\tau)$。对于时变的情况，计算 $\boldsymbol{\Phi}(t,\tau)$ 甚为困难。对于时不变的情况，因为 $\boldsymbol{\Phi}(t,\tau)=\mathrm{e}^{\boldsymbol{A}(t-\tau)}$，而对矩阵指数，式(1.3.1)提供了一种计算途径。

1.4 节中对实现问题的讨论是初步的，实现问题的深入讨论只有在引入可控性和可观测性等概念后才有可能。定理 1.4.2 充分性的证明是构造性的，它通过式(1.4.11)给出了构造真有理函数矩阵实现的一种方法。

本章作为学习后续各章的准备，都是很基本的内容。许多内容可以在有关的本科教材中找到更加详细的说明。为了使读者复习必要的数学预备知识，在习题中选用一些数学练习题，见习题 1.1～习题 1.6。

习　　题

1.1　设有矩阵：

$$\boldsymbol{A}=\begin{bmatrix} 0 & 1 & 0 & \cdots & 0 & 0 \\ 0 & 0 & 1 & & & 0 \\ \vdots & \vdots & & \ddots & & \vdots \\ 0 & 0 & & & 1 & 0 \\ 0 & 0 & 0 & \cdots & 0 & 1 \\ -a_n & -a_{n-1} & -a_{n-2} & \cdots & -a_2 & -a_1 \end{bmatrix}$$

试证，$\boldsymbol{A}$ 的特征多项式为

$$\Delta(\lambda)=\det(\lambda\boldsymbol{I}-\boldsymbol{A})=\lambda^n+a_1\lambda^{n-1}+a_2\lambda^{n-2}+\cdots+a_{n-1}\lambda+a_n$$

若 λ_i 是 $\boldsymbol{A}$ 的特征值，试证，$[1 \quad \lambda_i \quad \lambda_i^2 \quad \cdots \quad \lambda_i^{n-1}]^{\mathrm{T}}$ 是属于 λ_i 的特征向量。

1.2　若 λ_i 是 $\boldsymbol{A}$ 的一个特征值，试证，$f(\lambda_i)$ 是矩阵函数 $f(\boldsymbol{A})$ 的一个特征值。

1.3　试求下列矩阵的特征多项式和最小多项式：

$$\begin{bmatrix} \lambda_1 & 1 & 0 & 0 \\ 0 & \lambda_1 & 1 & 0 \\ 0 & 0 & \lambda_1 & 0 \\ 0 & 0 & 0 & \lambda_1 \end{bmatrix} \quad \begin{bmatrix} \lambda_1 & 1 & 0 & 0 \\ 0 & \lambda_1 & 0 & 0 \\ 0 & 0 & \lambda_1 & 0 \\ 0 & 0 & 0 & \lambda_1 \end{bmatrix} \quad \begin{bmatrix} \lambda_1 & 1 & 0 & 0 \\ 0 & \lambda_1 & 0 & 0 \\ 0 & 0 & \lambda_1 & 1 \\ 0 & 0 & 0 & \lambda_1 \end{bmatrix}$$

1.4　设矩阵：

$$\boldsymbol{A}=\begin{bmatrix} 1 & 1 & 0 \\ 0 & 0 & 1 \\ 0 & 0 & 1 \end{bmatrix}$$

试求 A^{10}、A^{101}、e^{At} 。

1.5 设矩阵：

$$C=\begin{bmatrix}\lambda & 1 & 0\\ 0 & \lambda & 0\\ 0 & 0 & \lambda\end{bmatrix}$$

试求能满足 $e^{B}=C$ 的矩阵 B ，并证明：对于任一非奇异矩阵 C ，均存在能满足 $e^{B}=C$ 的矩阵 B 。

1.6 若 D 可逆，试证：

$$\det\begin{bmatrix}A & B\\ C & D\end{bmatrix}=\det D\cdot\det(A-BD^{-1}C)$$

若 A 可逆，上式有何变化？并证明：

$$\det\left[I_n+\begin{bmatrix}a_1\\ a_2\\ \vdots\\ a_n\end{bmatrix}\begin{bmatrix}b_1 & b_2 & \cdots & b_n\end{bmatrix}\right]=1+\sum_{i=1}^{n}a_ib_i$$

1.7 线性松弛系统的脉冲响应为 $g(t,\tau)=e^{-|t-\tau|}$(对所有的 t,τ)，问系统是否具有因果性？它是时不变的吗？

1.8 设某松弛系统，对于任何 u ，其输入和输出的关系为

$$y(t)=P_{\alpha}u(t)=\begin{cases}u(t), & t\leqslant\alpha\\ 0, & t>\alpha\end{cases}$$

其中，α 是固定常数。试问：系统是否为线性的？是否为时不变的？是否具有因果性？

1.9 试证：若对于任何 u_1,u_2 ，有

$$H(u_1+u_2)=Hu_1+Hu_2$$

则对于任意有理数 α 和任何 u ，有 $H\alpha u=\alpha Hu$ 。

1.10 试证：对于固定的 α ，图 1.1.5 所定义的位移算子 Q_{α} 是线性时不变系统。它的脉冲响应和传递函数为何？

1.11 考虑由下式描述的松弛系统：

$$y=\int_{0}^{t}g(t-\tau)u(\tau)\mathrm{d}\tau$$

若脉冲响应 $g(t)$ 由图 1.1(a)给定。试问：图 1.1(b)所示的输入激励的输出为何？

1.12 试求图 1.2 所示网络的动态方程描述。

1.13 试求下列齐次方程的基本矩阵和状态转移矩阵。

(a) $\begin{bmatrix}\dot{x}_1\\ \dot{x}_2\end{bmatrix}=\begin{bmatrix}0 & 1\\ 0 & t\end{bmatrix}\begin{bmatrix}x_1\\ x_2\end{bmatrix}$ (b) $\begin{bmatrix}\dot{x}_1\\ \dot{x}_2\end{bmatrix}=\begin{bmatrix}-1 & e^{2t}\\ 0 & -1\end{bmatrix}\begin{bmatrix}x_1\\ x_2\end{bmatrix}$

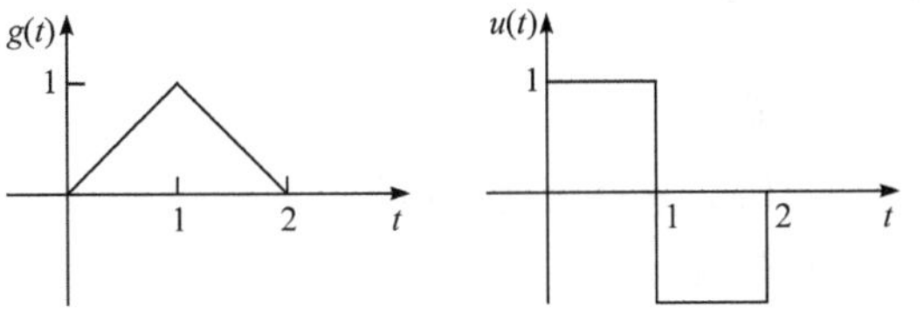

(a)　(b)

图 1.1　脉冲响应和输入作用

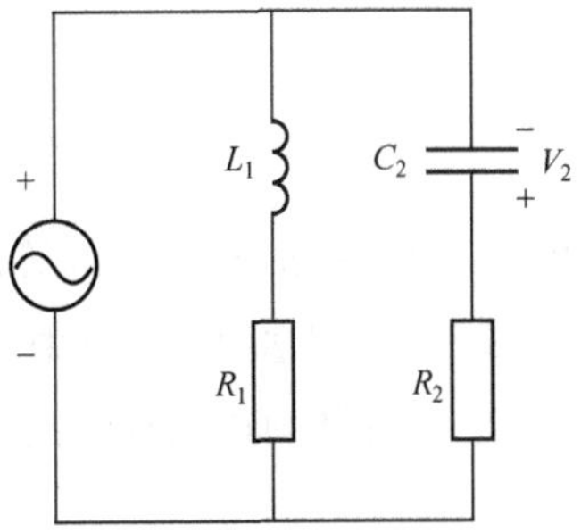

图 1.2　线性网络

1.14　设

$$\boldsymbol{A}=\begin{bmatrix}1&0&1&1\\0&1&0&0\\0&0&1&-1\\0&0&0&1\end{bmatrix}$$

试利用 $L[\mathrm{e}^{\boldsymbol{A}t}]=(s\boldsymbol{I}-\boldsymbol{A})^{-1}$，求 $\mathrm{e}^{\boldsymbol{A}t}$。

1.15　若 $\boldsymbol{T}^{-1}(t)$ 存在且对所有 t 可微，试证：

$$\frac{\mathrm{d}}{\mathrm{d}t}[\boldsymbol{T}^{-1}(t)]=-\boldsymbol{T}^{-1}(t)\left[\frac{\mathrm{d}}{\mathrm{d}t}\boldsymbol{T}(t)\right]\boldsymbol{T}^{-1}(t)$$

1.16　设 $\boldsymbol{\Phi}(t,t_0)$ 为 $\dot{\boldsymbol{x}}=\boldsymbol{A}(t)\boldsymbol{x}$ 的状态转移矩阵，试证：

$$\det\boldsymbol{\Phi}(t,t_0)=\exp\int_{t_0}^{t}\mathrm{tr}[\boldsymbol{A}(\tau)]\mathrm{d}\tau$$

1.17　给定 $\dot{\boldsymbol{x}}=\boldsymbol{A}(t)\boldsymbol{x}$，方程 $\dot{\boldsymbol{z}}=-\boldsymbol{A}^*(t)\boldsymbol{z}$ 称为它的伴随方程。其中 $\boldsymbol{A}^*(t)$ 表示 $\boldsymbol{A}(t)$ 的转置共轭。设 $\boldsymbol{\Phi}(t,t_0)$ 和 $\boldsymbol{\Phi}_1(t,t_0)$ 分别是 $\dot{\boldsymbol{x}}=\boldsymbol{A}(t)\boldsymbol{x}$ 和 $\dot{\boldsymbol{z}}=-\boldsymbol{A}^*(t)\boldsymbol{z}$ 的状态转移矩阵。试证：

$$\boldsymbol{\Phi}_1(t,t_0)\boldsymbol{\Phi}^*(t,t_0)=\boldsymbol{\Phi}^*(t,t_0)\boldsymbol{\Phi}_1(t,t_0)=\boldsymbol{\Phi}_1^*(t,t_0)\boldsymbol{\Phi}(t,t_0)=\boldsymbol{I}$$

1.18　给出 $\boldsymbol{G}(t,\tau)$ 的 n 维实现 $\{\boldsymbol{A},\boldsymbol{B},\boldsymbol{C}\}$，试求将 $\{\boldsymbol{A},\boldsymbol{B},\boldsymbol{C}\}$ 转换到 $\{\boldsymbol{0},\overline{\boldsymbol{B}},\overline{\boldsymbol{C}}\}$ 的等价变换。

1.19　令 $(s\boldsymbol{I}-\boldsymbol{A})^{-1}=\dfrac{1}{\Delta(s)}\left[\boldsymbol{R}_0s^{n-1}+\boldsymbol{R}_1s^{n-2}+\cdots+\boldsymbol{R}_{n-2}s+\boldsymbol{R}_{n-1}\right]$，其中

$$\Delta(s)=\det(s\boldsymbol{I}-\boldsymbol{A})=s^n+a_1s^{n-1}+a_2s^{n-2}+\cdots+a_n$$

是 $\boldsymbol{A}$ 的特征多项式。试证：

$$\begin{aligned}\boldsymbol{R}_1&=\boldsymbol{A}+a_1\boldsymbol{I}=\boldsymbol{A}\boldsymbol{R}_0+a_1\boldsymbol{I}\\\boldsymbol{R}_2&=\boldsymbol{A}^2+a_1\boldsymbol{A}+a_2\boldsymbol{I}=\boldsymbol{A}\boldsymbol{R}_1+a_2\boldsymbol{I}\\&\vdots\\\boldsymbol{R}_{n-1}&=\boldsymbol{A}^{n-1}+a_1\boldsymbol{A}^{n-2}+\cdots+a_{n-1}\boldsymbol{I}=\boldsymbol{A}\boldsymbol{R}_{n-2}+a_{n-1}\boldsymbol{I}\end{aligned}$$

且

$$a_i = -\frac{1}{i}\mathrm{tr}(\boldsymbol{R}_{i-1}\boldsymbol{A}), \quad i = 1, 2, \cdots, n$$

1.20　试求 $\dot{x} = (\cos t \sin t)x$ 的等价时不变动态方程。

1.21　若 $\dot{x} = \mathrm{e}^{-\boldsymbol{A}t}\boldsymbol{B}\mathrm{e}^{\boldsymbol{A}t}x$，其中 $\boldsymbol{A}$ 、$\boldsymbol{B}$ 为常值方阵，求状态转移矩阵。

1.22　求真有理函数矩阵的实现，并画出其模拟图。

$$\boldsymbol{G}(s) = \begin{bmatrix} \dfrac{2+s}{s+1} & \dfrac{1}{s+3} \\ \dfrac{5}{s+1} & \dfrac{5s+1}{s+2} \end{bmatrix}$$

1.23　设$\{\boldsymbol{A}, \boldsymbol{B}, \boldsymbol{C}, \boldsymbol{D}\}$和$\{\overline{\boldsymbol{A}}, \overline{\boldsymbol{B}}, \overline{\boldsymbol{C}}, \overline{\boldsymbol{D}}\}$是两个线性时不变系统，其维数不一定相同。证明：当且仅当

$$\boldsymbol{C}\boldsymbol{A}^k\boldsymbol{B} = \overline{\boldsymbol{C}}\overline{\boldsymbol{A}}^k\overline{\boldsymbol{B}}, \quad k = 0, 1, \cdots$$
$$\boldsymbol{D} = \overline{\boldsymbol{D}}$$

时，两系统零状态等价。

1.24　设 $\boldsymbol{x}(n+1) = \boldsymbol{A}(n)\boldsymbol{x}(n)$，定义：

$$\boldsymbol{\Phi}(n,m) = \boldsymbol{A}(n-1)\boldsymbol{A}(n-2)\cdots\boldsymbol{A}(m), \quad n > m$$
$$\boldsymbol{\Phi}(m,m) = \boldsymbol{I}$$

试证：给定初始状态 $\boldsymbol{x}(m) = \boldsymbol{x}^0$ 下，时刻 n 的状态为 $\boldsymbol{x}(n) = \boldsymbol{\Phi}(n,m)\boldsymbol{x}(0)$。若 $\boldsymbol{A}$ 与 n 无关，则 $\boldsymbol{\Phi}(n,m)$ 为何？

1.25　证明 $\boldsymbol{x}(n+1) = \boldsymbol{A}(n)\boldsymbol{x}(n) + \boldsymbol{B}(n)\boldsymbol{u}(n)$ 的解为

$$\boldsymbol{x}(n) = \boldsymbol{\Phi}(n,m)\boldsymbol{x}(m) + \sum_{l=m}^{n-1}\boldsymbol{\Phi}(n,l+1)\boldsymbol{B}(l)\boldsymbol{u}(l)$$

1.26　设有 n 维、线性、时不变动态方程：

$$\dot{\boldsymbol{x}} = \boldsymbol{A}\boldsymbol{x} + \boldsymbol{B}\boldsymbol{u}$$
$$\boldsymbol{y} = \boldsymbol{C}\boldsymbol{x} + \boldsymbol{D}\boldsymbol{u}$$

若输入：

$$\boldsymbol{u}(t) = \boldsymbol{u}(n), \quad nT \leqslant t \leqslant (n+1)T, \quad n = 0, 1, 2, \cdots$$

其中，$T > 0$ 为采样周期。试证：系统在离散瞬时 $0, T, 2T, \cdots$ 上的行为由下列离散时间方程给出

$$\boldsymbol{x}(n+1) = \mathrm{e}^{\boldsymbol{A}t}\boldsymbol{x}(n) + \left(\int_0^T \mathrm{e}^{\boldsymbol{A}\tau}\mathrm{d}\tau\right)\boldsymbol{B}\boldsymbol{u}(n)$$
$$\boldsymbol{y}(n) = \boldsymbol{C}\boldsymbol{x}(n) + \boldsymbol{D}\boldsymbol{u}(n)$$

1.27　设有理函数矩阵为

$$\boldsymbol{G}(s)=\begin{bmatrix}\dfrac{1}{s} & \dfrac{2s+1}{s(s+1)}\\ \dfrac{1}{s+1} & \dfrac{2s+1}{s(s+1)^2}\end{bmatrix}$$

计算极点多项式和零点多项式。

1.28　若 λ_1 不是 $\boldsymbol{A}$ 的特征值，试证下列恒等式成立：

$$(s\boldsymbol{I}-\boldsymbol{A})^{-1}(s-\lambda_1)^{-1}=(\lambda_1\boldsymbol{I}-\boldsymbol{A})^{-1}(s-\lambda_1)^{-1}+(s\boldsymbol{I}-\boldsymbol{A})^{-1}(\boldsymbol{A}-\lambda_1\boldsymbol{I})^{-1}$$

1.29　设单变量线性时不变动态方程为

$$\dot{\boldsymbol{x}}=\boldsymbol{A}\boldsymbol{x}+\boldsymbol{b}u$$
$$y=\boldsymbol{c}\boldsymbol{x}+du$$

若输入 u 有形式 $\mathrm{e}^{\lambda_1 t}$，其中 λ_1 不是 $\boldsymbol{A}$ 的特征值，试证：存在初始状态，使输出 y 立即有 $\mathrm{e}^{\lambda_1 t}$ 的形式而不包含任何瞬变过程。又当 λ_1 是传递函数的零点时，试证：可选适当初始状态，使系统在输入 $\mathrm{e}^{\lambda_1 t}$ 作用下，输出恒为零。

第 2 章　线性系统的可控性、可观测性

采取状态空间方法描述系统的特点是突出了系统内部动态结构。由于引入了反映系统内部动态信息的状态变量，所以系统的输入-输出关系就分成了两部分：一部分是系统的控制输入对状态的影响，这由状态方程来表征；另一部分是系统状态与系统输出的关系，这由量测方程来表征。这种把输入、状态和输出之间的相互关系分别表现的方式，为了解系统内部结构的特征提供了方便，在这个基础上也就产生了控制理论中的许多新概念。可控性和可观测性就是说明系统内部结构特征的两个最基本的概念。

人们在用状态空间方法进行控制系统设计时，常常关心这样两个问题：第一，应该把系统的控制输入加在什么地方，这样加的控制输入是否能够有效地制约系统的全部状态变量？因为系统的状态变量完全刻画了系统的动力学行为，所以控制输入对状态变量的制约能力也就反映了对系统动力学行为的制约能力。而反映控制输入对状态变量制约能力的概念就是系统的可控性。第二，设计系统时为了形成控制作用，往往需要系统内部结构的动态信息，这些所需要的信息从哪里得到呢？例如，对输出反馈控制系统来说，这些信息是要从系统的输出中得到的，而系统的输出是通过敏感元件或量测仪表量测得到的，那么为了设计系统需要量测哪些物理量呢？这些能量测得到的物理量是否包含系统内部结构的全部动态信息呢？由于系统内部结构提供的动态信息都集中于系统的状态变量中，因此就要知道输出中是否包括系统的状态变量所提供的信息。而这种反映由系统输出来判断系统状态能力的概念就是可观测性。简而言之，可控性反映了控制输入对系统的制约能力，可观测性反映了输出对系统状态的判断能力。它们都是反映控制系统结构性质的基本概念，它们在系统分析与设计中起着关键性作用。

若考虑以下动态方程所描述的系统：

$$\begin{aligned}\dot{\boldsymbol{x}} &= \boldsymbol{A}(t)\boldsymbol{x}+\boldsymbol{B}(t)\boldsymbol{u}\\ \boldsymbol{y} &= \boldsymbol{C}(t)\boldsymbol{x}+\boldsymbol{D}(t)\boldsymbol{u}\end{aligned} \tag{2.0.1}$$

其中，各符号意义同第 1 章。显然可控性的问题是研究矩阵对 $(\boldsymbol{A}(t),\boldsymbol{B}(t))$ 的关系，而可观测性则是研究矩阵对 $(\boldsymbol{A}(t),\boldsymbol{C}(t))$ 的关系。为了方便起见，假设系统的时间域是 $[t_0,\infty)$，同时规定 $\boldsymbol{u}(t)$ 为在 $[t_0,T]$ 上的分段连续函数所组成的控制输入向量，这里 $t_0 \leqslant T < \infty$，并将这些控制输入简称为容许控制。

2.1　时间函数的线性无关性

关于线性空间的向量组的线性无关概念已为大家所熟悉。现在，将在实变量函数集合中应用这一概念。为简单起见，假设这些实变量函数都是在所定义区间上的连续函数。

定义 2.1.1　线性相关/无关。若存在不全为零的复数 $\alpha_1,\alpha_2,\cdots,\alpha_n$，使得

$$\alpha_1 f_1(t)+\alpha_2 f_2(t)+\cdots+\alpha_n f_n(t)=0,\quad \forall t\in[t_1,t_2] \tag{2.1.1}$$

成立，则称在复数域上，实变量复值函数组 $f_1, f_2, \cdots, f_n$ 在时间区间 $[t_1,t_2]$ 上是**线性相关**的。否则，称 $f_1, f_2, \cdots, f_n$ 在 $[t_1,t_2]$ 上**线性无关**。在这一定义中，关于时间区间的说明很重要。

例 2.1.1　设有定义在 $[-1,1]$ 上的两个连续函数 f_1 和 f_2：

$$f_1(t)=t,\quad t\in[-1,1]$$

$$f_2(t)=\begin{cases} t, & t\in[-1,0] \\ 1+t^2+\cdots+t^{n-1}, & t\in[0,1] \end{cases}$$

解　显然，f_1 和 f_2 在 $[-1,0]$ 上是线性相关的。而对于 $[-1,1]$ 上，f_1 和 f_2 则是线性无关的。

从例 2.1.1 可见，虽然一个函数组在某个时间区间 $[t_1,t_2]$ 上是线性无关的，但在 $[t_1,t_2]$ 中的某个子区间上却可以是线性相关的。然而在 $[t_1,t_2]$ 上一定存在这样的子区间，函数组在这个子区间上是线性无关的，而且在包含这个子区间的任何区间上都是线性无关的。在上述例子中，$[-\varepsilon,\varepsilon]$ 就是这样的子区间，这里 ε 是小于 1 的任何正数。因此函数组的线性无关性是和时间区间密切联系的，在考察函数组的线性无关性时，必须考虑它所定义的整个时间区间。

这一线性无关概念也可以推广到向量函数组。令 $\boldsymbol{f}_i(i=1,2,\cdots,n)$ 是 t 的 $1\times p$ 复值向量函数，若存在不全为零的复数 $\alpha_1,\alpha_2,\cdots,\alpha_n$，使得

$$\alpha_1 \boldsymbol{f}_1(t)+\alpha_2 \boldsymbol{f}_2(t)+\cdots+\alpha_n \boldsymbol{f}_n(t)=0,\quad \forall t\in[t_1,t_2] \tag{2.1.2}$$

则称函数组 $\boldsymbol{f}_1,\boldsymbol{f}_2,\cdots,\boldsymbol{f}_n$ 在 $[t_1,t_2]$ 上线性相关，否则称 $\boldsymbol{f}_1,\boldsymbol{f}_2,\cdots,\boldsymbol{f}_n$ 在 $[t_1,t_2]$ 上线性无关。

也可以给线性无关作如下的叙述：$\boldsymbol{f}_1,\boldsymbol{f}_2,\cdots,\boldsymbol{f}_n$ 在 $[t_1,t_2]$ 上是线性无关的，当且仅当：

$$[\alpha_1,\alpha_2,\cdots,\alpha_n]\begin{bmatrix} \boldsymbol{f}_1(t) \\ \boldsymbol{f}_2(t) \\ \vdots \\ \boldsymbol{f}_n(t) \end{bmatrix}=\boldsymbol{\alpha}\cdot\boldsymbol{F}(t)=0$$

意味着 $\boldsymbol{\alpha}\equiv 0$，其中

$$\boldsymbol{\alpha}=[\alpha_1,\alpha_2,\cdots,\alpha_n],\quad \boldsymbol{F}(t)=\begin{bmatrix} \boldsymbol{f}_1(t) \\ \boldsymbol{f}_2(t) \\ \vdots \\ \boldsymbol{f}_n(t) \end{bmatrix}$$

定义 2.1.2　克莱姆矩阵。设 $\boldsymbol{f}_i(i=1,2,\cdots,n)$ 是定义在 $[t_1,t_2]$ 上的 $1\times p$ 复值连续向量函数，$\boldsymbol{F}$ 是 $n\times p$ 矩阵，它的第 i 行是 $\boldsymbol{f}_i$，则称

$$\boldsymbol{W}(t_1,t_2)=\int_{t_1}^{t_2}\boldsymbol{F}(t)\boldsymbol{F}^*(t)\mathrm{d}t \tag{2.1.3}$$

为 $\boldsymbol{f}_i(i=1,2,\cdots,n)$ 在 $[t_1,t_2]$ 上的**克莱姆矩阵**。其中 $\boldsymbol{F}^*(t)$ 表示 $\boldsymbol{F}(t)$ 的转置共轭。

定理 2.1.1　$\boldsymbol{f}_1,\boldsymbol{f}_2,\cdots,\boldsymbol{f}_n$ 在 $[t_1,t_2]$ 上线性无关的充分必要条件是 $\boldsymbol{W}(t_1,t_2)$ 非奇异。

证明　先证充分性，即由 $\boldsymbol{W}(t_1,t_2)$ 非奇异证明 $\boldsymbol{f}_i$ 在 $[t_1,t_2]$ 上线性无关。用反证法。若 $\boldsymbol{f}_i$ 线性相关，则存在非零 $1\times n$ 的行向量 $\boldsymbol{\alpha}$ 使得

$$\boldsymbol{\alpha}\cdot\boldsymbol{F}(t)=0,\quad \forall t\in[t_1,t_2]$$

因此有

$$\boldsymbol{\alpha}\cdot\boldsymbol{W}(t_1,t_2)=\int_{t_1}^{t_2}\boldsymbol{\alpha}\cdot\boldsymbol{F}(t)\boldsymbol{F}^*(t)\mathrm{d}t=0$$

故 $\boldsymbol{W}(t_1,t_2)$ 行线性相关，从而 $\det\boldsymbol{W}(t_1,t_2)=0$，这和 $\boldsymbol{W}(t_1,t_2)$ 非奇异相矛盾，矛盾表明 $\boldsymbol{f}_i$ 在 $[t_1,t_2]$ 上线性无关。

再用反证法证明必要性。设 $\boldsymbol{f}_i$ 在 $[t_1,t_2]$ 上线性无关，但 $\boldsymbol{W}(t_1,t_2)$ 是奇异的，由于 $\boldsymbol{W}(t_1,t_2)$ 是奇异矩阵，则必存在一个 $1\times n$ 的行向量 $\boldsymbol{\alpha}$ 使得

$$\boldsymbol{\alpha}\cdot\boldsymbol{W}(t_1,t_2)=0$$

或

$$\boldsymbol{\alpha}\cdot\boldsymbol{W}(t_1,t_2)\boldsymbol{\alpha}^*=\int_{t_1}^{t_2}[\boldsymbol{\alpha}\boldsymbol{F}(t)][\boldsymbol{\alpha}\boldsymbol{F}(t)]^*\mathrm{d}t=0$$

因为对于 $[t_1,t_2]$ 中所有 t，被积函数 $[\boldsymbol{\alpha}\boldsymbol{F}(t)][\boldsymbol{\alpha}\boldsymbol{F}(t)]^*$ 是非负的连续函数，故上式意味着：

$$\boldsymbol{\alpha}\boldsymbol{F}(t)=0,\quad \forall t\in[t_1,t_2]$$

这与函数 $\boldsymbol{f}_i$ 在 $[t_1,t_2]$ 上线性无关相矛盾。因此必有 $\det\boldsymbol{W}(t_1,t_2)\neq 0$。

定理 2.1.2　设 $\boldsymbol{f}_i\ (i=1,2,\cdots,n)$ 是定义在 $[t_1,t_2]$ 上的 $1\times p$ 复值函数，且在 $[t_1,t_2]$ 上有一直到 $(n-1)$ 阶的连续导数，令 $\boldsymbol{f}_i$ 为 $\boldsymbol{F}$ 的第 i 行 $n\times p$ 矩阵，且令 $\boldsymbol{F}^{(k)}(t)$ 是 $\boldsymbol{F}$ 的第 k 阶导数。若在 $[t_1,t_2]$ 上存在某个 t_0，使 $n\times np$ 矩阵：

$$[\boldsymbol{F}(t_0)\quad \boldsymbol{F}^{(1)}(t_0)\quad \cdots\quad \boldsymbol{F}^{(n-1)}(t_0)] \tag{2.1.4}$$

的秩为 n，则在 $[t_1,t_2]$ 上，$\boldsymbol{f}_i$ 在复数域上是线性无关的。

证明　用反证法。若 $\boldsymbol{f}_i$ 在 $[t_1,t_2]$ 上线性相关，则存在非零 $1\times n$ 的行向量 $\boldsymbol{\alpha}$，使得对于 $[t_1,t_2]$ 中任一 t，均有 $\boldsymbol{\alpha}\boldsymbol{F}(t)=0$ 成立，因此有

$$\boldsymbol{\alpha}\boldsymbol{F}^{(k)}(t)=0,\quad \forall t\in[t_1,t_2],k=1,2,\cdots,n-1$$

因为 $t_0\in[t_1,t_2]$，故有

$$\boldsymbol{\alpha}\cdot[\boldsymbol{F}(t_0)\quad \boldsymbol{F}^{(1)}(t_0)\quad \cdots\quad \boldsymbol{F}^{(n-1)}(t_0)]=0$$

这说明矩阵 $[\boldsymbol{F}(t_0)\quad \boldsymbol{F}^{(1)}(t_0)\quad \cdots\quad \boldsymbol{F}^{(n-1)}(t_0)]$ 行线性相关，其秩小于 n，这与假设相矛盾，因此在 $[t_1,t_2]$ 上 $\boldsymbol{f}_i$ 线性无关。

定理 2.1.2 中的条件对于一个函数组的线性无关性来说是充分的但不是必要的，这可

用下面的例子来说明。

例 2.1.2　设有定义在$[-1,1]$上的两个函数：$f_1(t)=t^3, f_2(t)=|t^3|$，它们在$[-1,1]$上是线性无关的，但不难由计算证明，对$[-1,1]$中的任一点t_0，式(2.1.4)所定义的矩阵的秩均小于 2。

为检验函数组的线性无关性，若函数是连续的，就可应用定理 2.1.1，它要求在时间区间上计算积分。若函数连续可微到某一阶次，则可应用定理 2.1.2。显然，应用定理 2.1.2 比用定理 2.1.1 方便，但是定理 2.1.2 给出的条件不是必要的，使用时要特别注意。如果函数是解析的，相对于定理 2.1.2 有以下更强的结果。

定理 2.1.3　假设对每一个i，$\boldsymbol{f}_i$在$[t_1,t_2]$上是解析的。令t_0是$[t_1,t_2]$中的任一固定点，则向量函数组$\boldsymbol{f}_i$在$[t_1,t_2]$上线性无关的充分必要条件为

$$\operatorname{rank}[\boldsymbol{F}(t_0)\quad \boldsymbol{F}^{(1)}(t_0)\quad \cdots\quad \boldsymbol{F}^{(n-1)}(t_0)\quad \cdots]=n \tag{2.1.5}$$

证明　充分性证明与定理 2.1.2 相同。下面用反证法来证明必要性。设

$$\operatorname{rank}[\boldsymbol{F}(t_0)\quad \boldsymbol{F}^{(1)}(t_0)\quad \cdots\quad \boldsymbol{F}^{(n-1)}(t_0)\quad \cdots]<n$$

则无穷矩阵$[\boldsymbol{F}(t_0)\quad \boldsymbol{F}^{(1)}(t_0)\quad \cdots\quad \boldsymbol{F}^{(n-1)}(t_0)\quad \cdots]$的行是线性相关的，因此必存在非零$1\times n$的行向量$\boldsymbol{\alpha}$使得

$$\boldsymbol{\alpha}\cdot[\boldsymbol{F}(t_0)\quad \boldsymbol{F}^{(1)}(t_0)\quad \cdots\quad \boldsymbol{F}^{(n-1)}(t_0)\quad \cdots]=0$$

又因为$\boldsymbol{f}_i$在$[t_1,t_2]$上是解析的，因此存在$\varepsilon>0$，使对于$[t_0-\varepsilon,t_0+\varepsilon]$中的所有$t$，$\boldsymbol{F}(t)$能在$t_0$表示为泰勒级数：

$$\boldsymbol{F}(t)=\sum_{n=0}^{+\infty}\frac{(t-t_0)^n}{n!}\boldsymbol{F}^{(n)}(t_0),\quad \forall t\in[t_0-\varepsilon,t_0+\varepsilon]$$

上式两边乘以$\boldsymbol{\alpha}$后，可得

$$\boldsymbol{\alpha}\boldsymbol{F}(t)=0,\quad \forall t\in[t_0-\varepsilon,t_0+\varepsilon]$$

而由$\boldsymbol{f}_i$的解析性可知，$\boldsymbol{\alpha}\boldsymbol{F}(t)$作为行向量函数在$[t_1,t_2]$上也是解析的。因此有$\boldsymbol{\alpha}\boldsymbol{F}(t)=0$，$\forall t\in[t_1,t_2]$，或等价地说，$\boldsymbol{f}_i$在$[t_1,t_2]$上是线性相关的，这与假设相矛盾。因此定理必要性成立。

由定理 2.1.3 导致的直接结论是若解析函数组在$[t_1,t_2]$上线性无关，则对于$[t_1,t_2]$中所有t，均有

$$\operatorname{rank}[\boldsymbol{F}(t)\quad \boldsymbol{F}^{(1)}(t)\quad \cdots\quad \boldsymbol{F}^{(n-1)}(t)\quad \cdots]=n$$

由此可以进一步得知，若解析函数集合在$[t_1,t_2]$上线性无关，则解析函数组在$[t_1,t_2]$的每一个子区间上也线性无关。

例 2.1.3　设$f_1(t)=\sin 1000t$，$f_2(t)=\sin 2000t$，显然f_1和f_2对每一个t是线性无关的，但可以证明矩阵：

$$[\boldsymbol{F}(t)\quad \boldsymbol{F}^{(1)}(t)]=\begin{bmatrix}\sin 1000t & 10^3\cos 1000t\\ \sin 2000t & 2\times 10^3\cdot\cos 2000t\end{bmatrix}$$

在 $t=0,\pm 10^{-3}\pi,\cdots$ 处，其秩小于 2。然而对于所有的 t，不难验证：

$$\operatorname{rank}[\boldsymbol{F}(t)\quad \boldsymbol{F}^{(1)}(t)\quad \boldsymbol{F}^{(2)}(t)\quad \boldsymbol{F}^{(3)}(t)]=2$$

本节介绍了判断向量函数组线性无关的两个定理，这是为研究线性系统可控性和可观测性所做的数学准备。读者将会看到，判断系统可控性和可观测性的所有准则几乎都是由这两个定理引出的。

2.2　线性系统的可控性

在本章开始时，初步提出了状态可控性的概念，并指出状态可控性仅是状态方程的特性，即由矩阵对 $(\boldsymbol{A}(t),\boldsymbol{B}(t))$ 所决定，而输出方程在此并不起任何作用。

在给出状态可控性的一般定义之前，先研究两个简单的例子。

例 2.2.1　设有图 2.2.1 所示的网络，其中电阻均为 1Ω，电容两端的电压是系统的状态变量。若 $x(t_0)=x_0$，则不管输入如何，都不可能在有限时间 t_1 内，使得 $x(t_1)=0$，这是由于网络的对称性使输入不影响电容电压。因此，系统的状态在任何 t_0 时刻都是不可控的。

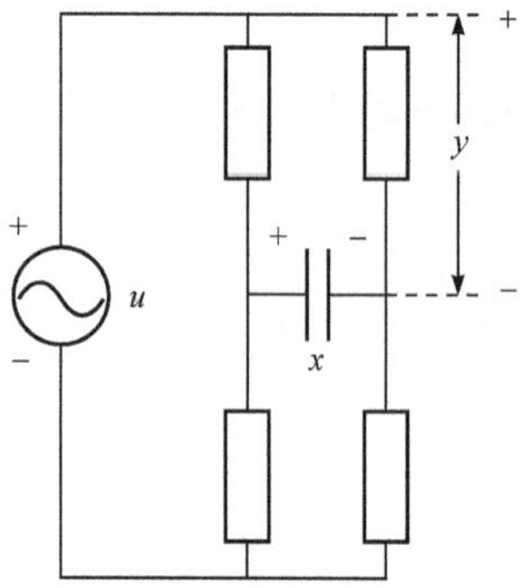

图 2.2.1　不可控网络

例 2.2.2　求解如下的二阶系统状态方程：

$$\dot{x}_1(t)=u,\quad \dot{x}_2=u$$

解　这个状态方程的解为

$$x_1(t)=x_1(t_0)+\int_{t_0}^{t}u(\tau)\mathrm{d}\tau$$

$$x_2(t)=x_2(t_0)+\int_{t_0}^{t}u(\tau)\mathrm{d}\tau$$

只要 $x_1(t_0)$ 和 $x_2(t_0)$ 不相等，任何输入 u 都不能使 $x_1(t)$ 和 $x_2(t)$ 同时达到零，这说明输入不能制约全部的状态变量。显然通过一个输入作用同时控制两个积分器，而且要求它们的动态行为都满足各自的要求是不可能的。

上面这两个例子都是状态不可控的最简单的例子。

定义 2.2.1　可控/不可控。若对状态空间的任一状态 $\boldsymbol{x}(t_0)$，存在一个有限时刻 $t_1>t_0$ 和一个容许控制 $\boldsymbol{u}$，能在 t_1 时刻使状态 $\boldsymbol{x}(t_0)$ 转移到零，则称状态方程：

$$\dot{\boldsymbol{x}}=\boldsymbol{A}(t)\boldsymbol{x}+\boldsymbol{B}(t)\boldsymbol{u}\tag{2.2.1}$$

在 t_0 时刻是**可控**的。反之称为在 t_0 时刻**不可控**。

对定义 2.2.1 作如下说明：第一，定义仅仅要求输入 $\boldsymbol{u}$ 能在有限时间内将状态空间中任何初态转移到零状态，至于状态遵循什么轨迹转移则并未指定；而且除容许控制之外也未对输入的形式加以任何限制。第二，t_1 时刻是依赖于初始状态的，但是由于状态空间是有限维的，因此对可控系统来说，必对所有的初始状态都存在一个共同的有限时刻 t_1，也就是说，t_1 的取值与初始状态大小无关。第三，与可控概念相反，只要存在一个初态 $\boldsymbol{x}(t_0)$，无论 t_1 取多大，都不能找到一个容许控制将这个状态 $\boldsymbol{x}(t_0)$ 控制到 $\boldsymbol{x}(t_1)=0$，这时称系统在 t_0 时刻是不可控的。第四，这里所定义的可控性又称为到达原点的可控性。后面若不加特别说明，系统(或状态，或动态方程)的可控性时都是指定义 2.2.1 所定义的可控性。对于线性连续时间系统，可以证明，定义 2.2.1 所阐述的到达原点的可控性与状态空间的任何状态转移到另一任何状态是等价的(见习题 2.3)。

例 2.2.3 用定义 2.2.1 直接研究系统：

$$\dot{x}=x+u$$

的可控性。因为这个一阶系统状态方程的解为

$$x(t)=\mathrm{e}^{(t-t_0)}x(t_0)+\int_{t_0}^{t}\mathrm{e}^{(t-\tau)}u(\tau)\mathrm{d}\tau$$

解 任取固定的 $t_1>t_0$ 并记 $x(t_0)$ 为 x_0，令

$$u(t)=\frac{-x_0\mathrm{e}^{(2t_1-t_0-t)}}{\int_{t_0}^{t_1}\mathrm{e}^{2(t_1-\tau)}\mathrm{d}\tau},\quad t\in[t_0,t_1]$$

将上述 $u(t)$ 代入 $x(t)$，验证可知 $x(t_1)=0$。这说明系统在 t_0 时刻是可控的。这时有

$$\mathrm{e}^{(t_1-t_0)}x_0=\int_{t_0}^{t_1}\mathrm{e}^{(t_1-\tau)}\cdot[-u(\tau)]\mathrm{d}\tau,\quad \forall t_1>t_0$$

这说明零状态响应都可用一个特别的零输入响应来代替。

如例 2.2.3 那样，直接用定义来验证可控性实在太不方便了，因此有必要研究判别系统可控性的一般准则。

定理 2.2.1 状态方程(2.2.1)在 t_0 可控，必要且只要存在一个有限时间 $t_1>t_0$，使矩阵 $\boldsymbol{\Phi}(t_0,\tau)\boldsymbol{B}(\tau)$ 的 n 行在 $\tau\in[t_0,t_1]$ 上线性无关。

证明 充分性：若矩阵 $\boldsymbol{\Phi}(t_0,\tau)\boldsymbol{B}(\tau)$ 的行在 $[t_0,t_1]$ 上线性无关，根据定理 2.1.1，$n\times n$ 常量矩阵：

$$\boldsymbol{W}(t_0,t_1)=\int_{t_0}^{t_1}\boldsymbol{\Phi}(t_0,\tau)\boldsymbol{B}(\tau)\boldsymbol{B}^*(\tau)\boldsymbol{\Phi}^*(t_0,\tau)\mathrm{d}\tau \tag{2.2.2}$$

非奇异。对于任给的 $\boldsymbol{x}(t_0)$，构造如下控制输入：

$$\boldsymbol{u}(t)=-\boldsymbol{B}^*(t)\boldsymbol{\Phi}^*(t_0,t)\boldsymbol{W}^{-1}(t_0,t_1)\boldsymbol{x}(t_0),\quad t\in[t_0,t_1] \tag{2.2.3}$$

可以证明，式(2.2.3)所定义的 $\boldsymbol{u}(t)$ 能在 t_1 时刻将 $\boldsymbol{x}(t_0)$ 转移到 $\boldsymbol{x}(t_1)=0$。事实上，将式(2.2.2)代入方程解的表达式，可得

$$\boldsymbol{x}(t)=\boldsymbol{\Phi}(t,t_0)\left[\boldsymbol{x}(t_0)+\int_{t_0}^{t}\boldsymbol{\Phi}(t_0,\tau)\boldsymbol{B}(\tau)\boldsymbol{u}(\tau)\mathrm{d}\tau\right]$$

并令 $t=t_1$，可得

$$\begin{aligned}\boldsymbol{x}(t_1)&=\boldsymbol{\Phi}(t_1,t_0)\{\boldsymbol{x}(t_0)+\int_{t_0}^{t_1}\boldsymbol{\Phi}(t_0,\tau)\boldsymbol{B}(\tau)[-\boldsymbol{B}^*(\tau)\boldsymbol{\Phi}^*(t_0,\tau)]\boldsymbol{W}^{-1}(t_0,t_1)\boldsymbol{x}(t_0)\mathrm{d}\tau\}\\&=\boldsymbol{\Phi}(t_1,t_0)[\boldsymbol{x}(t_0)-\boldsymbol{x}(t_0)]=0\end{aligned}$$

由此可以断言方程(2.2.1)是可控的。

再用反证法证明必要性。设在 t_0 时刻方程可控，但对任何 $t_1>t_0$，$\boldsymbol{\Phi}(t_0,\tau)\boldsymbol{B}(\tau)$ 在 $[t_0,t_1]$ 上都是线性相关的，故必存在非零 $1\times n$ 的行向量 $\boldsymbol{\alpha}$，使得对于 $[t_0,t_1]$ 中所有的 t，均有

$$\boldsymbol{\alpha}\cdot\boldsymbol{\Phi}(t_0,\tau)\boldsymbol{B}(\tau)=0$$

又由于方程在 t_0 时刻可控，当取 $\boldsymbol{x}(t_0)=\boldsymbol{\alpha}^*$ 时，存在有限时刻 $t_1>t_0$ 和 $\boldsymbol{u}_{[t_0,t_1]}$，使 $\boldsymbol{x}(t_1)=0$，即

$$\boldsymbol{x}(t_1)=\boldsymbol{\Phi}(t_1,t_0)\left[\boldsymbol{\alpha}^*+\int_{t_0}^{t_1}\boldsymbol{\Phi}(t_0,\tau)\boldsymbol{B}(\tau)\boldsymbol{u}(\tau)\mathrm{d}\tau\right]=0$$

因为 $\boldsymbol{\Phi}(t_1,t_0)$ 非奇异，故有

$$\boldsymbol{\alpha}^*=-\int_{t_0}^{t_1}\boldsymbol{\Phi}(t_0,\tau)\boldsymbol{B}(\tau)\boldsymbol{u}(\tau)\mathrm{d}\tau$$

上式两边左乘 $\boldsymbol{\alpha}$：

$$\boldsymbol{\alpha}\boldsymbol{\alpha}^*=-\int_{t_0}^{t_1}[\boldsymbol{\alpha}\boldsymbol{\Phi}(t_0,\tau)\boldsymbol{B}(\tau)]\boldsymbol{u}(\tau)\mathrm{d}\tau$$

上式积分号下 $\boldsymbol{\alpha}\boldsymbol{\Phi}(t_0,\tau)\boldsymbol{B}(\tau)=0$，故 $\boldsymbol{\alpha}\boldsymbol{\alpha}^*=0$。此即意味着 $\boldsymbol{\alpha}=0$，这与假设相矛盾。

在证明定理的过程中，需要利用 $\boldsymbol{W}(t_0,t_1)$ 构造出式(2.2.3)所表示的控制。若 $\boldsymbol{A}(t),\boldsymbol{B}(t)$ 是连续函数，式(2.2.3)表示的控制也是 $[t_0,t_1]$ 上 t 的连续函数，而且它是所有能使 $\boldsymbol{x}(t_1)=0$ 的控制中消耗能量最小的控制(见习题 2.5)。

推论 2.2.1　状态方程(2.2.1)在 t_0 可控的充分必要条件是存在有限时刻 $t_1>t_0$，使得 $\boldsymbol{W}(t_0,t_1)$ 非奇异。

通常将式(2.2.2)所定义的矩阵 $\boldsymbol{W}(t_0,t_1)$ 称为可控性克莱姆矩阵，简称为可控性矩阵。为了应用定理 2.2.1，必须计算 $\dot{\boldsymbol{x}}=\boldsymbol{A}(t)\boldsymbol{x}$ 的状态转移矩阵 $\boldsymbol{\Phi}(t,t_0)$。如前所述，计算过程一般是比较困难的。因此，应用定理 2.2.1 并非易事。下面根据矩阵 $\boldsymbol{A}(t)$ 与 $\boldsymbol{B}(t)$ 给出可控性判据。

假设 $\boldsymbol{A}(t)$, $\boldsymbol{B}(t)$ 是 $(n-1)$ 次连续可微的，用下式定义矩阵序列 $\boldsymbol{M}_0(t),\boldsymbol{M}_1(t),\cdots,\boldsymbol{M}_{n-1}(t)$：

$$\begin{cases}\boldsymbol{M}_0(t)=\boldsymbol{B}(t)\\\boldsymbol{M}_k(t)=-\boldsymbol{A}(t)\boldsymbol{M}_{k-1}(t)+\dfrac{\mathrm{d}\boldsymbol{M}_{k-1}(t)}{\mathrm{d}t},\quad k=1,2,\cdots,n-1\end{cases}\tag{2.2.4}$$

由方程组(2.2.4)中第一式可得

$$\boldsymbol{\Phi}(t_0,t)\boldsymbol{B}(t)=\boldsymbol{\Phi}(t_0,t)\boldsymbol{M}_0(t)$$

$$\frac{\partial}{\partial t}\boldsymbol{\Phi}(t_0,t)\boldsymbol{B}(t)=\boldsymbol{\Psi}(t_0)\left[\left(\frac{\mathrm{d}\boldsymbol{\Psi}^{-1}(t)}{\mathrm{d}t}\right)\boldsymbol{B}(t)+\boldsymbol{\Psi}^{-1}(t)\frac{\mathrm{d}\boldsymbol{B}(t)}{\mathrm{d}t}\right]$$

$$=\boldsymbol{\Psi}(t_0)\boldsymbol{\Psi}^{-1}(t)\left[-\boldsymbol{A}(t)\boldsymbol{B}(t)+\frac{\mathrm{d}\boldsymbol{B}(t)}{\mathrm{d}t}\right]$$
$$=\boldsymbol{\Phi}(t_0,t)\boldsymbol{M}_1(t)$$

一般地，

$$\frac{\partial^k\boldsymbol{\Phi}(t_0,t)\boldsymbol{B}(t)}{\partial t^k}=\boldsymbol{\Phi}(t_0,t)\boldsymbol{M}_k(t) \tag{2.2.5}$$

定理 2.2.2　设状态方程(2.2.1)中的矩阵 $\boldsymbol{A}(t)$ 与 $\boldsymbol{B}(t)$ 是 $(n-1)$ 次连续可微的，若存在有限时间 $t_1>t_0$，使得

$$\operatorname{rank}[\boldsymbol{M}_0(t_1)\quad \boldsymbol{M}_1(t_1)\quad \cdots\quad \boldsymbol{M}_{n-1}(t_1)]=n \tag{2.2.6}$$

则状态方程(2.2.1)在 t_0 可控。

证明　用反证法：若式(2.2.1)在 t_0 时刻不可控，则由定理 2.2.1 可知，对任意的 $t_1>t_0$，$\boldsymbol{\Phi}(t_0,t)\boldsymbol{B}(t)$ 在 $[t_0,t_1]$ 上行线性相关，即存在非零 $1\times n$ 的行向量 $\boldsymbol{\alpha}$，使得对于 $[t_0,t_1]$ 中任一时刻 t，均有

$$\boldsymbol{\alpha}\boldsymbol{\Phi}(t_0,t)\boldsymbol{B}(t)=0$$

将上式对变量 t 求偏导数，并利用式(2.2.5)，可得

$$\boldsymbol{\alpha}\boldsymbol{\Phi}(t_0,t)[\boldsymbol{M}_0(t)\quad \boldsymbol{M}_1(t)\quad \cdots\quad \boldsymbol{M}_{n-1}(t)]=0$$

当 $t=t_1$ 时，上式仍成立。又因为 $\boldsymbol{\alpha}\boldsymbol{\Phi}(t_0,t_1)\neq 0$，即矩阵 $[\boldsymbol{M}_0(t)\quad \boldsymbol{M}_1(t)\quad \cdots\quad \boldsymbol{M}_{n-1}(t)]$ 的行线性相关，与定理的条件相矛盾。

例 2.2.4　设状态方程为

$$\begin{bmatrix}\dot{x}_1\\ \dot{x}_2\\ \dot{x}_3\end{bmatrix}=\begin{bmatrix}t & 1 & 0\\ 0 & t & 0\\ 0 & 0 & t^2\end{bmatrix}\begin{bmatrix}x_1\\ x_2\\ x_3\end{bmatrix}+\begin{bmatrix}0\\ 1\\ 1\end{bmatrix}u$$

解　由式(2.2.4)，可得

$$\boldsymbol{M}_0(t)=\begin{bmatrix}0\\ 1\\ 1\end{bmatrix}$$

$$\boldsymbol{M}_1(t)=-\boldsymbol{A}(t)\boldsymbol{M}_0(t)+\frac{\mathrm{d}}{\mathrm{d}t}\boldsymbol{M}_0(t)=\begin{bmatrix}-1\\ -t\\ -t^2\end{bmatrix}$$

$$\boldsymbol{M}_2(t)=-\boldsymbol{A}(t)\boldsymbol{M}_1(t)+\frac{\mathrm{d}}{\mathrm{d}t}\boldsymbol{M}_1(t)=\begin{bmatrix}2t\\ t^2\\ t^4\end{bmatrix}+\begin{bmatrix}0\\ -1\\ -2t\end{bmatrix}=\begin{bmatrix}2t\\ t^2-1\\ t^4-2t\end{bmatrix}$$

令 $f(t)=t^4-2t^3+t^2-2t+1$。因对所有 $f(t)\neq 0$，矩阵 $[\boldsymbol{M}_0(t)\quad \boldsymbol{M}_1(t)\quad \boldsymbol{M}_2(t)]$ 的秩为 3，故状态方程在每个 t 时刻是可控的。

定理 2.2.2 的条件对于状态可控是充分的，并不是必要的。举例如下。

例 2.2.5　设有

$$\dot{x}_1 = f_1(t)u$$
$$\dot{x}_2 = f_2(t)u$$

解　其中 $f_1(t), f_2(t)$ 的定义见例 2.1.2。不难验证有

$$\operatorname{rank}[\boldsymbol{M}_0(t) \quad \boldsymbol{M}_1(t)] < 2$$

但是直接由定理 2.2.1 可以判断，当 $t_0 < 0$ 时，系统在 t_0 时刻都是可控的。

下面介绍可达性的概念。一个系统是 t_0 时刻可控的，直观说来，就是存在这样的容许控制，使得系统在这个控制作用下在有限时间内，把系统从任意初始状态出发的运动轨线引导到原点。现在提出的问题是对 t_0 时刻的任一状态 $\boldsymbol{x}(t_0)$，是否存在容许控制把原点出发的轨线在有限时间内引导到所希望的状态 $\boldsymbol{x}(t_0)$ 呢？这一概念极其类似于 t_0 时刻可控的概念，但是考虑到都应满足因果关系，所以这两个概念涉及的时间区间是不同的。

定义 2.2.2　可达性。若对 t_0 时刻状态空间中的任一状态 $\boldsymbol{x}(t_0)$，存在着一个有限时刻 $t_1 < t_0$ 和一个容许控制 $\boldsymbol{u}_{[t_1,t_0]}$，能在 $[t_1,t_0]$ 内使状态 $\boldsymbol{x}(t_1)=0$ 转移到 $\boldsymbol{x}(t_0)$，则称状态方程(2.2.1)在 t_0 时刻是**可达**的。

如果将时间的先后关系倒过来，即从逆因果关系考虑问题，显然 t_0 时刻逆因果关系的可控性等价于 t_0 时刻的可达性。类似于可控性的讨论，可以对可达性进行讨论，这里不再重复。但必须指出，状态方程(2.2.1)在 t_0 时刻可达的充分必要条件是存在 $t_1 < t_0$，使得 $\boldsymbol{\Phi}(t_0,\tau)\boldsymbol{B}(\tau)$ 在 $[t_1,t_0]$ 上行线性无关或下列可达性矩阵：

$$\boldsymbol{Y}(t_1,t_0) = \int_{t_1}^{t_0} \boldsymbol{\Phi}(t_0,\tau)\boldsymbol{B}(\tau)\boldsymbol{B}^*(\tau)\boldsymbol{\Phi}^*(t_0,\tau)\mathrm{d}\tau, \quad t_1 < t_0$$

是非奇异矩阵。

为了引入时不变系统的可控性判据，下面研究时不变状态方程：

$$\dot{\boldsymbol{x}} = \boldsymbol{A}\boldsymbol{x} + \boldsymbol{B}\boldsymbol{u} \tag{2.2.7}$$

的可控性，其中，$\boldsymbol{A}$ 和 $\boldsymbol{B}$ 分别为 $n\times n$ 和 $n\times p$ 实常量矩阵，但还是把 $\boldsymbol{A}$ 和 $\boldsymbol{B}$ 的元素作为复数域的元素来讨论。对于时不变状态方程，需要注意的时间区间是 $[0,+\infty)$。

定理 2.2.3　对于 n 维线性时不变状态方程(2.2.7)，下列提法等价。

(1) 对 $[0,+\infty)$ 中的每一个 t_0，状态方程(2.2.7)可控。

(2) $\mathrm{e}^{-\boldsymbol{A}t}\boldsymbol{B}$ (即 $\mathrm{e}^{\boldsymbol{A}t}\boldsymbol{B}$)的行在 $[0,+\infty)$ 上是复数域线性无关的。

(3) 对于任何 $t_0 \geqslant 0$ 及任何 $t > t_0$，矩阵 $\boldsymbol{W}(t_0,t)$ 非奇异。

$$\boldsymbol{W}(t_0,t) = \int_{t_0}^{t} \mathrm{e}^{\boldsymbol{A}(t_0-\tau)}\boldsymbol{B}\boldsymbol{B}^*\mathrm{e}^{\boldsymbol{A}^*(t_0-\tau)}\mathrm{d}\tau$$

(4)
$$\operatorname{rank}[\boldsymbol{B} \quad \boldsymbol{A}\boldsymbol{B} \quad \cdots \quad \boldsymbol{A}^{n-1}\boldsymbol{B}] = n \tag{2.2.8}$$

(5) 在复数域上，矩阵 $(s\boldsymbol{I}-\boldsymbol{A})^{-1}\boldsymbol{B}$ 的行是线性无关的。

(6) 对于 $\boldsymbol{A}$ 的任一特征值 λ_i，都有

$$\operatorname{rank}[\boldsymbol{A}-\lambda_i\boldsymbol{I}\quad \boldsymbol{B}]=n \tag{2.2.9}$$

证明提法(1)、(2)和(3)的等价性可以直接由定理 2.2.1 及推论 2.2.1 得到。

证明提法(2)和提法(5)等价。对 $\mathrm{e}^{\boldsymbol{A}t}\boldsymbol{B}$ 取拉普拉斯变换可得 $L[\mathrm{e}^{\boldsymbol{A}t}\boldsymbol{B}]=(s\boldsymbol{I}-\boldsymbol{A})^{-1}\boldsymbol{B}$，因拉普拉斯变换是一一对应的线性算子，故若在复数域中，$\mathrm{e}^{\boldsymbol{A}t}\boldsymbol{B}$ 的行在 $[0,+\infty)$ 上线性无关，则 $(s\boldsymbol{I}-\boldsymbol{A})^{-1}\boldsymbol{B}$ 的行也线性无关，反之亦然。

证明提法(1)和提法(4)的等价性。由提法(1)证明提法(4)，设系统可控，要证明 $\operatorname{rank}\begin{bmatrix}\boldsymbol{B} & \boldsymbol{AB} & \cdots & \boldsymbol{A}^{n-1}\boldsymbol{B}\end{bmatrix}=n$。

反证法：若 $\operatorname{rank}\begin{bmatrix}\boldsymbol{B} & \boldsymbol{AB} & \cdots & \boldsymbol{A}^{n-1}\boldsymbol{B}\end{bmatrix}<n \Rightarrow \exists\boldsymbol{\alpha}\neq 0$，使得

$$\boldsymbol{\alpha}\begin{bmatrix}\boldsymbol{B} & \boldsymbol{AB} & \cdots & \boldsymbol{A}^{n-1}\boldsymbol{B}\end{bmatrix}=0\Rightarrow \boldsymbol{\alpha}\boldsymbol{A}^i\boldsymbol{B}=0,\quad i=0,1,2,\cdots,n-1$$

利用式(1.3.13)，并注意到以上结果，有

$$\boldsymbol{\Phi}(t_0,\tau)=\mathrm{e}^{\boldsymbol{A}(t_0-\tau)}=\sum_{i=0}^{n-1}\rho_i(t_0-\tau)\boldsymbol{A}^i$$

$$\Rightarrow \boldsymbol{\alpha}\boldsymbol{\Phi}(t_0,\tau)\boldsymbol{B}=\sum_{i=0}^{n-1}\rho_i(t_0-\tau)\boldsymbol{\alpha}\boldsymbol{A}^i\boldsymbol{B}=0$$

这说明 $\boldsymbol{\Phi}(t_0,\tau)\boldsymbol{B}$ 行线性无关，与可控矛盾。

下面由提法(4)证明提法(1)，若 $\operatorname{rank}\begin{bmatrix}\boldsymbol{B} & \boldsymbol{AB} & \cdots & \boldsymbol{A}^{n-1}\boldsymbol{B}\end{bmatrix}=n$，要证系统可控。反证法：若不可控，则

$$\forall t_1>t_0,\quad \exists\boldsymbol{\alpha}\neq 0,\quad \boldsymbol{\alpha}\mathrm{e}^{\boldsymbol{A}(t_0-\tau)}\boldsymbol{B}=0,\quad \tau\in\begin{bmatrix}t_0 & t_1\end{bmatrix}$$

将上式对 τ 求导，再求导，…，依次可得

$$\boldsymbol{\alpha}\mathrm{e}^{\boldsymbol{A}(t_0-\tau)}\boldsymbol{AB}=0$$

$$\vdots$$

$$\boldsymbol{\alpha}\mathrm{e}^{\boldsymbol{A}(t_0-\tau)}\boldsymbol{A}^{n-1}\boldsymbol{B}=0$$

令 $\tau=t_0\Rightarrow \boldsymbol{\alpha}\boldsymbol{B}=\boldsymbol{\alpha}\boldsymbol{AB}=\cdots=\boldsymbol{\alpha}\boldsymbol{A}^{n-1}\boldsymbol{B}=0$，即有

$$\boldsymbol{\alpha}\begin{bmatrix}\boldsymbol{B} & \boldsymbol{AB} & \cdots & \boldsymbol{A}^{n-1}\boldsymbol{B}\end{bmatrix}=0$$

与 $\operatorname{rank}\begin{bmatrix}\boldsymbol{B} & \boldsymbol{AB} & \cdots & \boldsymbol{A}^{n-1}\boldsymbol{B}\end{bmatrix}=n$ 矛盾。

证明提法(4)和提法(6)的等价性。若 $\operatorname{rank}\begin{bmatrix}\boldsymbol{B} & \boldsymbol{AB} & \cdots & \boldsymbol{A}^{n-1}\boldsymbol{B}\end{bmatrix}=n$，要证 $\forall\lambda_i\in\boldsymbol{A}(\sigma)$ 均有 $\operatorname{rank}[\boldsymbol{A}-\lambda_i\boldsymbol{I}\quad\boldsymbol{B}]=n$。用反证法，若有一个 λ_0，使

$$\operatorname{rank}\begin{bmatrix}\boldsymbol{A}-\lambda_0\boldsymbol{I} & \boldsymbol{B}\end{bmatrix}<n,\exists\boldsymbol{\alpha}\neq 0,\boldsymbol{\alpha}\begin{bmatrix}\boldsymbol{A}-\lambda_0\boldsymbol{I} & \boldsymbol{B}\end{bmatrix}=0\Rightarrow\boldsymbol{\alpha}\begin{bmatrix}\boldsymbol{A}-\lambda_0\boldsymbol{I}\end{bmatrix}=0,\boldsymbol{\alpha}\boldsymbol{B}=0$$

$$\begin{cases}\boldsymbol{\alpha}\boldsymbol{AB}=\lambda_0\boldsymbol{\alpha}\boldsymbol{B}=0\\ \boldsymbol{\alpha}\boldsymbol{A}^2\boldsymbol{B}=\lambda_0\boldsymbol{\alpha}\boldsymbol{AB}=0\\ \quad\vdots\\ \boldsymbol{\alpha}\boldsymbol{A}^{n-1}\boldsymbol{B}=0\end{cases}\Rightarrow\quad\boldsymbol{\alpha}\begin{bmatrix}\boldsymbol{B} & \boldsymbol{AB} & \cdots & \boldsymbol{A}^{n-1}\boldsymbol{B}\end{bmatrix}=0$$

这说明矩阵$\begin{bmatrix} B & AB & \cdots & A^{n-1}B \end{bmatrix}$的行线性相关，与条件$\text{rank}\begin{bmatrix} B & AB & \cdots & A^{n-1}B \end{bmatrix}=n$矛盾。

下面由提法(6)证明提法(4)，$\forall \lambda_i \in A(\sigma), \text{rank}\begin{bmatrix} A-\lambda_i I & B \end{bmatrix}=n$，要证$\text{rank}[B \quad AB \quad \cdots \quad A^{n-1}B]=n$。用反证法：假设$\text{rank}\begin{bmatrix} B & AB & \cdots & A^{n-1}B \end{bmatrix}=n_1<n, n-n_1=k$。存在可逆矩阵$T$，$T$是将$U=\begin{bmatrix} B & AB & \cdots & A^{n-1}B \end{bmatrix}$的后$k$行化为零行的行变换矩阵：

$$T\begin{bmatrix} B & AB & \cdots & A^{n-1}B \end{bmatrix}=\begin{bmatrix} TB & TAB & \cdots & TA^{n-1}B \end{bmatrix}$$

矩阵$\begin{bmatrix} TB & TAB & \cdots & TA^{n-1}B \end{bmatrix}$的后$k$行为零行。记$\bar{B}=TB, \bar{A}=TAT^{-1}$，则

$$\bar{U}=T\begin{bmatrix} B & AB & \cdots & A^{n-1}B \end{bmatrix}=\begin{bmatrix} \bar{B} & \bar{A}\bar{B} & \cdots & \bar{A}^{n-1}\bar{B} \end{bmatrix}$$

$$\bar{B}=TB=\begin{bmatrix} B_1 \\ 0 \end{bmatrix}, \quad \bar{A}=TAT^{-1}, \quad TAB=TAT^{-1}TB=\bar{A}\bar{B}, \quad \bar{A}=\begin{bmatrix} A_1 & A_2 \\ A_3 & A_4 \end{bmatrix}$$

$$\bar{A}\bar{B}=\begin{bmatrix} A_1B_1 \\ A_3B_1 \end{bmatrix} \Rightarrow A_3B_1=0$$

$$\bar{A}^2\bar{B}=\bar{A}\bar{A}\bar{B}=\begin{bmatrix} A_1 & A_2 \\ A_3 & A_4 \end{bmatrix}\begin{bmatrix} A_1B_1 \\ 0 \end{bmatrix}=\begin{bmatrix} A_1^2B_1 \\ A_3A_1B_1 \end{bmatrix}=0 \Rightarrow A_3A_1B_1=0$$

依此类推，可得

$$\bar{A}^{n-1}\bar{B}=\begin{bmatrix} A_1^{n-1}B_1 \\ A_3A_1^{n-2}B_1 \end{bmatrix}=0 \Rightarrow A_3A_1^{n-2}B_1=0$$

综合起来，可知A_3应满足

$$A_3\begin{bmatrix} B_1 & A_1B_1 & \cdots & A_1^{n-2}B_1 \end{bmatrix}=0$$

而$\bar{U}$的形式为

$$\bar{U}=\begin{bmatrix} B_1 & A_1B_1 & A_1^2B_1 & \cdots & A_1^{n-1}B_1 \\ 0 & 0 & 0 & & 0 \end{bmatrix}, \quad \text{rank}\bar{U}=n_1$$

$$\text{rank}\begin{bmatrix} B_1 & A_1B_1 & \cdots & A_1^{n-2}B_1 & A_1^{n-1}B_1 \end{bmatrix}=n_1$$

因为$n_1<n, n_1-1<n-1$，根据凯莱-哈密顿定理，由$\text{rank}\bar{U}=n_1$可得

$$\text{rank}\begin{bmatrix} B_1 & A_1B_1 & \cdots & A_1^{n-2}B_1 \end{bmatrix}=n_1$$

由$A_3\begin{bmatrix} B_1 & A_1B_1 & \cdots & A_1^{n-2}B_1 \end{bmatrix}=0$，可得$A_3=0$。

故$\bar{A},\bar{B}$的形式为(以后将说明这就是可控性分解的形式)：

$$\bar{A}=\begin{bmatrix} A_1 & A_2 \\ \mathbf{0} & A_4 \end{bmatrix}, \quad \bar{B}=\begin{bmatrix} B_1 \\ \mathbf{0} \end{bmatrix}$$

且 A_4 的维数为 k。考察下式：

$$T\begin{bmatrix}A-\lambda I & B\end{bmatrix}\begin{bmatrix}T^{-1} & 0\\ 0 & I\end{bmatrix}=\begin{bmatrix}\bar{A}-\lambda I & \bar{B}\end{bmatrix}=\begin{bmatrix}A_1-\lambda I_{n_1} & A_2 & B_1\\ 0 & A_4-\lambda I_k & 0\end{bmatrix} \tag{2.2.10}$$

显然只要取 A_4 的特征值 λ_0，即可使右边矩阵的秩小于 n。λ_0 是 A_4 的特征值，因此也是 $\bar{A}$ 的特征值，还是 A 的特征值。式(2.2.10)左端矩阵 T 与 $\begin{bmatrix}T^{-1} & 0\\ 0 & I\end{bmatrix}$ 不影响秩，故有 $\mathrm{rank}\begin{bmatrix}A-\lambda_0 I & B\end{bmatrix}<n$。即存在 $\lambda_0\in A(\sigma)$，使 $\mathrm{rank}\begin{bmatrix}A-\lambda_0 I & B\end{bmatrix}<n$，与假设相矛盾，故 $\mathrm{rank}\begin{bmatrix}B & AB & \cdots & A^{n-1}B\end{bmatrix}=n$。

定理 2.2.3 中提法(4)的矩阵 $U=\begin{bmatrix}B & AB & \cdots & A^{n-1}B\end{bmatrix}$ 称为状态方程(2.2.7)的可控性矩阵。在研究时不变系统的结构性质时，矩阵 U 起着重要的作用。定理 2.2.3 中提法(6)是通过 A 的特征值来判断可控性的。通常把 A 的特征值 $\lambda_i(i=1,2,\cdots,n)$ 称为系统的振型或模态，把 $t^k e^{\lambda_i t}(k=0,1,2,\cdots,n_i,i=1,2,\cdots,n)$ 称为式(2.2.7)的运动模式。凡使得矩阵 $[A-\lambda_i I \quad B]$ 满秩的 λ_i 称为可控振型。相应地将使矩阵 $[A-\lambda_i I \quad B]$ 降秩的 λ_i 称为不可控振型。

显然，不可控振型所对应的模式与控制作用无耦合关系，因此不可控振型又称为系统的输入解耦零点。一个线性时不变系统可控的充分必要条件是没有输入解耦零点。线性时不变动态方程可控即没有输入解耦零点时，输入能激励方程的所有模式。另外，输入也能抑制任何所不希望的模式。

例 2.2.6　设有动态方程：

$$\dot{x}=\begin{bmatrix}0 & 1\\ 2 & 1\end{bmatrix}x+\begin{bmatrix}1\\ 0\end{bmatrix}u$$
$$y=\begin{bmatrix}1 & 2\end{bmatrix}x$$

解　矩阵 A 具有特征值−1 和 2，因此方程具有两个运动模式 e^{-t} 和 e^{2t}。因模式 e^{2t} 随时间增加而增加，所以希望在输出中抑制它。方程的可控性矩阵为

$$U=\begin{bmatrix}b & Ab\end{bmatrix}=\begin{bmatrix}1 & 0\\ 0 & 2\end{bmatrix}$$

其中，U 的秩为 2，故系统可控。因此模式 e^{2t} 是能被抑制的。首先，计算可知

$$e^{At}=\begin{bmatrix}\frac{1}{3}e^{2t}+\frac{2}{3}e^{-t} & \frac{1}{3}e^{2t}-\frac{1}{3}e^{-t}\\ \frac{2}{3}e^{2t}-\frac{2}{3}e^{-t} & \frac{2}{3}e^{2t}+\frac{1}{3}e^{-t}\end{bmatrix}$$

对于任何的初始状态 $x(0)$，寻找一个输入 u，使得在某一瞬时，如 t_0 以后，输出 y 中不再包含模式 e^{2t}。令在 t_0 以后，输入恒为零，则由 t_0 时状态所引起的输出：

$$y=[1\quad 2]\mathrm{e}^{At}\begin{bmatrix}x_1(t_0)\\x_2(t_0)\end{bmatrix}=\frac{5}{3}[x_1(t_0)+x_2(t_0)]\mathrm{e}^{2t}+\frac{1}{3}[x_2(t_0)-2x_1(t_0)]\mathrm{e}^{-t}$$

可见，若 $x_1(t_0)=-x_2(t_0)$，则在 $t>t_0$ 后，输出将不包括模式 e^{2t}。因动态方程可控，故有可能根据式(2.2.3)来计算所需要的输入 $u_{[0,t_0]}$，以使 $\boldsymbol{x}(0)$ 移到如上要求的 $\boldsymbol{x}(t_0)$。

关于定理 2.2.3 提法(6)的说明如下。

(1) 可以将 $\forall\lambda_i\in\boldsymbol{A}(\sigma)$ 换为 $\forall s\in\boldsymbol{C}$ (s 为任意复数)。因为当 s 不是 $\boldsymbol{A}$ 的特征值时，$|s\boldsymbol{I}-\boldsymbol{A}|\neq 0,\mathrm{rank}[s\boldsymbol{I}-\boldsymbol{A}\quad\boldsymbol{B}]=n$ 自然成立。

(2) 当 λ_0 是 $\boldsymbol{A}$ 的简单特征值时：

$$\mathrm{rank}[\boldsymbol{A}-\lambda_0\boldsymbol{I}\quad\boldsymbol{B}]<n,\quad \lambda_0\text{不可控}$$
$$\mathrm{rank}[\boldsymbol{A}-\lambda_0\boldsymbol{I}\quad\boldsymbol{B}]=n,\quad \lambda_0\text{可控}$$

(3) 当 λ_0 是 $\boldsymbol{A}$ 的重特征值时，若有 $\mathrm{rank}[\boldsymbol{A}-\lambda_0\boldsymbol{I}\quad\boldsymbol{B}]<n$，只能断言至少有一个 λ_0 不可控，并不能说所有的 λ_0 都不可控，究竟有几个 λ_0 是可控的，几个 λ_0 是不可控的，需要用其他方法补充研究(计算可控性矩阵的秩或进行可控性分解)。

例 2.2.7　设有

$$\boldsymbol{A}=\begin{bmatrix}\lambda&1&&0\\&\lambda&1&\\&&\lambda&1\\0&&&\lambda\end{bmatrix},\quad \boldsymbol{b}_1=\begin{bmatrix}0\\0\\1\\0\end{bmatrix},\quad \boldsymbol{b}_2=\begin{bmatrix}0\\1\\0\\0\end{bmatrix},\quad \boldsymbol{b}_3=\begin{bmatrix}1\\0\\0\\0\end{bmatrix}$$

解　$\mathrm{rank}[\boldsymbol{A}-\lambda\boldsymbol{I}\quad\boldsymbol{b}_i]=3,\ i=1,2,3$。$(\boldsymbol{A}\quad\boldsymbol{b}_1)$ 有一个模态不可控，$(\boldsymbol{A}\quad\boldsymbol{b}_2)$ 有两个模态不可控，$(\boldsymbol{A}\quad\boldsymbol{b}_3)$ 有三个模态不可控，计算矩阵 $[\boldsymbol{A}-\lambda\boldsymbol{I}\quad\boldsymbol{b}]$ 的秩区别不出这三种不同的情况。而可控性矩阵的秩却显示出这种差别。

$$\mathrm{rank}[\boldsymbol{b}_1\quad\boldsymbol{A}\boldsymbol{b}_1\quad\boldsymbol{A}^2\boldsymbol{b}_1\quad\boldsymbol{A}^3\boldsymbol{b}_1]=3\text{，一个模态不可控}$$

$$\mathrm{rank}[\boldsymbol{b}_2\quad\boldsymbol{A}\boldsymbol{b}_2\quad\boldsymbol{A}^2\boldsymbol{b}_2\quad\boldsymbol{A}^3\boldsymbol{b}_2]=2\text{，两个模态不可控}$$

$$\mathrm{rank}[\boldsymbol{b}_3\quad\boldsymbol{A}\boldsymbol{b}_3\quad\boldsymbol{A}^2\boldsymbol{b}_3\quad\boldsymbol{A}^3\boldsymbol{b}_3]=1\text{，三个模态不可控}$$

对此例也可以直接用可控性分解来判断。在许多情况下，利用可控性矩阵来判断可控性时，无须计算出矩阵 $[\boldsymbol{B}\quad\boldsymbol{AB}\quad\cdots\quad\boldsymbol{A}^{n-1}\boldsymbol{B}]$，而只需计算一个列数较小的矩阵以达到简化可控性条件的效果。下面研究这个问题：

$$\boldsymbol{U}_{k-1}=[\boldsymbol{B}\quad\boldsymbol{AB}\quad\cdots\quad\boldsymbol{A}^{n-1}\boldsymbol{B}]$$

定理 2.2.4　若 j 是使 $\mathrm{rank}\boldsymbol{U}_j=\mathrm{rank}\boldsymbol{U}_{j+1}$ 成立的最小整数，则对于所有 $k>j$，有

$$\mathrm{rank}\boldsymbol{U}_k=\mathrm{rank}\boldsymbol{U}_j$$

并且

$$j\leqslant\min(n-r,\bar{n}-1)$$

其中，r 是矩阵 $\boldsymbol{B}$ 的秩；$\bar{n}$ 是矩阵 $\boldsymbol{A}$ 的最小多项式的次数。

证明　因为 $\mathrm{rank}\boldsymbol{U}_j$ 等于 $\boldsymbol{U}_j$ 中线性无关的列数，而 $\boldsymbol{U}_j$ 中的所有列也是 $\boldsymbol{U}_{j+1}$ 中的列，故条件 $\mathrm{rank}\boldsymbol{U}_j=\mathrm{rank}\boldsymbol{U}_{j+1}$ 即意味着 $\boldsymbol{A}^{j+1}\boldsymbol{B}$ 的每一列与矩阵 $[\boldsymbol{B}\quad \boldsymbol{AB}\quad \cdots\quad \boldsymbol{A}^j\boldsymbol{B}]$ 的各列线性相关，从而 $\boldsymbol{A}^{j+2}\boldsymbol{B}$ 的每一列又与 $\boldsymbol{AB},\boldsymbol{A}^2\boldsymbol{B},\cdots,\boldsymbol{A}^{j+1}\boldsymbol{B}$ 的各列线性相关。依此类推，可以证明对所有 $k>j$，均有 $\mathrm{rank}\boldsymbol{U}_k=\mathrm{rank}\boldsymbol{U}_j$。对于矩阵 $[\boldsymbol{B}\quad \boldsymbol{AB}\quad \cdots\quad]$，当在其中增加一个子矩阵 $\boldsymbol{A}^k\boldsymbol{B}$ 时，矩阵的秩至少增加 1，否则其秩将停止增加。矩阵 $[\boldsymbol{B}\quad \boldsymbol{AB}\quad \cdots\quad]$ 的秩最大为 n，因此当 $\boldsymbol{B}$ 的秩为 r 时，为了核对 $[\boldsymbol{B}\quad \boldsymbol{AB}\quad \cdots\quad]$ 的最大秩数，最多只需在其中附加 $(n-r)$ 个 $\boldsymbol{A}^k\boldsymbol{B}$ 子矩阵就够了。因此有 $j\leqslant n-r$。从最小多项式的定义可知，$j\leqslant\bar{n}-1$。故得 $j\leqslant\min(n-r,\bar{n}-1)$。

推论 2.2.2　若 $\mathrm{rank}\boldsymbol{B}=r$，则状态方程(2.2.7)可控的充分必要条件是

$$\mathrm{rank}\boldsymbol{U}_{n-r}=\mathrm{rank}[\boldsymbol{B}\quad \boldsymbol{AB}\quad \cdots\quad \boldsymbol{A}^{n-r}\boldsymbol{B}]=n$$

或者说

$$\det[\boldsymbol{U}_{n-r}\boldsymbol{U}^*{}_{n-r}]\neq 0$$

定义 2.2.3　**可控性指数**。设使得 $\mathrm{rank}\boldsymbol{U}_j=\mathrm{rank}\boldsymbol{U}_{j+1}=n$ 成立的最小整数 j 为 $(\nu-1)$，称 ν 为方程(2.2.7)的**可控性指数**。

显然对可控系统，存在关系式：

$$\nu\leqslant\min(n-r,\bar{n}-1)+1$$

2.3　线性系统的可观测性

在控制理论中，可观测性与可控性是对偶的概念。系统可观测性所研究的是由输出估计状态的可能性。如果动态方程可观测，那么由输出中可以得到状态变量的信息。前面业已指出，它研究动态方程(2.0.1)中矩阵对 $(\boldsymbol{A}(t),\boldsymbol{C}(t))$ 的关系。

在给出可观测性的一般定义之前，先研究一个具体的例子。

例 2.3.1　已知二阶系统：

$$\dot{x}_1=x_2,\quad x_2=u,\quad y=x_1$$

解　这里 y 是能够量测的输出，希望通过对 y 的量测确定出系统的初始状态 $x_1(t_0)=x_{10}$，$x_2(t_0)=x_{20}$，这个系统的状态转移矩阵为

$$\boldsymbol{\Phi}(t-t_0)=\begin{bmatrix}1 & t-t_0\\ 0 & 1\end{bmatrix}$$

状态方程的解为

$$x_1(t)=x_{10}+(t-t_0)x_{20}+\int_{t_0}^{\tau}(t-\tau)u(\tau)\mathrm{d}\tau$$

$$x_2(t)=x_{20}+\int_{t_0}^{t}u(\tau)\mathrm{d}\tau$$

令 $t_1 > t_0$，并对 $y(t)$ 作加权处理，令

$$h(t_1,t_0)=\int_{t_0}^{t_1}\begin{bmatrix}1 & 0\\ t-t_0 & 1\end{bmatrix}\begin{bmatrix}1\\0\end{bmatrix}y(t)\mathrm{d}t$$

显然：

$$h(t_1,t_0)=\int_{t_0}^{t_1}\begin{bmatrix}1 & 0\\ t-t_0 & 1\end{bmatrix}\begin{bmatrix}1\\0\end{bmatrix}[1\quad 0]\left(\begin{bmatrix}1 & t-t_0\\ 0 & 1\end{bmatrix}\begin{bmatrix}x_{10}\\x_{20}\end{bmatrix}+\int_{t_0}^{t}\begin{bmatrix}1 & t-\tau\\ 0 & 1\end{bmatrix}\begin{bmatrix}0\\1\end{bmatrix}u(\tau)\mathrm{d}\tau\right)\mathrm{d}t$$

$$=\begin{bmatrix}t_1-t_0 & \frac{1}{2}(t_1-t_0)^2\\ \frac{1}{2}(t_1-t_0)^2 & \frac{1}{3}(t_1-t_0)^3\end{bmatrix}\begin{bmatrix}x_{10}\\x_{20}\end{bmatrix}+\int_{t_0}^{t_1}\left(\begin{bmatrix}1\\t-t_0\end{bmatrix}\int_{t_0}^{t_1}(t-\tau)u(\tau)\mathrm{d}\tau\right)\mathrm{d}t$$

由于当 $t_1 > t_0$ 时：

$$\det\begin{bmatrix}t_1-t_0 & \frac{1}{2}(t_1-t_0)^2\\ \frac{1}{2}(t_1-t_0)^2 & \frac{1}{3}(t_1-t_0)^3\end{bmatrix}=\frac{1}{12}(t_1-t_0)^4>0$$

并且 $h(t_1-t_0)$ 已知，$u(\tau)$ 已知，因此可以唯一确定出 x_{10} 和 x_{20}：

$$\begin{bmatrix}x_{10}\\x_{20}\end{bmatrix}=\begin{bmatrix}t_1-t_0 & \frac{1}{2}(t_1-t_0)^2\\ \frac{1}{2}(t_1-t_0)^2 & \frac{1}{3}(t_1-t_0)^3\end{bmatrix}^{-1}\cdot\left\{h(t_1,t_0)-\int_{t_0}^{t_1}\left(\begin{bmatrix}1\\t_1-t_0\end{bmatrix}\cdot\int_{t_0}^{t_1}(t-\tau)u(\tau)\mathrm{d}\tau\right)\mathrm{d}t\right\}$$

此例说明，由量测的信息，经过一段时间的积累之后能够唯一地确定出系统的初始状态，这表明输出对系统的初始状态具有判断能力。当系统的初始状态确定之后，任何时刻的状态均可由状态转移方程来确定。因此说这个系统的状态是可观测的。

定义 2.3.1　可观测/不可观测。若对状态空间中任一非零初态 $\boldsymbol{x}(t_0)$，存在一个有限时刻 $t_1 > t_0$，使得由输入 $\boldsymbol{u}_{[t_0,t_1]}$ 和输出 $\boldsymbol{y}_{[t_0,t_1]}$ 的值能够唯一地确定初始状态 $\boldsymbol{x}(t_0)$，则称动态方程(2.0.1)在 t_0 时刻是**可观测**的。反之则称动态方程在 t_0 时刻是**不可观测**的。

这个定义反映了系统输出对状态的判断能力。与可控性一样，可观测性也是系统的结构性质，它不依赖于具体的输入、输出和初始状态的情况。另外，从例 2.3.1 中可见，x_{10} 和 x_{20} 是否有唯一解与 $\boldsymbol{u}(t)$ 取什么形式无关。因此为方便起见，在以后的讨论中，不妨假设 $\boldsymbol{u}(t)=0$。这时零状态响应恒为零，从输出来判断初态的问题就成为从零输入响应来判断初态的问题。显然，若零输入响应为零，则不可能由它计算出初态。对于线性系统，当 $\boldsymbol{x}(t_0)=0$ 时，零输入响应恒为零。

例 2.3.2　设有图 2.3.1 所示的网络，其中电阻 $R=1\Omega$，电容为 $C=1\mathrm{F}$，电容两端的电压是系统状态变量 x，当 $u=0$ 时，系统的输出恒为零。

解　由于无法从这个输出中判断出在 t_0 时刻电容的电压值，因此这个网络是不可观测的。与可控性一样，仅仅由定义出发检验系统的可观测性也是不容易的，需要寻找比

较简便的判别准则。

定理 2.3.1　动态方程(2.0.1)在 t_0 时刻可观测，必要且只要存在一个有限时刻 $t_1 > t_0$，使矩阵 $\boldsymbol{C}(\tau)\boldsymbol{\Phi}(\tau,t_0)$ 的 n 列在 $[t_0,t_1]$ 上线性无关。

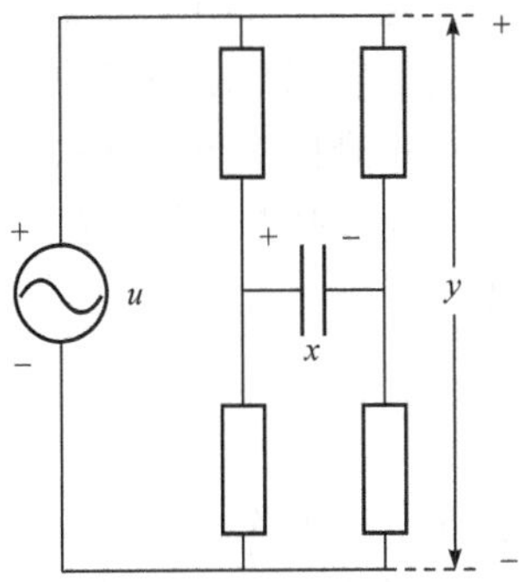

图 2.3.1　不可观测网络

证明　充分性：假设 $\boldsymbol{u}=0$，将

$$\boldsymbol{y}(t)=\boldsymbol{C}(t)\boldsymbol{\Phi}(t,t_0)\boldsymbol{x}(t_0)$$

两端左乘 $\boldsymbol{\Phi}^*(t,t_0)\boldsymbol{C}^*(t)$ 并从 t_0 到 t_1 积分得

$$\int_{t_0}^{t_1}\boldsymbol{\Phi}^*(t,t_0)\boldsymbol{C}^*(t)\boldsymbol{y}(t)\mathrm{d}t=\int_{t_0}^{t_1}\boldsymbol{\Phi}^*(t,t_0)\boldsymbol{C}^*(t)\boldsymbol{C}(t)\boldsymbol{\Phi}(t,t_0)\boldsymbol{x}(t_0)\mathrm{d}t$$
$$=\boldsymbol{V}(t_0,t_1)\boldsymbol{x}(t_0) \tag{2.3.1}$$

其中

$$\boldsymbol{V}(t_0,t_1)=\int_{t_0}^{t_1}\boldsymbol{\Phi}^*(t,t_0)\boldsymbol{C}^*(t)\boldsymbol{C}(t)\boldsymbol{\Phi}(t,t_0)\mathrm{d}t \tag{2.3.2}$$

由定理 2.1.1 及在 $[t_0,t_1]$ 上 $\boldsymbol{C}(t)\boldsymbol{\Phi}(t,t_0)$ 的所有列线性无关的假设可知，$\boldsymbol{V}(t_0,t_1)$ 是非奇异的。因此有

$$\boldsymbol{x}(t_0)=\boldsymbol{V}^{-1}(t_0,t_1)\cdot\int_{t_0}^{t_1}\boldsymbol{\Phi}^*(t,t_0)\boldsymbol{C}^*(t)\boldsymbol{y}(t)\mathrm{d}t$$

即 $\boldsymbol{x}(t_0)$ 由 $\boldsymbol{y}_{[t_0,t_1]}$ 唯一确定。

必要性：用反证法。设系统 t_0 可观测，但对任意 $t_1 > t_0$，均有非零列向量 $\boldsymbol{\alpha}$ 存在，使得在 $[t_0,t_1]$ 上 $\boldsymbol{C}(t)\boldsymbol{\Phi}(t,t_0)\boldsymbol{\alpha}=0$ 成立，选择 $\boldsymbol{x}(t_0)=\boldsymbol{\alpha}$，则对于所有的 $t > t_0$：

$$\boldsymbol{y}(t)=\boldsymbol{C}(t)\boldsymbol{\Phi}(t,t_0)\boldsymbol{\alpha}=0$$

因此，初始状态不可能由 $\boldsymbol{y}(t)$ 确定出来，这与系统在 t_0 时刻可观测相矛盾。故知若系统在 t_0 时刻可观测，则必存在有限时刻 $t_1 > t_0$，使矩阵 $\boldsymbol{C}(t)\boldsymbol{\Phi}(t,t_0)$ 的 n 列在 $[t_0,t_1]$ 上线性无关。

由上述定理可见，线性动态方程的可观测性只取决于矩阵 $\boldsymbol{A}(t)$ 和 $\boldsymbol{C}(t)$，而与矩阵 $\boldsymbol{B}(t)$、$\boldsymbol{D}(t)$ 无关，因此在讨论可观测性时，仅需研究下列方程：

$$\dot{\boldsymbol{x}}=\boldsymbol{A}(t)\boldsymbol{x},\quad \boldsymbol{y}=\boldsymbol{C}(t)\boldsymbol{x}$$

由式(2.3.2)定义的矩阵 $\boldsymbol{V}(t_0,t_1)$ 称为系统的可观测性矩阵。

推论 2.3.1　动态方程(2.0.1)在 t_0 时刻可观测的充分必要条件是存在有限时刻 $t_1 > t_0$，使得矩阵 $\boldsymbol{V}(t_0,t_1)$ 非奇异。

与讨论可控性时引入可达性的概念相仿，在讨论可观测性时引入状态可重构性的概念。

定义 2.3.2　可重构性。如果对状态空间任一状态 $\boldsymbol{x}(t_0)$，存在某个有限时刻 t_1，$t_1 < t_0$，使得由输入 $\boldsymbol{u}_{[t_1,t_0]}$ 和输出 $\boldsymbol{y}_{[t_1,t_0]}$ 的值可唯一地确定 $\boldsymbol{x}(t_0)$，则称系统(2.0.1)在 t_0 时刻是**可重构的**。

这一定义与定义 2.3.1 相比，也是因果关系上有差别。定义 2.3.1 的可观测性是用未来的信息来判断现在的状态，而定义 2.3.2 是用过去的信息来判断现在的状态。可重构性与可观测性对于辨别状态来说仅是使用信息的时间区间不同。因此，显然可得到可重构性的充分必要条件是存在$t_1 < t_0$，使得矩阵$\boldsymbol{C}(\tau)\boldsymbol{\Phi}(\tau,t_0)$在$[t_1,t_0]$上列线性无关，或下列可重构矩阵：

$$\int_{t_1}^{t_0} \boldsymbol{\Phi}^*(\tau,t_0)\boldsymbol{C}^*(\tau)\boldsymbol{C}(\tau)\boldsymbol{\Phi}(\tau,t_0)\mathrm{d}\tau, \quad t_1 < t_0$$

是非奇异矩阵。

可控性和可观测性不是相互独立的概念，它们之间存在一种对偶关系。为了研究这种对偶关系，首先研究系统(2.0.1)的对偶系统：

$$\begin{cases} \dot{\bar{\boldsymbol{x}}} = -\boldsymbol{A}^*(t)\bar{\boldsymbol{x}} + \boldsymbol{C}^*(t)\boldsymbol{V} \\ \bar{\boldsymbol{y}} = \boldsymbol{B}^*(t)\bar{\boldsymbol{x}} + \boldsymbol{D}^*(t)\boldsymbol{V} \end{cases} \tag{2.3.3}$$

其中，$\boldsymbol{A}^*(t),\boldsymbol{B}^*(t),\boldsymbol{C}^*(t),\boldsymbol{D}^*(t)$分别是$\boldsymbol{A}(t),\boldsymbol{B}(t),\boldsymbol{C}(t),\boldsymbol{D}(t)$的复共轭转置。有时将系统(2.3.3)的状态向量$\bar{\boldsymbol{x}}$称为系统(2.0.1)的状态向量$\boldsymbol{x}$的协态。对偶系统也叫伴随系统。下面的定理就是著名的对偶定理。

定理 2.3.2 系统(2.0.1)在t_0时刻可控(可达)的充分必要条件是它的对偶系统(2.3.3)在t_0时刻可观测(可重构)。系统(2.0.1)在t_0时刻可观测(可重构)的充分必要条件是它的对偶系统在t_0时刻可控(可达)。

证明 设$\boldsymbol{\Phi}(t,t_0)$为系统(2.0.1)的状态转移矩阵，由第 1 章习题 1.17 可知系统(2.3.3)的状态转移矩阵为$\boldsymbol{\Phi}^{*-1}(t,t_0)$。系统(2.0.1)在$t_0$时刻可控的充分必要条件是存在有限时刻$t_1 > t_0$，使得矩阵$\boldsymbol{\Phi}(t_0,\tau)\boldsymbol{B}(\tau)$的行在$[t_0,t_1]$上线性无关。而系统(2.3.3)在$t_0$时刻可观测的充分必要条件是存在有限时刻$t_1 > t_0$，使得矩阵$\boldsymbol{B}^*(\tau)\boldsymbol{\Phi}^{*-1}(\tau,t_0)$的列在$[t_0,t_1]$上线性无关。又有

$$\boldsymbol{B}^*(\tau)\boldsymbol{\Phi}^{*-1}(\tau,t_0) = \boldsymbol{B}^*(\tau)\boldsymbol{\Phi}^*(t_0,\tau) = [\boldsymbol{\Phi}(t_0,\tau)\boldsymbol{B}(\tau)]^*$$

所以系统(2.0.1)在t_0时刻的可控性等价于其对偶系统(2.3.3)在t_0时刻的可观测性。同理可以证明定理的第二部分。

用同样的方法可以证明系统(2.0.1)的可达性等价于系统(2.3.3)的可重构性。运用对偶定理可以得到与定理 2.2.2、定理 2.2.3 以及定理 2.2.4 相对应的有关可观测性的判别定理，当然这些定理也可以给出直接的证明。

定理 2.3.3 设 n 维动态方程(2.0.1)中的 $\boldsymbol{A}(t)$和 $\boldsymbol{C}(t)$是$(n-1)$次连续可微的，而且存在有限时刻$t_1 > t_0$，使下式成立：

$$\operatorname{rank}\begin{bmatrix} \boldsymbol{N}_0(t_1) \\ \boldsymbol{N}_1(t_1) \\ \vdots \\ \boldsymbol{N}_{n-1}(t_1) \end{bmatrix} = n \tag{2.3.4}$$

其中

$$\begin{cases} N_0(t) = C(t) \\ N_k(t) = N_{k-1}(t)A(t) + \dfrac{\mathrm{d}}{\mathrm{d}t}N_{k-1}(t), \quad k = 1, 2, \cdots, n-1 \end{cases} \tag{2.3.5}$$

则系统(2.0.1)在 t_0 时刻是可观测的。

下面研究线性时不变系统的可观测性判据，设线性时不变系统方程为

$$\begin{cases} \dot{x} = Ax + Bu \\ y = Cx + Du \end{cases} \tag{2.3.6}$$

其中，A、B、C 和 D 分别为 $n\times n$ 、$n\times p$ 、$q\times n$ 和 $q\times p$ 的常量矩阵，所研究的时间区间为 $[0,+\infty)$ 。

定理 2.3.4　对于 n 维线性时不变系统(2.3.6)，下列提法等价。

(1) 对 $[0,+\infty)$ 中的每一个 t_0 ，系统(2.3.6)可观测。

(2) 在 $[0,+\infty)$ 上，$C\mathrm{e}^{At}$ 的各列在复数域上线性无关。

(3) 对于任意 $t_0 \geqslant 0$ 及任意一个 $t > t_0$ ，矩阵 $V(t_0,t) = \int_{t_0}^{t} \mathrm{e}^{A^*(\tau-t_0)}C^*C\mathrm{e}^{A(\tau-t_0)}\mathrm{d}\tau$ 是非奇异矩阵。

(4)

$$\mathrm{rank}\begin{bmatrix} C \\ CA \\ \vdots \\ CA^{n-1} \end{bmatrix} = n \tag{2.3.7}$$

(5) 在复数域上，$C(sI - A)^{-1}$ 的各列线性无关。

(6) 对于 A 的任一特征值 λ_i ，有

$$\mathrm{rank}\begin{bmatrix} A - \lambda_i I \\ C \end{bmatrix} = n \tag{2.3.8}$$

定理 2.3.4 提法(4)中的矩阵：

$$V = \begin{bmatrix} C \\ CA \\ \vdots \\ CA^{n-1} \end{bmatrix}$$

称为系统(2.3.6)的可观测性矩阵，与可控性矩阵一样，它在时不变系统结构性质的研究中起着重要的作用。定理的提法(6)是通过 A 的特征值来判断系统的可观测性的。同样，可以把满足式(2.3.8)的那些特征值 λ_i 称为系统(2.3.6)的可观测振型，把不满足式(2.3.8)的特征值 λ_i 称为系统(2.3.6)的不可观振型。A 的不可观振型又称为系统的输出解耦零点。显然系统(2.3.6)可观测的充分必要条件是没有输出解耦零点。当系统具有输出解耦零点 λ_0 时，即存在非零列向量 α 使得

$$(A-\lambda_0 I)\alpha=0,\quad C\alpha=0$$

这表明α是A属于特征值λ_0的特征向量，这个特征向量落在C的核空间中，因此在输出中不能反映该振型所对应的模式。这里λ_0是A的简单特征值。

例 2.3.3　设系统的A,c矩阵为

$$A=\begin{bmatrix}-1 & 0\\ 1 & -2\end{bmatrix},\quad c=\begin{bmatrix}1 & 0\end{bmatrix}$$

解　A的特征值为-1、-2，其中-2是不可观模态，求出对应的特征向量α_1,α_2：

$$\lambda_1=-1,\quad \operatorname{rank}\begin{bmatrix}A-\lambda_1 I\\ c\end{bmatrix}_{\lambda_1=-1}=2,\quad \alpha_1=\begin{bmatrix}1\\1\end{bmatrix}$$

$$\lambda_2=-2,\quad \operatorname{rank}\begin{bmatrix}A-\lambda_2 I\\ c\end{bmatrix}_{\lambda_2=-2}=1,\quad \alpha_2=\begin{bmatrix}0\\1\end{bmatrix}$$

利用α_1,α_2作等价变换，$\bar{x}=Px$，可将A化为对角形：

$$P^{-1}=\begin{bmatrix}\alpha_1 & \alpha_2\end{bmatrix},\quad \bar{A}=PAP^{-1}=\begin{bmatrix}-1 & 0\\ 0 & -2\end{bmatrix},\quad \bar{c}=cP^{-1}=\begin{bmatrix}1 & 0\end{bmatrix}$$

这样可得

$$\bar{x}=\begin{bmatrix}e^{-t} & 0\\ 0 & e^{-2t}\end{bmatrix}\bar{x}(0),\quad x=P^{-1}\bar{x},\quad \bar{x}(0)=Px(0)$$

$$x=\alpha_1 x_1(0)e^{-t}+\alpha_2[x_2(0)-x_1(0)]e^{-2t}$$

$$y=cx=c\alpha_1 x_1(0)e^{-t}+c\alpha_2[x_2(0)-x_1(0)]e^{-2t}=c\alpha_1 x_1(0)e^{-t}$$

以上的计算表明：α_2是A属于特征值$\lambda_0=-2$的特征向量，这个特征向量落在c的核空间中$(c\alpha_2=0)$，因此在输出中不能反映振型$\lambda_0=-2$所对应的模式e^{-2t}。

下面来简化可观测性条件，式(2.3.7)所定义的矩阵V，其秩的计算同样可以简化。令

$$V_{k-1}=\begin{bmatrix}C\\ CA\\ \vdots\\ CA^{k-1}\end{bmatrix}$$

有以下定理。

定理 2.3.5　若j是使$\operatorname{rank}V_j=\operatorname{rank}V_{j+1}$成立的最小整数，则对于所有的$k>j$，有$\operatorname{rank}V_k=\operatorname{rank}V_j$并且$j\leqslant\min(n-r,\bar{n}-1)$。其中，$r$是$C$的秩，$\bar{n}$是$A$的最小多项式的次数。

推论 2.3.2　若C的秩为r，则动态方程(2.3.6)可观测的充分必要条件是矩阵$V_{n-r}^{*}V_{n-r}$是非奇异矩阵。

定义 2.3.3　**可观测性指数**。设使得$\operatorname{rank}V_j=\operatorname{rank}V_{j+1}=n$成立的最小整数$j$为$(\nu-1)$，

称ν为方程(2.3.6)的**可观测性指数**。

显然对于可观测系统，存在关系式：

$$\nu \leqslant \min(n-r,\bar{n}-1)+1$$

2.4　若当型动态方程的可控性和可观测性

本节专门研究n维线性时不变动态方程：

$$\begin{cases}\dot{\boldsymbol{x}}=\boldsymbol{A}\boldsymbol{x}+\boldsymbol{B}\boldsymbol{u}\\ \boldsymbol{y}=\boldsymbol{C}\boldsymbol{x}+\boldsymbol{D}\boldsymbol{u}\end{cases} \tag{2.4.1}$$

若令$\bar{\boldsymbol{x}}=\boldsymbol{P}\boldsymbol{x}$，$\boldsymbol{P}$是$n\times n$非奇异常量矩阵，则方程(2.4.1)变成

$$\begin{cases}\dot{\bar{\boldsymbol{x}}}=\bar{\boldsymbol{A}}\bar{\boldsymbol{x}}+\bar{\boldsymbol{B}}\boldsymbol{u}\\ \boldsymbol{y}=\bar{\boldsymbol{C}}\bar{\boldsymbol{x}}+\bar{\boldsymbol{D}}\boldsymbol{u}\end{cases} \tag{2.4.2}$$

其中

$$\bar{\boldsymbol{A}}=\boldsymbol{P}\boldsymbol{A}\boldsymbol{P}^{-1},\quad \bar{\boldsymbol{B}}=\boldsymbol{P}\boldsymbol{B},\quad \bar{\boldsymbol{C}}=\boldsymbol{C}\boldsymbol{P}^{-1},\quad \bar{\boldsymbol{D}}=\boldsymbol{D} \tag{2.4.3}$$

如前所述，动态方程(2.4.1)和方程(2.4.2)是彼此等价的，矩阵$\boldsymbol{P}$是等价变换矩阵。一个自然的问题是，在经过等价变换后，系统的可控性和可观测性是否发生变化？从直观上看，因为等价变换仅是变换状态空间的基底，反映系统本身结构性质的可控性和可观测性应不受影响。

定理 2.4.1　在任何等价变换之下，线性时不变系统的可控性和可观测性是不变的。

证明　式(2.4.2)可控，由定理 2.2.3，当且仅当$\operatorname{rank}\begin{bmatrix}\bar{\boldsymbol{B}} & \bar{\boldsymbol{A}}\bar{\boldsymbol{B}} & \cdots & \bar{\boldsymbol{A}}^{n-1}\bar{\boldsymbol{B}}\end{bmatrix}=n$，将式(2.4.3)代入得

$$\begin{bmatrix}\bar{\boldsymbol{B}} & \bar{\boldsymbol{A}}\bar{\boldsymbol{B}} & \cdots & \bar{\boldsymbol{A}}^{n-1}\bar{\boldsymbol{B}}\end{bmatrix}=\boldsymbol{P}\begin{bmatrix}\boldsymbol{B} & \boldsymbol{A}\boldsymbol{B} & \cdots & \boldsymbol{A}^{n-1}\boldsymbol{B}\end{bmatrix}$$

因$\boldsymbol{P}$为非奇异矩阵，可得

$$\operatorname{rank}\begin{bmatrix}\boldsymbol{B} & \boldsymbol{A}\boldsymbol{B} & \cdots & \boldsymbol{A}^{n-1}\boldsymbol{B}\end{bmatrix}=\operatorname{rank}\begin{bmatrix}\bar{\boldsymbol{B}} & \bar{\boldsymbol{A}}\bar{\boldsymbol{B}} & \cdots & \bar{\boldsymbol{A}}^{n-1}\bar{\boldsymbol{B}}\end{bmatrix}=n$$

即方程(2.4.1)的可控性矩阵的秩为n，故方程(2.4.1)描述的系统是可控的。

定理 2.4.1 可以推广到线性时变动态系统(见习题 2.11)。定理 2.4.1 保证了在研究可控性和可观测性时，可以采取等价变换方程变换成某种特殊形式，而如果能从这种特殊形式方便地判断系统的可控性和可观测性，那么就可以得到更为简单的判据。例如，将线性时不变系统方程化为若当型，那么它的可控性和可观测性在许多情况下用观察法就可以确定。

设线性时不变若当型方程为

$$\begin{cases}\dot{\boldsymbol{x}}=\boldsymbol{A}\boldsymbol{x}+\boldsymbol{B}\boldsymbol{u}\\ \boldsymbol{y}=\boldsymbol{C}\boldsymbol{x}+\boldsymbol{D}\boldsymbol{u}\end{cases} \tag{2.4.4}$$

其中，$\boldsymbol{A}$、$\boldsymbol{B}$、$\boldsymbol{C}$的形式如下：

$$A=\begin{bmatrix} A_1 & & & 0 \\ & A_2 & & \\ & & \ddots & \\ 0 & & & A_m \end{bmatrix},\quad B=\begin{bmatrix} B_1 \\ B_2 \\ \vdots \\ B_m \end{bmatrix},\quad C=\begin{bmatrix} C_1 & C_2 & \cdots & C_m \end{bmatrix}$$

$$A_i=\begin{bmatrix} A_{i1} & & & 0 \\ & A_{i2} & & \\ & & \ddots & \\ 0 & & & A_{ir(i)} \end{bmatrix},\quad B_i=\begin{bmatrix} B_{i1} \\ B_{i2} \\ \vdots \\ B_{ir(i)} \end{bmatrix},\quad C_i=\begin{bmatrix} C_{i1} & C_{i2} & \cdots & C_{ir(i)} \end{bmatrix},\quad i=1,2,\cdots,m$$

$$A_{ij}=\begin{bmatrix} \lambda_i & 1 & & & 0 \\ & \lambda_i & 1 & & \\ & & \ddots & \ddots & \\ & & & \ddots & 1 \\ 0 & & & & \lambda_i \end{bmatrix},\quad B_{ij}=\begin{bmatrix} b_{1ij} \\ b_{2ij} \\ \vdots \\ b_{Lij} \end{bmatrix},\quad C_{ij}=\begin{bmatrix} c_{1ij} & c_{2ij} & \cdots & c_{Lij} \end{bmatrix},\quad \begin{array}{l} i=1,2,\cdots,m \\ j=1,2,\cdots,r(i) \end{array}$$

以上的形式说明 A 有 m 个不同的特征值 $\lambda_1,\lambda_2,\cdots,\lambda_m$，与特征值 λ_i 对应的若当块共有 $r(i)$ 个，A_{ij} 是属于 λ_i 的第 j 个若当块。令 n_i 和 n_{ij} 分别表示 A_i 和 A_{ij} 的阶数，则有

$$n=\sum_{i=1}^{m}n_i=\sum_{i=1}^{m}\sum_{j=1}^{r(i)}n_{ij}$$

相应于 A_{ij} 和 A_i，矩阵 B 和 C 也作相应的分块。B_{ij} 的第一行和最后一行分别用 b_{1ij} 和 b_{Lij} 表示，C_{ij} 的第一列和最后一列分别用 c_{1ij} 和 c_{Lij} 表示。

例 2.4.1　设有若当型动态方程：

$$\dot{x}=\begin{bmatrix} \lambda_1 & 1 & 0 & 0 & 0 & 0 & 0 \\ 0 & \lambda_1 & 1 & 0 & 0 & 0 & 0 \\ 0 & 0 & \lambda_1 & 1 & 0 & 0 & 0 \\ 0 & 0 & 0 & \lambda_1 & 1 & 0 & 0 \\ 0 & 0 & 0 & 0 & \lambda_2 & 1 & 0 \\ 0 & 0 & 0 & 0 & 0 & \lambda_2 & 1 \\ 0 & 0 & 0 & 0 & 0 & 0 & \lambda_2 \end{bmatrix}x+\begin{bmatrix} 0 & 0 & 0 \\ 1 & 0 & 0 \\ 0 & 1 & 0 \\ 0 & 0 & 1 \\ 1 & 1 & 2 \\ 0 & 1 & 0 \\ 0 & 0 & 1 \end{bmatrix}u \begin{array}{l} \\ \leftarrow b_{L11} \\ \leftarrow b_{L12} \\ \leftarrow b_{L13} \\ \\ \\ \leftarrow b_{L21} \end{array}$$

$$y=\begin{bmatrix} 1 & 1 & 2 & 0 & 0 & 2 & 0 \\ 1 & 0 & 1 & 2 & 0 & 1 & 1 \\ 1 & 0 & 2 & 3 & 0 & 2 & 2 \end{bmatrix}x$$

$$\begin{array}{ccccccc} \uparrow & & \uparrow & \uparrow & \uparrow & & \\ c_{l11} & & c_{l12} & c_{l13} & c_{l21} & & \end{array}$$

解　根据前面引入的记号，对于这个若当型动态方程，可知 $m=2$，与 λ_1 相关的若当块有 3 块，即 $r(1)=3$。与 λ_2 相关的若当块只有一块，即 $r(2)=1$。$n_1=4, n_2=3, n_{11}=2, n_{12}=1, n_{13}=1$。向量 $\boldsymbol{b}_{L11}$、$\boldsymbol{b}_{L12}$、$\boldsymbol{b}_{L13}$、$\boldsymbol{b}_{L21}$、$\boldsymbol{c}_{l11}$、$\boldsymbol{c}_{l12}$、$\boldsymbol{c}_{l13}$、$\boldsymbol{c}_{l21}$ 如方程旁边所标注的那样。

定理 2.4.2　n 维线性时不变若当型动态方程(2.4.4)可控的充分必要条件是每一个 $r(i)\times p$ 矩阵：

$$\boldsymbol{B}_i^L=\begin{bmatrix}\boldsymbol{b}_{Li1}\\ \boldsymbol{b}_{Li2}\\ \vdots\\ \boldsymbol{b}_{Lir(i)}\end{bmatrix},\quad i=1,2,\cdots,m \tag{2.4.5}$$

的各行在复数域上线性无关。方程(2.4.4)可观测的充分必要条件是每一个 $q\times r(i)$ 矩阵：

$$\boldsymbol{C}_i^1=[\boldsymbol{c}_{1i1}\quad \boldsymbol{c}_{1i2}\quad \cdots\quad \boldsymbol{c}_{1ir(i)}],\quad i=1,2,\cdots,m \tag{2.4.6}$$

的各列在复数域上线性无关。

证明　这里用定理 2.2.3 的提法(6)来证明定理中关于可控的条件。定理中关于可观测的条件则可用定理 2.3.4 的提法(6)来证明，也可用对偶定理 2.3.2 来证明。取 $\boldsymbol{A}$ 的任一特征值 $\lambda_i(i=1,2,\cdots,m)$，考察 $n\times(n+p)$ 维矩阵 $[\boldsymbol{A}-\lambda_i\boldsymbol{I}\quad \boldsymbol{B}]$。显然 $[\boldsymbol{A}-\lambda_i\boldsymbol{I}\quad \boldsymbol{B}]$ 的前 n 列对角线元素除与特征值 λ_i 相关联的 $\boldsymbol{A}_i$ 之外，都是非零元素，故这些非零元素所在的行是线性无关的。再考虑 $(\boldsymbol{A}_i-\lambda_i\boldsymbol{I})$ 的其他行，它们对角线上的元素都为 0，但是除每个若当块的最后一行元素全为 0 之外，都是位于对角线上方为 1 的元素，故除掉每一个若当块的最后一行之外，$(\boldsymbol{A}_i-\lambda_i\boldsymbol{I})$ 的其他各行均线性无关，并且这些行与前述不属于特征值 λ_i 的所有行均线性无关。再考虑 $(\boldsymbol{A}_i-\lambda_i\boldsymbol{I})$ 的每一个若当块的最后一行，由于 $\boldsymbol{B}_i^L$ 的各行线性无关，故 $[\boldsymbol{A}_i-\lambda_i\boldsymbol{I}\quad \boldsymbol{B}]$ 的每一个若当块最后一行也线性无关，因此矩阵 $[\boldsymbol{A}-\lambda_i\boldsymbol{I}\quad \boldsymbol{B}]$ 的各行线性无关，即对于 $\boldsymbol{A}$ 的每一个特征值 $\lambda_i\ (i=1,2,\cdots,m)$，都有 $\operatorname{rank}[\boldsymbol{A}-\lambda_i\boldsymbol{I}\quad \boldsymbol{B}]=n$。由定理 2.2.3 的提法(6)可知定理 2.4.2 关于可控性的条件是充分的。反之，若式(2.4.5)的条件有一个不成立，必然导致某一个特征值代入后，使矩阵 $[\boldsymbol{A}-\lambda_i\boldsymbol{I}\quad \boldsymbol{B}]$ 的秩小于 n，系统必然不可控。

定理 2.4.2 中可观测条件的证明与可控条件的证明类似。根据定理 2.4.2，容易验证例 2.4.1 的动态方程是可控的。但因为 $\boldsymbol{c}_{l21}=0$，故该动态方程不可观测。

推论 2.4.1

(1) 单输入、线性、时不变若当型动态方程可控的充分必要条件是对应于一个特征值只有一个若当块，而且向量 $\boldsymbol{b}$ 中所有与若当块最后一行相对应的元素不等于零。

(2) 单输出、线性、时不变若当型动态方程可观测的充分必要条件是对应于一个特征值只有一个若当块，而且向量 $\boldsymbol{c}$ 中所有与若当块第一列相对应的元素不等于零。

例 2.4.2　设有两个若当型状态方程：

$$\dot{\boldsymbol{x}}=\begin{bmatrix}-1 & 0\\ 0 & -2\end{bmatrix}\boldsymbol{x}+\begin{bmatrix}1\\ 1\end{bmatrix}\boldsymbol{u} \tag{2.4.7}$$

$$\dot{\boldsymbol{x}}=\begin{bmatrix}-1 & 0\\ 0 & -2\end{bmatrix}\boldsymbol{x}+\begin{bmatrix}\mathrm{e}^{-t}\\ \mathrm{e}^{-2t}\end{bmatrix}\boldsymbol{u} \tag{2.4.8}$$

解　由推论 2.4.1 可知，状态方程(2.4.7)可控。方程(2.4.8)是时变的，虽然 $\boldsymbol{A}$ 具有若当型且对所有的 t，$\boldsymbol{b}$ 的各分量非零，但并不能应用推论 2.4.1 来判断可控性。事实上，由定理 2.2.1，对任一固定的 t_0，有

$$\boldsymbol{\Phi}(t_0-t)\boldsymbol{B}(t)=\begin{bmatrix}\mathrm{e}^{-(t_0-t)} & 0\\ 0 & \mathrm{e}^{-2(t_0-t)}\end{bmatrix}\begin{bmatrix}\mathrm{e}^{-t}\\ \mathrm{e}^{-2t}\end{bmatrix}=\begin{bmatrix}\mathrm{e}^{-t_0}\\ \mathrm{e}^{-2t_0}\end{bmatrix}$$

显然对所有 $t>t_0$，矩阵 $\boldsymbol{\Phi}(t_0-t)\boldsymbol{B}(t)$ 的各行线性相关，故方程(2.4.8)在任何 t_0 均不可控。

2.5　线性时不变系统可控性和可观测性的几何判别准则

在多变量系统的研究中，Wonham 等发展了新的研究方法——几何方法。几何方法主要是应用线性变换理论，在系统的状态线性空间、输入状态线性空间和输出状态线性空间中，着重从几何的角度来研究线性时不变系统的一般性质(可控性和可观测性等)和控制问题。几何方法的主要特点是它能给出一般性的关于问题本质的结论，从而能透过大量的矩阵运算(有时是复杂的)，对问题的本质与特性有深入的理解，并且对解决问题的方法与前景有所启发和认识。用几何方法研究线性系统的工作，目前仍在有成效地开展着。这里仅介绍与可控性和可观测性有关的基本部分，即关于可控子空间与不可观测子空间的概念。本节中研究的 n 维线性时不变动态方程为

$$\begin{cases}\dot{\boldsymbol{x}}=\boldsymbol{A}\boldsymbol{x}+\boldsymbol{B}\boldsymbol{u}\\ \boldsymbol{y}=\boldsymbol{C}\boldsymbol{x}+\boldsymbol{D}\boldsymbol{u}\end{cases} \tag{2.5.1}$$

其中，矩阵 $\boldsymbol{A}$、$\boldsymbol{B}$、$\boldsymbol{C}$ 和 $\boldsymbol{D}$ 的定义如前。

可控性反映了控制作用对状态的制约能力。一个不可控的系统可能只对某些状态没有制约能力，或者说可能是从某些初始状态出发的轨线不可控制而对从另一些状态出发的轨线都可以控制。因此将状态空间的元素按照是否可控进行分类，定义可控状态和不可控状态。

定义 2.5.1　可控状态。对于系统(2.0.1)，如果在 t_0 时刻对取定的初始状态 $\boldsymbol{x}(t_0)=\boldsymbol{x}_0$，存在某个有限时刻 $t_1>t_0$ 和一个容许控制 $\boldsymbol{u}$ 使得系统在这个控制作用下，从 $\boldsymbol{x}_0$ 出发的轨线在 t_1 时刻到达零状态，即 $\boldsymbol{x}(t_1)=0$，则称 $\boldsymbol{x}_0$ 是系统在 t_0 时刻的一个**可控状态**。

从定义 2.5.1 容易看出，若 $\boldsymbol{x}_1$、$\boldsymbol{x}_2$ 都是系统的可控状态，那么对于任意的实数 α 和 β，$\alpha\boldsymbol{x}_1+\beta\boldsymbol{x}_2$ 也是系统的可控状态。另外，零状态在 t_0 时刻总是可控的，因此所有在 t_0 时刻可控状态的全体组成一个线性空间，记为 $\boldsymbol{C}_{t_0}$。显然 $\boldsymbol{C}_{t_0}$ 是 n 维状态空间 $\boldsymbol{X}_{t_0}$ 的一个子空间，称为系统在 t_0 时刻的可控子空间。

对于线性时不变系统(2.5.1)，它的可控状态不依赖于某个特定时刻，因此可控子空间

也就不依赖于某个特定时刻。另外，显然可控子空间也就是它的可达子空间。下面讨论线性时不变系统(2.5.1)的可控子空间结构。

令 $\overline{\boldsymbol{B}} = Im\boldsymbol{B}$ 表示 $\boldsymbol{B}$ 的值域空间，它是由矩阵 $\boldsymbol{B}$ 的列所张成的空间，并且是状态空间 $\boldsymbol{X}$ 的子空间。引入记号：

$$< \boldsymbol{A} \mid \boldsymbol{B} >= \overline{\boldsymbol{B}} + \boldsymbol{A}\overline{\boldsymbol{B}} + \boldsymbol{A}^2\overline{\boldsymbol{B}} + \cdots + \boldsymbol{A}^{n-1}\overline{\boldsymbol{B}} \tag{2.5.2}$$

由于 $\overline{\boldsymbol{B}}, \boldsymbol{A}\overline{\boldsymbol{B}}, \cdots, \boldsymbol{A}^{n-1}\overline{\boldsymbol{B}}$ 均为 $\boldsymbol{X}$ 的子空间，故 $< \boldsymbol{A} \mid \boldsymbol{B} >$ 也是 $\boldsymbol{X}$ 的子空间，而且是 $\boldsymbol{A}$ 的不变子空间。事实上，根据凯莱-哈密顿定理有

$$\boldsymbol{A}^n = \alpha_0 \boldsymbol{I} + \alpha_1 \boldsymbol{A} + \cdots + \alpha_{n-1}\boldsymbol{A}^{n-1}$$

所以

$$\begin{aligned} \boldsymbol{A} < \boldsymbol{A} \mid \boldsymbol{B} > &= \boldsymbol{A}\overline{\boldsymbol{B}} + \boldsymbol{A}^2\overline{\boldsymbol{B}} + \cdots + \boldsymbol{A}^{n-1}\overline{\boldsymbol{B}} + \boldsymbol{A}^n\overline{\boldsymbol{B}} \\ &= \alpha_0\overline{\boldsymbol{B}} + (1+\alpha_1)\boldsymbol{A}\overline{\boldsymbol{B}} + \cdots + (1+\alpha_{n-1})\boldsymbol{A}^{n-1}\overline{\boldsymbol{B}} \\ &\subset < \boldsymbol{A} \mid \boldsymbol{B} > \end{aligned}$$

引理 2.5.1

$$< \boldsymbol{A} \mid \boldsymbol{B} >= Im\boldsymbol{W}(t_0, t_1), \quad \forall t_1 > t_0 \tag{2.5.3}$$

证明　为了证明式(2.5.3)，只需证明：

$$< \boldsymbol{A} \mid \boldsymbol{B} >^{\perp} = \mathrm{Ker}\boldsymbol{W}(t_0, t_1)$$

其中，$< \boldsymbol{A} \mid \boldsymbol{B} >^{\perp}$ 表示子空间 $< \boldsymbol{A} \mid \boldsymbol{B} >$ 的正交补空间；而 $\mathrm{Ker}\boldsymbol{W}(t_0, t_1)$ 表示 $\boldsymbol{W}(t_0, t_1)$ 的核空间。

因为 $\boldsymbol{W}(t_0, t_1)$ 是对称矩阵，故

$$[Im\boldsymbol{W}(t_0, t_1)]^{\perp} = \mathrm{Ker}\boldsymbol{W}^{\mathrm{T}}(t_0, t_1) = \mathrm{Ker}\boldsymbol{W}(t_0, t_1)$$

而

$$\boldsymbol{X} = < \boldsymbol{A} \mid \boldsymbol{B} > \oplus < \boldsymbol{A} \mid \boldsymbol{B} >^{\perp} = Im\boldsymbol{W}(t_0, t_1) \oplus \left[Im\boldsymbol{W}(t_0, t_1)\right]^{\perp}$$

因此若证明了：

$$< \boldsymbol{A} \mid \boldsymbol{B} >^{\perp} = \mathrm{Ker}\boldsymbol{W}(t_0, t_1)$$

也就证明了式(2.5.3)。

取 $\boldsymbol{x} \in \mathrm{Ker}\boldsymbol{W}(t_0, t_1)$，即有 $\boldsymbol{x}^{\mathrm{T}}\boldsymbol{W}(t_0, t_1)\boldsymbol{x} = 0$ 或 $\boldsymbol{x}^{\mathrm{T}}\int_{t_0}^{t_1} \mathrm{e}^{\boldsymbol{A}(t_0-\tau)}\boldsymbol{B}\boldsymbol{B}^{\mathrm{T}}\mathrm{e}^{\boldsymbol{A}^{\mathrm{T}}(t_0-\tau)}\mathrm{d}\tau\boldsymbol{x} = 0$

由此可得

$$\int_{t_0}^{t_1} \left\| \boldsymbol{B}^{\mathrm{T}}\mathrm{e}^{\boldsymbol{A}^{\mathrm{T}}(t_0-\tau)}\boldsymbol{x} \right\|^2 \mathrm{d}\tau = 0$$

于是

$$\boldsymbol{B}^{\mathrm{T}}\mathrm{e}^{\boldsymbol{A}^{\mathrm{T}}(t_0-\tau)}\boldsymbol{x} = 0, \quad \forall \tau \in [t_0, t_1]$$

对上式取导数：

$$(-1)^j \boldsymbol{B}^{\mathrm{T}}(\boldsymbol{A}^{\mathrm{T}})^j \mathrm{e}^{\boldsymbol{A}^{\mathrm{T}}(t_0-\tau)}\boldsymbol{x}=0, \quad j=0,1,2,\cdots,n-1$$

令$\tau=t_0$，得

$$\boldsymbol{B}^{\mathrm{T}}(\boldsymbol{A}^{\mathrm{T}})^j\boldsymbol{x}=0 \quad 或 \quad \boldsymbol{x}^{\mathrm{T}}\boldsymbol{A}^j\boldsymbol{B}=0, \quad j=0,1,2,\cdots,n-1$$

这说明$\boldsymbol{x}$与矩阵$\boldsymbol{A}^j\boldsymbol{B}(j=0,1,2,\cdots,n-1)$的每一列都是正交的，因此有$\boldsymbol{x}\in<\boldsymbol{A}|\boldsymbol{B}>^{\perp}$，即

$$\mathrm{Ker}\boldsymbol{W}(t_0,t_1)\subset<\boldsymbol{A}|\boldsymbol{B}>^{\perp}$$

反之，若取$\boldsymbol{x}\in<\boldsymbol{A}|\boldsymbol{B}>^{\perp}$，即有$\boldsymbol{x}^{\mathrm{T}}\begin{bmatrix}\boldsymbol{B} & \boldsymbol{AB} & \cdots & \boldsymbol{A}^{n-1}\boldsymbol{B}\end{bmatrix}=0$或$\boldsymbol{B}^{\mathrm{T}}\boldsymbol{x}=\boldsymbol{B}^{\mathrm{T}}\boldsymbol{A}^{\mathrm{T}}\boldsymbol{x}=\cdots=\boldsymbol{B}^{\mathrm{T}}(\boldsymbol{A}^{\mathrm{T}})^{n-1}\boldsymbol{x}=0$，故知$\boldsymbol{x},\boldsymbol{A}^{\mathrm{T}}\boldsymbol{x},\cdots,(\boldsymbol{A}^{\mathrm{T}})^{n-1}\boldsymbol{x}$以及它们的任一线性组合属于$\boldsymbol{B}^{\mathrm{T}}$的核空间，所以对任意的$t_1>\tau>t_0$，均有

$$\boldsymbol{B}^{\mathrm{T}}\mathrm{e}^{\boldsymbol{A}^{\mathrm{T}}(t_0-\tau)}\boldsymbol{x}=0$$

将上式左乘$\mathrm{e}^{\boldsymbol{A}(t_0-\tau)}\boldsymbol{B}$，再对$\tau$从$t_0$到$t_1$积分，可得

$$\left(\int_{t_0}^{t_1}\mathrm{e}^{\boldsymbol{A}(t_0-\tau)}\boldsymbol{B}\boldsymbol{B}^{\mathrm{T}}\mathrm{e}^{\boldsymbol{A}^{\mathrm{T}}(t_0-\tau)}\mathrm{d}\tau\right)\boldsymbol{x}=0, \quad \forall t_1>t_0$$

即对任何$t_1>t_0$，均有$\boldsymbol{W}(t_0,t_1)\boldsymbol{x}=0$，这说明$\boldsymbol{x}\in\mathrm{Ker}\boldsymbol{W}(t_0,t_1)$，故有$<\boldsymbol{A}|\boldsymbol{B}>^{\perp}\subset\mathrm{Ker}\boldsymbol{W}(t_0,t_1)$。

综上所述，可知$<\boldsymbol{A}|\boldsymbol{B}>^{\perp}=\mathrm{Ker}\boldsymbol{W}(t_0,t_1)$，$\forall t_1>t_0$，故引理 2.5.1 得证。

引理 2.5.2　$<\boldsymbol{A}|\boldsymbol{B}>$是可控子空间。即这个子空间中的每一状态都是可控状态，凡是可控状态均在这个子空间中。

证明　如果$\boldsymbol{x}_0\in<\boldsymbol{A}|\boldsymbol{B}>$，那么

$$\boldsymbol{x}_0\in Im\boldsymbol{W}(t_0,t_1)$$

因此存在非零向量$\boldsymbol{z}$，使得

$$\boldsymbol{x}_0=\boldsymbol{W}(t_0,t_1)\boldsymbol{z}$$

取$\boldsymbol{u}(\tau)=-\boldsymbol{B}^{\mathrm{T}}\mathrm{e}^{\boldsymbol{A}^{\mathrm{T}}(t_0-\tau)}\boldsymbol{z}$，可知对任意的$t_1>t_0$有

$$\boldsymbol{x}(t_1)=\mathrm{e}^{\boldsymbol{A}(t_1-t_0)}\boldsymbol{x}_0+\int_{t_0}^{t_1}\mathrm{e}^{\boldsymbol{A}(t_1-\tau)}\boldsymbol{B}\boldsymbol{u}(\tau)\mathrm{d}\tau=0$$

这表明$\boldsymbol{x}_0$是系统(2.5.1)的可控状态。反之，若$\boldsymbol{x}_0$是系统(2.5.1)的可控状态，根据定义，存在一个有限时刻$t_1>t_0$和一个容许控制$\boldsymbol{u}_{[t_0,t_1]}$使得

$$\mathrm{e}^{\boldsymbol{A}(t_1-t_0)}\boldsymbol{x}_0+\int_{t_0}^{t_1}\mathrm{e}^{\boldsymbol{A}(t_1-\tau)}\boldsymbol{B}\boldsymbol{u}(\tau)\mathrm{d}\tau=0$$

根据等式(1.2.25)有

$$
\begin{aligned}
\mathrm{e}^{\boldsymbol{A}}(t_1-t_0)\boldsymbol{x}_0 &= -\sum_{k=0}^{n-1}\boldsymbol{A}^k\boldsymbol{B}\int_{t_0}^{t_1}p_k(t_1-\tau)\boldsymbol{u}(\tau)\mathrm{d}\tau \\
&= -[\boldsymbol{B}\quad \boldsymbol{AB}\quad \cdots\quad \boldsymbol{A}^{n-1}\boldsymbol{B}]\cdot\begin{bmatrix}\int_{t_0}^{t_1}p_0(t_1-\tau)\boldsymbol{u}(\tau)\mathrm{d}\tau \\ \int_{t_0}^{t_1}p_1(t_1-\tau)\boldsymbol{u}(\tau)\mathrm{d}\tau \\ \vdots \\ \int_{t_0}^{t_1}p_{n-1}(t_1-\tau)\boldsymbol{u}(\tau)\mathrm{d}\tau\end{bmatrix}
\end{aligned}
$$

这表明 $\mathrm{e}^{\boldsymbol{A}(t_1-t_0)}\boldsymbol{x}_0 \in <\boldsymbol{A}|\boldsymbol{B}>$。由于 $<\boldsymbol{A}|\boldsymbol{B}>$ 是 $\boldsymbol{A}$ 的不变子空间，所以

$$
\mathrm{e}^{\boldsymbol{A}(t_0-t_1)}\cdot\mathrm{e}^{\boldsymbol{A}(t_1-t_0)}\boldsymbol{x}_0=\boldsymbol{x}_0\in<\boldsymbol{A}|\boldsymbol{B}>
$$

综合以上两方面的结果可知，$<\boldsymbol{A}|\boldsymbol{B}>$ 就是线性时不变系统(2.5.1)的可控子空间。

定理 2.5.1　线性时不变系统(2.5.1)可控的充分必要条件是

$$
<\boldsymbol{A}|\boldsymbol{B}>=\boldsymbol{X}
$$

这个定理的结论是明显的，它是关于时不变系统可控性的一个几何解释。实际上，$<\boldsymbol{A}|\boldsymbol{B}>$ 是由可控性矩阵 $\boldsymbol{U}=[\boldsymbol{B}\quad \boldsymbol{AB}\quad \cdots\quad \boldsymbol{A}^{n-1}\boldsymbol{B}]$ 的各列所张成的一个子空间。当系统可控时，可控性矩阵 $\boldsymbol{U}$ 的秩等于状态空间的维数 n，这时 $\boldsymbol{U}$ 的各列张成的子空间必为整个状态空间。当系统不可控时，$<\boldsymbol{A}|\boldsymbol{B}>$ 将是 $\boldsymbol{X}$ 的真子空间。相应地，把可控子空间的正交补空间 $<\boldsymbol{A}|\boldsymbol{B}>^{\perp}$ 称为系统的不可控子空间。状态空间中任一状态均可分解为这两个子空间的正交和，即分解为可控分量和不可控分量，而且这种分解是唯一的。

例 2.5.1　考虑动态方程：

$$
\dot{\boldsymbol{x}}=\begin{bmatrix}-1 & 0\\ 0 & -1\end{bmatrix}\boldsymbol{x}+\begin{bmatrix}1\\ 1\end{bmatrix}\boldsymbol{u}
$$

$$
\boldsymbol{y}=[1\quad 1]\boldsymbol{x}
$$

解　因为可控性矩阵：

$$
\boldsymbol{U}=\begin{bmatrix}1 & -1\\ 1 & -1\end{bmatrix}
$$

$\mathrm{rank}\boldsymbol{U}=1$，所以，它的可控子空间是由向量 $\boldsymbol{b}=[1\quad 1]^{\mathrm{T}}$ 所张成的一维子空间。不可控子空间由向量 $[-1\quad 1]^{\mathrm{T}}$ 所张成。这两个子空间的正交和构成了二维状态空间。状态空间中的任一状态向量可对这两个子空间进行分解，而且分解是唯一的。参看图 2.5.1，分解的两个分量分别为 $(x_c\quad 0)^{\mathrm{T}}$ 和 $(0\quad x_{\bar{c}})^{\mathrm{T}}$。

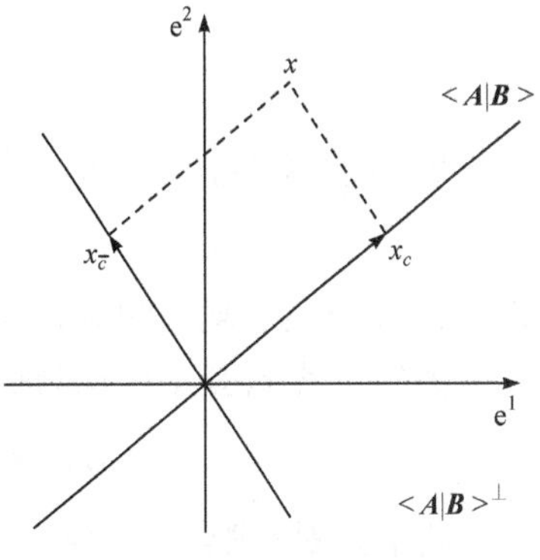

图 2.5.1　例 2.5.1 的状态空间

可观测性反映了输出对状态的反映能力。一个不可观测的系统的一些初态不可以通过输出来确定，但可能

另一些初态可以通过输出唯一地确定。因此，可以将状态空间的元素按照输出对它们的判断能力来进行分类，可定义不可观测状态和可观测状态。

定义 2.5.2 不可观测状态。若在 t_0 时刻，初态 $\boldsymbol{x}(t_0)$ 引起的零输入响应为零，即当 $t > t_0,\ \boldsymbol{u}(t) = 0$ 时，有 $\boldsymbol{y}(t) = 0$，则称这个状态为 t_0 时刻的**不可观测状态**。

显然 $\boldsymbol{x}(t_0) = 0$ 是不可观测状态。若系统在 t_0 时刻可观测，只有 $\boldsymbol{x}(t_0) = 0$ 是唯一的不可观测状态。这从物理意义上是很容易理解的，如果有另外一个初态引起的零输入响应也为零，那么就无法从输出为零来判别出这一初态。若 $\boldsymbol{x}_1$ 和 $\boldsymbol{x}_2$ 是系统在 t_0 时刻的不可观测状态，可以验证，对于任意实数 α 和 β，$\alpha\boldsymbol{x}_1 + \beta\boldsymbol{x}_2$ 也是不可观测状态。因此所有 t_0 时刻不可观测状态的全体构成一个线性空间，它是状态空间的一个子空间，称为 t_0 时刻的不可观测子空间。

对于线性时不变系统，它的不可观测状态不依赖于某一特定的时刻。如果某个状态在 t_0 时刻不可观测，那么它在任意时刻也都不可观测。因此不可观测子空间也就不依赖于特定的时刻了。现在来研究线性时不变系统(2.5.1)的不可观测子空间的结构。

定义子空间：

$$\boldsymbol{\eta} = \bigcap_{k=0}^{n-1} \mathrm{Ker}(\boldsymbol{C}\boldsymbol{A}^k) \tag{2.5.4}$$

不难验证，$\boldsymbol{\eta}$ 也是 $\boldsymbol{A}$ 的不变子空间。事实上，若取 $\boldsymbol{x} \in \boldsymbol{\eta}$，则有

$$\boldsymbol{C}\boldsymbol{x} = \boldsymbol{C}\boldsymbol{A}\boldsymbol{x} = \cdots = \boldsymbol{C}\boldsymbol{A}^{n-1}\boldsymbol{x} = 0$$

又因为

$$\boldsymbol{C}\boldsymbol{A}^n\boldsymbol{x} = \boldsymbol{C}\left(a_0\boldsymbol{I} + a_1\boldsymbol{A} + \cdots + a_{n-1}\boldsymbol{A}^{n-1}\right)\boldsymbol{x} = 0$$

所以，$\boldsymbol{A}\boldsymbol{x} \in \boldsymbol{\eta}$。

引理 2.5.3 $\boldsymbol{\eta}$ 是线性时不变系统(2.5.1)的不可观测子空间，即 $\boldsymbol{\eta}$ 中的状态是系统(2.5.1)的不可观测状态，而系统(2.5.1)的不可观测状态均在 $\boldsymbol{\eta}$ 中。

证明 任取 $\boldsymbol{x}_0 \in \boldsymbol{\eta}$，要证 $\boldsymbol{x}_0$ 是系统(2.5.1)的不可观测状态。设 $\boldsymbol{u}(t) = 0$，这时有 $\boldsymbol{y}(t) = \boldsymbol{C}\boldsymbol{\Phi}(t - t_0)\boldsymbol{x}_0$，将等式(1.2.25)代入，得

$$\boldsymbol{y}(t) = \sum_{k=0}^{n-1} p_k(t - t_0)\boldsymbol{C}\boldsymbol{A}^k\boldsymbol{x}_0$$

由 $\boldsymbol{C}\boldsymbol{x}_0 = \boldsymbol{C}\boldsymbol{A}\boldsymbol{x}_0 = \cdots = \boldsymbol{C}\boldsymbol{A}^{n-1}\boldsymbol{x}_0 = 0$，可知

$$\boldsymbol{y}(t) = 0$$

即由 $\boldsymbol{x}_0$ 引起的零输入响应为零，所以 $\boldsymbol{x}_0$ 是不可观测状态。

另外，若 $\boldsymbol{x}_0$ 是不可观测状态，即有

$$\boldsymbol{y}(t) = \boldsymbol{C}\boldsymbol{\Phi}(t - t_0)\boldsymbol{x}_0 = \boldsymbol{C}\mathrm{e}^{\boldsymbol{A}(t-t_0)}\boldsymbol{x}_0 = 0, \quad \forall t > t_0$$

将上式对 t 求导，再令 $t = t_0$，得

$$\boldsymbol{C}\boldsymbol{A}^k\boldsymbol{x}_0 = 0, \quad k = 0,1,2,\cdots,n-1$$

故 $\boldsymbol{x}_0\in\boldsymbol{\eta}$，这说明每个不可观测状态都是 $\boldsymbol{\eta}$ 中的元。

定理 2.5.2　线性时不变系统(2.5.1)可观测的充分必要条件是 $\boldsymbol{\eta}=0$。

这个定理的结论也是显而易见的。它说明系统可观测时，只有唯一的零状态是不可观测状态。n 维线性时不变系统可观测的充分必要条件是，$\operatorname{rank}\boldsymbol{V}=n$，这样必有 $\boldsymbol{\eta}=0$。当系统不可观测时，$\boldsymbol{\eta}$ 中将包含非零元。定义 $\boldsymbol{\eta}$ 的正交补空间为系统(2.5.1)的可观测子空间，记为 $\boldsymbol{\eta}^{\perp}$。

例 2.5.2　考虑例 2.5.1 中的动态方程，其可观测性矩阵 $\boldsymbol{V}=\begin{bmatrix}1 & 1\\ -1 & -1\end{bmatrix}$ 的秩为 1，不可观测子空间 $\boldsymbol{\eta}=\operatorname{Ker}\boldsymbol{C}\cap\operatorname{Ker}(\boldsymbol{CA})$ 为向量 $[-1\quad 1]^{\mathrm{T}}$ 所张成的子空间，可观测子空间 $\boldsymbol{\eta}^{\perp}$ 为向量 $[1\quad 1]^{\mathrm{T}}$ 所张成的子空间，如图 2.5.2 所示。

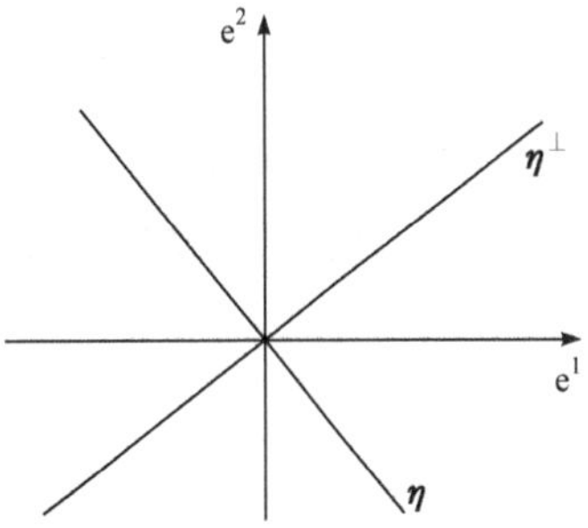

图 2.5.2　例 2.5.2 的状态空间分解

2.6　线性时不变系统的规范分解

本节只研究以下线性时不变系统：

$$\begin{cases}\dot{\boldsymbol{x}}=\boldsymbol{Ax}+\boldsymbol{Bu}\\ \boldsymbol{y}=\boldsymbol{Cx}+\boldsymbol{Du}\end{cases}\tag{2.6.1}$$

其中，$\boldsymbol{A}$、$\boldsymbol{B}$、$\boldsymbol{C}$、$\boldsymbol{D}$ 分别为 $n\times n$、$n\times p$、$q\times n$、$q\times p$ 的常量矩阵。

定理 2.4.1 说明在等价变换下，线性时不变系统的可控性和可观测性都保持不变，因此可以适当选取状态空间的基底，以使在这组基底下的系统动态方程更能体现出系统的结构性质(可控性和可观测性)。2.5 节关于可控子空间及不可观测子空间的讨论，指出了应该如何选取状态空间的基底。

对动态方程按可控性进行分解，引入以下定理。

定理 2.6.1　设动态方程(2.6.1)的可控性矩阵的秩为 n_1，$n_1<n$，则存在一个等价变换 $\overline{\boldsymbol{x}}=\boldsymbol{Px}$ ($\boldsymbol{P}$ 为 $n\times n$ 非奇异矩阵)，可将系统(2.6.1)变换为

$$\begin{cases}\begin{bmatrix}\dot{\overline{\boldsymbol{x}}}_1\\ \dot{\overline{\boldsymbol{x}}}_2\end{bmatrix}=\begin{bmatrix}\overline{\boldsymbol{A}}_{11} & \overline{\boldsymbol{A}}_{12}\\ 0 & \overline{\boldsymbol{A}}_{22}\end{bmatrix}\begin{bmatrix}\overline{\boldsymbol{x}}_1\\ \overline{\boldsymbol{x}}_2\end{bmatrix}+\begin{bmatrix}\overline{\boldsymbol{B}}_1\\ 0\end{bmatrix}\boldsymbol{u}\\ \boldsymbol{y}=\begin{bmatrix}\overline{\boldsymbol{C}}_1 & \overline{\boldsymbol{C}}_2\end{bmatrix}\begin{bmatrix}\overline{\boldsymbol{x}}_1\\ \overline{\boldsymbol{x}}_2\end{bmatrix}+\boldsymbol{Du}\end{cases}\tag{2.6.2}$$

而且式(2.6.2)的 n_1 维子方程：

$$\begin{cases}\dot{\overline{\boldsymbol{x}}}_1=\overline{\boldsymbol{A}}_{11}\overline{\boldsymbol{x}}_1+\overline{\boldsymbol{B}}_1\boldsymbol{u}\\ \boldsymbol{y}=\overline{\boldsymbol{C}}_1\overline{\boldsymbol{x}}_1+\boldsymbol{Du}\end{cases}\tag{2.6.3}$$

是可控的，该子方程与系统(2.6.1)有相同的传递函数矩阵。

证明　因为可控性矩阵 $\boldsymbol{U}$ 的秩为 n_1，所以由 $\boldsymbol{U}$ 的列所张成的可控子空间的维数为 n_1。

在可控子空间中取 n_1 个线性无关向量 $\boldsymbol{q}_1,\boldsymbol{q}_2,\cdots,\boldsymbol{q}_{n_1}$ ，再补充 $(n-n_1)$ 个向量使 $\boldsymbol{q}_1,\boldsymbol{q}_2,\cdots,\boldsymbol{q}_{n_1}$，$\boldsymbol{q}_{n_1+1},\cdots,\boldsymbol{q}_n$ 成为状态空间的一组基：

$$\boldsymbol{P}^{-1}=\begin{bmatrix}\boldsymbol{q}_1 & \boldsymbol{q}_2 & \cdots & \boldsymbol{q}_{n_1} & \boldsymbol{q}_{n_1+1} & \cdots & \boldsymbol{q}_n\end{bmatrix}$$

下面来证明变换 $\bar{\boldsymbol{x}}=\boldsymbol{P}\boldsymbol{x}$ 能将式(2.6.1)化为式(2.6.2)的形式。因为 $\bar{\boldsymbol{A}}=\boldsymbol{PAP}^{-1}$ 即 $\boldsymbol{AP}^{-1}=\boldsymbol{P}^{-1}\bar{\boldsymbol{A}}$，这表明 $\bar{\boldsymbol{A}}$ 的第 j 列就是 $\boldsymbol{A}\boldsymbol{q}_j$ 关于基底 $\boldsymbol{q}_1,\boldsymbol{q}_2,\cdots,\boldsymbol{q}_n$ 的表示。因可控子空间是 $\boldsymbol{A}$ 的不变子空间，故对 $j=1,2,\cdots,n_1$，$\boldsymbol{A}\boldsymbol{q}_j$ 都可表示成 $\boldsymbol{q}_1,\boldsymbol{q}_2,\cdots,\boldsymbol{q}_{n_1}$ 的线性组合：

$$\begin{aligned}\boldsymbol{A}\boldsymbol{q}_1&=a_{11}\boldsymbol{q}_1+a_{21}\boldsymbol{q}_2+\cdots+a_{n_1 1}\boldsymbol{q}_{n_1}\\ \boldsymbol{A}\boldsymbol{q}_2&=a_{12}\boldsymbol{q}_1+a_{22}\boldsymbol{q}_2+\cdots+a_{n_1 2}\boldsymbol{q}_{n_1}\\ &\vdots\\ \boldsymbol{A}\boldsymbol{q}_{n_1}&=a_{1n_1}\boldsymbol{q}_1+a_{2n_1}\boldsymbol{q}_2+\cdots+a_{n_1n_1}\boldsymbol{q}_{n_1}\end{aligned}$$

但是

$$\begin{aligned}\boldsymbol{A}\boldsymbol{q}_{n_1+1}&=a_{1,n_1+1}\boldsymbol{q}_1+a_{2,n_1+1}\boldsymbol{q}_2+\cdots+a_{n_1,n_1+1}\boldsymbol{q}_{n_1}+a_{n_1+1,n_1+1}\boldsymbol{q}_{n_1+1}+\cdots+a_{n,n_1+1}\boldsymbol{q}_n\\ &\vdots\\ \boldsymbol{A}\boldsymbol{q}_n&=a_{1,n}\boldsymbol{q}_1+a_{2,n}\boldsymbol{q}_2+\cdots+a_{n_1,n}\boldsymbol{q}_{n_1}+a_{n_1+1,n}\boldsymbol{q}_{n_1+1}+\cdots+a_{n,n}\boldsymbol{q}_n\end{aligned}$$

所以 $\bar{\boldsymbol{A}}$ 具有式(2.6.2)中的形式，其中 $\bar{\boldsymbol{A}}_{11}$、$\bar{\boldsymbol{A}}_{12}$ 和 $\bar{\boldsymbol{A}}_{22}$ 分别为 $n_1\times n_1$、$n_1\times(n-n_1)$ 和 $(n-n_1)\times(n-n_1)$ 的矩阵。因为 $\bar{\boldsymbol{B}}=\boldsymbol{PB}$，即 $\boldsymbol{B}=\boldsymbol{P}^{-1}\bar{\boldsymbol{B}}$，又因 $\boldsymbol{B}$ 的各列都是可控子空间的元，即 $\boldsymbol{B}$ 的每一列均可由 $\{\boldsymbol{q}_1,\boldsymbol{q}_2,\cdots,\boldsymbol{q}_{n_1}\}$ 线性表出，所以 $\bar{\boldsymbol{B}}$ 具有式(2.6.2)中的形式且 $\bar{\boldsymbol{B}}_1$ 是 $n_1\times p$ 矩阵。但是 $\bar{\boldsymbol{C}}=\boldsymbol{CP}^{-1}$ 没有什么特殊形式，其中 $\bar{\boldsymbol{C}}_1$ 和 $\bar{\boldsymbol{C}}_2$ 分别是 $q\times n_1$ 和 $q\times(n-n_1)$ 的矩阵。因此在变换 $\bar{\boldsymbol{x}}=\boldsymbol{P}\boldsymbol{x}$ 下，式(2.6.1)化为式(2.6.2)的形式。

令 $\bar{\boldsymbol{U}}$ 是式(2.6.2)的可控性矩阵，因等价变换不改变可控性矩阵的秩，故 $\operatorname{rank}\bar{\boldsymbol{U}}=n_1$，

$$\bar{\boldsymbol{U}}=\begin{bmatrix}\bar{\boldsymbol{B}}_1 & \bar{\boldsymbol{A}}_{11}\bar{\boldsymbol{B}}_1 & \cdots & \bar{\boldsymbol{A}}_{11}{}^{n-1}\bar{\boldsymbol{B}}_1\\ \boldsymbol{0} & \boldsymbol{0} & \cdots & \boldsymbol{0}\end{bmatrix}\begin{matrix}\}n_1\text{行}\\ \}(n-n_1)\text{行}\end{matrix}$$

$\bar{\boldsymbol{U}}$ 的前 n_1 行线性无关，即

$$\operatorname{rank}[\bar{\boldsymbol{B}}_1\quad \bar{\boldsymbol{A}}_{11}\bar{\boldsymbol{B}}_1\quad\cdots\quad \bar{\boldsymbol{A}}_{11}^{n_1-1}\bar{\boldsymbol{B}}_1\quad \bar{\boldsymbol{A}}_{11}^{n_1}\bar{\boldsymbol{B}}_1\quad\cdots\quad \bar{\boldsymbol{A}}_{11}^{n-1}\bar{\boldsymbol{B}}_1]=n_1$$

又因为当 $k\geqslant n_1$ 时，$\bar{\boldsymbol{A}}_{11}^k\bar{\boldsymbol{B}}_1$ 的各列可由 $\bar{\boldsymbol{B}}_1,\bar{\boldsymbol{A}}_{11}\bar{\boldsymbol{B}}_1,\cdots,\bar{\boldsymbol{A}}_{11}{}^{n_1-1}\bar{\boldsymbol{B}}_1$ 的各列线性表出，所以

$$\operatorname{rank}[\bar{\boldsymbol{B}}_1\quad \bar{\boldsymbol{A}}_{11}\bar{\boldsymbol{B}}_1\quad\cdots\quad \bar{\boldsymbol{A}}_{11}^{n_1-1}\bar{\boldsymbol{B}}_1]=n_1$$

这说明系统(2.6.3)的动态方程可控。现在证明系统(2.6.1)与系统(2.6.3)有相同的传递函数矩阵。因为等价变换保持传递函数矩阵不变，故系统(2.6.1)与系统(2.6.2)有相同的传递函数矩阵。计算系统(2.6.2)的传递函数矩阵如下：

$$\begin{aligned}&[\bar{\boldsymbol{C}}_1\quad \bar{\boldsymbol{C}}_2]\begin{bmatrix}s\boldsymbol{I}-\bar{\boldsymbol{A}}_{11} & -\bar{\boldsymbol{A}}_{12}\\ \boldsymbol{0} & s\boldsymbol{I}-\bar{\boldsymbol{A}}_{22}\end{bmatrix}^{-1}\begin{bmatrix}\bar{\boldsymbol{B}}_1\\ \boldsymbol{0}\end{bmatrix}+\boldsymbol{D}\\ =&[\bar{\boldsymbol{C}}_1\quad \bar{\boldsymbol{C}}_2]\begin{bmatrix}(s\boldsymbol{I}-\bar{\boldsymbol{A}}_{11})^{-1} & (s\boldsymbol{I}-\bar{\boldsymbol{A}}_{11})^{-1}\bar{\boldsymbol{A}}_{12}(s\boldsymbol{I}-\bar{\boldsymbol{A}}_{22})^{-1}\\ \boldsymbol{0} & (s\boldsymbol{I}-\bar{\boldsymbol{A}}_{22})^{-1}\end{bmatrix}\begin{bmatrix}\bar{\boldsymbol{B}}_1\\ \boldsymbol{0}\end{bmatrix}+\boldsymbol{D}\end{aligned}$$

$$=[\bar{C}_1 \quad \bar{C}_2]\begin{bmatrix}(sI-\bar{A}_{11})^{-1}\bar{B}_1\\ 0\end{bmatrix}+D$$

$$=\bar{C}_1(sI-\bar{A}_{11})^{-1}\bar{B}_1+D$$

显然上式正是系统(2.6.3)的传递函数矩阵。

这个定理说明，通过等价变换 $\bar{x}=Px$，状态空间被分解成两个子空间：一个是 n_1 维子空间，它由所有形如 $\begin{bmatrix}\bar{x}_1^{\mathrm{T}} & 0\end{bmatrix}^{\mathrm{T}}$ 的向量所组成，是式(2.6.2)的可控子空间；另一个是由所有形如 $\begin{bmatrix}0 & \bar{x}_2^{\mathrm{T}}\end{bmatrix}^{\mathrm{T}}$ 的向量所组成的 $(n-n_1)$ 维子空间，即可控子空间的直接和空间。显然，任一状态 $\bar{x}$ 都可分解为这两个子空间的直接和。

动态方程(2.6.2)及可控的 n_1 维子方程(2.6.3)的方块图如图 2.6.1 所示。从图中可以看到，控制输入是通过可控子系统(图中虚线以上)传递到输出的，而对不可控子系统(图中虚线以下)没有影响。所以，传递函数的描述方法不能反映不可控部分的特性。

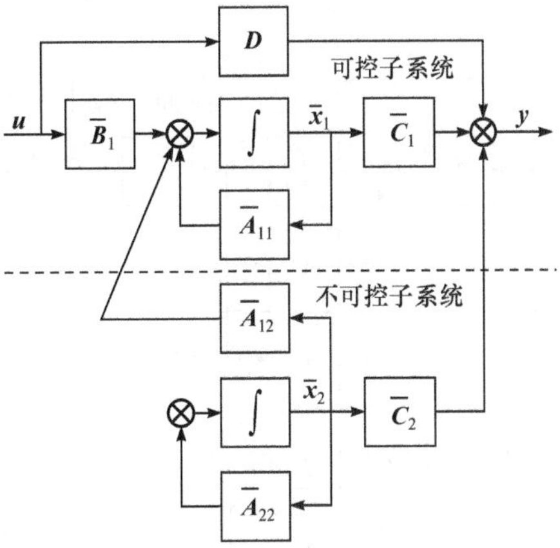

图 2.6.1　可控性分解

例 2.6.1　设动态方程为

$$\dot{x}=\begin{bmatrix}-1 & 0\\ 0 & -1\end{bmatrix}x+\begin{bmatrix}1\\ 1\end{bmatrix}u$$

解　可控性矩阵的秩为 1，可控子空间由向量$[1 \quad 1]^{\mathrm{T}}$所张成。取 $P^{-1}=\begin{bmatrix}1 & 1\\ 1 & 0\end{bmatrix}$，若令 $\bar{x}=Px$，则可得等价的动态方程：

$$\dot{\bar{x}}=\begin{bmatrix}-1 & 0\\ 0 & -1\end{bmatrix}\bar{x}+\begin{bmatrix}1\\ 0\end{bmatrix}u$$

所采取的变换是将状态空间的基底从标准正交向量组$[1 \quad 0]^{\mathrm{T}}$和$[0 \quad 1]^{\mathrm{T}}$变换为向量组$[1 \quad 1]^{\mathrm{T}}$和$[1 \quad 0]^{\mathrm{T}}$。状态变量 $\bar{x}$ 的分量 $\bar{x}_1$ 是可控的，即对状态变量 $x=[x_1 \quad x_2]^{\mathrm{T}}$，当 $x_1=x_2$ 时，状态 x 才是可控的。

对动态方程按可观测性进行分解，引入以下定理。

定理 2.6.2　设动态方程(2.6.1)的可观测性矩阵的秩为 $n_2(n_2<n)$，则存在一个等价变换 $\bar{x}=Px$，可将方程(2.6.1)变换为如下形式：

$$\begin{cases}\begin{bmatrix}\dot{\bar{x}}_1\\ \dot{\bar{x}}_2\end{bmatrix}=\begin{bmatrix}\bar{A}_{11} & 0\\ \bar{A}_{21} & \bar{A}_{22}\end{bmatrix}\begin{bmatrix}\bar{x}_1\\ \bar{x}_2\end{bmatrix}+\begin{bmatrix}\bar{B}_1\\ \bar{B}_2\end{bmatrix}u\\ y=[\bar{C}_1 \quad 0]\begin{bmatrix}\bar{x}_1\\ \bar{x}_2\end{bmatrix}+Du\end{cases} \tag{2.6.4}$$

而且式(2.6.4)的 n_2 维子方程：

$$\begin{cases}\dot{\bar{x}}_1=\bar{A}_{11}\bar{x}_1+\bar{B}_1u\\ y=\bar{C}_1\bar{x}_1+Du\end{cases} \tag{2.6.5}$$

是可观测的。该子方程与方程(2.6.1)有相同的传递函数矩阵。

上述定理可用对偶定理 2.3.2 和定理 2.6.1 得出，也可以直接证明。这里着重说明一下基底的取法。因为可观测性矩阵的秩为 n_2，所以可在不可观测子空间 $\boldsymbol{\eta}$ 中取 $(n-n_2)$ 个线性无关向量 $\boldsymbol{q}_{n_2+1},\boldsymbol{q}_{n_2+2},\cdots,\boldsymbol{q}_n$，再取另外 n_2 个线性无关向量，使得向量组 $\boldsymbol{q}_1,\boldsymbol{q}_2,\cdots,\boldsymbol{q}_{n_2},\boldsymbol{q}_{n_2+1},\boldsymbol{q}_{n_2+2},\cdots,\boldsymbol{q}_n$ 构成状态空间的基底。在基底取定之后，采取和定理 2.6.1 的证明完全类似的方法便可证得定理 2.6.2。

这里，通过等价变换 $\bar{\boldsymbol{x}}=\boldsymbol{P}\boldsymbol{x}$，状态空间被分解为两个子空间：一个是 $(n-n_2)$ 维的不可观测子空间，它由形如 $\begin{bmatrix}0 & \bar{\boldsymbol{x}}_2^{\mathrm{T}}\end{bmatrix}^{\mathrm{T}}$ 的向量所组成；另一个是由形如 $\begin{bmatrix}\bar{\boldsymbol{x}}_1^{\mathrm{T}} & 0\end{bmatrix}^{\mathrm{T}}$ 的向量所组成的 n_2 维子空间，它是不可观测子空间的直接和空间。显然任一状态 $\bar{\boldsymbol{x}}$ 都可分解成这两个子空间的直接和。

动态方程(2.6.4)及可观测的 n_2 维子方程的方块图如图 2.6.2 所示。由图中可见，输出不包含状态分量 $\bar{\boldsymbol{x}}_2$ 所提供的任何信息，它只反映了状态分量 $\bar{\boldsymbol{x}}_1$ 所提供的全部信息，所以，传递函数的描述方法不能反映不可观测部分的特性。

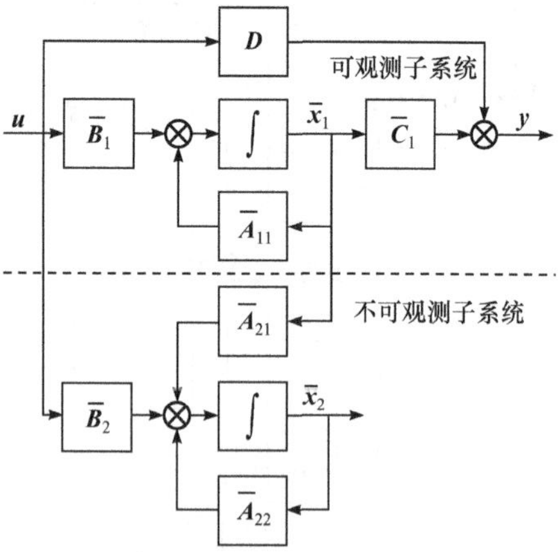

图 2.6.2　可观测性分解

必须指出图 2.6.2 是按可观测性进行分解的，它体现了输出中不包含 $\bar{\boldsymbol{x}}_2$ 的信息这一结构性质，但我们不能从图中看到输入 $\boldsymbol{u}$ 形式上可影响到 $\bar{\boldsymbol{x}}_1$ 和 $\bar{\boldsymbol{x}}_2$，就错误地断言系统是可控的。同样，在按可控性分解的图 2.6.1 中，也不能断言那里的 $\bar{\boldsymbol{x}}_1$ 和 $\bar{\boldsymbol{x}}_2$ 是可观测的。

为了同时体现出系统的可控性和可观测性的结构性质，引入如下的标准分解定理。

定理 2.6.3　设动态方程(2.6.1)的可控性矩阵的秩为 $n_1(n_1<n)$，可观测性矩阵的秩为 $n_2(n_2<n)$，则存在一个等价变换 $\bar{\boldsymbol{x}}=\boldsymbol{P}\boldsymbol{x}$，可将方程(2.6.1)变换为

$$\begin{cases}\begin{bmatrix}\dot{\bar{\boldsymbol{x}}}_1\\ \dot{\bar{\boldsymbol{x}}}_2\\ \dot{\bar{\boldsymbol{x}}}_3\\ \dot{\bar{\boldsymbol{x}}}_4\end{bmatrix}=\begin{bmatrix}\bar{\boldsymbol{A}}_{11} & 0 & \bar{\boldsymbol{A}}_{13} & 0\\ \bar{\boldsymbol{A}}_{21} & \bar{\boldsymbol{A}}_{22} & \bar{\boldsymbol{A}}_{23} & \bar{\boldsymbol{A}}_{24}\\ 0 & 0 & \bar{\boldsymbol{A}}_{33} & 0\\ 0 & 0 & \bar{\boldsymbol{A}}_{43} & \bar{\boldsymbol{A}}_{44}\end{bmatrix}\begin{bmatrix}\bar{\boldsymbol{x}}_1\\ \bar{\boldsymbol{x}}_2\\ \bar{\boldsymbol{x}}_3\\ \bar{\boldsymbol{x}}_4\end{bmatrix}+\begin{bmatrix}\bar{\boldsymbol{B}}_1\\ \bar{\boldsymbol{B}}_2\\ 0\\ 0\end{bmatrix}\boldsymbol{u}\\ \boldsymbol{y}=[\bar{\boldsymbol{C}}_1\quad 0\quad \bar{\boldsymbol{C}}_3\quad 0]\begin{bmatrix}\bar{\boldsymbol{x}}_1\\ \bar{\boldsymbol{x}}_2\\ \bar{\boldsymbol{x}}_3\\ \bar{\boldsymbol{x}}_4\end{bmatrix}+\boldsymbol{D}\boldsymbol{u}\end{cases} \tag{2.6.6}$$

而且方程(2.6.6)的子方程：

$$\begin{cases}\dot{\bar{\boldsymbol{x}}}_1=\bar{\boldsymbol{A}}_{11}\bar{\boldsymbol{x}}_1+\bar{\boldsymbol{B}}_1\boldsymbol{u}\\ \boldsymbol{y}=\bar{\boldsymbol{C}}_1\bar{\boldsymbol{x}}_1+\boldsymbol{D}\boldsymbol{u}\end{cases} \tag{2.6.7}$$

是可控可观测的。式(2.6.7)与式(2.6.1)有相同的传递函数矩阵。

证明　定义子空间 $\boldsymbol{X}_1,\boldsymbol{X}_2,\boldsymbol{X}_3$ 和 $\boldsymbol{X}_4$ 分别为

$$\boldsymbol{X}_2=\boldsymbol{\eta}\cap<\boldsymbol{A}\mid\boldsymbol{B}>,\quad \boldsymbol{X}_1\oplus\boldsymbol{X}_2=<\boldsymbol{A}\mid\boldsymbol{B}>$$
$$\boldsymbol{X}_2\oplus\boldsymbol{X}_4=\boldsymbol{\eta},\qquad (<\boldsymbol{A}\mid\boldsymbol{B}>+\boldsymbol{\eta})\oplus\boldsymbol{X}_3=\boldsymbol{X}$$

由于 $\boldsymbol{\eta}$ 和 $<\boldsymbol{A}\mid\boldsymbol{B}>$ 都是 $\boldsymbol{A}$ 的不变子空间，所以 $\boldsymbol{X}_2$ 是 $\boldsymbol{A}$ 的不变子空间。显然状态空间 $\boldsymbol{X}$ 是 $\boldsymbol{X}_1,\boldsymbol{X}_2,\boldsymbol{X}_3$ 和 $\boldsymbol{X}_4$ 的直接和。设 $\boldsymbol{X}_i$ 的维数为 k_i，有

$$k_1+k_2+k_3+k_4=n$$
$$k_1+k_2=n_1$$
$$k_2+k_4=n-n_2$$

现在分别取 $\boldsymbol{X}_i(i=1,2,3,4)$ 的一组基，使之联合构成 $\boldsymbol{X}$ 中的一组基，记为 $\boldsymbol{q}_1,\boldsymbol{q}_2,\cdots,\boldsymbol{q}_n$，其中，$\boldsymbol{q}_1,\boldsymbol{q}_2,\cdots,\boldsymbol{q}_{k_1}$ 是 $\boldsymbol{X}_1$ 的基，$\boldsymbol{q}_{k_1+1},\cdots,\boldsymbol{q}_{k_1+k_2}$ 是 $\boldsymbol{X}_2$ 的基，依此类推。令

$$\boldsymbol{P}^{-1}=[\boldsymbol{q}_1\quad \boldsymbol{q}_2\quad \cdots\quad \boldsymbol{q}_n]$$

作变换 $\bar{\boldsymbol{x}}=\boldsymbol{P}\boldsymbol{x}$，在这样的等价变换下，式(2.6.1)就可变换为式(2.6.6)的形式。

首先来看在基组 $\boldsymbol{q}_1,\boldsymbol{q}_2,\cdots,\boldsymbol{q}_n$ 下矩阵 $\boldsymbol{A}$ 的表现。因为 $\boldsymbol{X}_1$ 属于 $\boldsymbol{A}$ 的不变子空间 $<\boldsymbol{A}\mid\boldsymbol{B}>$，所以 $\boldsymbol{A}\boldsymbol{q}_i\,(i=1,2,\cdots,k_1)$仍属于 $<\boldsymbol{A}\mid\boldsymbol{B}>$，可用 $\boldsymbol{q}_1,\boldsymbol{q}_2,\cdots,\boldsymbol{q}_{k_1+k_2}$ 线性表出。$\boldsymbol{X}_2$ 是 $\boldsymbol{A}$ 的不变子空间，所以 $\boldsymbol{A}\boldsymbol{q}_i(i=k_1+1,\cdots,k_1+k_2)$ 仍属于 $\boldsymbol{X}_2$，可用 $\boldsymbol{q}_{k_1+1},\cdots,\boldsymbol{q}_{k_1+k_2}$ 线性表出。$\boldsymbol{X}_4$ 属于 $\boldsymbol{A}$ 的不变子空间 $\boldsymbol{\eta}$，所以 $\boldsymbol{A}\boldsymbol{q}_i(i=k_1+k_2+k_3+1,\cdots,n)$ 仍属于 $\boldsymbol{\eta}$，可用 $\boldsymbol{q}_{k_1+k_2+k_3+1},\cdots,\boldsymbol{q}_n$ 线性表出。而 $\boldsymbol{X}_3$ 没有什么特殊性，故 $\boldsymbol{A}\boldsymbol{q}_i(i=k_1+k_2+1,\cdots,k_1+k_2+k_3)$ 一般应由 $\boldsymbol{q}_1,\boldsymbol{q}_2,\cdots,\boldsymbol{q}_n$ 线性表出。根据

$$\boldsymbol{A}[\boldsymbol{q}_1\quad \boldsymbol{q}_2\quad \cdots\quad \boldsymbol{q}_n]=[\boldsymbol{q}_1\quad \boldsymbol{q}_2\quad \cdots\quad \boldsymbol{q}_n]\bar{\boldsymbol{A}}$$

可得 $\bar{\boldsymbol{A}}$ 具有式(2.6.6)中的形式，其中 $\bar{\boldsymbol{A}}_{11}$、$\bar{\boldsymbol{A}}_{22}$、$\bar{\boldsymbol{A}}_{33}$ 和 $\bar{\boldsymbol{A}}_{44}$ 分别为 k_1、k_2、k_3 和 k_4 维方阵，而 $\bar{\boldsymbol{A}}_{13}$、$\bar{\boldsymbol{A}}_{21}$、$\bar{\boldsymbol{A}}_{23}$、$\bar{\boldsymbol{A}}_{24}$ 和 $\bar{\boldsymbol{A}}_{43}$ 分别为适当维数的矩阵。

由于 $\boldsymbol{B}$ 的各列都在子空间 $<\boldsymbol{A}\mid\boldsymbol{B}>$ 中，因此 $\boldsymbol{B}$ 的各列均可由 $\boldsymbol{q}_1,\boldsymbol{q}_2,\cdots,\boldsymbol{q}_{k_1+k_2}$ 线性表示：

$$\boldsymbol{B}=[\boldsymbol{q}_1\quad \boldsymbol{q}_2\quad \cdots\quad \boldsymbol{q}_{k_1+k_2}\quad \cdots\quad \boldsymbol{q}_n]\begin{bmatrix}\bar{\boldsymbol{B}}_1\\ \bar{\boldsymbol{B}}_2\\ 0\\ 0\end{bmatrix}\begin{matrix}\}k_1\text{行}\\ \}k_2\text{行}\\ \\ \\ \end{matrix}$$

又由于 $\mathrm{Ker}\boldsymbol{C}\supset\boldsymbol{\eta}$，因此 $\boldsymbol{\eta}$ 中的每一个元都在 $\boldsymbol{C}$ 的核中，所以

$$\bar{\boldsymbol{C}}=\boldsymbol{C}\boldsymbol{P}^{-1}=\boldsymbol{C}[\boldsymbol{q}_1\quad \boldsymbol{q}_2\quad \cdots\quad \boldsymbol{q}_n]=[\underbrace{\bar{\boldsymbol{C}}_1}_{k_1\text{列}}\quad 0\quad \underbrace{\bar{\boldsymbol{C}}_3}_{k_3\text{列}}\quad 0]$$

以上证明了在等价变换 $\bar{\boldsymbol{x}}=\boldsymbol{P}\boldsymbol{x}$ 下，式(2.6.1)确实可化为式(2.6.6)的形式。为了证明定理的其余部分，首先指出一个具有下列形式的矩阵：

$$\begin{bmatrix} \times & 0 & \times & 0 \\ \times & \times & \times & \times \\ 0 & 0 & \times & 0 \\ 0 & 0 & \times & \times \end{bmatrix} \tag{2.6.8}$$

它进行乘幂或求逆运算后仍保持有式(2.6.8)的形式，即原来零块所在的位置仍然是零块，而且对角线上的矩阵块就是原来对角线矩阵块的乘幂或逆。

计算式(2.6.6)的可控性矩阵和可观测性矩阵，根据上述性质可知

$$\bar{\boldsymbol{U}} = [\bar{\boldsymbol{B}} \quad \bar{\boldsymbol{A}}\bar{\boldsymbol{B}} \quad \cdots \quad \bar{\boldsymbol{A}}^{n-1}\bar{\boldsymbol{B}}] = \left[\begin{matrix} \bar{\boldsymbol{B}}_1 & \bar{\boldsymbol{A}}_{11}\bar{\boldsymbol{B}}_1 & \bar{\boldsymbol{A}}_{11}^2\bar{\boldsymbol{B}}_1 & \cdots \\ \bar{\boldsymbol{B}}_2 & \cdots & & \cdots \\ 0 & 0 & \cdots & 0 \\ 0 & 0 & \cdots & 0 \end{matrix}\right] \begin{matrix} \}k_1 \\ \}k_2 \\ \\ \\ \end{matrix}$$

$$\bar{\boldsymbol{V}} = \begin{bmatrix} \bar{\boldsymbol{C}} \\ \bar{\boldsymbol{C}}\bar{\boldsymbol{A}} \\ \vdots \\ \bar{\boldsymbol{C}}\bar{\boldsymbol{A}}^{n-1} \end{bmatrix} = \begin{bmatrix} \bar{\boldsymbol{C}}_1 & 0 & \bar{\boldsymbol{C}}_3 & 0 \\ \bar{\boldsymbol{C}}_1\bar{\boldsymbol{A}}_{11} & 0 & \bar{\boldsymbol{C}}_1\bar{\boldsymbol{A}}_{13} + \bar{\boldsymbol{C}}_3\bar{\boldsymbol{A}}_{33} & 0 \\ \vdots & \vdots & \vdots & \vdots \\ & 0 & & 0 \end{bmatrix}$$
$$\qquad\qquad k_1 \qquad\qquad\qquad k_3$$

由于 $\text{rank}\bar{\boldsymbol{U}} = k_1 + k_2 = n_1$， $\text{rank}\bar{\boldsymbol{V}} = k_1 + k_3 = n_2$，故可知 $\bar{\boldsymbol{U}}$ 的前 k_1 行线性无关，$\bar{\boldsymbol{V}}$ 的前 k_1 列线性无关，即

$$\text{rank}[\bar{\boldsymbol{B}}_1 \quad \bar{\boldsymbol{A}}_{11}\bar{\boldsymbol{B}}_1 \quad \cdots \quad \bar{\boldsymbol{A}}_{11}^{n-1}\bar{\boldsymbol{B}}_1] = k_1$$

$$\text{rank}\begin{bmatrix} \bar{\boldsymbol{C}}_1 \\ \bar{\boldsymbol{C}}_1\bar{\boldsymbol{A}}_{11} \\ \vdots \\ \bar{\boldsymbol{C}}_1\bar{\boldsymbol{A}}_{11}^{n-1} \end{bmatrix} = k_1$$

因为 $\bar{\boldsymbol{A}}_{11}^l\bar{\boldsymbol{B}}_1 (l \geqslant k_1)$ 的各列均可由 $\bar{\boldsymbol{B}}_1, \bar{\boldsymbol{A}}_{11}\bar{\boldsymbol{B}}_1, \cdots, \bar{\boldsymbol{A}}_{11}^{k_1-1}\bar{\boldsymbol{B}}_1$ 的各列线性表出；$\bar{\boldsymbol{C}}_1\bar{\boldsymbol{A}}_{11}^l (l \geqslant k_1)$ 的各行均可由 $\bar{\boldsymbol{C}}_1, \bar{\boldsymbol{C}}_1\bar{\boldsymbol{A}}_{11}, \cdots, \bar{\boldsymbol{C}}_1\bar{\boldsymbol{A}}_{11}^{k_1-1}$ 的各行线性表出，故可知

$$\text{rank}[\bar{\boldsymbol{B}}_1 \quad \bar{\boldsymbol{A}}_{11}\bar{\boldsymbol{B}}_1 \quad \cdots \quad \bar{\boldsymbol{A}}_{11}^{k_1-1}\bar{\boldsymbol{B}}_1] = k_1$$

$$\text{rank}\begin{bmatrix} \bar{\boldsymbol{C}}_1 \\ \bar{\boldsymbol{C}}_1\bar{\boldsymbol{A}}_{11} \\ \vdots \\ \bar{\boldsymbol{C}}_1\bar{\boldsymbol{A}}_{11}^{k_1-1} \end{bmatrix} = k_1$$

所以系统(2.6.7)是可控、可观测的。下面计算系统(2.6.6)的传递函数矩阵，这里将用到对式(2.6.8)形式的矩阵求逆运算的性质。

$$
[\bar{C}_1 \quad 0 \quad \bar{C}_3 \quad 0]\begin{bmatrix} sI-\bar{A}_{11} & 0 & -\bar{A}_{13} & 0 \\ -\bar{A}_{21} & sI-\bar{A}_{22} & -\bar{A}_{23} & -\bar{A}_{24} \\ 0 & 0 & sI-\bar{A}_{33} & 0 \\ 0 & 0 & -\bar{A}_{43} & sI-\bar{A}_{44} \end{bmatrix}^{-1}\begin{bmatrix} \bar{B}_1 \\ \bar{B}_2 \\ 0 \\ 0 \end{bmatrix}+D
$$

$$
=[\bar{C}_1 \quad 0 \quad \bar{C}_3 \quad 0]\begin{bmatrix} (sI-\bar{A}_{11})^{-1} & 0 & \times & 0 \\ \times & \times & \times & \times \\ 0 & 0 & \times & 0 \\ 0 & 0 & \times & \times \end{bmatrix}\begin{bmatrix} \bar{B}_1 \\ \bar{B}_2 \\ 0 \\ 0 \end{bmatrix}+D
$$

$$
=[\bar{C}_1 \quad 0 \quad \bar{C}_3 \quad 0]\begin{bmatrix} (sI-\bar{A}_{11})^{-1}\bar{B}_1 \\ \times \\ 0 \\ 0 \end{bmatrix}+D=\bar{C}_1(sI-A_{11})^{-1}\bar{B}_1+D
$$

最后的结果正是式(2.6.7)所对应的传递函数矩阵。定理 2.6.3 证毕。

经过等价变换后得到的动态方程(2.6.6)，可用图 2.6.3 表示。图中虚线上部表示了子方程(2.6.7)。它是系统(2.6.6)中可控、可观测的部分。在虚线以下的其他部分或者是可观测、不可控的，或者是可控、不可观测的，或者是不可控、不可观测的部分。定理 2.6.3 说明，若一个线性时不变系统不可控、不可观测，必存在一个等价变换，将系统分成如图 2.6.3 所示的四个部分。这就是线性时不变系统的标准分解结构。

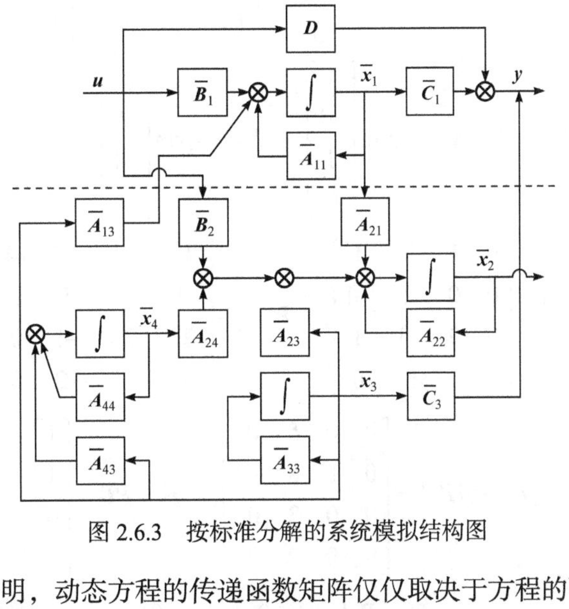

图 2.6.3　按标准分解的系统模拟结构图

定理 2.6.3 还表明，动态方程的传递函数矩阵仅仅取决于方程的可控、可观测部分。换句话说，传递函数矩阵(输入-输出描述)仅仅描述了系统的可控、可观测部分的特性。这是输入-输出描述和状态变量描述之间最重要的区别。输入-输出描述(传递函数的描述)在某些时候之所以不能够完全描述系统，其原因就在于系统中的不可控或不可观测部分不出现在传递函数矩阵中。而这些不出现的传递函数矩阵中的部分状态行为不可避免地要影响系统的稳定性和品质，这是我们在系统设计中要特别注意的。

例 2.6.2　设单输入-单输出系统的动态方程如下：

$$\dot{\boldsymbol{x}}=\begin{bmatrix}1&0&0&0\\0&2&0&0\\-6&-2&3&0\\-3&-2&0&4\end{bmatrix}\boldsymbol{x}+\begin{bmatrix}1\\0\\3\\2\end{bmatrix}\boldsymbol{u}$$

$$\boldsymbol{y}=[-4\quad -3\quad 1\quad 1]\boldsymbol{x}$$

解　现根据前述定义，求出空间 $\boldsymbol{X}_1$、$\boldsymbol{X}_2$、$\boldsymbol{X}_3$、$\boldsymbol{X}_4$ 中向量的一般形式，并选取等价变换 $\overline{\boldsymbol{x}}=\boldsymbol{P}\boldsymbol{x}$，将方程化为式(2.6.6)的形式。为此，先计算出 $<\boldsymbol{A}\,|\,\boldsymbol{B}>$ 和 $\boldsymbol{\eta}$，可得(见习题 2.18)

$$<\boldsymbol{A}\,|\,\boldsymbol{B}>=\mathrm{span}\left(\begin{bmatrix}1\\0\\3\\2\end{bmatrix},\begin{bmatrix}1\\0\\3\\5\end{bmatrix}\right),\quad \boldsymbol{\eta}=\mathrm{span}\left(\begin{bmatrix}1\\0\\3\\1\end{bmatrix},\begin{bmatrix}0\\1\\2\\1\end{bmatrix}\right)$$

其中，span 表示若干个向量通过线性组合得到一个向量空间。

因此有

$$\boldsymbol{X}_2=\boldsymbol{\eta}\cap<\boldsymbol{A}\,|\,\boldsymbol{B}>=\mathrm{span}\begin{bmatrix}1\\0\\3\\1\end{bmatrix},\quad \boldsymbol{X}_1=\mathrm{span}\begin{bmatrix}0\\0\\0\\1\end{bmatrix}$$

$$\boldsymbol{X}_4=\mathrm{span}\begin{bmatrix}1\\-1\\1\\0\end{bmatrix},\quad \boldsymbol{X}_3=\mathrm{span}\begin{bmatrix}3\\2\\-1\\0\end{bmatrix}$$

$$\boldsymbol{P}^{-1}=\begin{bmatrix}0&1&3&1\\0&0&2&-1\\0&3&-1&1\\1&1&0&0\end{bmatrix},\quad \boldsymbol{P}=\frac{1}{14}\begin{bmatrix}1&-4&-5&14\\-1&4&5&0\\3&2&-1&0\\6&-10&-2&0\end{bmatrix}$$

$$\overline{\boldsymbol{A}}=\boldsymbol{P}\boldsymbol{A}\boldsymbol{P}^{-1}=\begin{bmatrix}4&0&5&0\\0&1&8&-1\\0&0&3&0\\0&0&2&2\end{bmatrix},\quad \overline{\boldsymbol{B}}=\boldsymbol{P}\boldsymbol{B}=\begin{bmatrix}1\\1\\0\\0\end{bmatrix}$$

$$\overline{\boldsymbol{c}}=\boldsymbol{c}\boldsymbol{P}^{-1}=[1\quad 0\quad -19\quad 0]$$

显然 $\boldsymbol{P}$ 的选取不是唯一的，因此 $\boldsymbol{A}$ 、$\boldsymbol{B}$ 、$\boldsymbol{C}$ 的标准形式也不是唯一的。读者可另选 $\boldsymbol{P}$ 作为练习。

由定理 2.6.1 和定理 2.6.2 可以看出，若线性时不变动态方程不可控或不可观测，则存在与原方程有相同传递函数矩阵而维数较低的方程。换言之，若线性时不变动态方程不可控或不可观测，则其维数可以降低，而且降低了维数的方程仍具有与原方程相同的传递函数矩阵。

定义 2.6.1　可以/不可简约。 线性时不变动态方程称为**可以简约**的，当且仅当存在一个与之零状态等价且维数较低的线性时不变动态方程。否则，则称动态方程是**不可简约**的。

因为对于不可简约的动态方程不存在维数更低的与之零状态等价的动态方程，所以不可简约的动态方程又称为最小阶动态方程。

定理 2.6.4　线性时不变动态方程是不可简约的，必要且只要该动态方程是可控且可观测的。

证明　设动态方程：

$$\begin{cases} \dot{\boldsymbol{x}} = \boldsymbol{A}\boldsymbol{x} + \boldsymbol{B}\boldsymbol{u} \\ \boldsymbol{y} = \boldsymbol{C}\boldsymbol{x} + \boldsymbol{D}\boldsymbol{u} \end{cases} \tag{2.6.9}$$

是不可控或不可观测的，则由定理 2.6.1 和定理 2.6.2 可知，方程(2.6.9)可以简约。因此，只要证明若方程(2.6.9)可控可观测，则方程(2.6.9)不可简约。用反证法证明，设 n 维动态方程(2.6.9)可控且可观测，但存在一个维数为 $n_1 < n$ 的线性时不变动态方程：

$$\begin{cases} \dot{\bar{\boldsymbol{x}}} = \bar{\boldsymbol{A}}\bar{\boldsymbol{x}} + \bar{\boldsymbol{B}}\boldsymbol{u} \\ \boldsymbol{y} = \bar{\boldsymbol{C}}\bar{\boldsymbol{x}} + \bar{\boldsymbol{D}}\boldsymbol{u} \end{cases} \tag{2.6.10}$$

与方程(2.6.9)零状态等价。于是，由零状态等价的定义，对于 $[0,+\infty)$ 中所有的 t：

$$\boldsymbol{C}\mathrm{e}^{\boldsymbol{A}t}\boldsymbol{B} + \boldsymbol{D}\delta(t) = \bar{\boldsymbol{C}}\mathrm{e}^{\bar{\boldsymbol{A}}t}\bar{\boldsymbol{B}} + \bar{\boldsymbol{D}}\delta(t) \tag{2.6.11}$$

即有，$\boldsymbol{C}\boldsymbol{A}^k\boldsymbol{B} = \bar{\boldsymbol{C}}\bar{\boldsymbol{A}}^k\bar{\boldsymbol{B}}, k = 0,1,2,\cdots$。现考虑乘积：

$$\boldsymbol{V}\boldsymbol{U} = \begin{bmatrix} \boldsymbol{C} \\ \boldsymbol{C}\boldsymbol{A} \\ \vdots \\ \boldsymbol{C}\boldsymbol{A}^{n-1} \end{bmatrix} [\boldsymbol{B} \quad \boldsymbol{A}\boldsymbol{B} \quad \cdots \quad \boldsymbol{A}^{n-1}\boldsymbol{B}] = \begin{bmatrix} \boldsymbol{C}\boldsymbol{B} & \boldsymbol{C}\boldsymbol{A}\boldsymbol{B} & \cdots & \boldsymbol{C}\boldsymbol{A}^{n-1}\boldsymbol{B} \\ \boldsymbol{C}\boldsymbol{A}\boldsymbol{B} & \boldsymbol{C}\boldsymbol{A}^2\boldsymbol{B} & \cdots & \boldsymbol{C}\boldsymbol{A}^{n}\boldsymbol{B} \\ \vdots & \vdots & & \vdots \\ \boldsymbol{C}\boldsymbol{A}^{n-1}\boldsymbol{B} & \boldsymbol{C}\boldsymbol{A}^{n}\boldsymbol{B} & \cdots & \boldsymbol{C}\boldsymbol{A}^{2(n-1)}\boldsymbol{B} \end{bmatrix} \tag{2.6.12}$$

根据式(2.6.11)，用 $\bar{\boldsymbol{C}}\bar{\boldsymbol{A}}^k\bar{\boldsymbol{B}}$ 代替式(2.6.12)中的 $\boldsymbol{C}\boldsymbol{A}^k\boldsymbol{B}$，得

$$\boldsymbol{V}\boldsymbol{U} = \bar{\boldsymbol{V}}_{n-1}\bar{\boldsymbol{U}}_{n-1}$$

因为系统(2.6.9)可控可观测，故 $\operatorname{rank}\boldsymbol{V}\boldsymbol{U} = n$，由上式可知 $\operatorname{rank}\bar{\boldsymbol{V}}_{n-1}\bar{\boldsymbol{U}}_{n-1} = n > n_1$，这和 $\bar{\boldsymbol{V}}_{n-1}, \bar{\boldsymbol{U}}_{n-1}$ 的秩最多是 n_1 矛盾。矛盾表明，若系统(2.6.9)是可控可观测的，则系统(2.6.9)必是不可简约的。

在 1.4 节中曾经提到，若动态方程 $(\boldsymbol{A},\boldsymbol{B},\boldsymbol{C},\boldsymbol{D})$ 具有一指定的传递函数矩阵 $\boldsymbol{G}(s)$，则称动态方程 $(\boldsymbol{A},\boldsymbol{B},\boldsymbol{C},\boldsymbol{D})$ 是 $\boldsymbol{G}(s)$ 的实现。现在，若 $(\boldsymbol{A},\boldsymbol{B},\boldsymbol{C},\boldsymbol{D})$ 是 $\boldsymbol{G}(s)$ 可控可观测的实现，则称它为 $\boldsymbol{G}(s)$ 的不可简约的实现或最小阶实现。下面证明 $\boldsymbol{G}(s)$ 的所有最小阶实现是等价的。

定理 2.6.5 设动态方程$(\boldsymbol{A},\boldsymbol{B},\boldsymbol{C},\boldsymbol{D})$是$q\times p$正则有理矩阵$\boldsymbol{G}(s)$的不可简约实现，则$(\bar{\boldsymbol{A}},\bar{\boldsymbol{B}},\bar{\boldsymbol{C}},\bar{\boldsymbol{D}})$也是$\boldsymbol{G}(s)$的不可简约实现，必要且只要$(\boldsymbol{A},\boldsymbol{B},\boldsymbol{C},\boldsymbol{D})$和$(\bar{\boldsymbol{A}},\bar{\boldsymbol{B}},\bar{\boldsymbol{C}},\bar{\boldsymbol{D}})$等价。即存在一个非奇异常量矩阵$\boldsymbol{P}$，使得$\bar{\boldsymbol{A}}=\boldsymbol{PAP}^{-1}$, $\bar{\boldsymbol{B}}=\boldsymbol{PB}$, $\bar{\boldsymbol{C}}=\boldsymbol{CP}^{-1}$和$\bar{\boldsymbol{D}}=\boldsymbol{D}$。

证明 充分性：直接由定理 2.4.1 可知$(\bar{\boldsymbol{A}},\bar{\boldsymbol{B}},\bar{\boldsymbol{C}},\bar{\boldsymbol{D}})$也是可控可观测的。又由等价变换保持传递函数矩阵不变，故$(\bar{\boldsymbol{A}},\bar{\boldsymbol{B}},\bar{\boldsymbol{C}},\bar{\boldsymbol{D}})$也是$\boldsymbol{G}(s)$的不可简约实现。

必要性：设$\boldsymbol{U}$和$\boldsymbol{V}$是$(\boldsymbol{A},\boldsymbol{B},\boldsymbol{C},\boldsymbol{D})$的可控性和可观测性矩阵，$\bar{\boldsymbol{U}}$和$\bar{\boldsymbol{V}}$是$(\bar{\boldsymbol{A}},\bar{\boldsymbol{B}},\bar{\boldsymbol{C}},\bar{\boldsymbol{D}})$的可控性和可观测性矩阵。若$(\boldsymbol{A},\boldsymbol{B},\boldsymbol{C},\boldsymbol{D})$和$(\bar{\boldsymbol{A}},\bar{\boldsymbol{B}},\bar{\boldsymbol{C}},\bar{\boldsymbol{D}})$是同一$\boldsymbol{G}(s)$的实现，根据式(2.6.11)和式(2.6.12)有$\boldsymbol{D}=\bar{\boldsymbol{D}}$且

$$\boldsymbol{VU}=\bar{\boldsymbol{V}}\bar{\boldsymbol{U}} \tag{2.6.13}$$

$$\boldsymbol{VAU}=\bar{\boldsymbol{V}}\bar{\boldsymbol{A}}\bar{\boldsymbol{U}} \tag{2.6.14}$$

因为$\boldsymbol{V}$列满秩，$\boldsymbol{U}$行满秩，故它们的伪逆存在且

$$\boldsymbol{V}^{+}=(\boldsymbol{V}^{*}\boldsymbol{V})^{-1}\boldsymbol{V}^{*}$$

$$\boldsymbol{U}^{+}=\boldsymbol{U}^{*}(\boldsymbol{UU}^{*})^{-1}$$

由式(2.6.12)可得

$$\boldsymbol{V}^{+}\bar{\boldsymbol{V}}\bar{\boldsymbol{U}}\boldsymbol{U}^{+}=\boldsymbol{I}$$

若令$\boldsymbol{P}=\bar{\boldsymbol{U}}\boldsymbol{U}^{+}$，则有

$$\boldsymbol{P}^{-1}=\boldsymbol{V}^{+}\bar{\boldsymbol{V}} \tag{2.6.15}$$

下面证明矩阵$\boldsymbol{P}$就是等价变换矩阵。由式(2.6.12)可得

$$\bar{\boldsymbol{A}}=\boldsymbol{PAP}^{-1}$$

而

$$\boldsymbol{P}^{-1}\bar{\boldsymbol{B}}=\boldsymbol{V}^{+}\bar{\boldsymbol{V}}\bar{\boldsymbol{B}}=\boldsymbol{V}^{+}\begin{bmatrix}\bar{\boldsymbol{C}}\\ \bar{\boldsymbol{C}}\bar{\boldsymbol{A}}\\ \vdots\\ \bar{\boldsymbol{C}}\bar{\boldsymbol{A}}^{n-1}\end{bmatrix}\bar{\boldsymbol{B}}=\boldsymbol{V}^{+}\begin{bmatrix}\bar{\boldsymbol{C}}\bar{\boldsymbol{B}}\\ \bar{\boldsymbol{C}}\bar{\boldsymbol{A}}\bar{\boldsymbol{B}}\\ \vdots\\ \bar{\boldsymbol{C}}\bar{\boldsymbol{A}}^{n-1}\bar{\boldsymbol{B}}\end{bmatrix}=\boldsymbol{V}^{+}\begin{bmatrix}\boldsymbol{CB}\\ \boldsymbol{CAB}\\ \vdots\\ \boldsymbol{CA}^{n-1}\boldsymbol{B}\end{bmatrix}$$

$$=\boldsymbol{V}^{+}\boldsymbol{VB}=\boldsymbol{B}$$

即

$$\bar{\boldsymbol{B}}=\boldsymbol{PB}$$

又

$$\bar{\boldsymbol{C}}\boldsymbol{P}=\bar{\boldsymbol{C}}\bar{\boldsymbol{U}}\boldsymbol{U}^{+}=\bar{\boldsymbol{C}}[\bar{\boldsymbol{B}}\quad \bar{\boldsymbol{A}}\bar{\boldsymbol{B}}\quad \cdots\quad \bar{\boldsymbol{A}}^{n-1}\bar{\boldsymbol{B}}]\boldsymbol{U}^{+}=[\bar{\boldsymbol{C}}\bar{\boldsymbol{B}}\quad \bar{\boldsymbol{C}}\bar{\boldsymbol{A}}\bar{\boldsymbol{B}}\quad \cdots\quad \bar{\boldsymbol{C}}\bar{\boldsymbol{A}}^{n-1}\bar{\boldsymbol{B}}]\boldsymbol{U}^{+}$$

$$=[\boldsymbol{CB}\quad \boldsymbol{CAB}\quad \cdots\quad \boldsymbol{CA}^{n-1}\boldsymbol{B}]\boldsymbol{U}^{+}=\boldsymbol{CUU}^{+}=\boldsymbol{C}$$

即

$$\bar{\boldsymbol{C}}=\boldsymbol{CP}^{-1}$$

以上证明过程是构造性的，式(2.6.15)给出了等价变换矩阵的求法。

本章小结

本章介绍了可控性和可观测性的概念，并推导了线性动态方程可控性和可观测的各种定理。这里讨论这些定理之间的关系，首先列出相互对偶的定理如下：

可控性定理：	2.2.1	2.2.2	2.2.3	2.2.4	2.6.1
	↑↓	↑↓	↑↓	↑↓	↑↓
可观测性定理：	2.3.1	2.3.3	2.3.4	2.3.5	2.6.2

对偶关系：定理 2.3.2

有关可观测性的定理，容易用对偶定理 2.3.2 从有关可控性的相应定理推出，反之亦然。

以时间为变量的向量函数组线性无关的概念是本章最基本的概念。定理 2.1.1 给出了判别函数组线性无关性的充分必要条件，它所用到的假设最少，故应用最广泛。在定理 2.1.1 的基础上，得到了定理 2.2.1。而定理 2.1.2 是判别函数组线性无关性的充分条件，虽然在推导该定理时附加了连续可微性的假设，但为便于应用，在这个定理的基础上，得到了定理 2.2.2。如果所研究的动态方程有解析性的假设(条件最强)，则对应有定理 2.1.3。这里没有像定理 2.1.1 和定理 2.1.2 那样，将定理 2.1.3 进一步引申为相应的可控性判据，但在必要时，读者可运用定理 2.1.3 来直接研究函数组的线性无关性。定理 2.2.3 是直接由定理 2.2.1 导出的，它给出了线性时不变动态方程可控的充分必要条件。关于若当型动态方程的定理 2.4.2，则由定理 2.2.3 很容易得出。

本章还在研究了可控子空间和不可观子空间的基础上，利用将动态方程分解为四部分的方法，探讨系统的传递函数矩阵描述和状态空间描述的关系，从而得到了一个重要的结论，这就是传递函数矩阵仅仅取决于方程的可控可观测的部分。如果系统是不可控或者不可观测的，那么传递函数矩阵就不足以描述系统。

定理 2.6.4 和定理 2.6.5 指出了有理函数矩阵 $\boldsymbol{G}(s)$ 的最小阶实现的性质，如何直接寻找 $\boldsymbol{G}(s)$ 的最小阶实现的问题将在第 3 章中讨论。

习　题

2.1　下列各集合哪些在 $(-\infty,+\infty)$ 上线性无关？

(1) $\{t,t^2,\mathrm{e}^t,t\mathrm{e}^t\}$

(2) $\{t^2\mathrm{e}^t,t\mathrm{e}^t,\mathrm{e}^t,\mathrm{e}^{2t}\}$

(3) $\{\sin t,\cos t,\sin 2t\}$

2.2　检验下列动态方程的可控性和可观测性。

(1) $\dot{\boldsymbol{x}}=\begin{bmatrix}0&1&0\\0&0&1\\-2&-4&-3\end{bmatrix}\boldsymbol{x}+\begin{bmatrix}1&0\\0&1\\-1&1\end{bmatrix}\boldsymbol{u},\quad \boldsymbol{y}=\begin{bmatrix}0&1&-1\\1&2&1\end{bmatrix}\boldsymbol{x}$

(2) $\dot{\boldsymbol{x}}=\begin{bmatrix}1 & 1 & 0\\0 & 1 & 0\\0 & 0 & 1\end{bmatrix}\boldsymbol{x}+\begin{bmatrix}1 & 0\\0 & 1\\1 & 0\end{bmatrix}\boldsymbol{u},\quad \boldsymbol{y}=[c_1\quad c_2\quad c_3]\boldsymbol{x}$

(3) $\dot{\boldsymbol{x}}=\begin{bmatrix}0 & 1\\0 & t\end{bmatrix}\boldsymbol{x}+\begin{bmatrix}0\\1\end{bmatrix}\boldsymbol{u},\quad \boldsymbol{y}=[0\quad 1]\boldsymbol{x}$

(4) $\dot{\boldsymbol{x}}=\begin{bmatrix}-1 & 0\\0 & -2\end{bmatrix}\boldsymbol{x}+\begin{bmatrix}\mathrm{e}^{-t}\\\mathrm{e}^{-2t}\end{bmatrix}\boldsymbol{u},\quad \boldsymbol{y}=[1\quad \mathrm{e}^{-t}]\boldsymbol{x}$

2.3 证明：当且仅当对于任何 $\boldsymbol{x}(t_0)$ 和 $\boldsymbol{x}^1$，存在有限时间 $t_1>t_0$ 和一个输入 $\boldsymbol{u}_{[t_0,t_1]}$，能在 t_1 时刻将状态 $\boldsymbol{x}(t_0)$ 转移到 $\boldsymbol{x}(t_1)=\boldsymbol{x}^1$，则线性动态方程在 t_0 可控。上述命题对离散线性系统是否成立？

2.4 试证：若线性动态方程在 t_0 可控，则在任何 $t<t_0$ 时刻该方程也可控。又若线性动态方程在 t_0 可控，试问在 $t>t_0$ 是否也可控？为什么？

2.5 试证：在所有能够转移 $(\boldsymbol{x}^0,t_0)$ 到 $(0,t_1)$ 的输入中，式(2.2.3)所定义的输入消耗的能量最小，即有

$$\int_{t_0}^{t_1}\|\boldsymbol{u}(t)\|^2\,\mathrm{d}t=\mathrm{Min}$$

2.6 试证：可控性矩阵 $\boldsymbol{W}(t_0,t_1)$ 满足下列矩阵微分方程

$$\frac{\mathrm{d}}{\mathrm{d}t}\boldsymbol{W}(t,t_1)=\boldsymbol{A}(t)\boldsymbol{W}(t,t_1)+\boldsymbol{W}(t,t_1)\boldsymbol{A}^{\mathrm{T}}(t)-\boldsymbol{B}(t)\boldsymbol{B}^{\mathrm{T}}(t)$$
$$\boldsymbol{W}(t_1,t_1)=0$$

2.7 试证：$\mathrm{rank}[\boldsymbol{A}\quad \boldsymbol{B}]=n$ 是时不变系统 $(\boldsymbol{A},\boldsymbol{B},\boldsymbol{C})$ 可控的必要条件。并举例说明这并非系统可控的充分条件。

2.8 系统状态方程为

$$\dot{\boldsymbol{x}}=\begin{bmatrix}0 & 1\\-1 & 0\end{bmatrix}\boldsymbol{x}+\begin{bmatrix}0\\1\end{bmatrix}u$$

若控制输入 u 取如下形式：

$$u(t)=\begin{cases}u_1, & 0\leqslant t<\dfrac{2}{3}\pi\\ u_2, & \dfrac{2}{3}\pi\leqslant t<\dfrac{4}{3}\pi\\ u_3, & \dfrac{4}{3}\pi\leqslant t\leqslant 2\pi\end{cases}$$

问是否存在常数 u_1、u_2 和 u_3，使系统状态能完全由 $\boldsymbol{x}(0)=[1\quad 0]^{\mathrm{T}}$ 向 $\boldsymbol{x}(2\pi)=[0\quad 0]^{\mathrm{T}}$ 转换？

2.9 系统方程为

$$\dot{\boldsymbol{x}}=\begin{bmatrix}0 & 1\\-1 & 0\end{bmatrix}\boldsymbol{x}+\begin{bmatrix}a\\b\end{bmatrix}u$$

若控制输入取下列形式：

$$u(t)=\begin{cases}u_1, & 0\leqslant t<\dfrac{\pi}{2}\\ u_2, & \dfrac{\pi}{2}\leqslant t\leqslant \pi\end{cases}$$

其中，u_1和u_2为常数。试证：存在常数u_1和u_2使系统由$\boldsymbol{x}(0)=(x_{10}\quad x_{20})^{\mathrm{T}}$转到$\boldsymbol{x}(\pi)=(0\quad 0)^{\mathrm{T}}$的充分必要条件是系统状态可控。

2.10　若线性动态方程在t_0可控，则对于任何初态，能将它转移到零，并使它在以后的所有t保持不变。现问是否有可能将它转移到$\boldsymbol{x}^1\neq 0$并在其后一直保持$\boldsymbol{x}^1$？

2.11　证明：在任何等价变换$\bar{\boldsymbol{x}}=\boldsymbol{P}(t)\boldsymbol{x}$下，线性时变系统的可观测性不变，其中$\boldsymbol{P}(t)$对所有$t$为非奇异的且元为$t$的连续可微函数。

2.12　若系统状态方程为

$$\dot{\boldsymbol{x}}=\mathrm{e}^{-\boldsymbol{A}t}\boldsymbol{B}\mathrm{e}^{\boldsymbol{A}t}\boldsymbol{x}+\mathrm{e}^{-\boldsymbol{A}t}\boldsymbol{b}u$$

其中

$$\boldsymbol{A}=\begin{bmatrix}0 & 2\\ -2 & 0\end{bmatrix},\quad \boldsymbol{B}=\begin{bmatrix}-3 & 0\\ 0 & 1\end{bmatrix},\quad \boldsymbol{b}=\begin{bmatrix}1\\ 1\end{bmatrix}$$

是否可使系统由$t=0$的任意状态向$t=1$的零状态转移？

2.13　对单输出时不变系统，试证明：当系统可观测时，状态可由输出及其$k(k=1,2,\cdots,n-1)$阶导数瞬时地确定。并问以上结论对多输出系统是否成立？

2.14　设有线性时不变系统$(\boldsymbol{A},\boldsymbol{B},\boldsymbol{C})$，试证明：若系统可观测，则方程的所有模式将出现在输出中。反之，即使在输出中出现全部模式，系统也未必可观测。

2.15　试叙述离散时不变线性系统的可控性和可观测性判据。

2.16　连续时间系统$(\boldsymbol{A},\boldsymbol{B},\boldsymbol{c})$的离散化时不变动态方程为

$$\begin{aligned}\boldsymbol{x}(n+1)&=\bar{\boldsymbol{A}}\boldsymbol{x}(n)+\bar{\boldsymbol{b}}u(n)\\ y(n)&=\bar{\boldsymbol{c}}\boldsymbol{x}(n)\end{aligned}$$

证明：当且仅当

$$\mathrm{Im}[\lambda_i(\boldsymbol{A})-\lambda_j(\boldsymbol{A})]\neq\frac{2\pi q}{T},\quad q=\pm1,\pm2,\cdots$$

而$\mathrm{Re}[\lambda_i(\boldsymbol{A})-\lambda_j(\boldsymbol{A})]=0$时，系统$(\boldsymbol{A},\boldsymbol{B},\boldsymbol{c})$的可控性就意味着系统$(\bar{\boldsymbol{A}},\bar{\boldsymbol{b}},\bar{\boldsymbol{c}})$的可控性。其中，$\lambda_i(\boldsymbol{A})$表示$\boldsymbol{A}$的一个特征值，输入$\boldsymbol{u}$在同一采样周期$T$内为常量。

2.17　若$(\boldsymbol{A},\boldsymbol{B},\boldsymbol{C})$是对称传递函数矩阵$\boldsymbol{G}(s)$的不可简约实现，试证明：$(\boldsymbol{A}^{\mathrm{T}},\boldsymbol{B}^{\mathrm{T}},\boldsymbol{C}^{\mathrm{T}})$也是$\boldsymbol{G}(s)$的不可简约实现，且存在唯一的非奇异对称矩阵$\boldsymbol{P}$，使得

$$\boldsymbol{PAP}^{-1}=\boldsymbol{A}^{\mathrm{T}},\quad \boldsymbol{PB}=\boldsymbol{C}^{\mathrm{T}},\quad \boldsymbol{CP}^{-1}=\boldsymbol{B}^{\mathrm{T}}$$

2.18 给定时不变系统 $(\boldsymbol{A},\boldsymbol{B},\boldsymbol{C})$ 如下：

$$\boldsymbol{A}=\begin{bmatrix}1&0&0&0\\0&2&0&0\\-6&-2&3&0\\-3&-2&0&4\end{bmatrix},\quad \boldsymbol{B}=\begin{bmatrix}1\\0\\3\\2\end{bmatrix},\quad \boldsymbol{C}=[-4\quad -3\quad 1\quad 1]$$

(1) 计算可控子空间 $<\boldsymbol{A}\,|\,\boldsymbol{B}>$ 和不可观测子空间 $\boldsymbol{\eta}$，并计算下列空间：$\boldsymbol{\eta}\cap<\boldsymbol{A}\,|\,\boldsymbol{B}>$，$\boldsymbol{\eta}\cap<\boldsymbol{A}\,|\,\boldsymbol{B}>^{\perp}$，$\boldsymbol{\eta}^{\perp}\cap<\boldsymbol{A}\,|\,\boldsymbol{B}>$，$\boldsymbol{\eta}^{\perp}\cap<\boldsymbol{A}\,|\,\boldsymbol{B}>^{\perp}$；讨论在上述空间的直接和空间中能否取到状态空间的基底。

(2) 计算 $\boldsymbol{X}_1,\boldsymbol{X}_2,\boldsymbol{X}_3$ 和 $\boldsymbol{X}_4$，并选取 $\bar{\boldsymbol{x}}=\boldsymbol{P}\boldsymbol{x}$，把系统按定理 2.6.3 的形式进行分解。

2.19 给定一个不稳定系统，其传递函数 $\boldsymbol{G}(s)=1/(s-1)$，假设利用串联另一个系统 $\boldsymbol{G}_c(s)$ 的办法来稳定它。当 $\boldsymbol{G}_c(s)=\dfrac{s-1}{(s+1)(s+2)}$ 时，所得的结果为

$$\boldsymbol{G}(s)\boldsymbol{G}_c(s)=\frac{1}{(s+1)(s+2)}$$

是否可以认为“因为 $s=1$ 的不稳定极点已被消去，串联系统是稳定的”？为什么？

2.20 设 $\left(\boldsymbol{A}(t),\boldsymbol{B}(t),\boldsymbol{C}(t),\boldsymbol{D}(t)\right)$ 和 $\left(\bar{\boldsymbol{A}}(t),\bar{\boldsymbol{B}}(t),\bar{\boldsymbol{C}}(t),\bar{\boldsymbol{D}}(t)\right)$ 之间有以下关系：

$$\bar{\boldsymbol{A}}(t_0+1)\triangleq\boldsymbol{A}^{\mathrm{T}}(t_0-t),\quad \bar{\boldsymbol{B}}(t_0+t)\triangleq\boldsymbol{C}^{\mathrm{T}}(t_0-t)$$

$$\bar{\boldsymbol{C}}(t_0+t)\triangleq\boldsymbol{B}^{\mathrm{T}}(t_0-t),\quad \bar{\boldsymbol{D}}(t_0+t)\triangleq\boldsymbol{D}^{\mathrm{T}}(t_0-t)$$

其中，符号 $\triangleq$ 表示等价于。

证明：$\left(\boldsymbol{A}(t),\boldsymbol{B}(t),\boldsymbol{C}(t),\boldsymbol{D}(t)\right)$ 在 t_0 的可控性(可观测性)等价于 $\left(\bar{\boldsymbol{A}}(t),\bar{\boldsymbol{B}}(t),\bar{\boldsymbol{C}}(t),\bar{\boldsymbol{D}}(t)\right)$ 在 t_0 的可重构性(可达性)。

2.21 动态方程如下：

$$\dot{\boldsymbol{x}}=\begin{bmatrix}-1&0\\0&-1\end{bmatrix}\boldsymbol{x}+\begin{bmatrix}1\\1\end{bmatrix}\boldsymbol{u},\quad \boldsymbol{y}=[1\quad 1]\boldsymbol{x}$$

(1) 计算可控子空间 $<\boldsymbol{A}\,|\,\boldsymbol{B}>$ 和不可观测子空间 $\boldsymbol{\eta}$，并计算下列空间：

$$\boldsymbol{\eta}\cap<\boldsymbol{A}\,|\,\boldsymbol{B}>,\quad \boldsymbol{\eta}\cap<\boldsymbol{A}\,|\,\boldsymbol{B}>^{\perp},\quad \boldsymbol{\eta}^{\perp}\cap<\boldsymbol{A}\,|\,\boldsymbol{B}>,\quad \boldsymbol{\eta}^{\perp}\cap<\boldsymbol{A}\,|\,\boldsymbol{B}>^{\perp}$$

(2) 选取基底变换矩阵，分别将动态方程进行可观测性分解，进行标准分解。

第 3 章　线性时不变系统的标准形与最小阶实现

把系统动态方程化为等价的简单而典型的形式，对于揭示系统代数结构的本质特征，以及分析与设计系统将会带来很大的方便，因此利用等价变换化系统动态方程为标准形的问题成为线性系统理论中的一个重要课题。

在第 1 章中已经指出，动态方程等价变换的矩阵 $\boldsymbol{P}$ 是由状态空间基底的选取来决定的。因此常把构造 $\boldsymbol{P}$ 的问题化为选取状态空间适当基底的问题来讨论。由于所给的条件不同和选取基底的方法不同，从而可以得到各种不同形式的标准形。在实际使用中，常根据所研究问题的需要而决定采用什么样的标准形。本章所介绍的几种标准形，是以后讨论极点配置和观测器设计等问题时要用到的。

实现问题，也是线性系统理论的重要课题之一。这是因为：状态空间方法在系统设计和计算上都是以动态方程为基础的，为了应用这些方法，需要把传递函数矩阵用动态方程予以实现，特别是在有些实际问题中，由于系统物理过程比较复杂，通过分析的方法来建立它的动态方程十分困难，甚至不可能，这时可能采取的途径之一就是先确定输入与输出间的传递函数矩阵，然后根据传递函数矩阵来确定系统的动态方程。另外，复杂系统的设计往往希望能在模拟计算机或数字计算机上仿真，以便在构成物理系统之前就能检查它的特性，系统的动态方程描述则比较便于仿真，例如，在模拟机上指定积分器的输出作为变量，就很容易仿真系统。在实际应用中，动态方程实现也提供了运算放大器电路建模求传递函数的一个方法。

每一个可实现的传递函数矩阵，可以有无限多个实现。这些实现中维数最小的实现，即最小阶实现。在实用中，最小阶实现在网络综合和系统仿真时，所用到的元件和积分器最少，从经济和灵敏度的角度来看是必要的。关于有理函数矩阵的最小阶实现问题，本章着重于介绍最小阶实现的方法。

3.1　系统的标准形

定义 3.1.1　等价变换。等价变换的关系：

$$\overline{\boldsymbol{A}}=\boldsymbol{PAP}^{-1},\quad \overline{\boldsymbol{B}}=\boldsymbol{PB},\quad \overline{\boldsymbol{C}}=\boldsymbol{CP}^{-1}$$

其中，$\boldsymbol{P}$ 为坐标变换矩阵，即有 $\bar{\boldsymbol{x}}=\boldsymbol{Px}$。$\boldsymbol{P}^{-1}$ 为基底变换矩阵。

选取基底变换矩阵时，即已知 $\boldsymbol{P}^{-1}=\begin{bmatrix}\boldsymbol{q}_1 & \boldsymbol{q}_2 & \cdots & \boldsymbol{q}_{n-1} & \boldsymbol{q}_n\end{bmatrix}$，通过下列关系式：

$$\boldsymbol{AP}^{-1}=\boldsymbol{P}^{-1}\overline{\boldsymbol{A}},\quad \boldsymbol{B}=\boldsymbol{P}^{-1}\overline{\boldsymbol{B}}$$

可求出 $\overline{\boldsymbol{A}}$、$\overline{\boldsymbol{B}}$。实际上：

$$
\begin{aligned}
\boldsymbol{A}\begin{bmatrix}\boldsymbol{q}_1 & \boldsymbol{q}_2 & \cdots & \boldsymbol{q}_{n-1} & \boldsymbol{q}_n\end{bmatrix} &= \begin{bmatrix}\boldsymbol{A}\boldsymbol{q}_1 & \boldsymbol{A}\boldsymbol{q}_2 & \cdots & \boldsymbol{A}\boldsymbol{q}_{n-1} & \boldsymbol{A}\boldsymbol{q}_n\end{bmatrix} \\
&= \begin{bmatrix}\boldsymbol{q}_1 & \boldsymbol{q}_2 & \cdots & \boldsymbol{q}_{n-1} & \boldsymbol{q}_n\end{bmatrix}\overline{\boldsymbol{A}}
\end{aligned}
$$

$$
\boldsymbol{B} = [\boldsymbol{q}_1 \quad \boldsymbol{q}_2 \quad \cdots \quad \boldsymbol{q}_n]\overline{\boldsymbol{B}}
$$

其中，$\boldsymbol{A}\boldsymbol{q}_i$ 是基向量 $\boldsymbol{q}_i$ 在线性变换 $\boldsymbol{A}$ 作用下的像，简称基的像。而 $\overline{\boldsymbol{A}}$ 的列就是基的像 $\boldsymbol{A}\boldsymbol{q}_i$ 在这组基下的坐标。$\overline{\boldsymbol{B}}$ 的列就是 $\boldsymbol{B}$ 的列在这组基下的坐标。

选取坐标变换矩阵时，即已知

$$
\boldsymbol{P} = \begin{bmatrix}\boldsymbol{p}_1 \\ \boldsymbol{p}_2 \\ \vdots \\ \boldsymbol{p}_{n-1} \\ \boldsymbol{p}_n\end{bmatrix}
$$

通过下列关系式：$\boldsymbol{P}\boldsymbol{A} = \overline{\boldsymbol{A}}\boldsymbol{P}, \boldsymbol{C} = \overline{\boldsymbol{C}}\boldsymbol{P}$ 可求出 $\overline{\boldsymbol{A}}, \overline{\boldsymbol{C}}$。实际上：

$$
\begin{bmatrix}\boldsymbol{p}_1 \\ \boldsymbol{p}_2 \\ \vdots \\ \boldsymbol{p}_n\end{bmatrix}\boldsymbol{A} = \begin{bmatrix}\boldsymbol{p}_1\boldsymbol{A} \\ \boldsymbol{p}_2\boldsymbol{A} \\ \vdots \\ \boldsymbol{p}_n\boldsymbol{A}\end{bmatrix} = \overline{\boldsymbol{A}}\begin{bmatrix}\boldsymbol{p}_1 \\ \boldsymbol{p}_2 \\ \vdots \\ \boldsymbol{p}_n\end{bmatrix}, \quad \boldsymbol{C} = \overline{\boldsymbol{C}}\begin{bmatrix}\boldsymbol{p}_1 \\ \boldsymbol{p}_2 \\ \vdots \\ \boldsymbol{p}_n\end{bmatrix}
$$

其中，$\boldsymbol{p}_i$ 是行向量，$\overline{\boldsymbol{A}}$ 的第 i 行是行向量 $\boldsymbol{p}_i$ 的像 $\boldsymbol{p}_i\boldsymbol{A}$ 在对偶基 $\boldsymbol{p}_1, \boldsymbol{p}_2, \cdots, \boldsymbol{p}_{n-1}, \boldsymbol{p}_n$ 下的坐标。$\overline{\boldsymbol{C}}$ 的第 i 行是 $\boldsymbol{C}$ 的第 i 行在对偶基 $\boldsymbol{p}_1, \boldsymbol{p}_2, \cdots, \boldsymbol{p}_{n-1}, \boldsymbol{p}_n$ 下的坐标。

首先讨论单输入系统的可控标准形。一个单输入系统具有如式(3.1.1)所示的形式，它一定是可控的。这可以通过计算系统的可控性矩阵来进行验证。

$$
\dot{\boldsymbol{x}} = \begin{bmatrix} 0 & 1 & 0 & \cdots & 0 \\ 0 & 0 & 1 & \cdots & 0 \\ \vdots & \vdots & \vdots & & \vdots \\ 0 & 0 & 0 & \cdots & 1 \\ -a_0 & -a_1 & -a_2 & \cdots & -a_{n-1} \end{bmatrix}\boldsymbol{x} + \begin{bmatrix}0 \\ 0 \\ \vdots \\ 0 \\ 1\end{bmatrix}u \tag{3.1.1}
$$

式(3.1.1)的形式称为单输入系统的可控标准形。式(3.1.1)中的 $\boldsymbol{A}$ 矩阵的特征多项式可计算如下：

$$
|s\boldsymbol{I} - \boldsymbol{A}| = s^n + a_{n-1}s^{n-1} + \cdots + a_1 s + a_0
$$

对于一般的单输入、单输出 n 维动态方程：

$$
\dot{\boldsymbol{x}} = \boldsymbol{A}\boldsymbol{x} + \boldsymbol{b}u, \quad y = \boldsymbol{c}\boldsymbol{x} + du \tag{3.1.2}
$$

其中，$\boldsymbol{A}$、$\boldsymbol{b}$ 分别为 $n \times n$ 、$n \times 1$ 的矩阵，以下定理成立。

定理 3.1.1 若 n 维单输入系统(3.1.2)可控，则存在可逆线性变换将其变换成可控标准形(3.1.1)。

下面给出构造坐标变换矩阵 $\boldsymbol{P}$ 的方法步骤：

(1) 计算可控性矩阵 $\boldsymbol{U}$；

(2) 计算 $\boldsymbol{U}^{-1}$，并记 $\boldsymbol{U}^{-1}$ 的最后一行为 $\boldsymbol{h}$；

(3) 构造矩阵 $\boldsymbol{P}$；

$$\boldsymbol{P}=\begin{bmatrix}\boldsymbol{h}\\ \boldsymbol{hA}\\ \boldsymbol{hA}^2\\ \vdots\\ \boldsymbol{hA}^{n-1}\end{bmatrix}\tag{3.1.3}$$

(4) 令 $\overline{\boldsymbol{x}}=\boldsymbol{Px}$，由 $\overline{\boldsymbol{A}}=\boldsymbol{PAP}^{-1},\overline{\boldsymbol{B}}=\boldsymbol{PB},\overline{\boldsymbol{C}}=\boldsymbol{CP}^{-1}$ 即可求出变换后的系统状态方程。

证明　因 $\boldsymbol{U}^{-1}\boldsymbol{U}=\boldsymbol{I}$，故 $\boldsymbol{hU}=\boldsymbol{h}\left[\boldsymbol{b},\boldsymbol{Ab},\cdots,\boldsymbol{A}^{n-1}\boldsymbol{b}\right]=[0\quad\cdots\quad 0\quad 1]$，即有

$$\boldsymbol{hb}=0,\quad \boldsymbol{hAb}=0,\quad \boldsymbol{hA}^2\boldsymbol{b}=0,\quad \cdots,\quad \boldsymbol{hA}^{n-2}\boldsymbol{b}=0,\quad \boldsymbol{hA}^{n-1}\boldsymbol{b}=1\tag{3.1.4}$$

为了证明 $\boldsymbol{P}$ 是可逆矩阵，取 $\boldsymbol{\alpha}=[\alpha_1\quad\alpha_2\quad\cdots\quad\alpha_n]$，令 $\boldsymbol{\alpha P}=0$，即有

$$\alpha_1\boldsymbol{h}+\alpha_2\boldsymbol{hA}+\cdots+\alpha_{n-1}\boldsymbol{hA}^{n-2}+\alpha_n\boldsymbol{hA}^{n-1}=0$$

将上式右乘 $\boldsymbol{b}$，运用式(3.1.4)，可得 $\alpha_n=0$。将上式右乘 $\boldsymbol{Ab}$，运用式(3.1.4)，可得 $\alpha_{n-1}=0$。依此类推，可得 $\boldsymbol{\alpha}=\boldsymbol{0}$。即证明了 $\boldsymbol{P}$ 是可逆矩阵。根据 $\boldsymbol{PA}=\overline{\boldsymbol{A}}\boldsymbol{P},\boldsymbol{Pb}=\overline{\boldsymbol{b}}$ 可以证明 $\overline{\boldsymbol{A}},\overline{\boldsymbol{b}}$ 所具有的形式。

注 3.1.1

(1) 系统(3.1.2)可控，因此向量组 $\boldsymbol{b},\boldsymbol{Ab},\cdots,\boldsymbol{A}^{n-1}\boldsymbol{b}$ 线性无关，按式(3.1.5)定义的向量组：

$$[\boldsymbol{q}^1\quad\boldsymbol{q}^2\quad\cdots\quad\boldsymbol{q}^n]=[\boldsymbol{b}\quad\boldsymbol{Ab}\quad\cdots\quad\boldsymbol{A}^{n-1}\boldsymbol{b}]\begin{bmatrix}a_{n-1}&a_{n-2}&&\cdots&a_1&1\\ a_{n-2}&a_{n-3}&&&1&0\\ \vdots&\vdots&&\iddots&&\vdots\\ \vdots&\vdots&1&&&\vdots\\ a_1&1&0&\cdots&0&0\\ 1&0&0&\cdots&0&0\end{bmatrix}\tag{3.1.5}$$

也线性无关，并可取为状态空间的基底。这时等价变换矩阵 $\boldsymbol{P}=[\boldsymbol{q}^1\quad\boldsymbol{q}^2\quad\cdots\quad\boldsymbol{q}^n]^{-1}$。同样可直接证明系统(3.1.2)可化为式(3.1.1)的形式。

(2) 由于化同一标准形的变换矩阵是唯一的，故可知式(3.1.5)的基底变换矩阵的逆阵就是式(3.1.3)的坐标变换矩阵，即有

$$\boldsymbol{P}=\begin{bmatrix}\boldsymbol{h}\\ \boldsymbol{hA}\\ \boldsymbol{hA}^2\\ \vdots\\ \boldsymbol{hA}^{n-1}\end{bmatrix}=\left\{[\boldsymbol{b}\quad\boldsymbol{Ab}\quad\cdots\quad\boldsymbol{A}^{n-1}\boldsymbol{b}]\begin{bmatrix}a_{n-1}&a_{n-2}&&\cdots&a_1&1\\ a_{n-2}&a_{n-3}&&&1&0\\ \vdots&\vdots&&\iddots&&\vdots\\ \vdots&\vdots&1&&&\vdots\\ a_1&1&0&\cdots&0&0\\ 1&0&0&\cdots&0&0\end{bmatrix}\right\}^{-1}$$

$$
=\begin{bmatrix} a_{n-1} & a_{n-2} & & \cdots & a_1 & 1 \\ a_{n-2} & a_{n-3} & & & 1 & 0 \\ \vdots & \vdots & & \iddots & & \vdots \\ \vdots & \vdots & 1 & & & \vdots \\ a_1 & 1 & 0 & \cdots & 0 & 0 \\ 1 & 0 & 0 & \cdots & 0 & 0 \end{bmatrix}^{-1} [\boldsymbol{b} \quad \boldsymbol{Ab} \quad \cdots \boldsymbol{A}^{n-1}\boldsymbol{b}]^{-1}
$$

接下来讨论单输出系统的可观测标准形。如果一个单输出系统的 $\boldsymbol{A}$、$\boldsymbol{c}$ 矩阵有标准形(3.1.6)，它一定是可观测的，这可通过计算可观测性矩阵的秩来验证。

$$
\boldsymbol{A}=\begin{bmatrix} 0 & 0 & 0 & \cdots & 0 & -a_0 \\ 1 & 0 & 0 & \cdots & 0 & -a_1 \\ 0 & 1 & 0 & \cdots & 0 & \vdots \\ 0 & 0 & \ddots & & \vdots & \vdots \\ \vdots & \vdots & & \ddots & 0 & \vdots \\ 0 & 0 & \cdots & 0 & 1 & -a_{n-1} \end{bmatrix}, \quad \boldsymbol{c}=\begin{bmatrix} 0 & 0 & \cdots & 0 & 1 \end{bmatrix} \tag{3.1.6}
$$

式(3.1.6)称为单输出系统的可观测标准形。

定理 3.1.2　若 n 维单输出系统(3.1.2)可观测，则存在可逆线性变换将其变换成可观测标准形(3.1.6)。

现在通过对偶原理找出将系统化为可观测标准形的变换矩阵。给定系统方程如下：

$$
\dot{\boldsymbol{x}}=\boldsymbol{Ax}+\boldsymbol{b}u, \quad y=\boldsymbol{cx}
$$

若有等价变换：

$$
\boldsymbol{x}=\boldsymbol{M}\bar{\boldsymbol{x}} \qquad (\bar{\boldsymbol{x}}=\boldsymbol{M}^{-1}\boldsymbol{x}) \tag{3.1.7}
$$

则将其化为可观测标准形：

$$
\dot{\bar{\boldsymbol{x}}}=\bar{\boldsymbol{A}}\bar{\boldsymbol{x}}+\bar{\boldsymbol{b}}u, \quad y=\bar{\boldsymbol{c}}\bar{\boldsymbol{x}}
$$

其中，$\bar{\boldsymbol{A}},\bar{\boldsymbol{c}}$ 具有式(3.1.6)的形式。现在构造原系统的对偶系统为

$$
\dot{\boldsymbol{z}}=\boldsymbol{A}^{\mathrm{T}}\boldsymbol{z}+\boldsymbol{c}^{\mathrm{T}}u \tag{3.1.8}
$$

$$
w=\boldsymbol{b}^{\mathrm{T}}\boldsymbol{z} \tag{3.1.9}
$$

式(3.1.8)、式(3.1.9)的系统可控，可以通过 $\bar{\boldsymbol{z}}=\boldsymbol{Pz}$ 化为下列的可控标准形，其变换矩阵为 $\boldsymbol{P}$ ：

$$
\dot{\bar{\boldsymbol{z}}}=\bar{\boldsymbol{A}}_1\bar{\boldsymbol{z}}+\bar{\boldsymbol{b}}_1u, \quad w=\bar{\boldsymbol{c}}_1\bar{\boldsymbol{z}} \tag{3.1.10}
$$

其中

$$
\bar{\boldsymbol{A}}_1=\boldsymbol{P}\boldsymbol{A}^{\mathrm{T}}\boldsymbol{P}^{-1}, \quad \bar{\boldsymbol{b}}_1=\boldsymbol{P}\boldsymbol{c}^{\mathrm{T}}, \quad \bar{\boldsymbol{c}}_1=\boldsymbol{b}^{\mathrm{T}}\boldsymbol{P}^{-1}
$$

方程(3.1.10)的对偶系统即原系统的可观测标准形：

$$\dot{\bar{\bar{z}}} = \bar{A}_1^{\mathrm{T}}\bar{\bar{z}} + \bar{c}_1^{\mathrm{T}}v \tag{3.1.11}$$

$$\bar{w} = \bar{b}_1^{\mathrm{T}}\bar{\bar{z}} \tag{3.1.12}$$

因此有

$$\begin{cases} \bar{A}_1^{\mathrm{T}} = (\boldsymbol{P}^{\mathrm{T}})^{-1}\boldsymbol{A}\boldsymbol{P}^{\mathrm{T}}, & \bar{\boldsymbol{A}} = \boldsymbol{M}^{-1}\boldsymbol{A}\boldsymbol{M} \\ \bar{\boldsymbol{c}}_1^{\mathrm{T}} = (\boldsymbol{P}^{\mathrm{T}})^{-1}\boldsymbol{b}, & \bar{\boldsymbol{b}} = \boldsymbol{M}^{-1}\boldsymbol{b} \\ \bar{\boldsymbol{b}}_1^{\mathrm{T}} = \boldsymbol{c}\boldsymbol{P}^{\mathrm{T}}, & \bar{\boldsymbol{c}} = \boldsymbol{c}\boldsymbol{M} \end{cases} \tag{3.1.13}$$

比较上面两组式子可知

$$\boldsymbol{M} = \boldsymbol{P}^{\mathrm{T}} \tag{3.1.14}$$

例 3.1.1　系统动态方程为

$$\dot{\boldsymbol{x}} = \begin{bmatrix} 1 & -1 \\ 1 & 1 \end{bmatrix}\boldsymbol{x} + \begin{bmatrix} -1 \\ 1 \end{bmatrix}u, \quad y = \begin{bmatrix} 1 & 1 \end{bmatrix}\boldsymbol{x}$$

将系统动态方程化为可观测标准形，并求出变换矩阵。

解　显然该系统可观测，可以化为可观测标准形。写出它的对偶系统的 $\boldsymbol{A}$、$\boldsymbol{b}$ 矩阵，分别为

$$\boldsymbol{A} = \begin{bmatrix} 1 & 1 \\ -1 & 1 \end{bmatrix}, \quad \boldsymbol{b} = \begin{bmatrix} 1 \\ 1 \end{bmatrix}$$

根据这里的 $\boldsymbol{A}$、$\boldsymbol{b}$ 矩阵，按化可控标准形求变换矩阵的步骤求出 $\boldsymbol{P}$ 矩阵。

(1) 计算可控性矩阵：

$$\boldsymbol{U} = [\boldsymbol{b} \quad \boldsymbol{A}\boldsymbol{b}] = \begin{bmatrix} 1 & 2 \\ 1 & 0 \end{bmatrix}$$

(2) 对 $\boldsymbol{U}$ 求逆，并求出 $\boldsymbol{h}$：

$$\boldsymbol{U}^{-1} = \begin{bmatrix} 1 & 2 \\ 1 & 0 \end{bmatrix}^{-1} = \begin{bmatrix} 0 & 1 \\ 0.5 & -0.5 \end{bmatrix}, \quad \boldsymbol{h} = [0.5 \quad -0.5]$$

(3) 由式(3.1.3)求出 $\boldsymbol{P}$ 矩阵：

$$\boldsymbol{P} = \begin{bmatrix} \boldsymbol{h} \\ \boldsymbol{h}\boldsymbol{A} \end{bmatrix} = \begin{bmatrix} 0.5 & -0.5 \\ 1 & 0 \end{bmatrix}$$

(4) 由式(3.1.14)求出 $\boldsymbol{M}$ 矩阵：

$$\boldsymbol{M} = \boldsymbol{P}^{\mathrm{T}} = \begin{bmatrix} 0.5 & -0.5 \\ 1 & 0 \end{bmatrix}^{\mathrm{T}} = \begin{bmatrix} 0.5 & 1 \\ -0.5 & 0 \end{bmatrix}, \quad \boldsymbol{M}^{-1} = \begin{bmatrix} 0 & -2 \\ 1 & 1 \end{bmatrix}$$

(5) 由式(3.1.13)求出：

$$\bar{A} = M^{-1}AM = \begin{bmatrix} 0 & -2 \\ 1 & 1 \end{bmatrix}\begin{bmatrix} 1 & -1 \\ 1 & 1 \end{bmatrix}\begin{bmatrix} 0.5 & 1 \\ -0.5 & 0 \end{bmatrix} = \begin{bmatrix} 0 & -2 \\ 1 & 2 \end{bmatrix}$$

$$\bar{b} = M^{-1}b = \begin{bmatrix} 0 & -2 \\ 1 & 1 \end{bmatrix}\begin{bmatrix} -1 \\ 1 \end{bmatrix} = \begin{bmatrix} -2 \\ 0 \end{bmatrix}$$

$$\bar{c} = cM = \begin{bmatrix} 1 & 1 \end{bmatrix}\begin{bmatrix} 0.5 & 1 \\ -0.5 & 0 \end{bmatrix} = \begin{bmatrix} 0 & 1 \end{bmatrix}$$

基于以上内容，进一步讨论多变量系统的可控(可观测)标准形。对于一般的多输入、多输出 n 维动态方程：

$$\dot{x} = Ax + Bu, \quad y = Cx + Du \tag{3.1.15}$$

其中，A、B、C 分别为 $n \times n$ 、$n \times p$ 、$q \times n$ 的矩阵，令 b_i 记为 B 的第 i 列，即 $B = [b_1 \ \ b_2 \ \ \cdots \ \ b_p]$。

定义 3.1.2　伦伯格(Luenberger)标准形。假设系统(3.1.15)可控，所以它的可控性矩阵 $U = [B \ \ AB \ \ \cdots \ \ A^{n-1}B]$ 满秩，写出 U 的各列有

$$U = [b_1 \ \ b_2 \ \ \cdots \ \ b_p \ \ Ab_1 \ \ Ab_2 \ \ \cdots \ \ Ab_p \ \ \cdots \ \ A^{n-1}b_1 \ \ A^{n-1}b_2 \ \ \cdots \ \ A^{n-1}b_p] \tag{3.1.16}$$

为了把方程(3.1.15)化为标准形，需要重新选取状态空间的基底，而这组基可以从 U 的列向量中选取。从式(3.1.16)中选取 n 个线性无关的列向量的方法很多。这里选取原则为首先按式(3.1.16)的排列次序选择线性无关的向量，即开始从 $b_1, b_2, \cdots, b_p$ ，然后再考虑 $Ab_1, Ab_2, \cdots, Ab_p$ ，接着是 $A^2b_1, A^2b_2, \cdots, A^2b_p$ ，等等，直到得出 n 个线性无关的向量。要注意的是，若某一向量如 A^kb_2 ，由于和 $b_1, b_2, \cdots, b_p, \cdots, Ab_1$ 线性相关而不予选取，则对于 $k \geqslant 1$ 的所有 A^kb_2 的向量均不会被挑选到，这是因为这些向量必然与其所在列位之前的向量线性相关。按上述方法选定 n 个线性无关的向量后，将其重新排列如下：

$$b_1, Ab_1, \cdots, A^{\mu_1-1}b_1; b_2, Ab_2, \cdots, A^{\mu_2-1}b_2; \cdots; b_p, Ab_p, \cdots, A^{\mu_p-1}b_p \tag{3.1.17}$$

其中，$\mu_1, \mu_2, \cdots, \mu_p$ 是非负整数，且 $\mu_1 + \mu_2 + \cdots + \mu_p = n$ 。它称为系统的克罗内克(Kronecker)不变量，可以证明在坐标变换下，它是不变的。令

$$P_1^{-1} = [b_1, Ab_1, \cdots, A^{\mu_1-1}b_1; b_2, Ab_2, \cdots, A^{\mu_2-1}b_2; \cdots; b_p, Ab_p, \cdots, A^{\mu_p-1}b_p] \tag{3.1.18}$$

定理 3.1.3　设系统(3.1.15)可控，则存在等价变换将其变换为如式(3.1.19)所示的伦伯格第一可控标准形：

$$\dot{\bar{x}} = \bar{A}_1\bar{x} + \bar{B}_1u, \quad y = \bar{C}_1x + Du \tag{3.1.19}$$

$$
\bar{A}_1=\begin{array}{c}
 \\ \\ \mu_1 \\ \\ \\ \\ \\ \\ \mu_2 \\ \\ \\ \\ \upsilon_p \\ \\ \\
\end{array}
\overset{\qquad\mu_1\qquad\qquad\qquad\mu_2\qquad\qquad\qquad\mu_p}{\left[\begin{array}{ccccc:ccccc:c:ccccc}
0 & 0 & & & \times & 0 & 0 & \cdots & 0 & \times & & 0 & \cdots & 0 & 0 & \times \\
1 & 0 & & & \times & 0 & 0 & \cdots & 0 & \times & & 0 & & 0 & 0 & \times \\
0 & 1 & & & \times & & & & & \times & \cdots & \vdots & & \vdots & \vdots & \vdots \\
 & & \ddots & & \vdots & & & & & \vdots & & & & & & \\
 & & & 1 & \times & 0 & 0 & & & \times & & 0 & \cdots & 0 & 0 & \times \\
\hdashline
0 & 0 & \cdots & 0 & \times & 0 & 0 & \cdots & 0 & \times & & 0 & \cdots & 0 & 0 & \times \\
0 & 0 & \cdots & 0 & \times & 1 & 0 & \cdots & 0 & \times & & 0 & \cdots & 0 & 0 & \times \\
 & & & & \vdots & 0 & 1 & \ddots & & \vdots & \cdots & & \vdots & & \vdots & \vdots \\
0 & 0 & \cdots & & \times & 0 & 0 & & 1 & \times & & 0 & \cdots & 0 & 0 & \times \\
\hdashline
 & & \vdots & & & & & \vdots & & & & & & \vdots & & \\
\hdashline
0 & 0 & \cdots & 0 & \times & 0 & \cdots & 0 & 0 & \times & & 0 & 0 & \cdots & 0 & \times \\
0 & 0 & \cdots & 0 & \times & 0 & \cdots & 0 & 0 & \times & & 1 & 0 & \cdots & 0 & \times \\
 & & & & \vdots & & & & \vdots & \vdots & \cdots & 0 & 1 & & & \vdots \\
 & & & & & & & & & & & & & \ddots & & \\
0 & 0 & \cdots & 0 & \times & 0 & \cdots & 0 & 0 & \times & & 0 & 0 & & 1 & \times
\end{array}\right]}
$$

$$
\bar{B}_1=\left[\begin{array}{ccccc}
1 & 0 & \cdots & & 0 \\
0 & 0 & \cdots & & 0 \\
\vdots & \vdots & \cdots & & \vdots \\
0 & 0 & \cdots & & 0 \\
\hdashline
0 & 1 & 0 & \cdots & 0 \\
0 & 0 & 0 & \cdots & 0 \\
 & & \vdots & & \\
0 & 0 & 0 & \cdots & 0 \\
\hdashline
 & & \vdots & & \\
\hdashline
0 & 0 & \cdots & 0 & 1 \\
0 & 0 & \cdots & 0 & 0 \\
\vdots & \vdots & & \vdots & \vdots \\
0 & 0 & \cdots & 0 & 0
\end{array}\right]
\begin{array}{l}
 \\ \\ \mu_1 \\ \\ \\ \\ \mu_2 \\ \\ \\ \\ \\ \mu_p \\ \\ \\
\end{array}
,\quad \bar{C}_1=CP_1^{-1} \tag{3.1.20}
$$

在 $\bar{A}_1$ 的表达式中，“×”代表数字，它可以是零，也可以不是零。

定理 3.1.3 的结论容易根据 P_1^{-1} 中列向量选取的原则来验证。式(3.1.20)中 $\bar{A}_1$、$\bar{B}_1$ 的形式表示了 $b_1\quad b_2\quad\cdots\quad b_j$ 线性无关的情况，即 $\mu_i\neq 0\,(i=1,2,\cdots,p)$ 的情况。当 b_i 与 $b_1\quad b_2\quad\cdots\quad b_{i-1}$ 线性相关时，b_i 在 P_1^{-1} 中不出现，这时 $\bar{B}_1$ 的第 i 列除第 $1,\mu_1+1,\cdots,\mu_1+\mu_2+\cdots+\mu_{i-2}+1$ 行上的元素之外，其余元素都为零。由于这时 $\mu_i=0$，故在 $\bar{A}_1$ 中也不出现相应的块矩阵。另外，在式(3.1.20)中，$\bar{C}_1$ 因无特殊形式，故未详细写出。

伦伯格可控标准形还有另一种形式，如果以 $h_i\,(i=1,2,\cdots,p)$ 表示式(3.1.18)所定义的

$\boldsymbol{P}_1$ 矩阵的第 $\sum_{j=1}^{t}\mu_j$ 行，然后构成矩阵 $\boldsymbol{P}_2$ 如下：

$$\boldsymbol{P}_2=\begin{bmatrix}\boldsymbol{h}_1\\ \boldsymbol{h}_1\boldsymbol{A}\\ \vdots\\ \boldsymbol{h}_1\boldsymbol{A}^{\mu_1-1}\\ \boldsymbol{h}_2\\ \boldsymbol{h}_2\boldsymbol{A}\\ \vdots\\ \boldsymbol{h}_2\boldsymbol{A}^{\mu_2-1}\\ \vdots\\ \boldsymbol{h}_p\\ \boldsymbol{h}_p\boldsymbol{A}\\ \vdots\\ \boldsymbol{h}_p\boldsymbol{A}^{\mu_p-1}\end{bmatrix} \tag{3.1.21}$$

不难证明 $\boldsymbol{P}_2$ 是非奇异矩阵。事实上，如果有 n 维向量 $\boldsymbol{\alpha}$，使得

$$\boldsymbol{P}_2\boldsymbol{\alpha}=0$$

则有

$$\boldsymbol{h}_i\boldsymbol{A}^{j_i}\boldsymbol{\alpha}=0,\quad i=1,2,\cdots,p,\quad j_i=0,1,\cdots,\mu_i-1 \tag{3.1.22}$$

显然 $\boldsymbol{\alpha}$ 属于矩阵 $[\boldsymbol{h}_1^{\mathrm{T}}\quad \boldsymbol{h}_2^{\mathrm{T}}\quad\cdots\quad \boldsymbol{h}_p^{\mathrm{T}}]$ 的核空间。由定义可知，这个矩阵的核空间由向量 $\boldsymbol{b}_1,\boldsymbol{A}\boldsymbol{b}_1,\cdots,\boldsymbol{A}^{\mu_1-2}\boldsymbol{b}_1;\boldsymbol{b}_2,\boldsymbol{A}\boldsymbol{b}_2,\cdots,\boldsymbol{A}^{\mu_2-2}\boldsymbol{b}_2;\cdots;\boldsymbol{b}_p,\boldsymbol{A}\boldsymbol{b}_p,\cdots,\boldsymbol{A}^{\mu_p-2}\boldsymbol{b}_p$ 所张成。因此有

$$\boldsymbol{\alpha}=\sum_{i=0}^{\mu_1-2}a_{1i}\boldsymbol{A}^i b_1+\sum_{i=0}^{\mu_2-2}a_{2i}\boldsymbol{A}^i b_2+\cdots+\sum_{i=0}^{\mu_p-2}a_{pi}\boldsymbol{A}^i b_p \tag{3.1.23}$$

其中，$a_{li}\ (l=1,2,\cdots,p)$ 是实常数。在式(3.1.23)两边左乘 $\boldsymbol{h}_1\boldsymbol{A}$，则由式(3.1.22)可知

$$\boldsymbol{h}_1\boldsymbol{A}\boldsymbol{\alpha}=\sum_{i=0}^{\mu_1-2}a_{1i}\boldsymbol{h}_1\boldsymbol{A}^{i+1}b_1+\sum_{i=0}^{\mu_2-2}a_{2i}\boldsymbol{h}_1\boldsymbol{A}^{i+1}b_2+\cdots+\sum_{i=0}^{\mu_p-2}a_{pi}\boldsymbol{h}_1\boldsymbol{A}^{i+1}b_p=0$$

由 $\boldsymbol{h}_1$ 的定义可知，它和式(3.1.17)中的列向量除 $\boldsymbol{A}^{\mu_1-1}\boldsymbol{b}_1$ 外都是正交的，所以推得

$$a_{1\mu_1-2}\boldsymbol{h}_1\boldsymbol{A}^{\mu_1-1}\boldsymbol{b}_1=0$$

而 $\boldsymbol{h}_1\boldsymbol{A}^{\mu_1-1}\boldsymbol{b}_1=1$，所以 $a_{1\mu_1-2}=0$。按照类似的方法可证明 $a_{2\mu_1-2}=\cdots=a_{p\mu_1-2}=0$，然后在等式(3.1.23)两边左乘 $\boldsymbol{h}_i\boldsymbol{A}^2(i=1,2,\cdots,p)$ 可以证明 $a_{1\mu_1-3}=a_{2\mu_1-3}=\cdots=a_{p\mu_1-3}=0$，依此类推，可以证明所有 a_{li} 为零，于是可得 $\boldsymbol{\alpha}=0$，从而说明 $\boldsymbol{P}_2$ 是非奇异矩阵。取变换矩阵为 $\boldsymbol{P}_2$，作 $\bar{\boldsymbol{x}}=\boldsymbol{P}_2\boldsymbol{x}$ 的变换，不难推证以下定理。

定理 3.1.4　设系统(3.1.15)可控，则存在等价变换将其化为方程(3.1.24)所示的伦伯格第二可控标准形：

$$\begin{cases}\dot{\bar{\boldsymbol{x}}}=\bar{\boldsymbol{A}}\bar{\boldsymbol{x}}+\bar{\boldsymbol{B}}\boldsymbol{u}\\ \boldsymbol{y}=\bar{\boldsymbol{C}}\bar{\boldsymbol{x}}+\bar{\boldsymbol{D}}\boldsymbol{u}\end{cases}\tag{3.1.24}$$

其中

$$\bar{\boldsymbol{A}}=\begin{bmatrix}\boldsymbol{A}_{11} & \boldsymbol{A}_{12} & \cdots & \cdots & \boldsymbol{A}_{1p}\\ \boldsymbol{A}_{21} & \boldsymbol{A}_{22} & \cdots & \cdots & \boldsymbol{A}_{2p}\\ \vdots & & \ddots & & \\ \vdots & & & \ddots & \\ \boldsymbol{A}_{p1} & \boldsymbol{A}_{p2} & \cdots & \cdots & \boldsymbol{A}_{pp}\end{bmatrix},\quad \bar{\boldsymbol{B}}=\begin{bmatrix}\boldsymbol{B}_1\\ \boldsymbol{B}_2\\ \vdots\\ \vdots\\ \boldsymbol{B}_p\end{bmatrix}$$

$$\boldsymbol{A}_{ii}=\begin{bmatrix}0 & 1 & \cdots & \cdots & 0\\ 0 & 0 & \ddots & & 0\\ \vdots & \vdots & & \ddots & \vdots\\ 0 & 0 & \cdots & \cdots & 1\\ \times & \times & \cdots & \cdots & \times\end{bmatrix},\quad \boldsymbol{A}_{ij}=\begin{bmatrix}0 & 0 & \cdots & \cdots & 0\\ 0 & 0 & \cdots & \cdots & 0\\ \vdots & \vdots & & & \vdots\\ 0 & 0 & \cdots & \cdots & 0\\ \times & \times & \cdots & \cdots & \times\end{bmatrix},\quad \boldsymbol{B}_i=\begin{bmatrix}0 & \cdots & 0 & 0 & 0\\ 0 & \cdots & 0 & 0 & 0\\ \vdots & & \vdots & \vdots & \vdots\\ 0 & \cdots & 0 & 0 & 0\\ 0 & \cdots & 1 & \times & \times\end{bmatrix}$$

其中，$\boldsymbol{A}_{ii},\boldsymbol{A}_{ij},\boldsymbol{B}_i$ 分别是 $\mu_i\times\mu_i,\mu_i\times\mu_j,\mu_i\times p$ 的矩阵。

例 3.1.2　设系统动态方程 $(\boldsymbol{A},\boldsymbol{B},\boldsymbol{C})$ 为

$$\boldsymbol{A}=\begin{bmatrix}0 & 0 & 0 & 1\\ 1 & 0 & 0 & -2\\ -22 & -11 & -4 & 0\\ -23 & -6 & 0 & -6\end{bmatrix},\quad \boldsymbol{B}=\begin{bmatrix}0 & 0\\ 0 & 0\\ 0 & 1\\ 1 & 3\end{bmatrix},\quad \boldsymbol{C}=\begin{bmatrix}0 & 0 & 0 & 1\\ 0 & 0 & 1 & 0\end{bmatrix}$$

试求其可控标准形。

解　计算可控性矩阵可知其前四个线性无关列为 1,2,3,5 列，故 $\mu_1=3,\mu_2=1$，并可求出 $\boldsymbol{h}_1=[2\ 1\ 0\ 0],\boldsymbol{h}_2=[0\ 0\ 1\ 0]$，从而可得

$$\boldsymbol{P}_2=\begin{bmatrix}\boldsymbol{h}_1\\ \boldsymbol{h}_1\boldsymbol{A}\\ \boldsymbol{h}_1\boldsymbol{A}^2\\ \boldsymbol{h}_2\end{bmatrix}=\begin{bmatrix}2 & 1 & 0 & 0\\ 1 & 0 & 0 & 0\\ 0 & 0 & 0 & 1\\ 0 & 0 & 1 & 0\end{bmatrix}$$

通过计算 $\bar{\boldsymbol{A}}=\boldsymbol{P}_2\boldsymbol{A}\boldsymbol{P}_2^{-1},\bar{\boldsymbol{B}}=\boldsymbol{P}_2\boldsymbol{B},\bar{\boldsymbol{C}}=\boldsymbol{C}\boldsymbol{P}_2^{-1}$，从而可得可控标准形：

$$\bar{\boldsymbol{A}}=\begin{bmatrix}0 & 1 & 0 & 0\\ 0 & 0 & 1 & 0\\ -6 & -11 & -6 & 0\\ -11 & 0 & 0 & -4\end{bmatrix},\quad \bar{\boldsymbol{B}}=\begin{bmatrix}0 & 0\\ 0 & 0\\ 1 & 3\\ 0 & 1\end{bmatrix},\quad \bar{\boldsymbol{C}}=\begin{bmatrix}0 & 0 & 1 & 0\\ 0 & 0 & 0 & 1\end{bmatrix}$$

和单变量系统一样，根据对偶原理还可以得到伦伯格可观测标准形。

定理 3.1.5　设系统(3.1.15)可观测，则存在等价变换将其变换为式(3.1.25)所示的伦伯格第一可观测标准形：

$$
\begin{cases}\dot{\bar{x}}=\bar{A}_1\bar{x}+\bar{B}_1u\\ y=\bar{C}_1x+Du\end{cases}\tag{3.1.25}
$$

其中

$$
\bar{A}_1=\left[\begin{array}{ccccc|cccc|c|cccc}
0&1&0&\cdots&0&0&0&\cdots&0&&0&0&\cdots&0\\
0&0&1&\cdots&0&0&0&\cdots&0&&0&0&\cdots&0\\
\vdots&\vdots&\ddots&\ddots&\vdots&\vdots&\vdots&\ddots&\vdots&\cdots&\vdots&\vdots&\ddots&\vdots\\
\vdots&\vdots&&\ddots&1&0&0&\cdots&0&&0&0&\cdots&0\\
\times&\times&\times&\cdots&\times&\times&\times&\cdots&\times&&\times&\times&\cdots&\times\\
\hline
0&0&0&\cdots&0&0&1&\cdots&0&&0&0&\cdots&0\\
\vdots&\vdots&\vdots&\ddots&\vdots&\vdots&\vdots&\ddots&\vdots&\cdots&\vdots&\vdots&\ddots&\vdots\\
0&0&0&\cdots&0&0&0&\cdots&1&&0&0&\cdots&0\\
\times&\times&\times&\cdots&\times&\times&\times&\cdots&\times&&\times&\times&\cdots&\times\\
\hline
&&\vdots&&&&\vdots&&&\vdots&&\vdots&&\\
\hline
0&0&0&\cdots&0&0&0&\cdots&0&&0&1&\cdots&0\\
\vdots&\vdots&\vdots&\ddots&\vdots&\vdots&\vdots&\ddots&\vdots&\cdots&\vdots&\vdots&\ddots&\vdots\\
0&0&0&\cdots&0&0&0&\cdots&0&&0&0&\cdots&1\\
\times&\times&\times&\cdots&\times&\times&\times&\cdots&\times&&\times&\times&\cdots&\times
\end{array}\right]
\begin{matrix}\\ \\ \\ \nu_1\\ \\ \\ \\ \nu_2\\ \vdots\\ \\ \\ \\ \nu_q\\ \\ \end{matrix}
$$

$$
\qquad\qquad\nu_1\qquad\qquad\qquad\nu_2\qquad\quad\cdots\quad\nu_q
$$

$$
\bar{B}_1=P_1B
$$

$$
\bar{C}_1=\left[\begin{array}{cccc|ccccc|c|cccc}
1&0&\cdots&0&0&0&0&\cdots&0&&0&0&\cdots&0\\
0&0&\cdots&0&1&0&0&\cdots&0&&0&0&\cdots&0\\
\vdots&\vdots&\vdots&\vdots&\vdots&\vdots&\vdots&&\vdots&\cdots&\vdots&\vdots&&\vdots\\
0&0&\cdots&0&0&0&0&\cdots&0&&1&0&\cdots&0
\end{array}\right]\tag{3.1.26}
$$

该定理的证明同定理 3.1.3，这时只需由可观测性矩阵按行排列顺序挑选出 n 个线性无关行，挑出线性无关行后再按 c_i 的顺序分组排列，写出与 c_i 对应的那组如下：

$$
\begin{pmatrix}c_i\\ c_iA\\ \vdots\\ c_iA^{\nu_i-1}\end{pmatrix}
$$

由以上形式的 q 组向量组成变换矩阵。

定理 3.1.6　设系统(3.1.15)可观测，则存在等价变换将其变换为方程(3.1.27)所示的伦伯格第二可观测标准形：

$$\begin{cases}\dot{\bar{\boldsymbol{x}}}=\bar{\boldsymbol{A}}_2\bar{\boldsymbol{x}}+\bar{\boldsymbol{B}}_2\boldsymbol{u}\\ \boldsymbol{y}=\bar{\boldsymbol{C}}_2\boldsymbol{x}+\boldsymbol{D}\boldsymbol{u}\end{cases} \tag{3.1.27}$$

其中

$$\bar{\boldsymbol{A}}_2=\begin{bmatrix}\boldsymbol{A}_{11} & \boldsymbol{A}_{12} & \cdots & \cdots & \boldsymbol{A}_{1q}\\ \boldsymbol{A}_{21} & \boldsymbol{A}_{22} & \cdots & \cdots & \boldsymbol{A}_{2q}\\ \vdots & & \ddots & & \vdots\\ \vdots & & & \ddots & \vdots\\ \boldsymbol{A}_{q1} & \boldsymbol{A}_{q2} & \cdots & \cdots & \boldsymbol{A}_{qq}\end{bmatrix},\quad \bar{\boldsymbol{B}}_2=\boldsymbol{P}_2\boldsymbol{B}$$

$$\boldsymbol{A}_{ii}=\begin{bmatrix}0 & & & & \times\\ 1 & \ddots & & & \times\\ 0 & \ddots & \ddots & & \times\\ \vdots & \ddots & \ddots & \ddots & \vdots\\ 0 & \cdots & 0 & 1 & \times\end{bmatrix}\quad \boldsymbol{A}_{ij}=\begin{bmatrix}0 & \cdots & \cdots & 0 & \times\\ 0 & \cdots & \cdots & 0 & \times\\ 0 & \cdots & \cdots & 0 & \times\\ \vdots & & & \vdots & \vdots\\ 0 & \cdots & \cdots & 0 & \times\end{bmatrix}$$

其中，$\boldsymbol{A}_{ii},\boldsymbol{A}_{ij}$ 分别是 $\nu_i\times\nu_i,\nu_i\times\nu_j$ 的矩阵。

$$\bar{\boldsymbol{C}}_2=\left[\begin{array}{cccc|cccc|c|cccc}0 & \cdots & 0 & 1 & 0 & \cdots & 0 & & & 0 & \cdots & 0 & 0\\ 0 & \cdots & 0 & \times & 0 & \cdots & 1 & & & 0 & \cdots & 0 & 0\\ 0 & \cdots & 0 & \times & 0 & \cdots & 0 & & \cdots & 0 & \cdots & 0 & \vdots\\ \vdots & & \vdots & \vdots & \vdots & & \times & & & \vdots & & \vdots & 0\\ 0 & \cdots & 0 & \times & 0 & \cdots & \times & & & 0 & \cdots & 0 & 1\end{array}\right]$$

该定理的证明与定理 3.1.4 类似，也可以用对偶定理证明，作为习题留给读者(见习题 3.6)。

若动态方程(3.1.15)可控，则其可控性矩阵：

$$\boldsymbol{U}=\begin{bmatrix}\boldsymbol{b}_1 & \boldsymbol{b}_2 & \cdots & \boldsymbol{b}_p & \boldsymbol{A}\boldsymbol{b}_1 & \boldsymbol{A}\boldsymbol{b}_2 & \cdots & \boldsymbol{A}\boldsymbol{b}_p & \cdots & \boldsymbol{A}^{n-1}\boldsymbol{b}_1 & \boldsymbol{A}^{n-1}\boldsymbol{b}_2 & \cdots & \boldsymbol{A}^{n-1}\boldsymbol{b}_p\end{bmatrix}$$

的秩为 n。

现在这样来选取 $\boldsymbol{U}$ 中 n 个线性无关的列向量。从向量 $\boldsymbol{b}_1$ 开始，然后继续选 $\boldsymbol{A}\boldsymbol{b}_1,\boldsymbol{A}^2\boldsymbol{b}_1$ 至 $\boldsymbol{A}^{\bar{\mu}_1-1}\boldsymbol{b}_1$ 直到向量 $\boldsymbol{A}^{\bar{\mu}_1}\boldsymbol{b}_1$ 能用 $\boldsymbol{b}_1,\boldsymbol{A}\boldsymbol{b}_1,\cdots,\boldsymbol{A}^{\bar{\mu}_1-1}\boldsymbol{b}_1$ 的线性组合来表示。若 $\bar{\mu}_1=n$，则方程能单独由 $\boldsymbol{B}$ 的第一列控制。若 $\bar{\mu}_1<n$，则继续选 $\boldsymbol{b}_2,\boldsymbol{A}\boldsymbol{b}_2$ 至 $\boldsymbol{A}^{\bar{\mu}_2-1}\boldsymbol{b}_2$，直到向量 $\boldsymbol{A}^{\bar{\mu}_2}\boldsymbol{b}_2$ 能用 $\boldsymbol{b}_1,\boldsymbol{A}\boldsymbol{b}_1,\cdots,\boldsymbol{A}^{\bar{\mu}_1-1}\boldsymbol{b}_1;\ \boldsymbol{b}_2,\boldsymbol{A}\boldsymbol{b}_2,\cdots,\boldsymbol{A}^{\bar{\mu}_2-1}\boldsymbol{b}_2$ 的线性组合表示。若 $\bar{\mu}_1+\bar{\mu}_2<n$，则再继续选 $\boldsymbol{b}_3,\boldsymbol{A}\boldsymbol{b}_3,\cdots,\boldsymbol{A}^{\bar{\mu}_3-1}\boldsymbol{b}_3$，依次进行下去，可以得到 n 个线性无关的向量：

$$\boldsymbol{b}_1,\boldsymbol{A}\boldsymbol{b}_1,\cdots,\boldsymbol{A}^{\bar{\mu}_1-1}\boldsymbol{b}_1;\ \boldsymbol{b}_2,\boldsymbol{A}\boldsymbol{b}_2,\cdots,\boldsymbol{A}^{\bar{\mu}_2-1}\boldsymbol{b}_2;\cdots;\ \boldsymbol{b}_p,\boldsymbol{A}\boldsymbol{b}_p,\cdots,\boldsymbol{A}^{\bar{\mu}_p-1}\boldsymbol{b}_p \tag{3.1.28}$$

其中，$\bar{\mu}_1+\bar{\mu}_2+\cdots+\bar{\mu}_p=n$，以这组线性无关的向量作为状态空间的基底，或等价地令 $\bar{\boldsymbol{x}}=\boldsymbol{P}\boldsymbol{x}$，有

$$\boldsymbol{P}^{-1}=[\boldsymbol{b}_1\quad \boldsymbol{A}\boldsymbol{b}_1\quad \cdots\quad \boldsymbol{A}^{\bar{\mu}_1-1}\boldsymbol{b}_1\quad \boldsymbol{b}_2\quad \boldsymbol{A}\boldsymbol{b}_2\quad \cdots\quad \boldsymbol{A}^{\bar{\mu}_2-1}\boldsymbol{b}_2\cdots\boldsymbol{b}_p\quad \boldsymbol{A}\boldsymbol{b}_p\quad \cdots\quad \boldsymbol{A}^{\bar{\mu}_p-1}\boldsymbol{b}_p] \tag{3.1.29}$$

定理 3.1.7　设系统(3.1.15)可控，则存在等价变换将其变换为如式(3.1.30)所示的三角形标准形：

$$\dot{\bar{\boldsymbol{x}}}=\bar{\boldsymbol{A}}\bar{\boldsymbol{x}}+\bar{\boldsymbol{B}}\boldsymbol{u},\quad \boldsymbol{y}=\bar{\boldsymbol{C}}\bar{\boldsymbol{x}}+\boldsymbol{D}\boldsymbol{u} \tag{3.1.30}$$

其中

$$\bar{\boldsymbol{A}}=\left[\begin{array}{ccccc|ccccc|c|ccccc}
0&\cdots&\cdots&0&\times&0&\cdots&\cdots&\cdots&\times&&0&\cdots&\cdots&0&\times\\
1&\ddots&&\vdots&\vdots&0&\cdots&\cdots&0&\times&&0&\cdots&\cdots&0&\times\\
&\ddots&\ddots&\vdots&\vdots&\vdots&&&\vdots&\vdots&\cdots&\vdots&&&\vdots&\vdots\\
&&\ddots&0&\times&\vdots&&&\vdots&\vdots&&\vdots&&&\vdots&\vdots\\
&&&1&\times&0&\cdots&\cdots&0&\times&&0&\cdots&\cdots&0&\times\\ \hline
&&&&&0&\cdots&\cdots&0&\times&&0&\cdots&\cdots&0&\times\\
&&&&&1&\ddots&&\vdots&\vdots&&0&\cdots&\cdots&0&\times\\
&&&&&&\ddots&\ddots&\vdots&\vdots&\cdots&\vdots&&&\vdots&\vdots\\
&&&&&&&\ddots&0&\times&&\vdots&&&\vdots&\vdots\\
&&&&&&&&1&\times&&0&\cdots&\cdots&0&\times\\ \hline
&&&&&&&&&&\ddots&&&\vdots&&\\ \hline
&&&&&&&&&&&0&\cdots&\cdots&0&\times\\
&&&&&&&&&&&1&\ddots&&\vdots&\vdots\\
&&&&&&&&&&&&\ddots&\ddots&\vdots&\vdots\\
&&&&&&&&&&&&&\ddots&0&\times\\
&&&&&&&&&&&&&&1&\times
\end{array}\right]\begin{array}{l}
\\ \bar{\mu}_1\\ \\ \\ \\ \\ \\ \bar{\mu}_2\\ \\ \\ \\ \vdots\\ \\ \\ \\ \\ \bar{\mu}_p
\end{array}$$

$$\bar{\boldsymbol{B}}=\left[\begin{array}{cccc}
1&0&\cdots&0\\
0&0&\cdots&0\\
\vdots&\vdots&&\vdots\\
0&0&\cdots&0\\ \hline
0&1&\cdots&0\\
0&0&\cdots&0\\
\vdots&\vdots&&\vdots\\
0&0&\cdots&0\\ \hline
&&\vdots&\\ \hline
0&0&\cdots&1\\
0&0&\cdots&0\\
\vdots&\vdots&&\vdots\\
0&0&\cdots&0
\end{array}\right]\begin{array}{l}
\\ \bar{\mu}_1\\ \\ \\ \\ \\ \bar{\mu}_2\\ \\ \vdots\\ \\ \\ \bar{\mu}_p\\ \\
\end{array} \tag{3.1.31}$$

注意式(3.1.31)表示的是 $\bar{\mu}_1,\bar{\mu}_2,\cdots,\bar{\mu}_p$ 均大于零的特殊情况。式(3.1.28)中的 $\bar{\mu}_1,\bar{\mu}_2,\cdots,\bar{\mu}_p$ 和式(3.1.17)中的 $\mu_1,\mu_2,\cdots,\mu_p$ 是不同的量，这可用以下例子来说明。

例 3.1.3　若系统(3.1.15)中的 $\boldsymbol{A}$、$\boldsymbol{B}$ 矩阵如下：

$$\boldsymbol{A}=\begin{bmatrix}\lambda_1 & & & \\ & \lambda_2 & & \\ & & \lambda_3 & \\ & & & \lambda_4\end{bmatrix},\quad \boldsymbol{B}=\begin{bmatrix}1&0\\1&1\\1&0\\1&1\end{bmatrix}$$

其中，$\lambda_i(i=1,2,3,4)$ 互异。系统的可控性矩阵为

$$\boldsymbol{U}=\begin{bmatrix}1&0&\lambda_1&0&\lambda_1^2&0&\lambda_1^3&0\\1&1&\lambda_2&\lambda_2&\lambda_2^2&\lambda_2^2&\lambda_2^3&\lambda_2^3\\1&0&\lambda_3&0&\lambda_3^2&0&\lambda_3^3&0\\1&1&\lambda_4&\lambda_4&\lambda_4^2&\lambda_4^2&\lambda_4^3&\lambda_4^3\end{bmatrix}$$
$$\boldsymbol{b}_1\quad \boldsymbol{b}_2\quad \boldsymbol{A}\boldsymbol{b}_1\quad \boldsymbol{A}\boldsymbol{b}_2\quad \boldsymbol{A}^2\boldsymbol{b}_1\quad \boldsymbol{A}^2\boldsymbol{b}_2\quad \boldsymbol{A}^3\boldsymbol{b}_1\quad \boldsymbol{A}^3\boldsymbol{b}_2$$

解　按照式(3.1.17)的方式可选出 $\boldsymbol{b}_1,\boldsymbol{A}\boldsymbol{b}_1,\boldsymbol{b}_2,\boldsymbol{A}\boldsymbol{b}_2$，即 $\mu_1=2,\mu_2=2$；而按式(3.1.28)的方式可选出 $\boldsymbol{b}_1,\boldsymbol{A}\boldsymbol{b}_1,\boldsymbol{A}^2\boldsymbol{b}_1,\boldsymbol{A}^3\boldsymbol{b}_1$，即 $\bar{\mu}_1=4$，$\bar{\mu}_2=0$。

3.2　单变量系统的实现

本节首先研究单变量系统动态方程的可控性、可观测性与传递函数零、极点相消问题之间的关系。考虑单变量系统，其动态方程为

$$\dot{\boldsymbol{x}}=\boldsymbol{A}\boldsymbol{x}+\boldsymbol{b}u,\quad y=\boldsymbol{c}\boldsymbol{x} \tag{3.2.1}$$

方程(3.2.1)所表示系统对应的传递函数为

$$g(s)=\boldsymbol{c}(s\boldsymbol{I}-\boldsymbol{A})^{-1}\boldsymbol{b}=\frac{\boldsymbol{c}\mathrm{adj}(s\boldsymbol{I}-\boldsymbol{A})\boldsymbol{b}}{|s\boldsymbol{I}-\boldsymbol{A}|}=\frac{N(s)}{D(s)} \tag{3.2.2}$$

其中

$$N(s)=\boldsymbol{c}\mathrm{adj}(s\boldsymbol{I}-\boldsymbol{A})\boldsymbol{b}$$
$$D(s)=|s\boldsymbol{I}-\boldsymbol{A}|$$

$N(s)=0$ 的根称为传递函数 $g(s)$ 的零点，$D(s)=0$ 的根称为传递函数 $g(s)$ 的极点。下面是本节的主要结果。

定理 3.2.1　动态方程(3.2.1)可控、可观测的充分必要条件是 $g(s)$ 无零、极点相消，即 $D(s)$ 和 $N(s)$ 无非常数的公因式。

证明　首先用反证法证明条件的必要性。若有 $s=s_0$ 既使 $N(s_0)=0$，又使 $D(s_0)=0$，由方程(3.2.1)即得

$$|s_0\boldsymbol{I}-\boldsymbol{A}|=0,\quad \boldsymbol{c}\mathrm{adj}(s_0\boldsymbol{I}-\boldsymbol{A})\boldsymbol{b}=0 \tag{3.2.3}$$

利用恒等式：

$$(s\boldsymbol{I}-\boldsymbol{A})(s\boldsymbol{I}-\boldsymbol{A})^{-1}=(s\boldsymbol{I}-\boldsymbol{A})\frac{\operatorname{adj}(s\boldsymbol{I}-\boldsymbol{A})}{|s\boldsymbol{I}-\boldsymbol{A}|}=\boldsymbol{I}$$

可得

$$(s\boldsymbol{I}-\boldsymbol{A})\operatorname{adj}(s\boldsymbol{I}-\boldsymbol{A})=D(s)\boldsymbol{I} \tag{3.2.4}$$

将 $s=s_0$ 代入式(3.2.4)，并利用式(3.2.3)，可得

$$s_0\operatorname{adj}(s_0\boldsymbol{I}-\boldsymbol{A})=\boldsymbol{A}\operatorname{adj}(s_0\boldsymbol{I}-\boldsymbol{A}) \tag{3.2.5}$$

将式(3.2.5)前乘 $\boldsymbol{c}$ 、后乘 $\boldsymbol{b}$ 后即有

$$\boldsymbol{cA}\operatorname{adj}(s_0\boldsymbol{I}-\boldsymbol{A})\boldsymbol{b}=s_0\boldsymbol{c}\operatorname{adj}(s_0\boldsymbol{I}-\boldsymbol{A})\boldsymbol{b}=s_0N(s_0)=0$$

将式(3.2.5)前乘 $\boldsymbol{cA}$ 、后乘 $\boldsymbol{b}$ 后即有

$$\boldsymbol{cA}^2\operatorname{adj}(s_0\boldsymbol{I}-\boldsymbol{A})\boldsymbol{b}=s_0\boldsymbol{cA}\operatorname{adj}(s_0\boldsymbol{I}-\boldsymbol{A})\boldsymbol{b}=0$$

依此类推可得

$$\begin{gathered}N(s)=\boldsymbol{c}\operatorname{adj}(s_0\boldsymbol{I}-\boldsymbol{A})\boldsymbol{b}=0\\ \boldsymbol{cA}\operatorname{adj}(s_0\boldsymbol{I}-\boldsymbol{A})\boldsymbol{b}=0\\ \boldsymbol{cA}^2\operatorname{adj}(s_0\boldsymbol{I}-\boldsymbol{A})\boldsymbol{b}=0\\ \vdots\\ \boldsymbol{cA}^{n-1}\operatorname{adj}(s_0\boldsymbol{I}-\boldsymbol{A})\boldsymbol{b}=0\end{gathered}$$

这组式子又可表示为

$$\begin{bmatrix}\boldsymbol{c}\\ \boldsymbol{cA}\\ \vdots\\ \boldsymbol{cA}^{n-1}\end{bmatrix}\operatorname{adj}(s_0\boldsymbol{I}-\boldsymbol{A})\boldsymbol{b}=0 \tag{3.2.6}$$

因为动态方程可观测，故式(3.2.6)中前面的可观测性矩阵是可逆矩阵，故有

$$\operatorname{adj}(s_0\boldsymbol{I}-\boldsymbol{A})\boldsymbol{b}=0 \tag{3.2.7}$$

又由于系统可控，不妨假定 $\boldsymbol{A},\boldsymbol{b}$ 具有可控标准形公式(3.1.1)的形式，直接计算可知

$$\operatorname{adj}(s_0\boldsymbol{I}-\boldsymbol{A})\boldsymbol{b}=\begin{bmatrix}1\\ s_0\\ \vdots\\ s_0^{n-1}\end{bmatrix}\neq 0 \tag{3.2.8}$$

出现矛盾，矛盾表明 $N(s)$ 和 $D(s)$ 无相同因子，即 $g(s)$ 不会出现零、极点相消的现象。

下面再证充分性，即若 $N(s)$ 和 $D(s)$ 无相同因子，要证明动态方程(3.2.1)是可控、可观测的。用反证法，若系统不是既可控又可观测的，不妨设方程(3.2.1)是不可控的，这时可按可控性分解为式(3.2.5)的形式，并且可知这时传递函数为

$$g(s)=\boldsymbol{c}(s\boldsymbol{I}-\boldsymbol{A})^{-1}\boldsymbol{b}=\frac{\boldsymbol{c}\text{adj}(s\boldsymbol{I}-\boldsymbol{A})\boldsymbol{b}}{|s\boldsymbol{I}-\boldsymbol{A}|}=\frac{N(s)}{D(s)}$$

$$=\boldsymbol{c}_1(s\boldsymbol{I}-\boldsymbol{A}_1)^{-1}\boldsymbol{b}_1=\frac{\boldsymbol{c}_1\text{adj}(s\boldsymbol{I}-\boldsymbol{A}_1)\boldsymbol{b}_1}{|s\boldsymbol{I}-\boldsymbol{A}_1|}=\frac{N_1(s)}{D_1(s)}$$

在上面的式子中，$D(s)$ 是 n 次多项式，而 $D_1(s)$ 是 n_1 次多项式，由于系统不可控，所以 $n_1<n$，而 $N(s)$ 和 $D(s)$ 无相同因子可消去，显然：

$$\frac{N(s)}{D(s)}\neq\frac{N_1(s)}{D_1(s)}$$

这与两者相等矛盾，同样可以证明动态方程也不可能不可观测。充分性证毕。

例 3.2.1　设系统动态方程为

$$\dot{\boldsymbol{x}}=\begin{bmatrix}0&1&0&0\\0&0&1&0\\0&0&0&1\\-1&-4&-6&-4\end{bmatrix}\boldsymbol{x}+\begin{bmatrix}0\\0\\0\\1\end{bmatrix}u,\quad \boldsymbol{y}=\begin{bmatrix}1&-2&1&0\end{bmatrix}\boldsymbol{x}$$

解　不难验证系统是可控、可观测的。分别计算：

$$N(s)=\boldsymbol{c}\text{adj}(s\boldsymbol{I}-\boldsymbol{A})\boldsymbol{b}=s^2-2s+1$$

$$D(s)=|s\boldsymbol{I}-\boldsymbol{A}|=s^4+4s^3+6s^2+4s+1$$

显然 $N(s)$ 和 $D(s)$ 无非常数的公因式，这时传递函数没有零、极点相消。事实上：

$$g(s)=\frac{s^2-2s+1}{s^4+4s^3+6s^2+4s+1}=\frac{(s-1)^2}{(s+1)^4}$$

推论 3.2.1　单输入(出)系统可控(可观测)的充分必要条件是 $\text{adj}(s\boldsymbol{I}-\boldsymbol{A})\boldsymbol{b}$ ($\boldsymbol{c}\text{adj}(s\boldsymbol{I}-\boldsymbol{A})$) 和 $\Delta(s)=\det(s\boldsymbol{I}-\boldsymbol{A})$ 无非常数公因式。

已知动态方程，可以计算出传递函数。如果给出传递函数如何找出它所对应的动态方程呢？这一问题称为传递函数的实现问题。如果又要求所找出的动态方程阶数最低，就称为传递函数的最小阶实现问题。

这一问题具有重要的实用意义，因为传递函数是系统的输入-输出关系的描述，它可以借助于实验的手段给出，例如，可以通过对系统阶跃响应、频率响应的数据处理求出传递函数。但是利用状态空间方法来分析和设计系统的出发点是动态方程，所以将传递函数这一数学模型转化为等效的状态空间模型，就是状态空间方法中不可缺少的一步，又因为人们总是希望所得到的动态方程阶数尽可能低，这样可使计算简单，并且在进行动态仿真时用的积分器最少，所以就需要寻找最小阶的动态方程。

设给定有理函数：

$$g_0(s)=\frac{ds^n+d_{n-1}s^{n-1}+\cdots+d_1s+d_0}{s^n+a_{n-1}s^{n-1}+\cdots+a_1s+a_0}=d+\frac{b_{n-1}s^{n-1}+\cdots+b_1s+b_0}{s^n+a_{n-1}s^{n-1}+\cdots+a_1s+a_0}\tag{3.2.9}$$

式(3.2.9)中的 d 就是下列动态方程中的直接传递部分：

$$\dot{\boldsymbol{x}} = \boldsymbol{A}\boldsymbol{x} + \boldsymbol{b}u, \quad y = \boldsymbol{c}\boldsymbol{x} + du \tag{3.2.10}$$

所以只需讨论式(3.2.9)中的严格真有理分式部分。问题的提法是给定严格真有理函数：

$$g(s) = \frac{b_{n-1}s^{n-1} + \cdots + b_1 s + b_0}{s^n + a_{n-1}s^{n-1} + \cdots + a_1 s + a_0} \tag{3.2.11}$$

要求寻找 $\boldsymbol{A}$、$\boldsymbol{b}$、$\boldsymbol{c}$，使得

$$\boldsymbol{c}(s\boldsymbol{I} - \boldsymbol{A})^{-1}\boldsymbol{b} = g(s) \tag{3.2.12}$$

并且在所有满足式(3.2.11)的 $\boldsymbol{A}$、$\boldsymbol{b}$、$\boldsymbol{c}$ 中，要求 $\boldsymbol{A}$ 的维数尽可能小。下面分两种情况讨论。

1. $g(s)$ 的分子和分母无非常数公因式的情况

对式(3.2.1)，可构造出如下的实现 $(\boldsymbol{A},\boldsymbol{b},\boldsymbol{c})$ 。

(1) 可控标准形的最小阶实现：

$$\boldsymbol{A} = \begin{bmatrix} 0 & 1 & 0 & \cdots & 0 \\ 0 & & 1 & \cdots & 0 \\ \vdots & \vdots & \vdots & & \vdots \\ 0 & 0 & 0 & \cdots & 1 \\ -a_0 & -a_1 & -a_2 & \cdots & -a_{n-1} \end{bmatrix}, \quad \boldsymbol{b} = \begin{bmatrix} 0 \\ 0 \\ \vdots \\ 0 \\ 1 \end{bmatrix} \tag{3.2.13}$$

$$\boldsymbol{c} = \begin{bmatrix} b_0 & b_1 & \cdots & b_{n-1} \end{bmatrix}$$

(2) 可观测标准形的最小阶实现：

$$\boldsymbol{A} = \begin{bmatrix} 0 & 0 & \cdots & 0 & -a_0 \\ 1 & 0 & \cdots & & -a_1 \\ 0 & 1 & \cdots & 0 & -a_2 \\ \vdots & \vdots & & \vdots & \vdots \\ 0 & 0 & \cdots & 1 & -a_{n-1} \end{bmatrix}, \quad \boldsymbol{b} = \begin{bmatrix} b_0 \\ b_1 \\ \vdots \\ b_{n-1} \end{bmatrix} \tag{3.2.14}$$

$$\boldsymbol{c} = \begin{bmatrix} 0 & 0 & \cdots & 0 & 1 \end{bmatrix}$$

方程(3.2.13)给出的 $(\boldsymbol{A},\boldsymbol{b},\boldsymbol{c})$ 具有可控标准形，故一定是可控的。可直接计算它对应的传递函数，就是式(3.2.11)的传递函数。由于 $g(s)$ 无零、极点相消，故可知方程(3.2.13)对应的动态方程也一定是可观测的。这时 $\boldsymbol{A}$ 的规模不可能再减小了，因为再减小就不可能得出传递函数的分母是 n 次多项式的结果。所以方程(3.2.13)给出的就是式(3.2.11)的最小阶动态方程实现。同样可以说明式(3.2.14)是式(3.2.11)的可观测标准形的最小阶实现。

(3) 若当标准形的最小阶实现。

若 $g(s)$ 的分母已经分解成一次因式的乘积，通过部分分式分解，容易得到若当标准形的最小阶实现。

例 3.2.2　给定传递函数 $g(s)$ 如下：

$$\frac{y(s)}{u(s)}=g(s)=\frac{3s^3-12s^2+18s-10}{(s-1)^3(s-2)}$$

求若当标准形的动态方程实现，并讨论所求实现的可控性和可观测性。

解　因为 $g(s)$ 的分母已经分解成一次因式的乘积，通过部分分式分解的方法，容易得到 $g(s)$ 的以下形式：

$$\frac{y(s)}{u(s)}=g(s)=\frac{3s^3-12s^2+18s-10}{(s-1)^3(s-2)}$$
$$=\frac{1}{(s-1)^3}+\frac{-2}{(s-1)^2}+\frac{1}{s-1}+\frac{2}{s-2}$$

因为 $g(s)$ 无零、极点相消，在以上的分解式中，第一项和第四项不会消失。上式可写为

$$y(s)=\frac{1}{(s-1)^3}u(s)+\frac{-2}{(s-1)^2}u(s)+\frac{1}{s-1}u(s)+\frac{2}{s-2}u(s)$$

令

$$x_3(s)=\frac{1}{s-1}u(s)$$
$$x_2(s)=\frac{1}{(s-1)^2}u(s)=\frac{1}{s-1}x_3(s)$$
$$x_1(s)=\frac{1}{(s-1)^3}u(s)=\frac{1}{s-1}x_2(s)$$
$$x_4(s)=\frac{1}{s-2}u(s)$$

上面这组式子又可表示为

$$sx_3(s)-x_3(s)=u(s)$$
$$sx_2(s)-x_2(s)=x_3(s)$$
$$sx_1(s)-x_1(s)=x_2(s)$$
$$sx_4(s)-2x_4(s)=u(s)$$

它们分别对应于下列微分方程：

$$\dot{x}_3=x_3+u$$
$$\dot{x}_2=x_2+x_3$$
$$\dot{x}_1=x_1+x_2$$
$$\dot{x}_4=2x_4+u$$

重新排列为

$$\dot{x}_1=x_1+x_2$$
$$\dot{x}_2=x_2+x_3$$
$$\dot{x}_3=x_3+u$$
$$\dot{x}_4=2x_4+u$$

而

$$y = x_1 - 2x_2 + x_3 + 2x_4$$

综合上面各式并令 $\boldsymbol{x} = [x_1 \quad x_2 \quad x_3 \quad x_4]^{\mathrm{T}}$，可得

$$\dot{\boldsymbol{x}} = \begin{bmatrix} 1 & 1 & 0 & 0 \\ 0 & 1 & 1 & 0 \\ 0 & 0 & 1 & 0 \\ 0 & 0 & 0 & 2 \end{bmatrix} \boldsymbol{x} + \begin{bmatrix} 0 \\ 0 \\ 1 \\ 1 \end{bmatrix} u$$

$$y = [1 \quad -2 \quad 1 \quad 2]\boldsymbol{x}$$

由若当型方程的可控性判据和可观测性判据可知上式是可控、可观测的，因此它是 $g(s)$ 一个最小阶实现。

2. $g(s)$ 的分子和分母有相消因式的情况

当 $g(s)$ 的分母是 n 阶多项式，但分子和分母有相消的公因式时，n 阶的动态方程实现就不是最小阶实现，而是非最小阶实现(或是不可控的，或是不可观测的，或是既不可控也不可观测的)。$g(s)$ 的最小阶实现的维数一定小于 n。

例 3.2.3 设 $g(s)$ 的分子 $N(s) = s+1$，而分母 $D(s) = s^3 + 2s^2 + 2s + 1$，分子与分母有公因子($s$+1)。仿照式(3.2.13)，可写出 $g(s)$ 的一个三维的可控标准形实现：

$$\dot{\boldsymbol{x}} = \begin{bmatrix} 0 & 1 & 0 \\ 0 & 0 & 1 \\ -1 & -2 & -2 \end{bmatrix} \boldsymbol{x} + \begin{bmatrix} 0 \\ 0 \\ 1 \end{bmatrix} u$$

$$y = [1 \quad 1 \quad 0]\boldsymbol{x}$$

解 无须验证这个实现是可控的，但是需要计算可观测性矩阵：

$$\boldsymbol{V} = \begin{bmatrix} 1 & 1 & 0 \\ 0 & 1 & 1 \\ -1 & -2 & -1 \end{bmatrix}, \quad \operatorname{rank}\boldsymbol{V} = 2$$

因此这一实现是不可观测的。同理，如果按式(3.2.14)构造如下的可观测标准形的三维实现，它一定是不可控的。

$$\dot{\boldsymbol{x}} = \begin{bmatrix} 0 & 0 & -1 \\ 1 & 0 & -2 \\ 0 & 1 & -2 \end{bmatrix} \boldsymbol{x} + \begin{bmatrix} 1 \\ 1 \\ 0 \end{bmatrix} u$$

$$y = [0 \quad 0 \quad 1]\boldsymbol{x}$$

当然也可以构造出 $g(s)$ 的既不可控又不可观测的三维实现。现在将分子和分母中的公因式消去，可得

$$g(s) = \frac{s+1}{s^3 + 2s^2 + 2s + 1} = \frac{1}{s^2 + s + 1}$$

如果用上式中最后的式子构造出二维的动态方程实现，则它是 $g(s)$ 的最小阶实现，再参考可控性或可观测性分解的叙述，将此最小阶实现扩展为既不可控又不可观测的三阶实现。$g(s)$ 的一个最小阶实现为

$$\boldsymbol{A}_1=\begin{bmatrix}0 & 1\\ -1 & -1\end{bmatrix},\quad \boldsymbol{b}_1=\begin{bmatrix}0\\ 1\end{bmatrix},\quad \boldsymbol{c}_1=[1\quad 0]$$

$g(s)$ 的一个既不可控又不可观测的三阶实现为

$$\boldsymbol{A}=\begin{bmatrix}\boldsymbol{A}_1 & 0\\ 0 & 0\end{bmatrix},\quad \boldsymbol{b}=\begin{bmatrix}\boldsymbol{b}_1\\ 0\end{bmatrix},\quad \boldsymbol{c}=[\boldsymbol{c}_1\quad 0]$$

3.3　多变量系统的实现

设多变量系统的动态方程为

$$\dot{\boldsymbol{x}}=\boldsymbol{A}\boldsymbol{x}+\boldsymbol{B}\boldsymbol{u},\quad \boldsymbol{y}=\boldsymbol{C}\boldsymbol{x} \tag{3.3.1}$$

其中，$\boldsymbol{A},\boldsymbol{B},\boldsymbol{C}$ 分别是 $n\times n, n\times p, q\times n$ 的实常量矩阵，其传递函数矩阵为

$$\boldsymbol{G}(s)=\frac{\boldsymbol{C}\mathrm{adj}(s\boldsymbol{I}-\boldsymbol{A})\boldsymbol{B}}{|s\boldsymbol{I}-\boldsymbol{A}|} \tag{3.3.2}$$

其中，$|s\boldsymbol{I}-\boldsymbol{A}|$ 称为系统的特征多项式。传递函数矩阵 $\boldsymbol{G}(s)$ 是一个严格真有理函数矩阵，即它的每一元素都是 s 的有理函数，且分母的阶次严格高于分子的阶次。

在第 1 章中已对有理函数矩阵的极点、零点作了定义。现利用极点多项式的概念研究多变量系统的最小阶实现问题。设 $\boldsymbol{G}(s)$ 的每一个元素都是既约的 s 的有理函数，并设

$$\mathrm{rank}\boldsymbol{G}(s)=r$$

定义 3.3.1　真有理函数矩阵。有理函数矩阵 $\boldsymbol{G}(s)$ 称为**真(严格真)有理函数矩阵**，如果 $\lim\limits_{s\to\infty}\boldsymbol{G}(s)=\boldsymbol{D}(\boldsymbol{D}=\boldsymbol{0})$。

定义 3.3.2　麦克米伦阶。$\boldsymbol{G}(s)$ 的极点多项式中 s 的最高次数称为 $\boldsymbol{G}(s)$ 的**麦克米伦阶**，用记号 $\delta\boldsymbol{G}(s)$ 表示。

定理 3.3.1　若式(3.3.2)中，$\boldsymbol{A}$ 的特征多项式与 $\boldsymbol{C}\mathrm{adj}(s\boldsymbol{I}-\boldsymbol{A})\boldsymbol{B}$ 之间没有非常数公因式，则系统(3.3.1)是可控、可观测的。

本定理中的条件是系统可控可观测的充分条件而不是必要条件，这点与单变量系统不同，可用以下例题来说明。

例 3.3.1　设系统方程为

$$\dot{\boldsymbol{x}}=\begin{bmatrix}1 & 0\\ 0 & 1\end{bmatrix}\boldsymbol{x}+\begin{bmatrix}1 & 0\\ 0 & 1\end{bmatrix}\boldsymbol{u},\quad \boldsymbol{y}=\begin{bmatrix}1 & 0\\ 0 & 1\end{bmatrix}\boldsymbol{u}$$

解　显然系统可控且可观测，但传递函数矩阵为

$$G(s)=\frac{1}{(s-1)^2}\begin{bmatrix} s-1 & 0 \\ 0 & s-1 \end{bmatrix}=\begin{bmatrix} \frac{1}{s-1} & 0 \\ 0 & \frac{1}{s-1} \end{bmatrix}$$

在 $\boldsymbol{A}$ 的特征多项式与 $\boldsymbol{C}\mathrm{adj}(s\boldsymbol{I}-\boldsymbol{A})\boldsymbol{B}$ 之间存在公因式 $(s-1)$，故定理中的条件不是必要的。

定理 3.3.2 系统(3.3.1)可控可观测的充分必要条件是 $\boldsymbol{G}(s)$ 的极点多项式等于 $\boldsymbol{A}$ 的特征多项式。

例 3.3.2 设系统动态方程为

$$\dot{\boldsymbol{x}}=\begin{bmatrix} 0 & 0 & 1 & 0 \\ 0 & 0 & 0 & 1 \\ 0 & 0 & -1 & 0 \\ 0 & 0 & 0 & -1 \end{bmatrix}\boldsymbol{x}+\begin{bmatrix} 0 & 1 \\ 1 & 1 \\ 1 & 0 \\ 0 & -2 \end{bmatrix}\boldsymbol{u}, \quad \boldsymbol{y}=\begin{bmatrix} 1 & 0 & 0 & 0 \\ 0 & 1 & 0 & 0 \end{bmatrix}\boldsymbol{u}$$

解 其特征多项式为 $s^2(s+1)^2$。系统的传递函数矩阵为

$$\boldsymbol{G}(s)=\begin{bmatrix} \frac{1}{s(s+1)} & \frac{1}{s} \\ \frac{1}{s} & \frac{s-1}{s(s+1)} \end{bmatrix}$$

$\boldsymbol{G}(s)$ 相应的极点多项式为 $s^2(s+1)^2$，可知系统动态方程是可控可观测的。

极点多项式和麦克米伦阶的概念以及定理 3.3.1 和定理 3.3.2，对于构造 $\boldsymbol{G}(s)$ 的最小阶动态方程实现是基本的。这些概念和定理也是单变量情况相应概念的推广。

任一真有理函数矩阵 $\boldsymbol{G}_1(s)$ 总可分解为 $\boldsymbol{G}(s)+\boldsymbol{D}$，其中 $\boldsymbol{G}(s)$ 为严格真有理函数矩阵。所以这里只讨论严格真有理函数矩阵如何用动态方程来实现的问题。

下面讨论向量传递函数的实现问题。行分母展开时，得到可观测标准形的最小阶实现。

例 3.3.3 设系统的传递函数矩阵为

$$\begin{bmatrix} \frac{2s+3}{(s+1)^2(s+2)} & \frac{s^2+2s+2}{s(s+1)^3} \end{bmatrix}$$

解

$$\frac{[2 \quad 1]s^3+[5 \quad 4]s^2+[3 \quad 6]s+[0 \quad 4]}{s(s+1)^3(s+3)}$$

$$\boldsymbol{A}=\begin{bmatrix} 0 & 0 & 0 & 0 & 0 \\ 1 & 0 & 0 & 0 & -2 \\ 0 & 1 & 0 & 0 & -7 \\ 0 & 0 & 1 & 0 & -9 \\ 0 & 0 & 0 & 1 & -5 \end{bmatrix}, \quad \boldsymbol{B}=\begin{bmatrix} 0 & 4 \\ 3 & 6 \\ 5 & 4 \\ 2 & 1 \\ 0 & 0 \end{bmatrix}, \quad \boldsymbol{C}=\begin{bmatrix} 0 & 0 & 0 & 0 & 1 \end{bmatrix}$$

列分母展开时，得到可控标准形的最小阶实现。

例 3.3.4　设系统的传递函数矩阵为

$$\begin{bmatrix} \dfrac{2s}{(s+1)(s+2)(s+3)} & \dfrac{s^2+2s+2}{s(s+1)(s+4)} \end{bmatrix}^{\mathrm{T}}$$

解

$$\frac{\begin{bmatrix}0\\1\end{bmatrix}s^4+\begin{bmatrix}2\\7\end{bmatrix}s^3+\begin{bmatrix}8\\18\end{bmatrix}s^2+\begin{bmatrix}0\\22\end{bmatrix}s+\begin{bmatrix}0\\12\end{bmatrix}}{s^5+10s^4+35s^3+50s^2+24s}$$

$$\boldsymbol{A}=\begin{bmatrix}0&1&0&0&0\\0&0&1&0&0\\0&0&0&1&0\\0&0&0&0&1\\0&-24&-50&-35&-10\end{bmatrix},\quad \boldsymbol{B}=\begin{bmatrix}0\\0\\0\\0\\1\end{bmatrix},\quad \boldsymbol{C}=\begin{bmatrix}0&0&8&2&0\\12&22&18&7&1\end{bmatrix}$$

注意：因为 $\boldsymbol{G}(s)$ 的元素已是既约形式，故行分母(列分母)的次数就是麦克米伦阶，所构造的实现一定是最小阶实现。这点和标量传递函数一样。

关于传递函数矩阵的实现，可以将矩阵 $\boldsymbol{G}(s)$ 分成列(行)，每列(行)按列(行)分母展开。以 2 列为例说明列展开时的做法，设第 i 列展开所得的可控标准形实现为 $\boldsymbol{A}_i,\boldsymbol{b}_i,\boldsymbol{C}_i$，可按以下方式形成 $\boldsymbol{A},\boldsymbol{B},\boldsymbol{C}$：

$$\boldsymbol{A}=\begin{bmatrix}\boldsymbol{A}_1&\boldsymbol{0}\\\boldsymbol{0}&\boldsymbol{A}_2\end{bmatrix},\quad \boldsymbol{B}=\begin{bmatrix}\boldsymbol{b}_1&\boldsymbol{0}\\\boldsymbol{0}&\boldsymbol{b}_2\end{bmatrix},\quad \boldsymbol{C}=\begin{bmatrix}\boldsymbol{C}_1&\boldsymbol{C}_2\end{bmatrix}$$

这一实现是可控的，并可计算出上述实现的传递函数矩阵为 $\boldsymbol{G}(s)$：

$$\boldsymbol{G}(s)=\boldsymbol{C}(s\boldsymbol{I}-\boldsymbol{A})^{-1}\boldsymbol{B}=\begin{bmatrix}\boldsymbol{C}_1&\boldsymbol{C}_2\end{bmatrix}\begin{bmatrix}(s\boldsymbol{I}-\boldsymbol{A}_1)^{-1}&\boldsymbol{0}\\\boldsymbol{0}&(s\boldsymbol{I}-\boldsymbol{A}_2)^{-1}\end{bmatrix}\begin{bmatrix}\boldsymbol{b}_1&\boldsymbol{0}\\\boldsymbol{0}&\boldsymbol{b}_2\end{bmatrix}$$

$$=\begin{bmatrix}\boldsymbol{C}_1(s\boldsymbol{I}-\boldsymbol{A}_1)^{-1}&\boldsymbol{C}_2(s\boldsymbol{I}-\boldsymbol{A}_2)^{-1}\end{bmatrix}\begin{bmatrix}\boldsymbol{b}_1&\boldsymbol{0}\\\boldsymbol{0}&\boldsymbol{b}_2\end{bmatrix}$$

$$=\begin{bmatrix}\boldsymbol{C}_1(s\boldsymbol{I}-\boldsymbol{A}_1)^{-1}\boldsymbol{b}_1&\boldsymbol{C}_2(s\boldsymbol{I}-\boldsymbol{A}_2)^{-1}\boldsymbol{b}_2\end{bmatrix}$$

同理，可以将 $\boldsymbol{G}(s)$ 分成行，每行按行分母展开。以 2 行为例说明行展开时的做法，设第 i 行展开所得的可观测标准形实现为 $\boldsymbol{A}_i,\boldsymbol{B}_i,\boldsymbol{c}_i$，可按以下方式形成 $\boldsymbol{A}$、$\boldsymbol{B}$、$\boldsymbol{C}$：

$$\boldsymbol{A}=\begin{bmatrix}\boldsymbol{A}_1&\boldsymbol{0}\\\boldsymbol{0}&\boldsymbol{A}_2\end{bmatrix},\quad \boldsymbol{B}=\begin{bmatrix}\boldsymbol{B}_1\\\boldsymbol{B}_2\end{bmatrix},\quad \boldsymbol{C}=\begin{bmatrix}\boldsymbol{c}_1&\boldsymbol{0}\\\boldsymbol{0}&\boldsymbol{c}_2\end{bmatrix}$$

这一实现是可观测的，并可计算出上述实现的传递函数矩阵为 $\boldsymbol{G}(s)$：

$$G(s)=C(sI-A)^{-1}B=\begin{bmatrix} c_1 & 0 \\ 0 & c_2 \end{bmatrix}\begin{bmatrix} (sI-A_1)^{-1} & 0 \\ 0 & (sI-A_2)^{-1} \end{bmatrix}\begin{bmatrix} B_1 \\ B_2 \end{bmatrix}$$

$$=\begin{bmatrix} c_1(sI-A_1)^{-1} & 0 \\ 0 & c_2(sI-A_2)^{-1} \end{bmatrix}\begin{bmatrix} B_1 \\ B_2 \end{bmatrix}$$

$$=\begin{bmatrix} c_1(sI-A_1)^{-1}B_1 \\ c_2(sI-A_2)^{-1}B_2 \end{bmatrix}$$

定理 3.3.3 严格真有理函数矩阵$G(s)$的一个动态方程实现为

$$\dot{x}=Ax+Bu,\quad y=Cx \tag{3.3.3}$$

其中，矩阵A,B,C可用如下方法构造。

(1) 按行分母展开的可观测标准形实现，将$G(s)$写成下列形式：

$$G(s)=\begin{bmatrix} \dfrac{N_1(s)}{d_1(s)} \\ \dfrac{N_2(s)}{d_2(s)} \\ \vdots \\ \dfrac{N_q(s)}{d_q(s)} \end{bmatrix} \tag{3.3.4}$$

其中，$d_i(s)(i=1,2,\cdots,q)$是$G(s)$第i行的首一最小公分母：

$$d_i(s)=s^{n_i}+a_{n_i-1}^i s^{n_i-1}+\cdots+a_1^i s+a_0^i$$

$G(s)$第i行的分子可以写成n_i次s的多项式，其系数为p维常数行向量。构造如下矩阵A,B,C作为$G(s)$的可观测标准形实现：

$$A=\begin{bmatrix} A_1 & & & \\ & A_2 & & \\ & & \ddots & \\ & & & A_q \end{bmatrix},\quad B=\begin{bmatrix} B_1 \\ B_2 \\ \vdots \\ B_q \end{bmatrix},\quad C=\begin{bmatrix} c_1 & & & \\ & c_2 & & \\ & & \ddots & \\ & & & c_q \end{bmatrix} \tag{3.3.5}$$

$$A_i=\begin{bmatrix} 0 & 0 & \cdots & 0 & -a_0^i \\ & & & & -a_1^i \\ & I_{n_i-1} & & & \vdots \\ & & & & \vdots \\ & & & & -a_{n_i-1}^i \end{bmatrix},\quad B_i=\begin{bmatrix} N_0^i \\ N_1^i \\ \vdots \\ \vdots \\ N_{n_i-1}^i \end{bmatrix} \tag{3.3.6}$$

$$c_i=[0\ \ \cdots\ \ 0\ \ 1]$$

其中，c_i 表示 n_i 维行向量。

(2) 按列分母展开的可控标准形实现，将 $\boldsymbol{G}(s)$ 写成下列形式：

$$\boldsymbol{G}(s)=\begin{bmatrix}\dfrac{\boldsymbol{N}_1(s)}{d_1(s)} & \dfrac{\boldsymbol{N}_2(s)}{d_2(s)} & \cdots & \dfrac{\boldsymbol{N}_p(s)}{d_p(s)}\end{bmatrix} \tag{3.3.7}$$

其中，$d_i(s)$ 是 $\boldsymbol{G}(s)$ 第 i 列的首一最小公分母：

$$d_i(s)=s^{n_i}+a_{n_i-1}^i s^{n_i-1}+\cdots+a_1^i s+a_0^i$$

$\boldsymbol{G}(s)$ 第 i 列的分子可以写成 n_i 次 s 的多项式，其系数为 q 维常数列向量：

$$\boldsymbol{N}_i(s)=\boldsymbol{N}_{n_i-1}^i s^{n_i-1}+\boldsymbol{N}_{n_i-2}^i s^{n_i-2}+\cdots+\boldsymbol{N}_1^i s+\boldsymbol{N}_0^i$$

构造如下矩阵 $\boldsymbol{A},\boldsymbol{B},\boldsymbol{C}$ 作为 $\boldsymbol{G}(s)$ 的可控标准形实现：

$$\boldsymbol{A}=\begin{bmatrix}\boldsymbol{A}_1 & & & \\ & \boldsymbol{A}_2 & & \\ & & \ddots & \\ & & & \boldsymbol{A}_p\end{bmatrix},\quad \boldsymbol{B}=\begin{bmatrix}\boldsymbol{b}_1 & & & \\ & \boldsymbol{b}_2 & & \\ & & \ddots & \\ & & & \boldsymbol{b}_p\end{bmatrix},\quad \boldsymbol{C}=\begin{bmatrix}\boldsymbol{C}_1 & \boldsymbol{C}_2 & \cdots & \boldsymbol{C}_p\end{bmatrix} \tag{3.3.8}$$

$$\boldsymbol{A}_i=\begin{bmatrix}0 & & & \\ \vdots & & \boldsymbol{I}_{n_i-1} & \\ 0 & & & \\ -a_0^i & -a_1^i & \cdots & -a_{n_i-1}^i\end{bmatrix},\quad \boldsymbol{b}_i=\begin{bmatrix}0\\ \vdots\\ 0\\ 1\end{bmatrix},\quad \boldsymbol{C}_i=\begin{bmatrix}\boldsymbol{N}_0^i & \boldsymbol{N}_1^i & \cdots & \boldsymbol{N}_{n_i-1}^i\end{bmatrix} \tag{3.3.9}$$

其中，$\boldsymbol{b}_i$ 表示 n_i 维列向量。特别注意：式(3.3.5)和式(3.3.8)中采用的记号相同，但含义是不同的。

例 3.3.5　给定有理函数矩阵为

$$\boldsymbol{G}(s)=\begin{bmatrix}\dfrac{1}{s+1} & \dfrac{1}{s+3}\\ \dfrac{-1}{s+1} & \dfrac{-1}{s+2}\end{bmatrix}$$

试用行展开和列展开构造 $\boldsymbol{G}(s)$ 实现。

解　采用行展开方法，将 $\boldsymbol{G}(s)$ 写成

$$\boldsymbol{G}(s)=\begin{bmatrix}\dfrac{[1\quad 1]s+[3\quad 1]}{(s+1)(s+3)}\\ \dfrac{[-1\quad -1]s+[-2\quad -1]}{(s+1)(s+2)}\end{bmatrix}$$

$$d_1(s)=s^2+4s+3,\quad d_2(s)=s^2+3s+2$$

$$\boldsymbol{N}_0^1=[3\quad 1],\quad \boldsymbol{N}_1^1=[1\quad 1],\quad \boldsymbol{N}_0^2=[-2\quad -1],\quad \boldsymbol{N}_1^2=[-1\quad -1]$$

按式(3.3.6)，可得可观测标准形实现如下：

$$A=\begin{bmatrix}0 & -3 & & \\ 1 & -4 & & \\ & & 0 & -2 \\ & & 1 & -3\end{bmatrix},\quad B=\begin{bmatrix}3 & 1 \\ 1 & 1 \\ -2 & -1 \\ -1 & -1\end{bmatrix},\quad C=\begin{bmatrix}0 & 1 & 0 & 0 \\ 0 & 0 & 0 & 1\end{bmatrix}$$

容易验证这一实现是可观测的但不是可控的。直接计算可知 $\delta\boldsymbol{G}(s)=3$，而 $\boldsymbol{A}$ 的维数是 4，由定理 3.3.3 可知，该实现一定不可控。要得到可控可观测的实现，可以对此四阶实现进行可控性分解，进而得到一个三阶的实现。如果用列展开方法，就可以得到可控可观测的实现，做法如下，将 $\boldsymbol{G}(s)$ 写成

$$\boldsymbol{G}(s)=\begin{bmatrix}\dfrac{\begin{bmatrix}1 \\ -1\end{bmatrix}}{s+1} & \dfrac{\begin{bmatrix}1 \\ -1\end{bmatrix}s+\begin{bmatrix}2 \\ -3\end{bmatrix}}{(s+2)(s+3)}\end{bmatrix}$$

$$d_1(s)=s+1,\quad d_2(s)=s^2+5s+6,\quad \boldsymbol{N}_0^1=\begin{bmatrix}1 \\ -1\end{bmatrix},\quad \boldsymbol{N}_0^2=\begin{bmatrix}2 \\ -3\end{bmatrix},\quad \boldsymbol{N}_1^2=\begin{bmatrix}1 \\ -1\end{bmatrix}$$

由式(3.3.8)可构成如下的实现：

$$\boldsymbol{A}=\begin{bmatrix}-1 & & \\ & 0 & 1 \\ & -6 & -5\end{bmatrix},\quad \boldsymbol{B}=\begin{bmatrix}1 & 0 \\ 0 & 0 \\ 0 & 1\end{bmatrix},\quad \boldsymbol{C}=\begin{bmatrix}1 & 2 & 1 \\ -1 & -3 & -1\end{bmatrix}$$

这是可控性实现，它也是可观测的，因此是 $\boldsymbol{G}(s)$ 的最小阶实现。显然，在本例中一开始就应选择列展开方法。这是因为各列分母次数之和为 3，小于各行分母次数之和 4。如果无论行展开还是列展开都不能得到最小阶实现，那么利用可控性分解或可观测性分解进一步降低系统的阶次就是不能少的了。

定理 3.3.4 若 $q\times p$ 有理函数矩阵 $\boldsymbol{G}(s)$ 可表示成下列形式 $\boldsymbol{G}(s)=\sum_{i=1}^{r}\boldsymbol{R}_i(s-\lambda_i)^{-1}$，其中 λ_i 互不相同，$\boldsymbol{R}_i$ 为 $q\times p$ 常数矩阵，则有 $\delta\boldsymbol{G}(s)=\sum_{i=1}^{r}\mathrm{rank}\boldsymbol{R}_i$。

证明 设 $\mathrm{rank}\boldsymbol{R}_i=n_i$，将 $\boldsymbol{R}_i$ 进行满秩分解，即 $\boldsymbol{R}_i=\boldsymbol{C}_i\times\boldsymbol{B}_i$，其中 $\boldsymbol{C}_i$ 为 $q\times n_i$ 矩阵，$\mathrm{rank}\boldsymbol{C}_i=n_i$，$\boldsymbol{B}_i$ 为 $n_i\times p$ 矩阵，$\mathrm{rank}\boldsymbol{B}_i=n_i$，构成 $\boldsymbol{R}_i/(s-\lambda_i)$ 的最小阶实现为 $(\boldsymbol{A}_i,\boldsymbol{B}_i,\boldsymbol{C}_i)$，其中 $\boldsymbol{A}_i$ 是 $n_i\times n_i$ 的对角矩阵，对角元为 λ_i。再用直和的方式构成

$$\boldsymbol{A}=\begin{bmatrix}\boldsymbol{A}_1 & & & \\ & \boldsymbol{A}_2 & & \\ & & \ddots & \\ & & & \boldsymbol{A}_r\end{bmatrix},\quad \boldsymbol{B}=\begin{bmatrix}\boldsymbol{B}_1 \\ \boldsymbol{B}_2 \\ \vdots \\ \boldsymbol{B}_r\end{bmatrix},\quad \boldsymbol{C}=\begin{bmatrix}\boldsymbol{C}_1 & \boldsymbol{C}_2 & \cdots & \boldsymbol{C}_r\end{bmatrix}$$

利用若当型判据易证这一实现 $(\boldsymbol{A},\boldsymbol{B},\boldsymbol{C})$ 是 $\boldsymbol{G}(s)$ 的最小阶实现，其维数为 $\sum_{i=1}^{r}\mathrm{rank}\boldsymbol{R}_i$，

故所证命题成立。定理 3.3.4 给出了一种通过满秩分解来构造最小阶实现的方法。

例 3.3.6　设

$$G(s)=\begin{bmatrix}\dfrac{1}{s(s+1)} & \dfrac{1}{s+1} & \dfrac{1}{s+2}\\ \dfrac{1}{s} & \dfrac{1}{s+3} & \dfrac{1}{s+4}\end{bmatrix}$$

求 $G(s)$ 的最小阶实现。

解　经计算可知 $\delta G(s)=5$，若按行分母展开或按列分母展开均得到六阶实现。现用定理 3.3.4 的方法做。

$$G(s)=\begin{bmatrix}\dfrac{1}{s(s+1)} & \dfrac{1}{s+1} & \dfrac{1}{s+2}\\ \dfrac{1}{s} & \dfrac{1}{s+3} & \dfrac{1}{s+4}\end{bmatrix}=\begin{bmatrix}\dfrac{1}{s}-\dfrac{1}{s+1} & \dfrac{1}{s+1} & \dfrac{1}{s+2}\\ \dfrac{1}{s} & \dfrac{1}{s+3} & \dfrac{1}{s+4}\end{bmatrix}$$

$$=\frac{1}{s}\begin{bmatrix}1&0&0\\1&0&0\end{bmatrix}+\frac{1}{s+1}\begin{bmatrix}-1&1&0\\0&0&0\end{bmatrix}+\frac{1}{s+2}\begin{bmatrix}0&0&1\\0&0&0\end{bmatrix}+\frac{1}{s+3}\begin{bmatrix}0&0&0\\0&1&0\end{bmatrix}+\frac{1}{s+4}\begin{bmatrix}0&0&0\\0&0&1\end{bmatrix}$$

$$=\frac{1}{s}\begin{bmatrix}1\\1\end{bmatrix}[1\quad 0\quad 0]+\frac{1}{s+1}\begin{bmatrix}1\\0\end{bmatrix}[-1\quad 1\quad 0]+\frac{1}{s+2}\begin{bmatrix}1\\0\end{bmatrix}[0\quad 0\quad 1]$$

$$+\frac{1}{s+3}\begin{bmatrix}0\\1\end{bmatrix}[0\quad 1\quad 0]+\frac{1}{s+4}\begin{bmatrix}0\\1\end{bmatrix}[0\quad 0\quad 1]$$

$G(s)$ 的一个最小阶实现为

$$A=\begin{bmatrix}0&&&&\\&-1&&&\\&&-2&&\\&&&-3&\\&&&&-4\end{bmatrix},\quad B=\begin{bmatrix}1&0&0\\-1&1&0\\0&0&1\\0&1&0\\0&0&1\end{bmatrix},\quad C=\begin{bmatrix}1&1&1&0&0\\1&0&0&1&1\end{bmatrix}$$

下面讨论组合结构的状态空间实现。在实际问题中常常遇到下列形式的组合结构。

(1) 串联结构一，如图 3.3.1 所示。

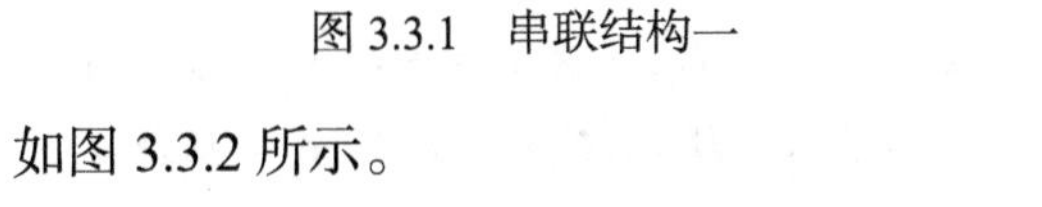

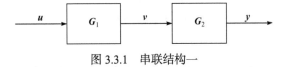

图 3.3.1　串联结构一

(2) 串联结构二，如图 3.3.2 所示。

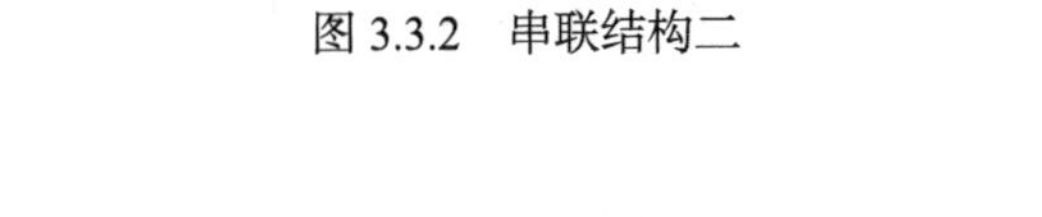

图 3.3.2　串联结构二

(3) 并联结构，如图 3.3.3 所示。

(4) 反馈结构，如图 3.3.4 所示。

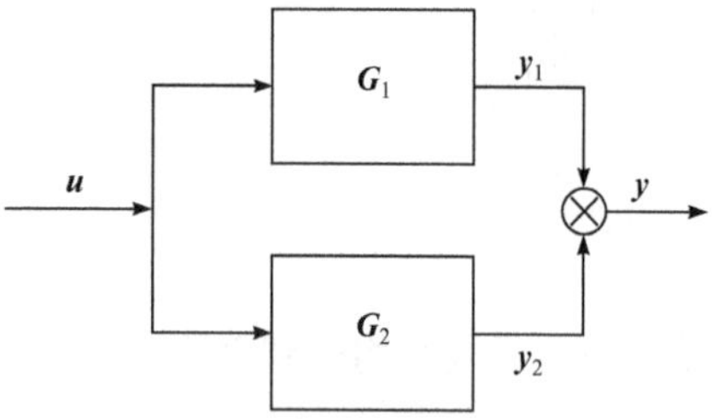

图 3.3.3　并联结构

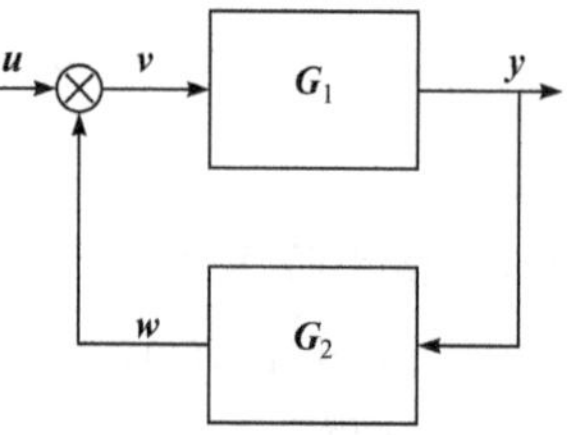

图 3.3.4　反馈结构

设 $\boldsymbol{G}_i(s)$ 的状态空间实现为 $(\boldsymbol{A}_i,\boldsymbol{B}_i,\boldsymbol{C}_i,\boldsymbol{D}_i)(i=1,2)$，其中 $\boldsymbol{A}_i,\boldsymbol{B}_i,\boldsymbol{C}_i,\boldsymbol{D}_i$ 分别是 $n_i\times n_i$，$n_i\times p_i$，$q_i\times n_i$，$q_i\times p_i$ 的矩阵。下面将分别给出这些组合结构的一个状态空间实现和相应的传递函数矩阵，并同时说明 n_i,p_i,q_i 应满足的条件。

(1) 串联结构一(图 3.3.1)：传递函数为 $\boldsymbol{y}=\boldsymbol{G}_2\boldsymbol{G}_1\boldsymbol{u}$，这意味着 $q_1=p_2$。

$\boldsymbol{G}_1$ 实现为

$$\dot{\boldsymbol{x}}_1=\boldsymbol{A}_1\boldsymbol{x}_1+\boldsymbol{B}_1\boldsymbol{u}$$
$$\boldsymbol{v}=\boldsymbol{C}_1\boldsymbol{x}_1+\boldsymbol{D}_1\boldsymbol{u}$$

$\boldsymbol{G}_2$ 实现为

$$\dot{\boldsymbol{x}}_2=\boldsymbol{A}_2\boldsymbol{x}_2+\boldsymbol{B}_2\boldsymbol{v}=\boldsymbol{A}_2\boldsymbol{x}_2+\boldsymbol{B}_2\boldsymbol{C}_1\boldsymbol{x}_1+\boldsymbol{B}_2\boldsymbol{D}_1\boldsymbol{u}$$
$$\boldsymbol{y}=\boldsymbol{C}_2\boldsymbol{x}_2+\boldsymbol{D}_2\boldsymbol{v}=\boldsymbol{C}_2\boldsymbol{x}_2+\boldsymbol{D}_2\boldsymbol{C}_1\boldsymbol{x}_1+\boldsymbol{D}_2\boldsymbol{D}_1\boldsymbol{u}$$

故串联结构一的实现为

$$\begin{bmatrix}\dot{\boldsymbol{x}}_1\\ \dot{\boldsymbol{x}}_2\end{bmatrix}=\begin{bmatrix}\boldsymbol{A}_1 & \boldsymbol{0}\\ \boldsymbol{B}_2\boldsymbol{C}_1 & \boldsymbol{A}_2\end{bmatrix}\begin{bmatrix}\boldsymbol{x}_1\\ \boldsymbol{x}_2\end{bmatrix}+\begin{bmatrix}\boldsymbol{B}_1\\ \boldsymbol{B}_2\boldsymbol{D}_1\end{bmatrix}\boldsymbol{u}$$
$$\boldsymbol{y}=[\boldsymbol{D}_2\boldsymbol{C}_1\quad \boldsymbol{C}_2]\begin{bmatrix}\boldsymbol{x}_1\\ \boldsymbol{x}_2\end{bmatrix}+\boldsymbol{D}_2\boldsymbol{D}_1\boldsymbol{u}$$

(2) 串联结构二(图 3.3.2)：传递函数为 $\boldsymbol{y}=\boldsymbol{G}_1\boldsymbol{G}_2\boldsymbol{u}$，这意味着 $q_2=p_1$。

$\boldsymbol{G}_2$ 实现为

$$\dot{\boldsymbol{x}}_2=\boldsymbol{A}_2\boldsymbol{x}_2+\boldsymbol{B}_2\boldsymbol{u}$$
$$\boldsymbol{v}=\boldsymbol{C}_2\boldsymbol{x}_2+\boldsymbol{D}_2\boldsymbol{u}$$

$\boldsymbol{G}_1$ 实现为

$$\dot{\boldsymbol{x}}_1=\boldsymbol{A}_1\boldsymbol{x}_1+\boldsymbol{B}_1\boldsymbol{v}=\boldsymbol{A}_1\boldsymbol{x}_1+\boldsymbol{B}_1\boldsymbol{C}_2\boldsymbol{x}_2+\boldsymbol{B}_1\boldsymbol{D}_2\boldsymbol{u}$$
$$\boldsymbol{y}=\boldsymbol{C}_1\boldsymbol{x}_1+\boldsymbol{D}_1\boldsymbol{v}=\boldsymbol{C}_1\boldsymbol{x}_1+\boldsymbol{D}_1\boldsymbol{C}_2\boldsymbol{x}_2+\boldsymbol{D}_1\boldsymbol{D}_2\boldsymbol{u}$$

故串联结构二的实现为

$$\begin{bmatrix}\dot{\boldsymbol{x}}_1\\ \dot{\boldsymbol{x}}_2\end{bmatrix}=\begin{bmatrix}\boldsymbol{A}_1 & \boldsymbol{B}_1\boldsymbol{C}_2\\ \boldsymbol{0} & \boldsymbol{A}_2\end{bmatrix}\begin{bmatrix}\boldsymbol{x}_1\\ \boldsymbol{x}_2\end{bmatrix}+\begin{bmatrix}\boldsymbol{B}_1\boldsymbol{D}_2\\ \boldsymbol{B}_2\end{bmatrix}\boldsymbol{u}$$

$$y=[C_1 \quad D_1C_2]\begin{bmatrix} x_1 \\ x_2 \end{bmatrix}+D_1D_2u$$

例 3.3.7　给定系统 G_1：

$$\dot{x}=Ax+Bu, \quad y=Cx+Du$$

其中，(A,B,C,D) 均为适当维数的实矩阵，其共轭系统 G_2 定义为

$$\dot{z}=-A^{\mathrm{T}}z+C^{\mathrm{T}}v, \quad \gamma=B^{\mathrm{T}}z+D^{\mathrm{T}}v$$

求其串联结构二的状态空间实现。

解　串联结构二的状态空间实现为

$$\begin{bmatrix} \dot{x} \\ \dot{z} \end{bmatrix}=\begin{bmatrix} A & BB^{\mathrm{T}} \\ 0 & -A^{\mathrm{T}} \end{bmatrix}\begin{bmatrix} x \\ z \end{bmatrix}+\begin{bmatrix} BD^{\mathrm{T}} \\ C^{\mathrm{T}} \end{bmatrix}u$$

$$y=\begin{bmatrix} C & DB^{\mathrm{T}} \end{bmatrix}\begin{bmatrix} x \\ z \end{bmatrix}+DD^{\mathrm{T}}u$$

(3) 并联结构(图 3.3.3)：传递函数为 G_1+G_2，这意味着 $p_1=p_2, q_1=q_2$。

G_1 实现为

$$\dot{x}_1=A_1x_1+B_1u$$
$$y_1=C_1x_1+D_1u$$

G_2 实现为

$$\dot{x}_2=A_2x_2+B_2u$$
$$y_2=C_2x_2+D_2u$$

G_1+G_2 实现为

$$\begin{bmatrix} \dot{x}_1 \\ \dot{x}_2 \end{bmatrix}=\begin{bmatrix} A_1 & 0 \\ 0 & A_2 \end{bmatrix}\begin{bmatrix} x_1 \\ x_2 \end{bmatrix}+\begin{bmatrix} B_1 \\ B_2 \end{bmatrix}u$$

$$y=[C_1 \quad C_2]\begin{bmatrix} x_1 \\ x_2 \end{bmatrix}+(D_1+D_2)u$$

(4) 传递函数求逆。

G_1 实现为

$$\dot{x}_1=A_1x_1+B_1u$$
$$y_1=C_1x_1+D_1u$$

当 D_1 为非奇异矩阵时，传递函数 G_1 的逆 G_1^{-1} 的实现为

$$\dot{x}_1=(A_1-B_1D_1^{-1}C_1)x_1+B_1D_1^{-1}y$$
$$u=-D_1^{-1}C_1x_1+D_1^{-1}y$$

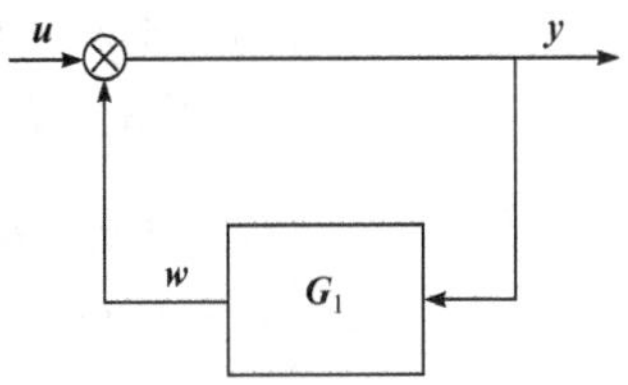

图 3.3.5　反馈结构图

例 3.3.8　求图 3.3.5 所示反馈结构的状态实现。

其中，G_1 实现为

$$\dot{\boldsymbol{x}}_1 = \boldsymbol{A}_1\boldsymbol{x}_1 + \boldsymbol{B}_1\boldsymbol{y}$$
$$\boldsymbol{w} = \boldsymbol{C}_1\boldsymbol{x}_1 + \boldsymbol{D}_1\boldsymbol{y}$$

解　由结构图可知 $\boldsymbol{y} = \boldsymbol{u} + \boldsymbol{w}$ ，存在：

$$\begin{cases}\dot{\boldsymbol{x}}_1 = \boldsymbol{A}_1\boldsymbol{x}_1 + \boldsymbol{B}_1\boldsymbol{y} \\ \boldsymbol{w} = \boldsymbol{C}_1\boldsymbol{x}_1 + \boldsymbol{D}_1\boldsymbol{y}\end{cases} \Rightarrow \begin{cases}\dot{\boldsymbol{x}}_1 = \boldsymbol{A}_1\boldsymbol{x}_1 + \boldsymbol{B}_1\boldsymbol{y} \\ \boldsymbol{y} - \boldsymbol{u} = \boldsymbol{C}_1\boldsymbol{x}_1 + \boldsymbol{D}_1\boldsymbol{y}\end{cases}$$
$$\Rightarrow \begin{cases}\dot{\boldsymbol{x}}_1 = \boldsymbol{A}_1\boldsymbol{x}_1 + \boldsymbol{B}_1(\boldsymbol{I} - \boldsymbol{D}_1)^{-1}\boldsymbol{C}_1\boldsymbol{x}_1 + \boldsymbol{B}_1(\boldsymbol{I} - \boldsymbol{D}_1)^{-1}\boldsymbol{u} \\ \boldsymbol{y} = (\boldsymbol{I} - \boldsymbol{D}_1)^{-1}\boldsymbol{C}_1\boldsymbol{x}_1 + (\boldsymbol{I} - \boldsymbol{D}_1)^{-1}\boldsymbol{u}\end{cases}$$

传递函数矩阵为 $\boldsymbol{y} = (\boldsymbol{I} - \boldsymbol{G}_1)^{-1}\boldsymbol{u}$ 。

(5) 反馈结构(图 3.3.4)：这意味着 $q_1 = p_2$, $p_1 = q_2$ 。

$\boldsymbol{G}_1$ 实现为

$$\dot{\boldsymbol{x}}_1 = \boldsymbol{A}_1\boldsymbol{x}_1 + \boldsymbol{B}_1\boldsymbol{v}$$
$$\boldsymbol{y} = \boldsymbol{C}_1\boldsymbol{x}_1 + \boldsymbol{D}_1\boldsymbol{v}$$

$\boldsymbol{G}_2$ 实现为

$$\dot{\boldsymbol{x}}_2 = \boldsymbol{A}_2\boldsymbol{x}_2 + \boldsymbol{B}_2\boldsymbol{y}$$
$$\boldsymbol{w} = \boldsymbol{C}_2\boldsymbol{x}_2 + \boldsymbol{D}_2\boldsymbol{y}$$

由反馈结构可知 $\boldsymbol{v} = \boldsymbol{u} + \boldsymbol{w}$ ，存在：

$$\boldsymbol{w} = \boldsymbol{C}_2\boldsymbol{x}_2 + \boldsymbol{D}_2\boldsymbol{y} = \boldsymbol{C}_2\boldsymbol{x}_2 + \boldsymbol{D}_2(\boldsymbol{C}_1\boldsymbol{x}_1 + \boldsymbol{D}_1\boldsymbol{v}) = \boldsymbol{C}_2\boldsymbol{x}_2 + \boldsymbol{D}_2[\boldsymbol{C}_1\boldsymbol{x}_1 + \boldsymbol{D}_1(\boldsymbol{u} + \boldsymbol{w})]$$

从而有

$$\boldsymbol{w} = (\boldsymbol{I} - \boldsymbol{D}_2\boldsymbol{D}_1)^{-1}(\boldsymbol{C}_2\boldsymbol{x}_2 + \boldsymbol{D}_2\boldsymbol{C}_1\boldsymbol{x}_1 + \boldsymbol{D}_2\boldsymbol{D}_1\boldsymbol{u})$$

因此：

$$\begin{cases}\dot{\boldsymbol{x}}_1 = \boldsymbol{A}_1\boldsymbol{x}_1 + \boldsymbol{B}_1\boldsymbol{v} \\ \dot{\boldsymbol{x}}_2 = \boldsymbol{A}_2\boldsymbol{x}_2 + \boldsymbol{B}_2\boldsymbol{y} \\ \boldsymbol{y} = \boldsymbol{C}_1\boldsymbol{x}_1 + \boldsymbol{D}_1\boldsymbol{v}\end{cases}$$

$$\Rightarrow \begin{cases}\dot{\boldsymbol{x}}_1 = \boldsymbol{A}_1\boldsymbol{x}_1 + \boldsymbol{B}_1(\boldsymbol{u} + \boldsymbol{w}) \\ \dot{\boldsymbol{x}}_2 = \boldsymbol{A}_2\boldsymbol{x}_2 + \boldsymbol{B}_2[\boldsymbol{C}_1\boldsymbol{x}_1 + \boldsymbol{D}_1(\boldsymbol{u} + \boldsymbol{w})] \\ \boldsymbol{y} = \boldsymbol{C}_1\boldsymbol{x}_1 + \boldsymbol{D}_1(\boldsymbol{u} + \boldsymbol{w})\end{cases}$$

$$\Rightarrow \begin{cases}\dot{\boldsymbol{x}}_1 = \boldsymbol{A}_1\boldsymbol{x}_1 + \boldsymbol{B}_1[\boldsymbol{u} + \boldsymbol{F}(\boldsymbol{C}_2\boldsymbol{x}_2 + \boldsymbol{D}_2\boldsymbol{C}_1\boldsymbol{x}_1 + \boldsymbol{D}_2\boldsymbol{D}_1\boldsymbol{u})] \\ \dot{\boldsymbol{x}}_2 = \boldsymbol{A}_2\boldsymbol{x}_2 + \boldsymbol{B}_2\{\boldsymbol{C}_1\boldsymbol{x}_1 + \boldsymbol{D}_1[\boldsymbol{u} + \boldsymbol{F}(\boldsymbol{C}_2\boldsymbol{x}_2 + \boldsymbol{D}_2\boldsymbol{C}_1\boldsymbol{x}_1 + \boldsymbol{D}_2\boldsymbol{D}_1\boldsymbol{u})]\} \\ \boldsymbol{y} = \boldsymbol{C}_1\boldsymbol{x}_1 + \boldsymbol{D}_1[\boldsymbol{u} + \boldsymbol{F}(\boldsymbol{C}_2\boldsymbol{x}_2 + \boldsymbol{D}_2\boldsymbol{C}_1\boldsymbol{x}_1 + \boldsymbol{D}_2\boldsymbol{D}_1\boldsymbol{u})]\end{cases}$$

$$\Rightarrow \begin{cases}\dot{\boldsymbol{x}}_1 = \boldsymbol{A}_1\boldsymbol{x}_1 + \boldsymbol{B}_1\boldsymbol{F}\boldsymbol{D}_2\boldsymbol{C}_1\boldsymbol{x}_1 + \boldsymbol{B}_1\boldsymbol{F}\boldsymbol{C}_2\boldsymbol{x}_2 + \boldsymbol{B}_1\boldsymbol{F}\boldsymbol{u} \\ \dot{\boldsymbol{x}}_2 = \boldsymbol{B}_2(\boldsymbol{I} + \boldsymbol{D}_1\boldsymbol{F}\boldsymbol{D}_2)\boldsymbol{C}_1\boldsymbol{x}_1 + \boldsymbol{A}_2\boldsymbol{x}_2 + \boldsymbol{B}_2\boldsymbol{D}_1\boldsymbol{F}\boldsymbol{C}_2\boldsymbol{x}_2 + \boldsymbol{B}_2(\boldsymbol{I} + \boldsymbol{D}_1\boldsymbol{F}\boldsymbol{D}_2)\boldsymbol{D}_1\boldsymbol{u} \\ \boldsymbol{y} = \boldsymbol{C}_1\boldsymbol{x}_1 + \boldsymbol{D}_1\boldsymbol{F}\boldsymbol{D}_2\boldsymbol{C}_1\boldsymbol{x}_1 + \boldsymbol{D}_1\boldsymbol{F}\boldsymbol{C}_2\boldsymbol{x}_2 + \boldsymbol{D}_1\boldsymbol{u} + \boldsymbol{D}_1\boldsymbol{F}\boldsymbol{D}_2\boldsymbol{D}_1\boldsymbol{u}\end{cases}$$

$$\Rightarrow\begin{cases}\dot{\boldsymbol{x}}_1 = \boldsymbol{A}_1\boldsymbol{x}_1 + \boldsymbol{B}_1\boldsymbol{F}\boldsymbol{D}_2\boldsymbol{C}_1\boldsymbol{x}_1 + \boldsymbol{B}_1\boldsymbol{F}\boldsymbol{C}_2\boldsymbol{x}_2 + \boldsymbol{B}_1\boldsymbol{F}\boldsymbol{u}\\ \dot{\boldsymbol{x}}_2 = \boldsymbol{B}_2\boldsymbol{E}\boldsymbol{C}_1\boldsymbol{x}_1 + \boldsymbol{A}_2\boldsymbol{x}_2 + \boldsymbol{B}_2\boldsymbol{D}_1\boldsymbol{F}\boldsymbol{C}_2\boldsymbol{x}_2 + \boldsymbol{B}_2\boldsymbol{E}\boldsymbol{D}_1\boldsymbol{u}\\ \boldsymbol{y} = \boldsymbol{E}\boldsymbol{C}_1\boldsymbol{x}_1 + \boldsymbol{E}\boldsymbol{D}_1\boldsymbol{C}_2\boldsymbol{x}_2 + \boldsymbol{E}\boldsymbol{D}_1\boldsymbol{u}\end{cases}$$

其中， $\boldsymbol{F} = (\boldsymbol{I} - \boldsymbol{D}_2\boldsymbol{D}_1)^{-1}$ ， $\boldsymbol{E} = (\boldsymbol{I} - \boldsymbol{D}_1\boldsymbol{D}_2)^{-1}$ ，且用到关系式 $\boldsymbol{E} = \boldsymbol{I} + \boldsymbol{D}_1\boldsymbol{F}\boldsymbol{D}_2$ 和 $\boldsymbol{D}_1\boldsymbol{F} = \boldsymbol{E}\boldsymbol{D}_1$ 。反馈结构实现为

$$\begin{bmatrix}\dot{\boldsymbol{x}}_1\\ \dot{\boldsymbol{x}}_2\end{bmatrix} = \begin{bmatrix}\boldsymbol{A}_1 + \boldsymbol{B}_1\boldsymbol{F}\boldsymbol{D}_2\boldsymbol{C}_1 & \boldsymbol{B}_1\boldsymbol{F}\boldsymbol{C}_2\\ \boldsymbol{B}_2\boldsymbol{E}\boldsymbol{C}_1 & \boldsymbol{A}_2 + \boldsymbol{B}_2\boldsymbol{E}\boldsymbol{D}_1\boldsymbol{C}_2\end{bmatrix}\begin{bmatrix}\boldsymbol{x}_1\\ \boldsymbol{x}_2\end{bmatrix} + \begin{bmatrix}\boldsymbol{B}_1\boldsymbol{F}\\ \boldsymbol{B}_2\boldsymbol{E}\boldsymbol{D}_1\end{bmatrix}\boldsymbol{u}$$

$$\boldsymbol{y} = [\boldsymbol{E}\boldsymbol{C}_1 \quad \boldsymbol{E}\boldsymbol{D}_1\boldsymbol{C}_2]\begin{bmatrix}\boldsymbol{x}_1\\ \boldsymbol{x}_2\end{bmatrix} + \boldsymbol{E}\boldsymbol{D}_1\boldsymbol{u}$$

下面来计算反馈结构的传递函数矩阵：

$$\boldsymbol{y} = \boldsymbol{G}_1\boldsymbol{v} \tag{3.3.10}$$

$$\boldsymbol{w} = \boldsymbol{G}_2\boldsymbol{y} \tag{3.3.11}$$

$$\boldsymbol{v} = \boldsymbol{u} + \boldsymbol{G}_2\boldsymbol{y} \tag{3.3.12}$$

式(3.3.12)代入式(3.3.10)可得

$$\boldsymbol{y} = \boldsymbol{G}_1\boldsymbol{u} + \boldsymbol{G}_1\boldsymbol{G}_2\boldsymbol{y} \Rightarrow (\boldsymbol{I}_q - \boldsymbol{G}_1\boldsymbol{G}_2)\boldsymbol{y} = \boldsymbol{G}_1\boldsymbol{u} \Rightarrow \boldsymbol{y} = (\boldsymbol{I}_q - \boldsymbol{G}_1\boldsymbol{G}_2)^{-1}\boldsymbol{G}_1\boldsymbol{u}$$

或者采用另一做法：将式(3.3.10)代入式(3.3.11)、式(3.3.12)后得

$$\boldsymbol{v} = \boldsymbol{u} + \boldsymbol{G}_1\boldsymbol{G}_2\boldsymbol{v} \Rightarrow \boldsymbol{v} = (\boldsymbol{I}_p - \boldsymbol{G}_2\boldsymbol{G}_1)^{-1}\boldsymbol{u}$$

将 $\boldsymbol{v}$ 代入式(3.3.10)，可得

$$\boldsymbol{y} = \boldsymbol{G}_1(\boldsymbol{I}_p - \boldsymbol{G}_2\boldsymbol{G}_1)^{-1}\boldsymbol{u}$$

注 3.3.1　即使 $(\boldsymbol{A}_i, \boldsymbol{B}_i, \boldsymbol{C}_i, \boldsymbol{D}_i)(i=1,2)$ 是 $\boldsymbol{G}_i(s)$ 的最小阶实现，以上列出的组合结构的实现也未必是最小阶实现。

3.4　正则有理函数矩阵的最小阶实现(一)

一个正则有理函数矩阵 $\boldsymbol{G}(s)$ ，可以由有限维线性时不变动态方程予以实现，3.3 节给出了实现的方法。但是那里所构成的 $\boldsymbol{G}(s)$ 的实现一般不是 $\boldsymbol{G}(s)$ 的最小阶实现。为了得到最小阶实现，需要把非最小阶实现进行降阶化简，可控性分解定理、可观测性分解定理以及标准分解定理已经在原则上给出了这种降阶化简的方法。然而在实际计算中，对于不同类型非最小阶实现的化简也可采用许多不同的具体算法。本节介绍非最小阶实现降阶化简为最小阶实现的罗森布罗克(Rosenbrock)算法。

罗森布罗克将系统方程：

$$\begin{cases}\dot{\boldsymbol{x}} = \boldsymbol{A}\boldsymbol{x} + \boldsymbol{B}\boldsymbol{u}\\ \boldsymbol{y} = \boldsymbol{C}\boldsymbol{x} + \boldsymbol{D}\boldsymbol{u}\end{cases} \tag{3.4.1}$$

集合成一个 $(n+q)\times(n+p)$ 的矩阵，并称为系统矩阵：

$$\begin{bmatrix} \boldsymbol{A} & \boldsymbol{B} \\ \boldsymbol{C} & \boldsymbol{0} \end{bmatrix} \tag{3.4.2}$$

(1) 按可控性分解形式：

$$\dot{\bar{\boldsymbol{x}}}=\begin{bmatrix} \bar{\boldsymbol{A}}_{11} & \bar{\boldsymbol{A}}_{12} \\ \boldsymbol{0} & \bar{\boldsymbol{A}}_{22} \end{bmatrix}\bar{\boldsymbol{x}}+\begin{bmatrix} \bar{\boldsymbol{B}}_1 \\ \boldsymbol{0} \end{bmatrix}\boldsymbol{u},\quad \boldsymbol{y}=\begin{bmatrix} \bar{\boldsymbol{C}}_1 & \bar{\boldsymbol{C}}_2 \end{bmatrix}\bar{\boldsymbol{x}}$$

上式中的两零块，意味着 $\bar{\boldsymbol{A}}_{22}$ 是不可控部分。可控性分解还有另一形式，两零块的位置为

$$\begin{bmatrix} \times & \boldsymbol{0} \\ \times & \times \end{bmatrix} \quad \begin{bmatrix} \boldsymbol{0} \\ \times \end{bmatrix}$$

$$\begin{bmatrix} \times & \times \end{bmatrix}$$

(2) 等价变换可用对系统矩阵的初等变换来表示：

$$\begin{bmatrix} \boldsymbol{PAP}^{-1} & \boldsymbol{PB} \\ \boldsymbol{CP}^{-1} & \boldsymbol{0} \end{bmatrix}=\begin{bmatrix} \boldsymbol{P} & \\ & \boldsymbol{I}_q \end{bmatrix}\begin{bmatrix} \boldsymbol{A} & \boldsymbol{B} \\ \boldsymbol{C} & \boldsymbol{0} \end{bmatrix}\begin{bmatrix} \boldsymbol{P}^{-1} & \\ & \boldsymbol{I}_p \end{bmatrix}$$

首先定义两种初等变换：

① 对前 n 行和前 n 列进行：交换 i 、 j 行，接着交换 i 、 j 列。

② 用 $\alpha(\alpha\neq 0)$ 乘第 i 行，接着用 α 除以第 i 列；或者：i 行乘 β 加到 j 行，接着，用 j 列乘 $(-\beta)$ 加到 i 列。

(3) Rosenbrock 算法。

现在可按下列算法来变换系统矩阵：指标 i 将表示 $n+p-i$ 列；指标 j 将表示 $n-j$ 行。算法步骤如下：

① 令指标 $i=0, j=0$ ，并继续进行步骤②；

② 若 $(1,n+p-j),(2,n+p-j),\cdots,(n-j,n+p-j)$ 位置上每个元素都是零，便转而进行步骤⑥，否则继续进行步骤③；

③ 用 $\alpha=1,\beta=n-j$ 的变换(初等变换①)，把一个非零元素移到位置 $(n-j,n+p-i)$ 上，继续进行步骤④；

④ 用类似初等变换②的变换，把位置 $(n-j,n+p-i)$ 上的元素倍数加到 $(1,n+p-j)$, $(2,n+p-j),\cdots,(n-j-1,n+p-j)$ 位置的元素上，使这些元素最后变为零，继续进行步骤⑤；

⑤ 把 i 增加 1 和 j 增加 1。若 $j=n$ ，则过程终止，若 $j<n$ ，则转而进行步骤②；

⑥ 把 i 增加 1，若 $i-j=p$ ，则过程终止，若 $i-j<p$ ，则又转而进行步骤②。显然，这个过程必然要终止。当它终止时，令 $j=n-b$ 。

算法的目的是在系统矩阵中产生尽可能多的行(顺序是行 n，行 $n-1,\cdots$)，这些行的最后非零分量是常数，而在同一列中这些分量以上的元素都是零。这样的行显然都线性无

关。从系统矩阵的第 n 行、第 $n+p$ 列的元素开始，依次进行。画出一个“零区”(图 3.4.1)，若零区和 $\boldsymbol{A}$ 的对角线相交，分解完成；若零区和 $\boldsymbol{A}$ 的对角线不相交，表示系统可控。

(4) 进行可观测性分解。

将对偶系统进行可控性分解：

$$\begin{bmatrix} \boldsymbol{A}^{\mathrm{T}} & \boldsymbol{C}^{\mathrm{T}} \\ \boldsymbol{B}^{\mathrm{T}} & \boldsymbol{0} \end{bmatrix}$$

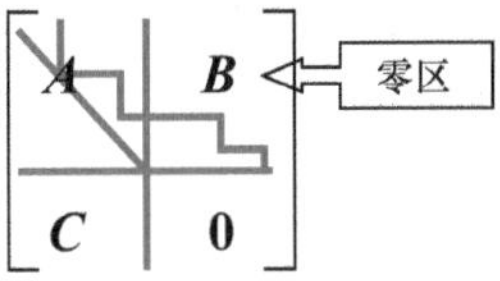

图 3.4.1　Rosenbrock 算法

例 3.4.1　设 $\boldsymbol{G}(s)$ 给定如下：

$$\boldsymbol{G}(s)=\frac{1}{s^2-1}\begin{bmatrix} 2(s-1) & 2 \\ s-1 & s-1 \end{bmatrix}$$

解　$\boldsymbol{G}(s)$ 的可观测标准形实现为

$$\boldsymbol{A}=\begin{bmatrix} 0 & 1 & 0 & 0 \\ 1 & 0 & 0 & 0 \\ 0 & 0 & 0 & 1 \\ 0 & 0 & 1 & 0 \end{bmatrix},\quad \boldsymbol{B}=\begin{bmatrix} -2 & 2 \\ 2 & 0 \\ -1 & -1 \\ 1 & 1 \end{bmatrix},\quad \boldsymbol{C}=\begin{bmatrix} 0 & 1 & 0 & 0 \\ 0 & 0 & 0 & 1 \end{bmatrix}$$

但系统的 $\delta\boldsymbol{G}(s)=3$，故需用可控性分解的方法进行降阶。将 $(\boldsymbol{A},\boldsymbol{B},\boldsymbol{C})$ 集中成系统矩阵：

$$\begin{bmatrix} \boldsymbol{A} & \boldsymbol{B} \\ \boldsymbol{C} & \boldsymbol{0} \end{bmatrix}=\begin{bmatrix} 0 & 1 & 0 & 0 & -2 & 2 \\ 1 & 0 & 0 & 0 & 2 & 0 \\ 0 & 0 & 0 & 1 & -1 & -1 \\ 0 & 0 & 1 & 0 & 1 & 1 \\ 0 & 1 & 0 & 0 & 0 & 0 \\ 0 & 0 & 0 & 1 & 0 & 0 \end{bmatrix} \tag{3.4.3}$$

将以上矩阵作如下变换：第四行加到第三行，相应地第四列减去第三列；第四行的 −2 倍加到第一行，相应地第四列减去第一列的 −2 倍；第二、三行交换，相应地第二、三列交换，可得

$$\begin{bmatrix} 0 & -2 & 1 & 2 & -4 & 0 \\ 0 & 1 & 0 & 0 & 0 & 0 \\ 1 & 0 & 0 & 2 & 2 & 0 \\ 0 & 1 & 0 & -1 & 1 & 1 \\ 0 & 0 & 1 & 0 & 0 & 0 \\ 0 & 0 & 0 & 1 & 0 & 0 \end{bmatrix}$$

将以上矩阵再作如下变换：第三行的 2 倍加到第一行，相应地第三列减去第一列的 2 倍；第一、二行交换，相应地第一、二列交换，可得

$$\begin{bmatrix} 1 & 0 & 0 & 0 & 0 & 0 \\ -2 & 2 & -3 & 6 & 0 & 0 \\ 0 & 1 & -2 & 2 & 2 & 0 \\ 1 & 0 & 0 & -1 & 1 & 1 \\ 0 & 0 & 1 & 0 & 0 & 0 \\ 0 & 0 & 0 & 1 & 0 & 0 \end{bmatrix}$$

由此可得最小阶实现为

$$\overline{\boldsymbol{A}} = \begin{bmatrix} 2 & -3 & 6 \\ 1 & -2 & 2 \\ 0 & 0 & -1 \end{bmatrix}, \quad \overline{\boldsymbol{B}} = \begin{bmatrix} 0 & 0 \\ 2 & 0 \\ 1 & 1 \end{bmatrix}, \quad \overline{\boldsymbol{C}} = \begin{bmatrix} 0 & 1 & 0 \\ 0 & 0 & 1 \end{bmatrix}$$

这也可由计算($\overline{\boldsymbol{A}},\overline{\boldsymbol{B}},\overline{\boldsymbol{C}}$)的可控性和可观测性矩阵以及传递函数矩阵来验证。

3.5　正则有理函数矩阵的最小阶实现(二)

3.4 节建立了$\boldsymbol{G}(s)$最小阶实现的方法，通常先建立一个可控的实现或者可观测的实现，而后降阶化简为最小阶实现。本节将介绍从$\boldsymbol{G}(s)$形成的汉克尔(Hankel)矩阵直接计算最小阶实现的方法。

考虑$q\times p$的正则有理函数矩阵$\boldsymbol{G}(s)$，将它展成

$$\boldsymbol{G}(s)=\boldsymbol{G}(\infty)+\boldsymbol{H}_0 s^{-1}+\boldsymbol{H}_1 s^{-2}+\cdots \tag{3.5.1}$$

其中，$\boldsymbol{H}_i(i=0,1,2,\cdots)$是$q\times p$的常量矩阵，通常将$\boldsymbol{H}_i$称为$\boldsymbol{G}(s)$的马尔可夫参数矩阵。

若线性时不变动态程方程：

$$\begin{cases} \dot{\boldsymbol{x}}=\boldsymbol{A}\boldsymbol{x}+\boldsymbol{B}\boldsymbol{u} \\ \boldsymbol{y}=\boldsymbol{C}\boldsymbol{x}+\boldsymbol{D}\boldsymbol{u} \end{cases} \tag{3.5.2}$$

是$\boldsymbol{G}(s)$的一个实现，则根据定义有

$$\boldsymbol{G}(s)=\boldsymbol{D}+\boldsymbol{C}(s\boldsymbol{I}-\boldsymbol{A})^{-1}\boldsymbol{B}$$

利用公式$(s\boldsymbol{I}-\boldsymbol{A})^{-1}=\sum_{k=0}^{\infty}\frac{\boldsymbol{A}^k}{s^{k+1}}$，上式可展成

$$\boldsymbol{G}(s)=\boldsymbol{D}+\boldsymbol{C}\boldsymbol{B}s^{-1}+\boldsymbol{C}\boldsymbol{A}\boldsymbol{B}s^{-2}+\cdots \tag{3.5.3}$$

引理 3.5.1　动态方程(3.5.2)是$\boldsymbol{G}(s)$的一个实现，必要且只要：

$$\boldsymbol{D}=\boldsymbol{G}(\infty),\quad \boldsymbol{H}_i=\boldsymbol{C}\boldsymbol{A}^i\boldsymbol{B},\quad i=0,1,2,\cdots \tag{3.5.4}$$

本引理可直接由比较式(3.5.1)和式(3.5.3)而得到。因为$\boldsymbol{G}(\infty)$直接给出了动态方程实现中的$\boldsymbol{D}$，故仅需要研究严格真有理函数矩阵。根据引理 3.5.1，最小阶实现问题可重述如下：给定矩阵序列$\{\boldsymbol{H}_i\}$，寻找一个三元组$(\boldsymbol{A},\boldsymbol{B},\boldsymbol{C})$，使得$\boldsymbol{H}_i=\boldsymbol{C}\boldsymbol{A}^i\boldsymbol{B}$，且系统$(\boldsymbol{A},\boldsymbol{B},\boldsymbol{C})$是可控且可观测的。

由矩阵序列 $\{\boldsymbol{H}_i\}$ 可定义矩阵 $\boldsymbol{H}_{ij}$ 如下：

$$\boldsymbol{H}_{ij}=\begin{bmatrix}\boldsymbol{H}_0 & \boldsymbol{H}_1 & \cdots & \boldsymbol{H}_{i-1}\\ \boldsymbol{H}_1 & \boldsymbol{H}_2 & \cdots & \boldsymbol{H}_i\\ \boldsymbol{H}_2 & \boldsymbol{H}_3 & \cdots & \boldsymbol{H}_{i+1}\\ \vdots & \vdots & & \vdots\\ \boldsymbol{H}_{i-1} & \boldsymbol{H}_i & \cdots & \boldsymbol{H}_{i+j-2}\end{bmatrix}$$

$\boldsymbol{H}_{ij}$ 称为由序列 $\{\boldsymbol{H}_i\}$ 生成的汉克尔矩阵序列。下面讨论由 $\boldsymbol{G}(s)$ 的马尔可夫参数矩阵序列 $\{\boldsymbol{H}_i\}$ 所生成的汉克尔矩阵的特点。

若记 $\boldsymbol{G}(s)$ 各元素的首一最小公分母为

$$s^r+a_1s^{r-1}+\cdots+a_{r-1}s+a_r$$

将 $\boldsymbol{G}(s)$ 展开成

$$\boldsymbol{G}(s)=\frac{\boldsymbol{R}_1s^{r-1}+\boldsymbol{R}_2s^{r-2}+\cdots+\boldsymbol{R}_r}{s^r+a_1s^{r-1}+\cdots+a_r}\tag{3.5.5}$$

因为已假设 $\boldsymbol{G}(s)$ 是严格真的，故式(3.5.5)分子的最高幂次至多为 $r-1$。合并式(3.5.1)和式(3.5.5)，可得

$$\boldsymbol{R}_1s^{r-1}+\boldsymbol{R}_2s^{r-2}+\cdots+\boldsymbol{R}_r=(s^r+a_1s^{r-1}+\cdots+a_r)(\boldsymbol{H}_0s^{-1}+\boldsymbol{H}_1s^{-2}+\cdots)$$

令 s 的同次幂系数相等，即有

$$\begin{aligned}&\boldsymbol{H}_0=\boldsymbol{R}_1\\&\boldsymbol{H}_1+a_1\boldsymbol{H}_0=\boldsymbol{R}_2\\&\quad\vdots\\&\boldsymbol{H}_{r-1}+a_1\boldsymbol{H}_{r-2}+\cdots a_{r-1}\boldsymbol{H}_0=\boldsymbol{R}_r\\&\quad\vdots\\&\boldsymbol{H}_{r+i}+a_1\boldsymbol{H}_{r+i-1}+\cdots+a_r\boldsymbol{H}_i=\boldsymbol{0},\quad r=0,1,2,\cdots\end{aligned}\tag{3.5.6}$$

写出 $\boldsymbol{H}_{ij}(i,j>r)$ 如下：

$$\boldsymbol{H}_{ij}=\left[\begin{array}{cccc|ccc}\boldsymbol{H}_0 & \boldsymbol{H}_1 & \cdots & \boldsymbol{H}_{r-1} & \boldsymbol{H}_r & \cdots & \boldsymbol{H}_{j-1}\\ \boldsymbol{H}_1 & \boldsymbol{H}_2 & \cdots & \boldsymbol{H}_r & \boldsymbol{H}_{r+1} & \cdots & \boldsymbol{H}_j\\ \vdots & \vdots & & \vdots & & & \\ \boldsymbol{H}_{r-1} & \boldsymbol{H}_r & \cdots & \boldsymbol{H}_{2r-2} & \boldsymbol{H}_{2r-1} & \cdots & \\ \hline \boldsymbol{H}_r & \cdots & & \boldsymbol{H}_{2r-1} & \boldsymbol{H}_{2r} & \cdots & \\ \boldsymbol{H}_{r+1} & \cdots & & & \cdots & & \\ \vdots & & & & & & \\ \boldsymbol{H}_{i-1} & & & & \cdots & & \end{array}\right]\tag{3.5.7}$$

根据式(3.5.6)，可知 $\boldsymbol{H}_{ij}$ 的秩是有限数，至少 $\boldsymbol{H}_{rr}$ 之后，式(3.5.7)中的线性无关列不会再增加了。

严格正则的有理函数矩阵是可实现的，如上所述，它所对应的汉克尔矩阵序列的秩是有限的。更一般的问题：任意给定一个无穷矩阵序列 $\{\boldsymbol{H}_i\}$，它可以实现的条件是否是由 $\{\boldsymbol{H}_i\}$ 所生成的汉克尔矩阵的秩是有限的呢？

下面所给出的定理及定理的证明方法对于直接从汉克尔矩阵计算出最小阶实现来说具有重要的作用。

定理 3.5.1　无穷矩阵序列 $\{\boldsymbol{H}_i\}$ 是能实现的充分必要条件是存在正整数 β，α，n，使得

$$\text{rank}\boldsymbol{H}_{\beta,\alpha} = \text{rank}\boldsymbol{H}_{\beta+1,\alpha+j} = n, \quad j = 1,2,\cdots \tag{3.5.8}$$

证明　必要性：由于 $\{\boldsymbol{H}_i\}$ 可实现，因此有最小阶实现，令$(\boldsymbol{A}, \boldsymbol{B}, \boldsymbol{C})$是它的最小阶实现，于是

$$\boldsymbol{H}_i = \boldsymbol{C}\boldsymbol{A}^i\boldsymbol{B}, \quad i = 0,1,2,\cdots$$

因为$(\boldsymbol{A}, \boldsymbol{C})$可观测，因此存在正整数 β，使

$$\text{rank}\begin{bmatrix} \boldsymbol{C} \\ \boldsymbol{C}\boldsymbol{A} \\ \vdots \\ \boldsymbol{C}\boldsymbol{A}^{\beta-1} \end{bmatrix} = n$$

其中，n 是矩阵 $\boldsymbol{A}$ 的维数。又因为 $(\boldsymbol{A},\boldsymbol{B})$ 可控，所以也存在正整数 α 使

$$\text{rank}[\boldsymbol{B} \quad \boldsymbol{A}\boldsymbol{B} \quad \cdots \quad \boldsymbol{A}^{\alpha-1}\boldsymbol{B}] = n$$

而根据定义：

$$\boldsymbol{H}_{\beta,\alpha} = \begin{bmatrix} \boldsymbol{C} \\ \boldsymbol{C}\boldsymbol{A} \\ \cdots \\ \boldsymbol{C}\boldsymbol{A}^{\beta-1} \end{bmatrix} \begin{bmatrix} \boldsymbol{B} & \boldsymbol{A}\boldsymbol{B} & \cdots & \boldsymbol{A}^{\alpha-1}\boldsymbol{B} \end{bmatrix}$$

$$\boldsymbol{H}_{\beta+1,\alpha+j} = \begin{bmatrix} \boldsymbol{C} \\ \boldsymbol{C}\boldsymbol{A} \\ \vdots \\ \boldsymbol{C}\boldsymbol{A}^{\beta-1} \\ \boldsymbol{C}\boldsymbol{A}^{\beta} \end{bmatrix} \begin{bmatrix} \boldsymbol{B} & \boldsymbol{A}\boldsymbol{B} & \cdots & \boldsymbol{A}^{\alpha+j-1}\boldsymbol{B} \end{bmatrix}, \quad j = 1,2,\cdots$$

于是有

$$\text{rank}\boldsymbol{H}_{\beta,\alpha} = \text{rank}\boldsymbol{H}_{\beta+1,\alpha+j} = n, \quad j = 1,2,\cdots$$

从这一证明过程可知，整数 n 即最小阶实现的维数，而且 β、α 分别是最小阶实现的可观测性指数和可控性指数。

充分性：通过构造出 $\{\boldsymbol{H}_i\}$ 的一个最小阶实现的方法来证明。从汉克尔矩阵的定义可

知其第 i 行第 $j+p$ 列的元素与第 $i+q$ 行第 j 列的元素相同，运用这一性质和式(3.5.8)可得

$$\text{rank}\boldsymbol{H}_{\beta,\alpha}=\text{rank}\boldsymbol{H}_{\beta+i,\alpha+j}=n,\quad \forall i,j$$

设用 $\boldsymbol{G}_\alpha$ 表示由 $\boldsymbol{H}_{\beta,\alpha}$ 的前 n 个线性无关行构成的子矩阵。用 $\boldsymbol{G}_\alpha^*$ 表示由 $\boldsymbol{H}_{\beta+1,\alpha}$ 中低于 $\boldsymbol{G}_\alpha$ q 行的 n 行组成的子矩阵，即将 $\boldsymbol{H}_{\beta,\alpha}$ 的前 n 个线性无关行下移 q 行，在 $\boldsymbol{H}_{\beta+1,\alpha}$ 中得到的子矩阵。然后由 $\boldsymbol{H}_{\beta+1,\alpha}$ 中确定下列四个矩阵，这四个矩阵是唯一的。

$\boldsymbol{F}$：由 $\boldsymbol{G}_\alpha$ 的前 n 个线性无关列构成的 $n\times n$ 矩阵；

$\boldsymbol{F}^*$：根据 $\boldsymbol{F}$ 在 $\boldsymbol{G}_\alpha$ 中所占的列位在 $\boldsymbol{G}_\alpha^*$ 中选出的 $n\times n$ 矩阵，即 $\boldsymbol{F}$ 下移 q 行对应的方阵；

$\boldsymbol{F}_1$：根据 $\boldsymbol{F}$ 在 $\boldsymbol{G}_\alpha$ 中所占的列位在 $\boldsymbol{H}_{1\alpha}$ 中选出的 $q\times n$ 矩阵；

$\boldsymbol{F}_2$：由 $\boldsymbol{G}_\alpha$ 的前 p 列组成的 $n\times p$ 矩阵。

现令

$$\boldsymbol{A}=\boldsymbol{F}^*\boldsymbol{F}^{-1},\quad \boldsymbol{B}=\boldsymbol{F}_2,\quad \boldsymbol{C}=\boldsymbol{F}_1\boldsymbol{F}^{-1} \tag{3.5.9}$$

可以证明式(3.5.9)所给的 $(\boldsymbol{A},\boldsymbol{B},\boldsymbol{C})$ 是 $\{\boldsymbol{H}_i\}$ 的实现，并且 $(\boldsymbol{A},\boldsymbol{B})$ 可控，$(\boldsymbol{A},\boldsymbol{C})$ 可观测。

记 $\boldsymbol{F}=[\boldsymbol{f}_1\quad \boldsymbol{f}_2\quad \cdots\quad \boldsymbol{f}_n]$，$\boldsymbol{F}^*=[\boldsymbol{f}_1^*\quad \boldsymbol{f}_2^*\quad \cdots\quad \boldsymbol{f}_n^*]$，因为 $\boldsymbol{AF}=\boldsymbol{F}^*$，所以 $\boldsymbol{f}_i^*=\boldsymbol{A}\boldsymbol{f}_i$ $(i=1,2,\cdots,n)$。由于 $\boldsymbol{F}$ 是非奇异矩阵，所以 $\boldsymbol{f}_1,\boldsymbol{f}_2,\cdots,\boldsymbol{f}_n$ 构成的 $\boldsymbol{G}_\alpha$ 列空间的一组基，也是 $\boldsymbol{G}_\alpha^*$ 列空间的一组基。

在 $\boldsymbol{H}_{\beta,j}$ 中取出与 $\boldsymbol{G}_\alpha$ 相同的行和列组成的矩阵为 $\boldsymbol{G}_j$，在 $\boldsymbol{H}_{\beta+1,j}$ 中取出与 $\boldsymbol{G}_\alpha^*$ 相同的行和列组成的矩阵为 $\boldsymbol{G}_j^*$，这里 $j=1,2,\cdots$，可以证明：

$$\boldsymbol{A}\boldsymbol{G}_\alpha=\boldsymbol{G}_j^*,\quad j=1,2,\cdots \tag{3.5.10}$$

事实上，任取 $\boldsymbol{g}\in\boldsymbol{G}_j$, $\boldsymbol{g}^*\in\boldsymbol{G}_j^*$，并且 $\boldsymbol{g}$ 和 $\boldsymbol{g}^*$ 在 $\boldsymbol{G}_j$ 和 $\boldsymbol{G}_j^*$ 的列位相同，由于 $\boldsymbol{g}\in\boldsymbol{G}_\alpha$，$\boldsymbol{g}^*\in\boldsymbol{G}_\alpha^*$，而且在 $\boldsymbol{H}_{\beta+1,\alpha}$ 中属同一列，只是 $\boldsymbol{g}^*$ 诸元比 $\boldsymbol{g}$ 诸元相应下移 q 行，若 $\boldsymbol{g}=\sum_{i=1}^n a_i\boldsymbol{f}_i$，因为 $\text{rank}\boldsymbol{H}_{\beta+1,\alpha}=\text{rank}\boldsymbol{H}_{\beta,\alpha}=n$，所以在 $\boldsymbol{H}_{\beta+1,\alpha}$ 的列空间上成立着 $\boldsymbol{g}^*=\sum_{i=1}^n a_i\boldsymbol{f}_i^*$，故有

$$\boldsymbol{Ag}=\sum_{i=1}^n a_i\boldsymbol{A}\boldsymbol{f}_i=\sum_{i=1}^n a_i\boldsymbol{f}_i^*=\boldsymbol{g}^*$$

这说明式(3.5.10)是正确的，也表示 $\boldsymbol{A}$ 是一个下移 q 行的算子。

按照 $\boldsymbol{G}_j$ 的定义可知 $\boldsymbol{G}_1=\boldsymbol{F}_2$，对 $\boldsymbol{G}_2$ 来说，它的前 p 列恰好是 $\boldsymbol{F}_2$，而 $\boldsymbol{F}_2$ 右边各列相当于 $\boldsymbol{G}_2$ 的前 p 列下移 q 行所对应的列，即 $\boldsymbol{G}_1^*$。于是

$$\boldsymbol{G}_2=[\boldsymbol{F}_2\quad \boldsymbol{G}_1^*]=[\boldsymbol{F}_2\quad \boldsymbol{A}\boldsymbol{G}_1]=[\boldsymbol{F}_2\quad \boldsymbol{A}\boldsymbol{F}_2]$$

对 $\boldsymbol{G}_3$ 来说，它的前 p 列是 $\boldsymbol{F}_2$，$p+1$ 至 $2p$ 列是 $\boldsymbol{AF}_2$，后 p 列是 $\boldsymbol{G}_3$ 的 $p+1$ 列至 $2p$ 列下移 q 行所对应的列，即 $\boldsymbol{G}_2^*$ 的后 p 列，即 $\boldsymbol{A}\boldsymbol{G}_2$ 的后 p 列，即 $\boldsymbol{A}^2\boldsymbol{F}_2$。依此类推，可得

$$G_j=\begin{bmatrix}F_2 & AF_2 & \cdots & A^{j-1}F_2\end{bmatrix},\quad j=1,2,\cdots$$

如果令 $B=F_2$，上式即

$$G_j=\begin{bmatrix}B & AB & \cdots & A^{j-1}B\end{bmatrix},\quad j=1,2,\cdots$$

现在来分析 $C=F_1F^{-1}$，即 $CF=F_1$，记 $F_1=\begin{bmatrix}\bar{f}_1 & \bar{f}_2 & \cdots & \bar{f}_n\end{bmatrix}$，$f_i$ 与 $\bar{f}_i$ 在 $H_{\beta,\alpha}$ 中占据同一列位。任取 x_0 为 G_α 中的一列，$x_0=\sum_{i=1}^{n}\beta_i f_i$，这时有

$$Cx_0=\sum_{i=1}^{n}\beta_i Cf_i=\sum_{i=1}^{n}\beta_i\bar{f}_i$$

因为 $\mathrm{rank}H_{\beta,\alpha}=n$，所以按照 $f_1,f_2,\cdots,f_n$ 在 G_α 中的位置所对应的列，在 $H_{\beta,\alpha}$ 中选出的列必张满 $H_{\beta,\alpha}$ 的空间，$\bar{f}_1$、$\bar{f}_2$、$\bar{f}_n$ 也必张满 $H_{1\alpha}$ 的列空间，Cx_0 必是 $H_{1\alpha}$ 中的某一元，而这个元在 $H_{1\alpha}$ 中的列位和 x_0 在 G_α 中的列位相同。从而说明算子 C 将 G_α 中的任一列变换为 $H_{1\alpha}$ 中同一列的 q 个分量所组成的列向量。因此由 F_2 是 G_α 的前 p 个列向量，有

$$CF_2=CB=H_0$$

又 $CAB=CAF_2=CG_1^*$，而 G_1^* 恰好是 F_2 右边 p 列对应的子矩阵，所以 $CG_1^*=H_1$，即 $CAB=H_1$，一般地，有 $CA^iB=H_i(i=0,1,2\cdots)$。这说明 (A,B,C) 是 $\{H_i\}$ 的一个实现。

显然根据

$$\mathrm{rank}H_{\beta,\alpha}=\mathrm{rank}\begin{bmatrix}C\\ CA\\ \vdots\\ CA^{\beta-1}\end{bmatrix}\begin{bmatrix}B & AB & \cdots & A^{\alpha-1}B\end{bmatrix}=n$$

可以得出

$$\mathrm{rank}\begin{bmatrix}C\\ CA\\ \vdots\\ CA^{\beta-1}\end{bmatrix}=\mathrm{rank}\begin{bmatrix}B & AB & \cdots & A^{\alpha-1}B\end{bmatrix}=n$$

这说明 (A,C) 可观测，(A,B) 可控。因而 (A,B,C) 是 $\{H_i\}$ 的一个最小阶实现。定理充分性证毕。

这一定理用另外一种方法证明了正则有理函数矩阵的可实现性，因为前面已经指出，严格真有理函数矩阵总满足条件(3.5.8)。定理的充分性证明过程给出了直接从汉克尔矩阵提取最小阶实现的方法。

现根据定理 3.5.1 充分性的证明过程，将严格正则有理函数矩阵最小阶实现的计算步

骤归纳如下：

(1) 将$\boldsymbol{G}(s)$展成s的负幂级数的形式，从而得到马尔可夫参数矩阵；

$$\boldsymbol{G}(s)=\sum_{i=1}^{\infty}\boldsymbol{H}_{i-1}s^{-i}$$

(2) 用马尔可夫参数矩阵排列成汉克尔矩阵$\boldsymbol{H}_{ij}$，这里i,j最多可取为$\boldsymbol{G}(s)$各元的最小公分母次数，见式(3.5.6)与式(3.5.7)；

(3) 从$\boldsymbol{H}_{\beta,\alpha}$中由第一行开始选取$n$个线性无关的行构成矩阵$\boldsymbol{G}_{\alpha}$，同时在$\boldsymbol{H}_{\beta+1,\alpha}$中取出$\boldsymbol{G}_{\alpha}^{*}$；

(4) 在$\boldsymbol{G}_{\alpha}$中选取前n个线性无关的列构成矩阵$\boldsymbol{F}$，相应地在$\boldsymbol{G}_{\alpha}^{*}$中选出$n$个列构成$\boldsymbol{F}^{*}$；

(5) 按照定义从$\boldsymbol{H}_{1\alpha}$中选出矩阵$\boldsymbol{F}_1$；

(6) 从$\boldsymbol{G}_{\alpha}$中取出前p列组成矩阵$\boldsymbol{F}_2$；

(7) $\boldsymbol{A}=\boldsymbol{F}^{*}\boldsymbol{F}^{-1},\boldsymbol{B}=\boldsymbol{F}_2,\boldsymbol{C}=\boldsymbol{F}_1\boldsymbol{F}^{-1}$，则$(\boldsymbol{A},\boldsymbol{B},\boldsymbol{C})$就是$\boldsymbol{G}(s)$的一个最小阶实现。

例 3.5.1　求有理函数矩阵的最小阶实现：

$$\boldsymbol{G}(s)=\begin{bmatrix}\dfrac{1}{s(s+1)} & \dfrac{1}{s}\\ \dfrac{1}{s} & \dfrac{s-1}{s(s+1)}\end{bmatrix}$$

(1) 将$\boldsymbol{G}(s)$展成幂级数：

$$\boldsymbol{G}(s)=\boldsymbol{H}_0s^{-1}+\boldsymbol{H}_1s^{-2}+\boldsymbol{H}_2s^{-3}+\cdots$$

其中

$$\boldsymbol{H}_0=\begin{bmatrix}0&1\\1&1\end{bmatrix},\quad \boldsymbol{H}_1=\begin{bmatrix}1&0\\0&-2\end{bmatrix},\quad \boldsymbol{H}_2=-\boldsymbol{H}_1,\quad \boldsymbol{H}_3=-\boldsymbol{H}_2=\boldsymbol{H}_1$$

(2) 作汉克尔矩阵：

$$\boldsymbol{H}_{22}=\begin{bmatrix}0&1&1&0\\1&1&0&-2\\1&0&-1&0\\0&-2&0&2\end{bmatrix}$$

显然$\mathrm{rank}\boldsymbol{H}_{22}=4$，而且当$i,j\geqslant 2$时，$\mathrm{rank}\boldsymbol{H}_{ij}=4$。故$\boldsymbol{G}(s)$最小阶实现的维数为 4，参数$\alpha=\beta=2$。

(3) 取$\boldsymbol{G}_{\alpha}$和$\boldsymbol{G}_{\alpha}^{*}$：

$$G_{\alpha}=\begin{bmatrix}0&1&1&0&-1&0&\\1&1&0&-2&0&2&\cdots\\1&0&-1&0&1&0&\\0&-2&0&2&0&-2&\end{bmatrix}$$

$$G_{\alpha}^{*}=\begin{bmatrix}1&0&-1&0&\\0&-2&0&2&\cdots\\-1&0&1&0&\\0&2&0&-2&\end{bmatrix}$$

(4) 作 $\boldsymbol{F}$ 和 $\boldsymbol{F}^{*}$：

$$\boldsymbol{F}=\begin{bmatrix}0&1&1&0\\1&1&0&-2\\1&0&-1&0\\0&-2&0&2\end{bmatrix},\quad \boldsymbol{F}^{*}=\begin{bmatrix}1&0&-1&0\\0&-2&0&2\\-1&0&1&0\\0&2&0&-2\end{bmatrix}$$

(5) 作 $\boldsymbol{F}_1$：

$$\boldsymbol{F}_1=\begin{bmatrix}0&1&1&0\\1&1&0&-2\end{bmatrix}$$

(6) 作 $\boldsymbol{F}_2$：

$$\boldsymbol{F}_2=\begin{bmatrix}0&1\\1&1\\1&0\\0&-2\end{bmatrix}$$

(7) 计算 $\boldsymbol{A},\boldsymbol{B},\boldsymbol{C}$，为此计算 $\boldsymbol{F}^{-1}$：

$$\boldsymbol{F}^{-1}=\frac{1}{2}\begin{bmatrix}1&1&1&1\\1&-1&1&-1\\1&1&-1&1\\1&-1&1&0\end{bmatrix}$$

这时有

$$\boldsymbol{A}=\boldsymbol{F}^{*}\boldsymbol{F}^{-1}=\begin{bmatrix}0&0&1&0\\0&0&0&1\\0&0&-1&0\\0&0&0&-1\end{bmatrix},\quad \boldsymbol{B}=\begin{bmatrix}0&1\\1&1\\1&0\\0&-2\end{bmatrix}$$

$$\boldsymbol{C}=\boldsymbol{F}_1\boldsymbol{F}^{-1}=\begin{bmatrix}1&0&0&0\\0&1&0&0\end{bmatrix}$$

现在验证 $(\boldsymbol{A},\boldsymbol{B},\boldsymbol{C})$ 是 $\boldsymbol{G}(s)$ 的最小阶实现，因为

$$(s\boldsymbol{I}-\boldsymbol{A})^{-1}=\begin{bmatrix} s & 0 & -1 & 0 \\ 0 & s & 0 & -1 \\ 0 & 0 & s+1 & 0 \\ 0 & 0 & 0 & s+1 \end{bmatrix}^{-1}=\begin{bmatrix} \frac{1}{s} & 0 & \frac{1}{s(s+1)} & 0 \\ 0 & \frac{1}{s} & 0 & \frac{1}{s(s+1)} \\ 0 & 0 & \frac{1}{s+1} & 0 \\ 0 & 0 & 0 & \frac{1}{s+1} \end{bmatrix}$$

故有

$$\boldsymbol{C}(s\boldsymbol{I}-\boldsymbol{A})^{-1}\boldsymbol{B}=\begin{bmatrix} \frac{1}{s(s+1)} & \frac{1}{s} \\ \frac{1}{s} & \frac{s-1}{s(s+1)} \end{bmatrix}=\boldsymbol{G}(s)$$

这说明所求 $(\boldsymbol{A},\boldsymbol{B},\boldsymbol{C})$ 是 $\boldsymbol{G}(s)$ 的一个实现，容易验证 $(\boldsymbol{A},\boldsymbol{B})$ 可控，$(\boldsymbol{A},\boldsymbol{C})$ 可观测。

若 $\boldsymbol{F}_1$ 、$\boldsymbol{F}$ 、$\boldsymbol{F}^*$ 和 $\boldsymbol{F}_2$ 如定理 3.5.1 所定义，可以得到以下推论。

推论 3.5.1　设 $\{\boldsymbol{H}_i\}$ 可实现，则它的任一最小阶实现可表示为$(\boldsymbol{F}^*\bar{\boldsymbol{F}}^{-1},\bar{\boldsymbol{F}}_2,\boldsymbol{F}_1\bar{\boldsymbol{F}}^{-1})$。其中 $\bar{\boldsymbol{F}}=\boldsymbol{T}\boldsymbol{F}$ ，$\bar{\boldsymbol{F}}^*=\boldsymbol{T}\boldsymbol{F}^*$ ，$\bar{\boldsymbol{F}}_2=\boldsymbol{T}\boldsymbol{F}_2$ ，$\boldsymbol{T}$ 是某一个非奇异矩阵。特别地，若 $\boldsymbol{T}=\boldsymbol{F}^{-1}$ ，则$(\bar{\boldsymbol{F}}^*,\boldsymbol{F}_2,\boldsymbol{F}_1)$是 $\{\boldsymbol{H}_i\}$ 的最小阶实现。

推论 3.5.1 为具体计算最小阶实现提供了有效的方法。考察 $\boldsymbol{F}^*$ ，它也是 $\boldsymbol{G}_{\alpha+1}$ 的子矩阵，若对 $\boldsymbol{G}_{\alpha+1}$ 左乘非奇异矩阵，即对 $\boldsymbol{G}_{\alpha+1}$ 进行变换，也就是 $\boldsymbol{F}$ 、$\boldsymbol{F}^*$ 、$\boldsymbol{F}_2$ 同时进行了行变换。若 $\bar{\boldsymbol{G}}_{\alpha+1}=\boldsymbol{T}\boldsymbol{G}_{\alpha+1}$ ，推论 3.5.1 中的 $\bar{\boldsymbol{F}}^*$ 、$\bar{\boldsymbol{F}}$ 、$\bar{\boldsymbol{F}}_2$ 都在 $\bar{\boldsymbol{G}}_{\alpha+1}$ 中，若 $\boldsymbol{T}=\boldsymbol{F}^{-1}$ ，则 $\bar{\boldsymbol{F}}$ 就是单位矩阵了，$\bar{\boldsymbol{F}}^*$ 、$\bar{\boldsymbol{F}}_2$ 都可按规则在 $\bar{\boldsymbol{G}}_{\alpha+1}$ 中找出，但 $\boldsymbol{F}_1$ 仍然在 $\boldsymbol{H}_{1\alpha}$ 中找。具体做法为：对 $\boldsymbol{H}_{\beta,\alpha+1}$ 作一系列行变换，总可将 $\bar{\boldsymbol{G}}_{\alpha+1}$ 置换在 $\bar{\boldsymbol{H}}_{\beta,\alpha+1}$ 的前 n 行上，并且必可使它前 n 个独立列构成一个单位矩阵，这意味着在 $\bar{\boldsymbol{H}}_{\beta,\alpha+1}$ 的前 n 行已左乘了 $\boldsymbol{F}^{-1}$ ，这时 $\bar{\boldsymbol{H}}_{\beta,\alpha+1}$ 的前 n 行就是 $\bar{\boldsymbol{G}}_{\alpha+1}$ ，$\bar{\boldsymbol{G}}_{\alpha+1}$ 的前 $n\times p$ 子矩阵就是 $\bar{\boldsymbol{F}}_2=\boldsymbol{B}$ ，$\bar{\boldsymbol{G}}_{\alpha+1}$ 中的单位矩阵就是 $\boldsymbol{F}$ ，而它“右移” p 列对应的 $n\times n$ 矩阵构成 $\boldsymbol{A}$ 矩阵，$\boldsymbol{F}_1$ 是根据 $\boldsymbol{F}$ 所占的列位在 $\boldsymbol{H}_{i\alpha}$ 中选出的 $q\times n$ 矩阵，也就是 $\boldsymbol{C}$ 矩阵。

例 3.5.2　求系统的最小阶实现：

$$\boldsymbol{G}(s)=\frac{1}{s^2-1}\begin{bmatrix} 2(s-1) & 2 \\ s-1 & s-1 \end{bmatrix}$$

解　根据计算得出 $\delta\boldsymbol{G}(s)=3$ ，且

$$\boldsymbol{H}_0=\begin{bmatrix} 2 & 0 \\ 1 & 1 \end{bmatrix},\quad \boldsymbol{H}_1=\begin{bmatrix} -2 & 2 \\ -1 & -1 \end{bmatrix},\quad \boldsymbol{H}_2=\begin{bmatrix} 2 & 0 \\ 1 & 1 \end{bmatrix},\quad \boldsymbol{H}_3=\begin{bmatrix} -2 & 2 \\ -1 & -1 \end{bmatrix}$$

$$H_{23}=\begin{bmatrix}2&0&-2&2&2&0\\1&1&-1&-1&1&1\\-2&2&2&0&-2&2\\-1&-1&1&1&-1&-1\end{bmatrix}$$

对 $\boldsymbol{H}_{23}$ 进行行变换，可得

$$\bar{\boldsymbol{H}}_{23}=\begin{bmatrix}1&0&-1&0&1&0\\0&1&0&0&0&1\\0&0&0&1&0&0\\0&0&0&0&0&0\end{bmatrix}$$

根据前面所阐明的规则，可得 $\boldsymbol{G}(s)$ 的最小阶实现为

$$\boldsymbol{A}=\begin{bmatrix}-1&0&0\\0&0&1\\0&1&0\end{bmatrix},\quad \boldsymbol{B}=\begin{bmatrix}1&0\\0&1\\0&0\end{bmatrix},\quad \boldsymbol{C}=\begin{bmatrix}2&0&2\\1&1&-1\end{bmatrix}$$

从例 3.5.2 可以看出，如果将 $\boldsymbol{H}_{23}$ 用行变换为 $\bar{\boldsymbol{H}}_{23}$ 这种特殊形式，就可以很快找出最小阶实现。形如 $\bar{\boldsymbol{H}}_{23}$ 这种形式的矩阵称为埃尔米特标准型。如果给出用行变换化一个矩阵为埃尔米特型的标准算法，那么求最小阶实现的问题就会更方便。

定义 3.5.1　埃尔米特标准型。 方阵 $\boldsymbol{H}$ 称为**埃尔米特标准型**(简称 **H** 型)，若它满足下列条件：

(1) $\boldsymbol{H}$ 是上三角矩阵，主对角线上的元素是零或 1；

(2) 主对角线为零的元素所在行的全部元素均为零；

(3) 主对角线为 1 的元素所在列的其他元素全为零。

一个非方阵称为 **H** 型，如果在其中插入零行或零列后能化为 **H** 型。一个任意矩阵用行变换化为 **H** 型的算法步骤如下。

(1) 若 $q_{i_1 1}$ 是 $\boldsymbol{Q}$ 中第一列第一个非零元素，它位于 i_1 行上，令

$$\boldsymbol{T}^{(1)}=\boldsymbol{I}-\frac{\boldsymbol{Q}\boldsymbol{e}_1-\boldsymbol{e}_{i_1}}{\boldsymbol{e}_{i_1}^{\mathrm{T}}\boldsymbol{Q}\boldsymbol{e}_1}\boldsymbol{e}_{i_1}^{\mathrm{T}}$$

其中，$\boldsymbol{e}_i$ 表示 n 阶单位矩阵的第 i 列。$\boldsymbol{T}^{(1)}$ 是非奇异矩阵，因为 $\det\boldsymbol{T}^{(1)}=1/q_{i_1 1}$(见习题 3.17)，

$$\boldsymbol{Q}^{(2)}=\boldsymbol{T}^{(1)}\boldsymbol{Q}=\begin{bmatrix} & \times & \times & \\ & \times & \times & \\ \boldsymbol{e}_{i_1} & & & \cdots\\ & \vdots & \vdots & \\ & \times & \times & \end{bmatrix}$$

(2) 考虑第二列，找到除 i_1 行以外的非零元素(位于 i_2 行)，若没有非零元素，则转入下一列，令

$$T^{(2)} = I - \frac{Q^{(2)}e_2 - e_{i_2}}{e_{i_2}^{\mathrm{T}}Q^{(2)}e_2}e_{i_2}^{\mathrm{T}}$$

$$Q^{(3)} = T^{(2)}Q^{(2)}$$

(3) 经过 n 步，可得 $Q^{(n+1)}$；

(4) 用适当的行置换，就可变成 **H** 型。

$$PQ^{(n+1)} = H$$

例 3.5.3　求系统的最小阶实现：

$$G(s) = \begin{bmatrix} \dfrac{1}{s+1} & \dfrac{1}{1+3} \\ \dfrac{1}{s} & \dfrac{2}{s+2} \end{bmatrix}$$

解　建立 H_{33} 为

$$H_{33} = \begin{bmatrix} 1 & 1 & -1 & -3 & 1 & 9 \\ 1 & 2 & 0 & -4 & 0 & 8 \\ -1 & -3 & 1 & 9 & -1 & -27 \\ 0 & -4 & 0 & 8 & 0 & -16 \\ 1 & 9 & -1 & -27 & 1 & 81 \\ 0 & 8 & 0 & -16 & 0 & 32 \end{bmatrix}$$

$$H_{33}^{(2)} = H_{33} - \begin{bmatrix} 0 \\ 1 \\ -1 \\ 0 \\ 1 \\ 0 \end{bmatrix}\begin{bmatrix} 1 & 1 & -1 & -3 & 1 & 9 \end{bmatrix} = \begin{bmatrix} 1 & 1 & -1 & -3 & 1 & 9 \\ 0 & 1 & 1 & -1 & -1 & -1 \\ 0 & -2 & 0 & 6 & 0 & -18 \\ 0 & -4 & 0 & 8 & 0 & -16 \\ 0 & 8 & 0 & -24 & 0 & 72 \\ 0 & 8 & 0 & -16 & 0 & 32 \end{bmatrix}$$

$$H_{33}^{(3)} = H_{33}^{(2)} - \begin{bmatrix} 1 \\ 0 \\ -2 \\ -4 \\ 8 \\ 8 \end{bmatrix}\begin{bmatrix} 0 & 1 & 1 & -1 & -1 & -1 \end{bmatrix} = \begin{bmatrix} 1 & 0 & -2 & -2 & 2 & 10 \\ 0 & 1 & 1 & -1 & -1 & -1 \\ 0 & 0 & 2 & 4 & -2 & -20 \\ 0 & 0 & 4 & 4 & -4 & -20 \\ 0 & 0 & -8 & -16 & 8 & 80 \\ 0 & 0 & -8 & -8 & 8 & 40 \end{bmatrix}$$

$$H_{33}^{(4)} = H_{33}^{(3)} - \frac{1}{2}\begin{bmatrix} -2 \\ 1 \\ 1 \\ 4 \\ -8 \\ -8 \end{bmatrix}\begin{bmatrix} 0 & 0 & 2 & 4 & -2 & -20 \end{bmatrix} = \begin{bmatrix} 1 & 0 & 0 & 2 & 0 & -10 \\ 0 & 1 & 0 & -3 & 0 & 9 \\ 0 & 0 & 1 & 2 & -1 & -10 \\ 0 & 0 & 0 & -4 & 0 & 20 \\ 0 & 0 & 0 & 0 & 0 & 0 \\ 0 & 0 & 0 & 8 & 0 & -40 \end{bmatrix}$$

$$\boldsymbol{H}_{33}^{(5)}=\boldsymbol{H}_{33}^{(4)}-\frac{-1}{4}\begin{bmatrix}2\\-3\\2\\-5\\0\\8\end{bmatrix}\begin{bmatrix}0&0&0&-4&0&20\end{bmatrix}=\begin{bmatrix}1&0&0&0&0&0\\0&1&0&0&0&-6\\0&0&1&0&-1&0\\0&0&0&1&0&-5\\0&0&0&0&0&0\\0&0&0&0&0&0\end{bmatrix}$$

$\boldsymbol{H}_{33}^{(5)}$ 已是 H 型，从 $\boldsymbol{H}_{33}^{(5)}$ 中按规则很容易写出 $\boldsymbol{G}(s)$ 的最小阶实现为

$$\boldsymbol{A}=\begin{bmatrix}0&0&0&0\\0&0&0&-6\\1&0&-1&0\\0&1&0&-5\end{bmatrix},\quad \boldsymbol{B}=\begin{bmatrix}1&0\\0&1\\0&0\\0&0\end{bmatrix},\quad \boldsymbol{C}=\begin{bmatrix}1&1&-1&-3\\1&2&0&4\end{bmatrix}$$

在求取最小阶实现的计算中，首先遇到的问题就是汉克尔矩阵的规模开始应取多大？前面的叙述已给出，若 r 是 $\boldsymbol{G}(s)$ 的最小公分母的次数，则取 $\boldsymbol{H}_{r,r+1}$ 就可保证 $\boldsymbol{G}_{\alpha+1}$ 完整地挑出而不损失数据。利用 $\boldsymbol{G}(s)$ 行和列的最小公分母的概念，可以将开始所取的汉克尔矩阵的规模缩减，以便计算。

这里首先介绍变形汉克尔矩阵的概念。若严格正则有理函数矩阵的第 μ 行第 ν 列元素用 $g_{\mu\nu}(s)$ 表示，考虑该元素的 $\boldsymbol{H}_{ij}$，并记为 $\boldsymbol{H}_{\mu\nu}(i,j)$。若 $\boldsymbol{G}(s)$ 的第 i 行最小公分母的次数为 α_i，第 j 列最小公分母的次数为 β_j，考虑下列 $\sum_{i=1}^{q}(\alpha_i+1)\times\sum_{i=1}^{p}\beta_i$ 矩阵：

$$\boldsymbol{H}=\begin{bmatrix}\boldsymbol{H}_{11}(\alpha_1+1,\beta_1)&\cdots&\boldsymbol{H}_{1p}(\alpha_1+1,\beta_p)\\\boldsymbol{H}_{21}(\alpha_2+1,\beta_1)&\cdots&\boldsymbol{H}_{2p}(\alpha_2+1,\beta_p)\\\vdots&&\vdots\\\boldsymbol{H}_{q1}(\alpha_q+1,\beta_1)&\cdots&\boldsymbol{H}_{qp}(\alpha_q+1,\beta_p)\end{bmatrix}\tag{3.5.11}$$

或者考虑下列 $\sum_{i=1}^{q}\alpha_i\times\sum_{i=1}^{p}(\beta_i+1)$ 矩阵：

$$\boldsymbol{H}=\begin{bmatrix}\boldsymbol{H}_{11}(\alpha_1,\beta_1+1)&\cdots&\boldsymbol{H}_{1p}(\alpha_1,\beta_p+1)\\\boldsymbol{H}_{21}(\alpha_2,\beta_1+1)&\cdots&\boldsymbol{H}_{2p}(\alpha_2,\beta_p+1)\\\vdots&&\vdots\\\boldsymbol{H}_{q1}(\alpha_q,\beta_1+1)&\cdots&\boldsymbol{H}_{qp}(\alpha_q,\beta_p+1)\end{bmatrix}\tag{3.5.12}$$

式(3.5.11)和式(3.5.12)都称为变形的汉克尔矩阵。由这两种变形的汉克尔矩阵可直接计算出具有标准形的最小阶实现。在介绍具体做法之前，应当说明的是，在汉克尔矩阵变形之后，规模显然减小，但是所包含的数据信息没有改变。

引理 3.5.2　设 $g_i(s)\ (i=1,2,\cdots,p)$ 是严格正则的有理函数，且已是既约形式，$D(s)$ 是 $g_i(s)\ (i=1,2,\cdots,p)$ 的最小公分母，则存在实常数 $c_1,c_2,\cdots,c_p$，使得有理函数：

$$\frac{N(s)}{D(s)}=\sum_{i=1}^{p}c_i g_i(s)$$

是既约形式，即 $N(s)$ 与 $D(s)$ 没有非常数的公因式。

证明　将 $g_i(s)$ 写为如下形式：

$$g_i(s)=\frac{N_i(s)}{D_i(s)}=\frac{N_i(s)\tilde{N}(s)}{D(s)}$$

因为 $g_i(s)$ 已是既约形式，故可证明：

$$\{D(s),N_1(s)\tilde{N}_1(s),\cdots,N_p(s)\tilde{N}_p(s)\} \tag{3.5.13}$$

的最大公因式是 1。事实上，$D(s)$ 与 $N_i(s)\tilde{N}_i(s)$ 的最大公因式是 $\tilde{N}_i(s)$，若式(3.5.13)中各式有公因式，此公因式必是 $D(s)$ 与 $N_i(s)\tilde{N}_i(s)$ 的公因式的因子，因此必是 $\tilde{N}_1(s),\cdots,\tilde{N}_p(s)$ 的公因式，这与 $D(s)$ 是最小公分母相矛盾。现只要按如下方法取 c_i，就可证明引理的结论。

设 $D(s)$ 的次数为 n_0，$\lambda_1,\lambda_2,\cdots,\lambda_{n_0}$ 是 $D(s)$ 的零点。令 $r(s)=\sum_{i=1}^{p}c_iN_i(s)\tilde{N}_i(s)$，总可取得 c_i，使得 $r(\lambda_j)\neq 0\ (j=1,2,\cdots,n_0)$，因为使 $r(\lambda_j)=0\ (j=1,2,\cdots,n_0)$ 成立的 c_i 是下列方程组的解空间：

$$\sum_{i=1}^{p}c_iN_i(\lambda_j)\tilde{N}_i(\lambda_j)=0,\quad j=1,2,\cdots,n_0 \tag{3.5.14}$$

而在 p 维实向量空间中不属于式(3.5.14)的解空间的向量 $(c_1,c_2,\cdots,c_p)^{\mathrm{T}}$ 显然是很容易找到的，并且可取 $c_1=c_2=\cdots=c_p$ 为某一常数。

定理 3.5.2　设 $g_i(s)\ (i=1,2,\cdots,p)$ 是严格正则既约的有理函数，且它们的最小公分母为 n 次，则对任意的 $k\geqslant n, l\geqslant n, k_i\geqslant n, l_i\geqslant n\ (i=1,2,\cdots,p)$ 均有

$$\operatorname{rank}[\boldsymbol{H}_1(n,n)\quad \boldsymbol{H}_2(n,n)\quad \cdots\quad \boldsymbol{H}_p(n,n)]=\operatorname{rank}[\boldsymbol{H}_1(k,l_1)\quad \cdots\quad \boldsymbol{H}_p(k,l_p)]=n \tag{3.5.15}$$

$$\operatorname{rank}\begin{bmatrix}\boldsymbol{H}_1(k_1,l)\\ \boldsymbol{H}_2(k_2,l)\\ \vdots\\ \boldsymbol{H}_p(k_p,l)\end{bmatrix}=n \tag{3.5.16}$$

其中，$\boldsymbol{H}_i(k_i,l)$ 是 $g_i(s)$ 的 $k\times l$ 汉克尔矩阵。

证明　首先，证明对于 $k\geqslant n,\ l_i\geqslant n,\ \operatorname{rank}[\boldsymbol{H}_1(k,l_1)\quad \cdots\quad \boldsymbol{H}_p(k,l_p)]\leqslant n$。

设 $D(s)$是 $g_i(s)$ 的最小公分母，且 $1/D(s)$的汉克尔矩阵记为 $\boldsymbol{H}(k,l)$，显然有以下事实成立：

$$\operatorname{rank}\boldsymbol{H}(n,n)=\operatorname{rank}\boldsymbol{H}(k,l)=n,\quad \forall k\geqslant n,l\geqslant n \tag{3.5.17}$$

现证明 $\boldsymbol{H}_i(k,l)$ 是 $\boldsymbol{H}(k,l)$ 列的线性组合。因为可将 $g_i(s)$ 写成

$$g_i(s)=\frac{N_i(s)}{D_i(s)}=\frac{N_i(s)\tilde{N}(s)}{D(s)}=\frac{a_1s^{n-1}+\cdots+a_n}{D(s)}$$

可以验证，$\boldsymbol{H}_i(k,l)$ 的第 j 列等于 $\boldsymbol{H}(k,j\sim n+j-1)\boldsymbol{\alpha}$，这里 $\boldsymbol{\alpha}=(a_n \quad a_{n-1} \quad \cdots \quad a_1)^{\mathrm{T}}$，并且 $\boldsymbol{H}(k,j\sim n+j-1)$ 是通过删除 $\boldsymbol{H}(k,n+j-1)$ 的前 $j-1$ 列后所保留下的子矩阵。因为所有 $\boldsymbol{H}(k,l)$ 的列 $(l>n)$ 是 $\boldsymbol{H}(k,n)$ 列的线性组合，所以 $\boldsymbol{H}_i(k,l)$ 的所有列是 $\boldsymbol{H}(k,n)$ 列的线性组合。而 $\boldsymbol{H}(k,n)$ 的秩为 n，因此 $[\boldsymbol{H}_1(k,l_1) \quad \boldsymbol{H}_2(k,l_2) \quad \cdots \quad \boldsymbol{H}_p(k,l_p)]$ 的秩至多是 n。

其次，证明 $\mathrm{rank}[\boldsymbol{H}_1(n,n) \quad \boldsymbol{H}_2(n,n) \quad \cdots \quad \boldsymbol{H}_p(n,n)]=n$，由引理 3.5.2 可知，存在实常数 c_i，使得 $g(s)=\sum_{i=1}^{p}c_ig_i(s)$ 是既约形式，并且它的分母是 n 次的，设 $\boldsymbol{K}(n,n)$ 是 $g(s)$ 的汉克尔矩阵，显然 $\mathrm{rank}\boldsymbol{K}(n,n)=n$。$\boldsymbol{K}(n,n)$ 可以由 $g_i(s)$ 的汉克尔矩阵表示如下：

$$\boldsymbol{K}(n,n)=c_1\boldsymbol{H}_1(n,n)+c_2\boldsymbol{H}_2(n,n)+\cdots+c_p\boldsymbol{H}_p(n,n) \tag{3.5.18}$$

现要证 $\mathrm{rank}[\boldsymbol{H}_1(n,n) \quad \boldsymbol{H}_2(n,n) \quad \cdots \quad \boldsymbol{H}_p(n,n)]=n$。若不然，则存在 $1\times n$ 的非零向量 $\boldsymbol{\beta}$，使得 $\boldsymbol{\beta}\boldsymbol{H}_i(n,n)=0 \ (i=1,2,\cdots,p)$，因此有 $\boldsymbol{\beta}\boldsymbol{K}(n,n)=0$，这与 $\boldsymbol{K}(n,n)$ 的秩为 n 相矛盾。

最后，对于每个满足 $k\geqslant n, l_i\geqslant n$ 的 $[\boldsymbol{H}_1(k,l_1) \quad \cdots \quad \boldsymbol{H}_p(k,l_p)]$，均包含 $[\boldsymbol{H}_1(n,n) \quad \boldsymbol{H}_2(n,n) \quad \cdots \quad \boldsymbol{H}_p(n,n)]$ 为其子矩阵，前者秩至多为 n，后者秩为 n，故有式(3.5.15)成立。式(3.5.16)的证明与式(3.5.15)的证明类似，这里不再重复。

由这一定理可知，当把 $\boldsymbol{H}_{r+1,r}$ 或 $\boldsymbol{H}_{r,r+1}$ 缩减为式(3.5.11)或式(3.5.12)的形式时，不会发生有用数据的丢失，因此可以由规模较小的式(3.5.11)或式(3.5.12)着手来建立最小阶实现。下面用一个例子来说明如何利用变形的汉克尔矩阵找出标准形式的最小阶实现。

例 3.5.4 给定有理函数矩阵为

$$\boldsymbol{G}(s)=\begin{bmatrix}\dfrac{3s}{(s+1)^2} & \dfrac{1}{s+1}\\ \dfrac{-4}{s(s+2)} & \dfrac{s+1}{s(s+2)}\end{bmatrix}$$

解 找出 $\boldsymbol{G}(s)$ 的标准形最小阶实现的步骤如下。

(1) $\boldsymbol{G}(s)$ 的每一元展开为 s 的负幂级数：

$$\begin{aligned}
g_{11}(s)&=3s^{-1}-6s^{-2}+9s^{-3}-12s^{-4}+15s^{-5}-18s^{-6}+\cdots\\
g_{12}(s)&=s^{-1}-s^{-2}+s^{-3}-s^{-4}+\cdots\\
g_{21}(s)&=-4s^{-2}+8s^{-3}-16s^{-4}+32s^{-5}-64s^{-6}+\cdots\\
g_{22}(s)&=s^{-1}-s^{-2}+2s^{-3}-4s^{-4}+8s^{-5}-16s^{-6}+\cdots
\end{aligned}$$

(2) 计算 α_i,β_i：

$$\alpha_1=2, \quad \alpha_2=2, \quad \beta_1=4, \quad \beta_2=3$$

(3) 按式(3.5.11)或式(3.5.12)构成变形后的汉克尔矩阵。这里根据式(3.5.11)构成如下的变形后的汉克尔矩阵：

$$H=\left[\begin{array}{ccccc:cccc}3&-6&9&-12&15&1&-1&1&-1\\-6&9&-12&15&-18&-1&1&-1&1\\\hdashline 0&-4&8&-16&32&1&-1&-2&-4\\-4&8&-16&32&-64&-1&2&-4&8\end{array}\right]$$

由定理 3.5.1 可知最小阶实现的维数 n 满足：

$$n\leqslant\sum\beta_j=7,\quad n\leqslant\sum\alpha_i=4$$

计算 $\boldsymbol{G}(s)$ 的麦克米伦阶，可知 $\delta\boldsymbol{G}(s)=4$。

(4) 从 $\boldsymbol{H}$ 中挑选 $\bar{\boldsymbol{H}}$ 如下：

$$\bar{H}=\left[\begin{array}{cc:cccc}3&-6&1&-1&1&-1\\-6&9&-1&1&-1&1\\\hdashline 0&-4&1&-1&-2&-4\\-4&8&-1&2&-4&8\end{array}\right]$$

因为构成最小阶实现时，$\boldsymbol{A}$ 需要 4 列，$\boldsymbol{B}$ 需要 2 列，所以挑选时保留每一子块前面的列，共挑出 $p+n$ 列。这里的选法不是唯一的。选法不同将会影响 $\boldsymbol{A}$ 的结构(见习题 3.21)。

(5) 利用化埃尔米特型的算法将 $\bar{\boldsymbol{H}}$ 化为

$$\bar{\bar{H}}=\left[\begin{array}{cc:cccc}1&-1&0&0&0&0\\0&-4&1&0&0&0\\0&-2&0&1&0&-2\\0&-1&0&0&1&-3\end{array}\right]$$

由此可得

$$A=\left[\begin{array}{c:ccc}-1&0&0&0\\\hdashline -4&0&0&0\\-2&1&0&-2\\-1&0&1&-3\end{array}\right],\quad B=\left[\begin{array}{cc}1&0\\\hdashline 0&1\\0&0\\0&0\end{array}\right],\quad C=\left[\begin{array}{c:ccc}3&1&-1&1\\0&1&-1&2\end{array}\right]$$

本 章 小 结

本章与后面的第 4、5 章所研究的对象仅限于线性时不变系统。在系统理论中，线性时不变系统研究得比较深入且广泛。因此在同类教材中占有比较重要的地位和比较多的篇幅。

对线性时不变系统进行设计的时候，为了便于讨论和计算，需要把系统 $(\boldsymbol{A},\boldsymbol{B},\boldsymbol{C})$ 化为所需要的标准形式。另外，也只有标准形式才更明确地表示了系统的代数结构。定理 3.1.1 和定理 3.1.2 所提供的单变量系统标准形是分别在极点配置和观测器设计中所要用到的。3.1 节中用克罗内克不变量讨论了多变量系统的可控(可观测)标准形(定理 3.1.3、定理 3.1.4、定理 3.1.5、定理 3.1.6)和三角形标准形(定理 3.1.7)。

在第 2 章的基础上，3.2 节进一步讨论了动态方程的不可简约性质和传递函数矩阵零、极点相消问题的联系。应当注意的是单变量系统的定理 3.2.1 和 3.3 节多变量系统的定理 3.3.1、定理 3.3.2 在提法上的区别。对多变量系统，与定理 3.2.1 相对应的是定理 3.3.2。从这里也可看出定义 1.1.5 所定义的极点多项式的意义。

关于标量有理函数与有理函数矩阵的最小阶实现问题，第 2 章的定理 2.6.4 及定理 2.6.5 是基本的。本章所介绍的是关于最小阶实现的构造方法。3.4 节介绍了降阶化简的罗森布罗克算法，这种算法依赖于先构造出一个非最小阶实现，一般说来或是可控的，或是可观测的，然后利用所介绍的方法消除解耦零点，从而得到最小阶实现。3.5 节介绍了从 $\boldsymbol{G}(s)$ 所生成的汉克尔矩阵中直接提取最小阶实现的方法，主要的结果是定理 3.5.1 和定理 3.5.2。这里没有介绍 HO-Kalman 最先提出的算法，这种算法在许多教材中都可找到(参考习题 3.23)。为了进一步缩减开始所取的汉克尔矩阵的规模，可用变形的汉克尔矩阵并且可以得到标准形的最小阶实现。

习　题

3.1　画出可控标准形(定理 3.1.1)的信号流图并计算传递函数矩阵。

3.2　直接证明定理 3.1.3 中式(3.1.21)里的 $\boldsymbol{P}_2$ 是可逆矩阵。

3.3　动态方程如下：

$$\dot{\boldsymbol{x}}=\begin{bmatrix}-1 & -2 & -2\\ 0 & -1 & 1\\ 0 & 0 & -1\end{bmatrix}\boldsymbol{x}+\begin{bmatrix}2\\ 0\\ 1\end{bmatrix}u$$

$$y=\begin{bmatrix}1 & 1 & 0\end{bmatrix}\boldsymbol{x}$$

试将其化为可控标准形及可观测标准形的形式，并计算出变换矩阵。

3.4　计算例 3.1.2 的 $\bar{\mu}_i$ 并和 μ_i 比较。

3.5　动态方程如下：

$$\dot{\boldsymbol{x}}=\begin{bmatrix}0 & 0 & 1\\ 1 & 0 & 0\\ 1 & 1 & 1\end{bmatrix}\boldsymbol{x}+\begin{bmatrix}1 & 1\\ -1 & 1\\ 0 & -1\end{bmatrix}\boldsymbol{u}$$

$$\boldsymbol{y}=\begin{bmatrix}0 & 1 & 1\\ -1 & 1 & 0\end{bmatrix}\boldsymbol{x}$$

试将其化为第二可控标准形，并计算传递函数矩阵。

3.6　证明定理 3.1.6。并问在定理 3.1.1～定理 3.1.5 中所涉及的变换矩阵是否唯一?

3.7　求下列有理函数矩阵的麦克米伦阶：

(1) $\begin{bmatrix}\dfrac{1}{(s+1)^2} & \dfrac{s+3}{s+2} & \dfrac{1}{s+5}\\ \dfrac{1}{(s+3)^2} & \dfrac{s+1}{s+4} & \dfrac{1}{s}\end{bmatrix}$

(2) $\begin{bmatrix} \dfrac{1}{s} & \dfrac{s+3}{s+1} \\ \dfrac{1}{s+3} & \dfrac{s}{s+1} \end{bmatrix}$

3.8 试求传递函数：

(1) $\dfrac{s^4+1}{4s^4+2s^3+2s+1}$

(2) $\dfrac{s^2-s+1}{s^5-s^4+s^3-s^2+s-1}$

的动态方程实现，并说明所求出的实现是不是最小阶实现。

3.9 求下列传递函数的若当型实现：

(1) $\dfrac{s^2+1}{(s+1)(s+2)(s+3)}$

(2) $\dfrac{s^2+1}{(s+2)^3}$

3.10 设有

$$\dot{\boldsymbol{x}} = \begin{bmatrix} \lambda & 0 \\ 0 & \bar{\lambda} \end{bmatrix}\boldsymbol{x} + \begin{bmatrix} b \\ \bar{b} \end{bmatrix}\boldsymbol{u}$$
$$\boldsymbol{y} = \begin{bmatrix} c & \bar{c} \end{bmatrix}\boldsymbol{x}$$

其中，$\bar{\lambda}, \bar{b}, \bar{c}$ 表示 λ, b, c 的共轭，试证明用变换 $\boldsymbol{x} = \boldsymbol{Q}\bar{\boldsymbol{x}}$：

$$\boldsymbol{Q} = \begin{bmatrix} -\bar{\lambda}b & b \\ -\lambda\bar{b} & \bar{b} \end{bmatrix}$$

可将方程变为

$$\dot{\bar{\boldsymbol{x}}} = \begin{bmatrix} 0 & 1 \\ -\lambda\bar{\lambda} & \lambda+\bar{\lambda} \end{bmatrix}\bar{\boldsymbol{x}} + \begin{bmatrix} 0 \\ 1 \end{bmatrix}\boldsymbol{u}$$
$$\boldsymbol{y} = \begin{bmatrix} -2\mathrm{Re}(\bar{\lambda}bc) & 2\mathrm{Re}(bc) \end{bmatrix}\bar{\boldsymbol{x}}$$

3.11 证明推论 3.2.1。

3.12 试求 $1/(s^3+1)$ 的不可简约实现、不可控实现、不可观测实现以及既不可控又不可观测实现。

3.13 试求 $1/s^4$ 的可控标准形、可观测标准形和若当标准形的最小阶实现。

3.14 试求下列向量传递函数的可控或可观测标准形的最小阶实现：

(1) $\begin{bmatrix} \dfrac{2s}{(s+1)(s+2)(s+3)} \\ \dfrac{s^2+2s+2}{s(s+1)^2(s+4)} \end{bmatrix}$

(2) $\begin{bmatrix} \dfrac{2s+3}{(s+1)^2(s+2)} & \dfrac{s^2+2s+2}{s(s+1)^3} \end{bmatrix}$

试说明实现传递函数和实现向量传递函数的过程之间是否存在本质差别？

3.15 用所讲过的几种方法求下列有理函数矩阵的最小阶实现：

(1) $\begin{bmatrix} \dfrac{2+s}{s+1} & \dfrac{1}{s+3} \\ \dfrac{s}{s+1} & \dfrac{s+1}{s+2} \end{bmatrix}$

(2) $\begin{bmatrix} \dfrac{s^2+1}{s^2} & \dfrac{2s+1}{s^2} \\ \dfrac{s+3}{s^2} & \dfrac{2}{s} \end{bmatrix}$

(3) $\dfrac{1}{s^3+3s^2+2s}\begin{bmatrix} s+1 & 2s^2+s-1 & s^2-1 \\ -s^2-s & -s^2+s & s \end{bmatrix}$

3.16 试证：有理函数矩阵各元的首一最小公分母是其最小阶实现中 $\boldsymbol{A}$ 矩阵的最小多项式。

3.17 试计算：

$$\boldsymbol{T}^{(1)} = \boldsymbol{I} - \frac{\boldsymbol{Q}\boldsymbol{e}_1 - \boldsymbol{e}_{i_1}}{\boldsymbol{e}_{i_1}^{\mathrm{T}}\boldsymbol{Q}\boldsymbol{e}_1}\boldsymbol{e}_{i_1}^{\mathrm{T}}$$

的行列式。其中符号 $\boldsymbol{e}_i$ 表示 n 阶单位矩阵的第 i 列；$\boldsymbol{Q}$ 是 $m\times l$ 的矩阵。

3.18 若 $q\times p$ 有理函数矩阵 $\boldsymbol{G}(s)$ 可表示成下列形式：

$$\boldsymbol{G}(s) = \sum_{i=1}^{r}\boldsymbol{R}_i(s-\lambda_i)^{-1}$$

其中，λ_i 互不相同；$\boldsymbol{R}_i$ 为 $q\times p$ 常数矩阵。试证：

$$\delta\boldsymbol{G}(s) = \sum_{i=1}^{r}\mathrm{rank}\boldsymbol{R}_i$$

3.19 若给定 $(\boldsymbol{A},\boldsymbol{b},\boldsymbol{c})$ 如下：

$$\boldsymbol{A} = \begin{bmatrix} -1 & 1 & 0 & 1 \\ 0 & -1 & 0 & 0 \\ 0 & 0 & 0 & -1 \\ 0 & 0 & 1 & -2 \end{bmatrix},\quad \boldsymbol{b} = \begin{bmatrix} 4 \\ 3 \\ 2 \\ 1 \end{bmatrix},\quad \boldsymbol{c} = \begin{bmatrix} 1 & 2 & 3 & 4 \end{bmatrix}$$

试用罗森布罗克降阶化简算法求出最小阶实现。

3.20 分别验证式(3.1.24)的可控性、式(3.1.27)的可观测性。

3.21 设系统 $(\boldsymbol{A},\boldsymbol{B},\boldsymbol{C})$ 可控，$\boldsymbol{B}$ 矩阵满列秩，且系统具有伦伯格第二可控标准形，证明系统的传递函数矩阵为

$$\boldsymbol{G}(s)=\left[\bar{\boldsymbol{C}}_2\boldsymbol{S}(s)+\boldsymbol{D}\bar{\boldsymbol{B}}_p^{-1}\boldsymbol{\delta}(s)\right]\left[\bar{\boldsymbol{B}}_p^{-1}\boldsymbol{\delta}(s)\right]^{-1}$$

其中，$\bar{\boldsymbol{B}}_p$ 是由 $\bar{\boldsymbol{B}}_2$ 的 $\mu_1,\mu_1+\mu_2,\cdots,\mu_1+\cdots+\mu_p$ 行构成的 $p\times p$ 上三角矩阵。而多项式矩阵 $\boldsymbol{S}(s)$ 和 $\boldsymbol{\delta}(s)$ 定义如下：

$$\boldsymbol{S}(s)=\begin{bmatrix} 1 & & & \\ s & & & \\ \vdots & & & \\ s^{\mu_1-1} & & & \\ & 1 & & \\ & s & & \\ & \vdots & & \\ & s^{\mu_2-1} & & \\ & & \vdots & \\ & & \vdots & \\ & & & 1 \\ & & & s \\ & & & \vdots \\ & & & s^{\mu_p-1} \end{bmatrix},\quad \boldsymbol{\delta}(s)=\begin{bmatrix} s^{\mu_1} & & & \\ & s^{\mu_2} & & \\ & & \ddots & \\ & & & s^{\mu_p} \end{bmatrix}-\bar{\boldsymbol{A}}_p\boldsymbol{S}(s)$$

其中，$\bar{\boldsymbol{A}}_p$ 是 $\bar{\boldsymbol{A}}_2$ 中的 $\mu_1,\mu_1+\mu_2,\cdots,\mu_1+\cdots+\mu_p$ 行构成的 $p\times n$ 矩阵。

3.22　给定 $q\times p$ 严格正则有理函数矩阵 $\boldsymbol{G}(s)$。令 r 是 $\boldsymbol{G}(s)$ 的所有元素的最小公分母的次数，组成 $qr\times pr$ 矩阵 $\boldsymbol{T}$ 和 $\tilde{\boldsymbol{T}}$ 如下：

$$\boldsymbol{T}=\begin{bmatrix} \boldsymbol{H}_0 & \boldsymbol{H}_1 & \cdots & \boldsymbol{H}_{r-1} \\ \boldsymbol{H}_1 & \boldsymbol{H}_2 & \cdots & \boldsymbol{H}_r \\ \vdots & \vdots & & \vdots \\ \boldsymbol{H}_{r-1} & \boldsymbol{H}_r & \cdots & \boldsymbol{H}_{2r-2} \end{bmatrix},\quad \tilde{\boldsymbol{T}}=\begin{bmatrix} \boldsymbol{H}_1 & \boldsymbol{H}_2 & \cdots & \boldsymbol{H}_r \\ \boldsymbol{H}_2 & \boldsymbol{H}_3 & \cdots & \boldsymbol{H}_{r+1} \\ \vdots & \vdots & & \vdots \\ \boldsymbol{H}_r & \boldsymbol{H}_{r+1} & \cdots & \boldsymbol{H}_{2r-1} \end{bmatrix}$$

若 $\boldsymbol{T}$ 的秩为 n，并令 $\boldsymbol{K}$ 和 $\boldsymbol{L}$ 为 $qr\times qr$ 和 $pr\times pr$ 的非奇异常量矩阵，它们满足

$$\boldsymbol{KTL}=\begin{bmatrix} \boldsymbol{I}_n & 0 \\ 0 & 0 \end{bmatrix}=\boldsymbol{I}_{n,qr}^{\mathrm{T}}\boldsymbol{I}_{n,pr}$$

其中，$\boldsymbol{I}_{n,m}$ 是形式为 $\left[\boldsymbol{I}_n \quad 0\right]$ 的 $n\times m$ 矩阵。试证明系统 $(\boldsymbol{A},\boldsymbol{B},\boldsymbol{C})$ 是 $\boldsymbol{G}(s)$ 的一个最小阶实现。

$$\boldsymbol{A}=\boldsymbol{I}_{n,qr}\boldsymbol{K}\tilde{\boldsymbol{T}}\boldsymbol{L}\boldsymbol{I}_{n,pr}^{\mathrm{T}}$$

$$\boldsymbol{B}=\boldsymbol{I}_{n,qr}\boldsymbol{KT}\boldsymbol{I}_{n,pr}^{\mathrm{T}}$$

$$\boldsymbol{C}=\boldsymbol{I}_{n,qr}\boldsymbol{KL}\boldsymbol{I}_{n,pr}^{\mathrm{T}}$$

3.23　用习题 3.22 所提供的方法，求习题 3.15(1)的一个最小阶实现。

第 4 章　用状态反馈进行极点配置和解耦控制

反馈控制是自动控制理论的基础。一个反馈控制系统具有对控制结果进行了解，从而校正控制信号的作用。换句话说，反馈系统的控制信号，不仅依赖于输入参考信号，还依赖于控制的结果。因为系统的状态包含关于系统的全部动态信息，所以可预料，若控制信号 $\boldsymbol{u}(t)$ 是输入参考信号 $\boldsymbol{v}(t)$ 及状态变量 $\boldsymbol{x}(t)$ 的函数：$\boldsymbol{u}(t)=\boldsymbol{f}(\boldsymbol{v}(t),\boldsymbol{x}(t),t)$，便可得到较好的效果。关系式 $\boldsymbol{u}(t)=\boldsymbol{f}(\boldsymbol{v}(t),\boldsymbol{x}(t),t)$ 称为控制规律。如何寻找和实现给定指标下的最优控制规律是最优控制理论所讨论的内容。

现在仅讨论线性时不变系统，因此自然假设 $\boldsymbol{u}(t)$ 是 $\boldsymbol{v}$ 和 $\boldsymbol{x}$ 的线性函数，其具体形式为 $\boldsymbol{u}=\boldsymbol{H}\boldsymbol{v}+\boldsymbol{K}\boldsymbol{x}$，这里 $\boldsymbol{H}$ 、$\boldsymbol{K}$ 是常量矩阵。本章将讨论引入如上的线性反馈后，系统的主要特性可能发生的变化。除讨论可控性和可观测性之外，主要讨论对系统进行极点配置以及实现解耦控制等问题。

4.1　状态反馈与极点配置

假设线性时不变系统的动态方程为

$$\begin{cases}\dot{\boldsymbol{x}}=\boldsymbol{A}\boldsymbol{x}+\boldsymbol{B}\boldsymbol{u}\\ \boldsymbol{y}=\boldsymbol{C}\boldsymbol{x}+\boldsymbol{D}\boldsymbol{u}\end{cases}\tag{4.1.1}$$

其中，$\boldsymbol{A}$ 、$\boldsymbol{B}$ 、$\boldsymbol{C}$ 和 $\boldsymbol{D}$ 分别是 $n\times n$、$n\times p$、$q\times n$ 和 $q\times p$ 的实常量矩阵。如果在系统上加上线性反馈：

$$\boldsymbol{u}=\boldsymbol{v}+\boldsymbol{K}\boldsymbol{x}\tag{4.1.2}$$

其中，$\boldsymbol{v}$ 是 p 维控制输入向量；$\boldsymbol{K}$ 为 $p\times n$ 的实常量矩阵。方程(4.1.1)和式(4.1.2)构成的闭环系统的动态方程为

$$\begin{cases}\dot{\boldsymbol{x}}=(\boldsymbol{A}+\boldsymbol{B}\boldsymbol{K})\boldsymbol{x}+\boldsymbol{B}\boldsymbol{v}\\ \boldsymbol{y}=(\boldsymbol{C}+\boldsymbol{D}\boldsymbol{K})\boldsymbol{x}+\boldsymbol{D}\boldsymbol{v}\end{cases}\tag{4.1.3}$$

方程(4.1.3)所代表的闭环系统可以用图 4.1.1 来表示。

在研究用状态反馈进行极点配置之前，首先研究在引入式(4.1.2)的状态反馈后，闭环系统动态方程(4.1.3)的可控性与可观测性有无变化。

定理 4.1.1　对 $\boldsymbol{K}$ 为任何实常量矩阵，动态方程(4.1.3)可控的充分必要条件是动态方程(4.1.1)可控。

证明　显然对任何实常量矩阵 $\boldsymbol{K}$，均有

$$[\lambda\boldsymbol{I}_n-(\boldsymbol{A}+\boldsymbol{B}\boldsymbol{K})\quad \boldsymbol{B}]=[\lambda\boldsymbol{I}_n-\boldsymbol{A}\quad \boldsymbol{B}]\begin{bmatrix}\boldsymbol{I}_n & \boldsymbol{0}\\ -\boldsymbol{K} & \boldsymbol{I}\end{bmatrix}$$

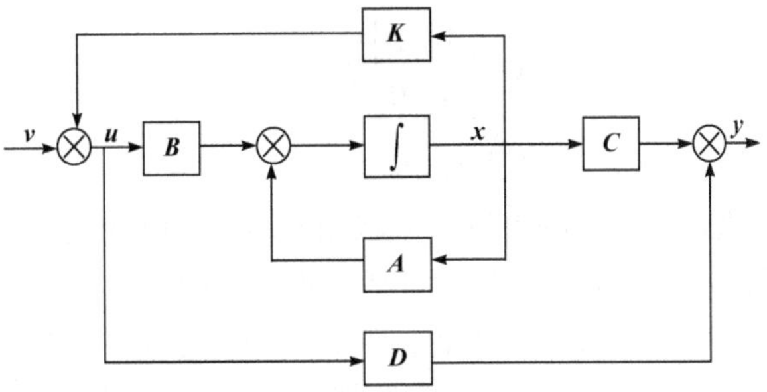

图 4.1.1　状态反馈后的闭环系统

上式中最后一个矩阵对于任意实常量矩阵 $\boldsymbol{K}$ 都是非奇异矩阵。因此对任意的 λ 和 $\boldsymbol{K}$，均有

$$\operatorname{rank}\begin{bmatrix}\lambda \boldsymbol{I}_n-(\boldsymbol{A}+\boldsymbol{BK}) & \boldsymbol{B}\end{bmatrix}=\operatorname{rank}\begin{bmatrix}\lambda \boldsymbol{I}_n-\boldsymbol{A} & \boldsymbol{B}\end{bmatrix} \tag{4.1.4}$$

由此可知式(4.1.1)和式(4.1.3)同时具有或者没有不可控的振型，即式(4.1.3)可控的充要条件是式(4.1.1)可控。这说明引入形如式(4.1.2)所示的反馈控制律不改变系统的可控性。

式(4.1.4)还说明，当($\boldsymbol{A}, \boldsymbol{B}$)不可控时，即有某些 $\boldsymbol{A}$ 的特征值 λ_0，使 $\begin{bmatrix}\lambda_0 \boldsymbol{I}_n-\boldsymbol{A} & \boldsymbol{B}\end{bmatrix}$ 的秩小于 n，而这些 λ_0 同时也使 $\begin{bmatrix}\lambda_0 \boldsymbol{I}_n-(\boldsymbol{A}+\boldsymbol{BK}) & \boldsymbol{B}\end{bmatrix}$ 的秩小于 n，因此也必然是 $\boldsymbol{A}+\boldsymbol{BK}$ 的特征值。这表明，状态反馈不能改变系统(4.1.1)中不可控的振型，式(4.1.1)的不可控振型仍在式(4.1.3)中得到保持。由此可见，状态反馈至多只能改变系统的可控振型。

令方程(4.1.1)和方程(4.1.3)的可控性矩阵分别为 $\boldsymbol{U}_1=\begin{bmatrix}\boldsymbol{B} & \boldsymbol{AB} & \cdots & \boldsymbol{A}^{n-1}\boldsymbol{B}\end{bmatrix}$ 和 $\boldsymbol{U}_2=\begin{bmatrix}\boldsymbol{B} & (\boldsymbol{A}+\boldsymbol{BK})\boldsymbol{B} & \cdots & (\boldsymbol{A}+\boldsymbol{BK})^{n-1}\boldsymbol{B}\end{bmatrix}$。$Im\boldsymbol{U}_1$ 和 $Im\boldsymbol{U}_2$ 表示由 $\boldsymbol{U}_1$ 和 $\boldsymbol{U}_2$ 的列向量所张成的空间，即可控子空间。下面的定理给出了可控子空间 $Im\boldsymbol{U}_1$ 和 $Im\boldsymbol{U}_2$ 的关系。

定理 4.1.2　对于任何实常量矩阵 $\boldsymbol{K}$，$Im\boldsymbol{U}_1=Im\boldsymbol{U}_2$。

证明　任取 $\boldsymbol{x}_0\in[Im\boldsymbol{U}_1]^{\perp}$，即有 $\boldsymbol{x}_0^{\mathrm{T}}\boldsymbol{U}_1=0$，于是有 $\boldsymbol{x}_0^{\mathrm{T}}\boldsymbol{A}^i\boldsymbol{B}=0(i=0,1,2,\cdots,n-1)$。利用这一关系可以证明对 $i=0,1,\cdots,n-1$ 都有 $\boldsymbol{x}_0^{\mathrm{T}}(\boldsymbol{A}+\boldsymbol{BK})^i\boldsymbol{B}=0$，这表示 $\boldsymbol{x}_0\in[Im\boldsymbol{U}_2]^{\perp}$，即有 $(Im\boldsymbol{U}_2)^{\perp}\supset(Im\boldsymbol{U}_1)^{\perp}$。

反之，同样可证 $(Im\boldsymbol{U}_1)^{\perp}\supset(Im\boldsymbol{U}_2)^{\perp}$，因此就有 $Im\boldsymbol{U}_1=Im\boldsymbol{U}_2$。

这一定理说明，状态反馈保持了可控子空间不变，当然由此也可以推知状态反馈保持系统可控性不变。但是式(4.1.2)所示形式的状态反馈有可能影响系统的可观测性，为此，考察下面的例子。

例 4.1.1　系统方程为

$$\dot{\boldsymbol{x}}=\begin{bmatrix}1 & 2\\ 3 & 1\end{bmatrix}\boldsymbol{x}+\begin{bmatrix}0\\ 1\end{bmatrix}u$$
$$y=\begin{bmatrix}1 & 2\end{bmatrix}\boldsymbol{x}$$

解　容易验证这个系统是可控可观测的。如果加上反馈 $u=v+[-3\quad -1]\boldsymbol{x}$，闭环系统方程为

$$\dot{\boldsymbol{x}}=\begin{bmatrix}1 & 2\\ 0 & 0\end{bmatrix}\boldsymbol{x}+\begin{bmatrix}0\\ 1\end{bmatrix}v$$
$$y=[1\quad 2]\boldsymbol{x}$$

这一例子说明，原来可观测的系统引入状态反馈后可以变成不可观测的；同样也可以举出不可观测的系统在引入状态反馈后变成可观测的例子。

前面已经指出，状态反馈加入系统后，不能改变系统的不可控振型。状态反馈对可控振型可以产生影响，本节要研究的中心问题就是状态反馈对可控振型的影响能力如何。这也是状态反馈最主要的性质。先研究单变量系统的极点配置。

考虑单变量线性时不变动态方程：

$$\begin{cases}\dot{\boldsymbol{x}}=\boldsymbol{A}\boldsymbol{x}+\boldsymbol{b}u\\ y=\boldsymbol{c}\boldsymbol{x}+du\end{cases}\tag{4.1.5}$$

其中，$\boldsymbol{A}$、$\boldsymbol{b}$ 和 $\boldsymbol{c}$ 分别是 $n\times n$、$n\times 1$ 和 $1\times n$ 的实常量矩阵。状态反馈控制律为

$$u=v+\boldsymbol{K}\boldsymbol{x}\tag{4.1.6}$$

其中，$\boldsymbol{K}$ 是 $1\times n$ 的实常量矩阵。方程(4.1.5)和式(4.1.6)构成闭环系统的动态方程为

$$\begin{cases}\dot{\boldsymbol{x}}=(\boldsymbol{A}+\boldsymbol{b}\boldsymbol{K})\boldsymbol{x}+\boldsymbol{b}v\\ y=(\boldsymbol{c}+d\boldsymbol{K})\boldsymbol{x}+dv\end{cases}\tag{4.1.7}$$

方程(4.1.7)所表示的反馈系统如图 4.1.2 所示。

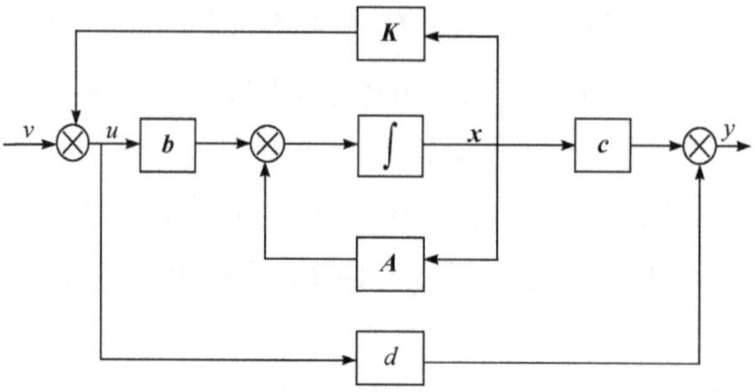

图 4.1.2　状态反馈后的单变量系统

定理 4.1.3　若动态方程(4.1.5)可控，则利用状态反馈(4.1.6)，可以任意配置 $(\boldsymbol{A}+\boldsymbol{b}\boldsymbol{K})$ 的特征值。注意 n 个特征值中若有复数必共轭成对出现。(今后不再特别指出“共轭成对出现”这一说明，但都应作这样的理解。)

证明　因为方程(4.1.5)可控，所以利用等价变换 $\bar{\boldsymbol{x}}=\boldsymbol{P}\boldsymbol{x}$ 可将方程(4.1.5)变换为如下的可控标准形：

$$\begin{cases}\dot{\overline{x}}=\begin{bmatrix}0 & 1 & 0 & \cdots & 0\\0 & 0 & 1 & & 0\\ & \vdots & & \ddots & \\0 & 0 & & & 1\\-a_n & -a_{n-1} & -a_{n-2} & \cdots & -a_1\end{bmatrix}\overline{x}+\begin{bmatrix}0\\0\\ \vdots\\0\\1\end{bmatrix}u\\ y=[\beta_n \quad \beta_{n-1} \quad \cdots \quad \beta_2 \quad \beta_1]\overline{x}+du\end{cases} \tag{4.1.8}$$

令 $\overline{A}$ 和 $\overline{b}$ 表示式(4.1.8)第一式中的矩阵，则 $\overline{A}=PAP^{-1},\overline{b}=Pb$。因为等价变换，状态反馈控制律变为

$$u=v+Kx=v+KP^{-1}\overline{x}=v+\overline{K}\overline{x} \tag{4.1.9}$$

其中，$\overline{K}=KP^{-1}$。由于 $(\overline{A}+\overline{b}\overline{K})=P(A+bK)P^{-1}$，故 $\overline{A}+\overline{b}\overline{K}$ 和 $A+bK$ 的特征值集合相同、特征多项式也相同。设它们的特征多项式为

$$s^n+\overline{a}_1s^{n-1}+\cdots+\overline{a}_n$$

它具有所期望的特征值。若选 $\overline{K}$ 为

$$\overline{K}=[a_n-\overline{a}_n \quad a_{n-1}-\overline{a}_{n-1} \quad \cdots \quad a_2-\overline{a}_2 \quad a_1-\overline{a}_1] \tag{4.1.10}$$

则由方程(4.1.8)、式(4.1.9)所表示的有状态反馈的动态方程为

$$\begin{cases}\dot{\overline{x}}=\begin{bmatrix}0 & 1 & 0 & \cdots & \cdots & 0\\0 & 0 & 1 & & & 0\\ \vdots & \vdots & & \ddots & & \vdots\\ \vdots & \vdots & & & 1 & 0\\0 & 0 & \cdots & \cdots & 0 & 1\\-\overline{a}_n & -\overline{a}_{n-1} & \cdots & \cdots & -\overline{a}_2 & -\overline{a}_1\end{bmatrix}\overline{x}+\begin{bmatrix}0\\0\\ \vdots\\0\\1\end{bmatrix}v\\ y=[\beta_n+d(a_n-\overline{a}_n) \quad \beta_{n-1}+d(a_{n-1}-\overline{a}_{n-1}) \quad \cdots \quad \beta_1+d(a_1-\overline{a}_1)]\overline{x}+dv\end{cases} \tag{4.1.11}$$

因为方程(4.1.11)中的系统矩阵的特征多项式是 $s^n+\overline{a}_1s^{n-1}+\cdots+\overline{a}_n$，故可知方程(4.1.11)具有所期望的特征值。

式(4.1.10)的反馈增益矩阵 $\overline{K}$ 是相对于 $\overline{x}$ 而选择的，故相对于原状态变量 x，反馈增益矩阵 $K=\overline{K}P$。

以上定理的证明是构造性的。即证明过程给出了所需要的反馈增益矩阵 K，现将进行特征值配置的计算步骤归纳如下：

(1) A 的特征多项式为 $\det(sI-A)=s^n+a_1s^{n-1}+\cdots+a_n$；

(2) 由所给定的 n 个特征值，计算 $(s-\lambda_1)(s-\lambda_2)\cdots(s-\lambda_n)=s^n+\overline{a}_1s^{n-1}+\cdots+\overline{a}_n$；

(3) 计算 $\overline{K}=[a_n-\overline{a}_n \quad a_{n-1}-\overline{a}_{n-1} \quad \cdots \quad a_1-\overline{a}_1]$；

(4) 计算 $q^{n-i}=Aq^{n-i+1}+a_iq^n\ (i=1,2,\cdots,n-1)$，$q^n=b$；

(5) 构成 $Q=[q^1 \quad q^2 \quad \cdots \quad q^n]$，求 $P=Q^{-1}$；

(6) $K=\overline{K}P$。

在这一算法中，动态方程必须先变成可控标准形。下面讨论另一种不需要变换，直接计算 $\boldsymbol{K}$ 的方法。首先计算 $\boldsymbol{A}+\boldsymbol{bK}$ 的特征多项式，在计算时 $\boldsymbol{K}$ 用 n 个未知量 $k_1,k_2,\cdots,k_n$ 表示。另外，根据期望的特征值 λ_i，计算出多项式 $(s-\lambda_1)(s-\lambda_2)\cdots(s-\lambda_n)$，比较两个多项式，令 s 的同次幂的系数相等，便可得一组具有 n 个未知数的方程组，解这组方程可确定出 $\boldsymbol{K}=[k_1 \quad k_2 \quad \cdots \quad k_n]$。($\boldsymbol{A}, \boldsymbol{b}$)可控的假设保证了 n 个代数方程的可解性。这 n 个方程是线性方程，许多人研究过其求解问题，并已给出了很多算法和相应的公式。

为了说明状态反馈对传递函数的影响，由方程(4.1.8)计算出系统(4.1.5)的传递函数为

$$g(s)=\frac{ds^n+(\beta_1+da_1)s^{n-1}+\cdots+(\beta_n+da_n)}{s^n+a_1s^{n-1}+\cdots+a_n}$$

由方程(4.1.11)可计算出引入状态反馈后系统的传递函数为

$$g_f(s)=\frac{ds^n+(\beta_1+da_1)s^{n-1}+\cdots+(\beta_n+da_n)}{s^n+\overline{a}_1s^{n-1}+\cdots+\overline{a}_n}$$

比较 $g(s)$ 和 $g_f(s)$ 可以发现，由于状态反馈把 $\boldsymbol{A}$ 的特征值配置到了所期望的位置，因此也就把 $g(s)$ 的极点配置到了所期望的位置。而 $g(s)$ 的零点和 $g_f(s)$ 的零点是相同的，即在引入状态反馈后，零点的位置保持不变。如果所引入的状态反馈引起 $g_f(s)$ 的零、极点相消，即意味着该状态反馈将把原动态方程由可观测的变为不可观测的。

继续讨论多变量线性时不变系统的极点配置。设系统的动态方程、反馈规律以及加入状态反馈后的系统动态方程分别为式(4.1.1)、式(4.1.2)及式(4.1.3)。下面将证明，若 $(\boldsymbol{A},\boldsymbol{B})$ 可控，则能适当选择 $\boldsymbol{K}$，使 $\boldsymbol{A}+\boldsymbol{BK}$ 的特征值可以任意配置。这一证明过程将分两个步骤来进行，即首先引入一个状态反馈，使得到的方程对 $\boldsymbol{v}$ 的单一分量可控，然后运用单变量的已有结果。

若 $(\boldsymbol{A},\boldsymbol{B})$ 可控，则其可控性矩阵：

$$\begin{aligned}\boldsymbol{U}&=[\boldsymbol{B} \quad \boldsymbol{AB} \quad \cdots \quad \boldsymbol{A}^{n-1}\boldsymbol{B}]\\&=[\boldsymbol{b}_1 \quad \boldsymbol{b}_2 \quad \cdots \quad \boldsymbol{b}_p \quad \boldsymbol{Ab}_1 \quad \boldsymbol{Ab}_2 \quad \cdots \quad \boldsymbol{Ab}_p \quad \cdots \quad \boldsymbol{A}^{n-1}\boldsymbol{b}_1 \quad \boldsymbol{A}^{n-1}\boldsymbol{b}_2 \quad \cdots \quad \boldsymbol{A}^{n-1}\boldsymbol{b}_p]\end{aligned}$$

的秩为 n。式中 $\boldsymbol{b}_i$ 是 $\boldsymbol{B}$ 的第 i 列。若存在 $\boldsymbol{b}_i$ 能使 $[\boldsymbol{b}_i \quad \boldsymbol{Ab}_i \quad \cdots \quad \boldsymbol{A}^{n-1}\boldsymbol{b}_i]$ 的秩为 n，则可以仅用 $\boldsymbol{U}$ 的第 i 个分量控制式(4.1.1)的所有状态。若不存在这样的 $\boldsymbol{b}_i$，就不能仅用 $\boldsymbol{U}$ 的单一分量实现状态的控制。然而，若引入适当的状态反馈，可以使得引入状态反馈以后的多变量系统由输入的单一分量达到状态可控。

定理 4.1.4　若 $(\boldsymbol{A},\boldsymbol{B})$ 可控，且 $\boldsymbol{b}_1,\boldsymbol{b}_2,\cdots,\boldsymbol{b}_p$ 是 $\boldsymbol{B}$ 的非零列向量，则对于任何 $i\,(i=1,2,\cdots,p)$，存在一个 $p\times n$ 的实常量矩阵 $\boldsymbol{K}_i$，使得 $(\boldsymbol{A}+\boldsymbol{BK}_i,\boldsymbol{b}_i)$ 可控。

证明　不失一般性，设 $i=1$。因为 $(\boldsymbol{A},\boldsymbol{B})$ 可控，故其可控性矩阵的秩为 n，因此可按 3.1 节中定理 3.1.6 选择基底向量的方法，在可控性矩阵中选取 n 个线性无关的列向量，设为

$$\boldsymbol{Q}=[\boldsymbol{b}_1 \quad \boldsymbol{Ab}_1 \quad \cdots \quad \boldsymbol{A}^{\overline{\mu}_1-1}\boldsymbol{b}_1 \quad \boldsymbol{b}_2 \quad \boldsymbol{Ab}_2 \quad \cdots \quad \boldsymbol{A}^{\overline{\mu}_2-1}\boldsymbol{b}_2 \quad \cdots \quad \boldsymbol{b}_p \quad \boldsymbol{Ab}_p \quad \cdots \quad \boldsymbol{A}^{\overline{\mu}_p-1}\boldsymbol{b}_p] \tag{4.1.12}$$

定义 $p \times n$ 的矩阵 $\boldsymbol{S}$ 如下：

$$\boldsymbol{S}=[0 \quad 0 \quad \cdots \quad \underset{\text{第}\bar{\mu}_1\text{列}}{\boldsymbol{e}_2} \quad 0 \quad 0 \quad \cdots \quad \underset{\text{第}\bar{\mu}_1+\bar{\mu}_2\text{列}}{\boldsymbol{e}_3} \quad \cdots \quad 0 \quad 0 \quad \cdots \quad \underset{\text{第}\bar{\mu}_1+\bar{\mu}_2+\bar{\mu}_3\text{列}}{0}] \tag{4.1.13}$$

其中，$\boldsymbol{e}_i$ 是 $p \times p$ 单位矩阵的第 i 列。现在证明满足定理要求的 $\boldsymbol{K}_1$ 矩阵为

$$\boldsymbol{K}_1=\boldsymbol{S}\boldsymbol{Q}^{-1} \tag{4.1.14}$$

即 $(\boldsymbol{A}+\boldsymbol{B}\boldsymbol{K}_1,\boldsymbol{b}_1)$ 可控。首先写出 $\boldsymbol{K}_1\boldsymbol{Q}=\boldsymbol{S}$ 的显式表示：

$$\begin{aligned}
&\boldsymbol{K}_1[\boldsymbol{b}_1 \quad \boldsymbol{A}\boldsymbol{b}_1 \quad \cdots \quad \boldsymbol{A}^{\bar{\mu}_1-1}\boldsymbol{b}_1 \quad \boldsymbol{b}_2 \quad \boldsymbol{A}\boldsymbol{b}_2 \quad \cdots \quad \boldsymbol{A}^{\bar{\mu}_2-1}\boldsymbol{b}_2 \quad \cdots \quad \boldsymbol{b}_p \quad \boldsymbol{A}\boldsymbol{b}_p \quad \cdots \quad \boldsymbol{A}_p^{\bar{\mu}_p-1}\boldsymbol{b}_p]\\
&=[0 \quad 0 \quad \cdots \quad \boldsymbol{e}_2 \quad 0 \quad 0 \quad \cdots \quad \boldsymbol{e}_3 \quad \cdots \quad 0 \quad 0 \quad \cdots \quad 0]
\end{aligned}$$

要证明 $(\boldsymbol{A}+\boldsymbol{B}\boldsymbol{K}_1,\boldsymbol{b}_1)$ 可控，就是要证明 $\boldsymbol{b}_1,\bar{\boldsymbol{A}}\boldsymbol{b}_1,\cdots,\bar{\boldsymbol{A}}^{n-1}\boldsymbol{b}_1$ 线性无关，这里 $\bar{\boldsymbol{A}}=\boldsymbol{A}+\boldsymbol{B}\boldsymbol{K}_1$。根据 $\boldsymbol{K}_1\boldsymbol{Q}=\boldsymbol{S}$ 的显式表示，容易证明：

$$\begin{aligned}
&\boldsymbol{b}_1=\boldsymbol{b}_1\\
&\bar{\boldsymbol{A}}\boldsymbol{b}_1=(\boldsymbol{A}+\boldsymbol{B}\boldsymbol{K}_1)\boldsymbol{b}_1=\boldsymbol{A}\boldsymbol{b}_1\\
&\bar{\boldsymbol{A}}^2\boldsymbol{b}_1=(\boldsymbol{A}+\boldsymbol{B}\boldsymbol{K}_1)\boldsymbol{A}\boldsymbol{b}_1=\boldsymbol{A}^2\boldsymbol{b}_1\\
&\bar{\boldsymbol{A}}^{\bar{\mu}_1-1}\boldsymbol{b}_1=(\boldsymbol{A}+\boldsymbol{B}\boldsymbol{K}_1)\boldsymbol{A}^{\bar{\mu}_1-2}\boldsymbol{b}_1=\boldsymbol{A}^{\bar{\mu}_1-1}\boldsymbol{b}_1\\
&\bar{\boldsymbol{A}}^{\bar{\mu}_1}\boldsymbol{b}_1=(\boldsymbol{A}+\boldsymbol{B}\boldsymbol{K}_1)\boldsymbol{A}^{\bar{\mu}_1-1}\boldsymbol{b}_1=\boldsymbol{A}^{\bar{\mu}_1}\boldsymbol{b}_1+\boldsymbol{B}\boldsymbol{e}_2=\boldsymbol{b}_2+\cdots\\
&\bar{\boldsymbol{A}}^{\bar{\mu}_1+1}\boldsymbol{b}_1=(\boldsymbol{A}+\boldsymbol{B}\boldsymbol{K}_1)(\boldsymbol{b}_2+\boldsymbol{A}^{\bar{\mu}_1}\boldsymbol{b}_1)=\boldsymbol{A}\boldsymbol{b}_2+\cdots\\
&\qquad\vdots\\
&\bar{\boldsymbol{A}}^{n-1}\boldsymbol{b}_1=\boldsymbol{A}^{\bar{\mu}_p-1}\boldsymbol{b}_p+\cdots
\end{aligned}$$

上面这些式子中，式子右端向量后的省略号表示在式(4.1.12)的排列次序中，该向量前面向量的线性组合。上面的式子可写成

$$[\boldsymbol{b}_1 \quad \bar{\boldsymbol{A}}\boldsymbol{b}_1 \quad \cdots \quad \bar{\boldsymbol{A}}^{n-1}\boldsymbol{b}_1]=\boldsymbol{Q}\begin{bmatrix}1 & \times & \cdots & \times\\ 0 & 1 & \cdots & \times\\ \vdots & \vdots & & \vdots\\ 0 & 0 & \cdots & 1\end{bmatrix}$$

故 $[\boldsymbol{b}_1 \quad \bar{\boldsymbol{A}}\boldsymbol{b}_1 \quad \cdots \quad \bar{\boldsymbol{A}}^{n-1}\boldsymbol{b}_1]$ 满秩，$(\boldsymbol{A}+\boldsymbol{B}\boldsymbol{K}_1,\ \boldsymbol{b}_1)$ 可控。

利用这个定理，就可以将定理 4.1.3 推广到如图 4.1.3 所示的多变量系统。

定理 4.1.5　若系统(4.1.1)可控，则存在状态反馈增益矩阵 $\boldsymbol{K}$，使得 $\boldsymbol{A}+\boldsymbol{B}\boldsymbol{K}$ 的 n 个特征值配置到复平面上 n 个任意给定的位置(复数共轭成对出现)。

证明　首先选取非零向量 $\boldsymbol{L}$，可得 $\boldsymbol{b}=\boldsymbol{B}\boldsymbol{L}$，由定理 4.1.4 可知存在 $\boldsymbol{K}_1$，使 $(\boldsymbol{A}+\boldsymbol{B}\boldsymbol{K}_1,\boldsymbol{b})$ 可控。由单变量极点配置定理可知存在 n 维行向量 $\boldsymbol{k}$，使得 $\boldsymbol{A}+\boldsymbol{B}\boldsymbol{K}_1+\boldsymbol{b}\boldsymbol{k}$ 的特征值可任意配置，由于 $\boldsymbol{A}+\boldsymbol{B}\boldsymbol{K}_1+\boldsymbol{b}\boldsymbol{k}=\boldsymbol{A}+\boldsymbol{B}\boldsymbol{K}_1+\boldsymbol{B}\boldsymbol{L}\boldsymbol{k}=\boldsymbol{A}+\boldsymbol{B}(\boldsymbol{K}_1+\boldsymbol{L}\boldsymbol{k})$，所以取 $\boldsymbol{K}=\boldsymbol{K}_1+\boldsymbol{L}\boldsymbol{k}$，即可证明定理 4.1.5。

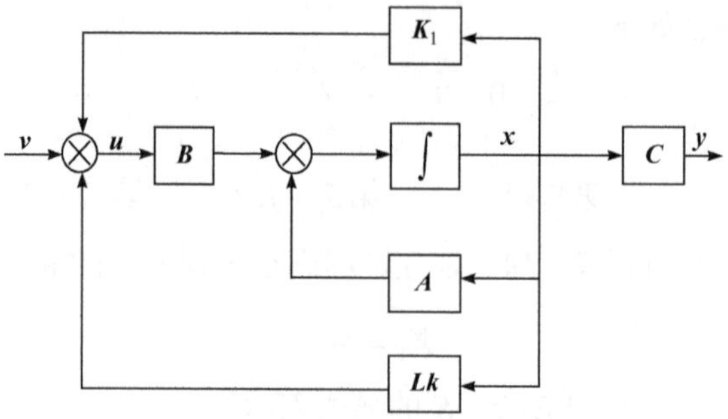

图 4.1.3 状态反馈后的多变量系统

例 4.1.2 系统方程为

$$\dot{\boldsymbol{x}}=\begin{bmatrix}1&1&0\\0&1&0\\0&0&1\end{bmatrix}\boldsymbol{x}+\begin{bmatrix}0&0\\1&0\\0&1\end{bmatrix}\boldsymbol{u},\quad \boldsymbol{L}=\begin{bmatrix}1&1\end{bmatrix}^{\mathrm{T}}$$

试构造 $\boldsymbol{K}_1$，使 $(\boldsymbol{A}+\boldsymbol{B}\boldsymbol{K}_1,\boldsymbol{b}=\boldsymbol{B}\boldsymbol{L})$ 可控。

解 取 $\boldsymbol{x}_1=\boldsymbol{B}\boldsymbol{L}=\boldsymbol{b}$，有

$$\boldsymbol{x}_1=[\boldsymbol{b}\quad\cdots\quad \boldsymbol{x}_{k+1}]=\boldsymbol{A}\boldsymbol{x}_k+\boldsymbol{B}\boldsymbol{u}_k,\quad k=1,2,\cdots,n-1$$

因为 $\boldsymbol{A}\boldsymbol{x}_1$ 与 $\boldsymbol{x}_1$ 线性无关，故取 $\boldsymbol{x}_2=\boldsymbol{A}\boldsymbol{x}_1$。可得 $\boldsymbol{u}_1=[0\quad 0]^{\mathrm{T}}$。又因为 $\boldsymbol{A}\boldsymbol{x}_2$ 与 $\boldsymbol{x}_1$、$\boldsymbol{x}_2$ 构成线性相关组，$\boldsymbol{u}_2$ 不能取 $[0\quad 0]^{\mathrm{T}}$，可取 $\boldsymbol{u}_2=[-1\quad 1]^{\mathrm{T}}$，这样可得 $\boldsymbol{x}_3=\boldsymbol{A}\boldsymbol{x}_2+\boldsymbol{B}$。由 $\boldsymbol{K}_1$ 的计算式(4.1.14)可得

$$\boldsymbol{K}_1=\begin{bmatrix}0&-1&0\\0&1&0\end{bmatrix}\begin{bmatrix}0&1&2\\1&1&0\\1&1&2\end{bmatrix}^{-1}=\begin{bmatrix}-1&-1&1\\1&1&-1\end{bmatrix}$$

$$\boldsymbol{A}+\boldsymbol{B}\boldsymbol{K}_1=\begin{bmatrix}1&1&0\\-1&0&1\\1&1&0\end{bmatrix}$$

$$\begin{bmatrix}\boldsymbol{b}&(\boldsymbol{A}+\boldsymbol{B}\boldsymbol{K}_1)\boldsymbol{b}&(\boldsymbol{A}+\boldsymbol{B}\boldsymbol{K}_1)^2\boldsymbol{b}\end{bmatrix}=\begin{bmatrix}0&1&2\\1&1&0\\1&1&2\end{bmatrix}$$

不难验证 $(\boldsymbol{A}+\boldsymbol{B}\boldsymbol{K}_1,\boldsymbol{b})$ 可控。

例 4.1.3 系统方程为

$$\dot{\boldsymbol{x}}=\begin{bmatrix}0&1&0&0\\0&0&1&0\\0&0&1&0\\0&0&0&1\end{bmatrix}\boldsymbol{x}+\begin{bmatrix}0&0\\0&0\\1&0\\0&1\end{bmatrix}\boldsymbol{u}$$

为使闭环系统 $(A+BK)$ 具有特征值 $-2,-2,-1+\mathrm{j},-1-\mathrm{j}$，试确定状态反馈增益矩阵 K。

解　取 $L=[1\quad 0]^{\mathrm{T}}, x_1=b_1$；取 $u_1=[-1\quad 0]^{\mathrm{T}}$，可得 $x_2=[0\quad 1\quad 0\quad 0]^{\mathrm{T}}$；$u_2=[0\quad 0]^{\mathrm{T}}$，可得 $x_3=[1\quad 0\quad 0\quad 0]^{\mathrm{T}}$；取 $u_3=[0\quad 1]^{\mathrm{T}}$，可得 $x_4=[0\quad 0\quad 0\quad 1]^{\mathrm{T}}$；于是由 K_1 的计算式可得

$$K_1=\begin{bmatrix}-1 & 0 & 0 & 0\\ 0 & 0 & 1 & 0\end{bmatrix}\begin{bmatrix}0 & 0 & 1 & 0\\ 0 & 1 & 0 & 0\\ 1 & 0 & 0 & 0\\ 0 & 0 & 0 & 1\end{bmatrix}=\begin{bmatrix}0 & 0 & -1 & 0\\ 1 & 0 & 0 & 0\end{bmatrix}$$

显然，$(A+BK_1,b_1)$ 可控。令 $k=[k_1\quad k_2\quad k_3\quad k_4]$，直接计算：

$$A+BK_1+b_1k=\begin{bmatrix}0 & 1 & 0 & 0\\ 0 & 0 & 1 & 0\\ k_1 & k_2 & k_3 & k_4\\ 1 & 0 & 0 & 1\end{bmatrix}$$

它的特征多项式为 $s^4-(1+k_3)s^3+(k_3-k_2)s^2+(k_2-k_1)s+k_1-k_4$。期望特征多项式为 $s^4+6s^3+14s^2+16s+8$。

比较上述两多项式的系数，可得 $k_1=-37$，$k_2=-21$，$k_3=-7$，$k_4=-45$。

状态反馈增益矩阵可取为

$$K=K_1+Lk=\begin{bmatrix}-37 & -21 & -8 & -45\\ 1 & 0 & 0 & 0\end{bmatrix}$$

上面的做法中，在 L 和 u_i 取定后，K 就唯一地确定了。但 L 和 u_i 是非唯一的，这一事实至少可以说明达到同样极点配置的 K 值有许多，K 的这种非唯一性是多输入系统与单输入系统极点配置问题的主要区别之一。如何充分利用 K 的自由参数，以满足系统其他性能的要求，是多输入系统状态反馈设计的一个活跃的研究领域。

多输入系统状态反馈极点配置问题的另一特点是"非线性方程"，说明如下：若将 K 矩阵的元素用待定系数 k_{ij} 表示，闭环的多项式可以写为

$$\det[sI-(A+BK)]=s^n+f_1(K)s^{n-1}+f_2(K)s^{n-2}+\cdots+f_{n-1}(K)s+f_n(K)$$

其中，$f_i(K)$ 是某一个以 K 的元素 k_{ij} 为变量的非线性函数。如果将期望多项式表示成

$$s^n+a_1s^{n-1}+a_2s^{n-2}+\cdots+a_{n-1}s+a_n$$

比较两式的系数，可知应有

$$f_i(K)=a_i,\quad i=1,2,\cdots,n \tag{4.1.15}$$

式(4.1.15)在单输入情况下始终是线性方程组，在多输入时，一般是非线性方程。定理 4.1.4 所提供的事实表明：当系统可控时，通过牺牲 K 的自由参数，可以使式(4.1.15)简化为一组能解出的线性方程组。对例 4.1.3，也可以通过求解上述方程来做，通过 K 中自由参数的适当选取，往往可以方便地求出需要的 K。

例 4.1.4　对例 4.1.3 中的系统，用直接求解式(4.1.15)的方法，计算达到极点配置的 $\boldsymbol{K}$ 矩阵。

解　因为

$$\boldsymbol{A}+\boldsymbol{BK}=\begin{bmatrix}0 & 1 & 0 & 0\\ 0 & 0 & 1 & 0\\ k_1 & k_2 & 1+k_3 & k_4\\ k_5 & k_6 & k_7 & 1+k_8\end{bmatrix}$$

方案 1：取 $k_4=k_5=k_6=k_7=0$、$1+k_8=-2$。根据

$$(s+2)[(s+1)^2+1]=s^3+4s^2+6s+4$$

易得 $k_1=-4$，$k_2=-6$，$1+k_3=-4$，即有

$$\boldsymbol{K}=\begin{bmatrix}-4 & -6 & -5 & 0\\ 0 & 0 & 0 & -3\end{bmatrix}$$

方案 2：取 $k_1=k_2=0$、$k_3=-1$、$k_4=1$。根据

$$(s+2)^2[(s+1)^2+1]=s^4+6s^3+14s^2+16s+8$$

可得 $k_5=-8$，$k_6=-16$，$k_7=-14$，$k_8=-7$，即有

$$\boldsymbol{K}=\begin{bmatrix}0 & 0 & -1 & 1\\ -8 & -16 & -14 & -7\end{bmatrix}$$

以上的做法充分利用了将矩阵分块和相伴标准形的有关知识，从而方便了计算。

如同单输入系统一样，定理 4.1.4 中的可控条件对于任意配置极点是充分必要条件，但对于某一组指定的特征值进行配置时，系统可控只是充分条件，而不是必要条件。给定极点组可用状态反馈达到配置的充分必要条件是给定极点组需包含系统的不可控模态。因此判别原来系统的模态可控性就成了关键。

例 4.1.5　系统动态方程为

$$\dot{\boldsymbol{x}}=\begin{bmatrix}0 & 0 & -1\\ 1 & 0 & -2\\ 0 & 1 & -2\end{bmatrix}\boldsymbol{x}+\begin{bmatrix}1\\ 1\\ 0\end{bmatrix}u$$

$$\boldsymbol{y}=\begin{bmatrix}0 & 1 & -2\end{bmatrix}\boldsymbol{x}$$

给定两组极点，分别为 $\{-1,-2,-3\}$ 和 $\{-2,-3,-4\}$，问哪组极点可用状态反馈进行配置。

解　计算出 $\boldsymbol{A}$ 的特征值，分别为 $-1,\ -0.5\pm \mathrm{j}0.5\sqrt{3}$，可验证 -1 是不可控的，其他两个特征值是可控的。极点组 $\{-1,-2,-3\}$ 包含了不可控模态 -1，所以可用状态反馈进行配置；极点组 $\{-2,-3,-4\}$ 则不能实现配置。

现用直接求解方法研究。令 $\boldsymbol{k}=[k_1\quad k_2\quad k_3]$，则

$$|s\boldsymbol{I}-(\boldsymbol{A}+\boldsymbol{bk})|=\begin{vmatrix} s-k_1 & -k_2 & 1-k_3 \\ -1-k_1 & s-k_2 & 2-k_3 \\ 0 & -1 & s+2 \end{vmatrix}$$

$$=s^3+(-k_1-k_2+2)s^2+(-2k_1-3k_2-k_3+2)s+1-k_1-2k_2-k_3 \tag{4.1.16}$$

期望多项式为 $(s+1)(s+2)(s+3)=s^3+6s^2+11s+6$

比较上述两多项式的系数，可得

$$\begin{aligned} &-k_1-k_2+2=6 \\ &-2k_1-3k_2-k_3+2=11 \\ &1-k_1-2k_2-k_3=6 \end{aligned}$$

即

$$\begin{bmatrix} -1 & -1 & 0 \\ -2 & -3 & -1 \\ -1 & -2 & -1 \end{bmatrix}\begin{bmatrix} k_1 \\ k_2 \\ k_3 \end{bmatrix}=\begin{bmatrix} 4 \\ 9 \\ 5 \end{bmatrix} \tag{4.1.17}$$

上述方程的可解性分析：

$$\begin{bmatrix} -1 & -1 & 0 & 4 \\ -2 & -3 & -1 & 9 \\ -1 & -2 & -1 & 5 \end{bmatrix}\xrightarrow{\text{前三列进行列变换}}\begin{bmatrix} -1 & 0 & 0 & 4 \\ -1 & -1 & 0 & 9 \\ 0 & -1 & 0 & 5 \end{bmatrix}$$

增广矩阵的秩等于系数矩阵的秩(等于 2)，系统可控性矩阵的秩为 2，即

$$\operatorname{rank}\begin{bmatrix} 1 & 0 & -1 \\ 1 & 1 & -2 \\ 0 & 1 & -1 \end{bmatrix}=2$$

可控子空间的基为 $[1\quad 1\quad 0]^{\mathrm{T}}$、$[0\quad 1\quad 1]^{\mathrm{T}}$，正是前述方程组的系数矩阵值域空间的基。

方程组(4.1.17)的相容条件就是所给极点组应包含不可控模态。由此可见，“任意配置”要求系数矩阵满秩，系数矩阵满秩的条件正是系统可控的条件。

由式(4.1.17)可解出 k_1,k_2,k_3：

$$-k_1-k_2=4,\quad -k_3-k_2=1$$

式(4.1.16)又可写成

$$(s+1)[s^2+(-k_1-k_2+1)s-k_1-k_3-2k_2+1]$$

将二阶因式与 $(s+2)(s+3)$ 相比较，可得同样结果。式(4.1.16)也表明不可控模态是用状态反馈改变不了的。

定理 4.1.3 与定理 4.1.5 通常称为极点配置定理，它是线性系统理论中一个重要而且有用的结果。对一个可控的系统，用状态反馈可以任意移动系统的极点。它揭示了状态反馈移动系统极点的能力与系统结构性质的密切关系。单变量系统的极点配置问题首先

由我国学者黄琳、郑应平和张迪在 1964 年解决；多变量系统的极点配置问题是由加拿大多伦多大学 Wonham 教授在 1967 年解决。

若动态方程可控，则能用引入状态反馈的方法任意配置闭环系统的特征值。若动态方程不可控，根据定理 2.6.1，则可适当选择基底向量，使状态方程变换为

$$\begin{bmatrix}\dot{\bar{x}}_1\\ \dot{\bar{x}}_2\end{bmatrix}=\begin{bmatrix}\bar{A}_{11} & \bar{A}_{12}\\ 0 & \bar{A}_{22}\end{bmatrix}\begin{bmatrix}\bar{x}_1\\ \bar{x}_2\end{bmatrix}+\begin{bmatrix}\bar{B}_1\\ 0\end{bmatrix}u$$

$$y=[\bar{C}_1 \quad \bar{C}_2]\begin{bmatrix}\bar{x}_1\\ \bar{x}_2\end{bmatrix}+Du$$

且其子方程 $\dot{\bar{x}}_1=\bar{A}_{11}x_1+\bar{B}_1u$ 是可控的。由于 $\bar{A}$ 是三角块阵，故 $\bar{A}$ 的特征值的集合是 $\bar{A}_{11}$ 和 $\bar{A}_{22}$ 特征值集合的并。由于 $\bar{B}$ 的特殊形式，容易看出，引入任何 $u=v+\bar{K}\bar{x}$ 的状态反馈不会影响 $\bar{A}_{22}$ 的特征值，所有的特征值是不能控制的。又因为 $(\bar{A}_{11},\bar{B}_1)$ 可控，所以 $\bar{A}_{11}$ 的特征值可以通过状态反馈来任意配置。

在系统设计中，往往仅需改变它的不稳定的特征值(具有非负实部的特征值)使之成为稳定的特征值(具有负实部的特征值)，这一过程称为系统镇定。由以上讨论可知：

定理 4.1.6 系统可用状态反馈镇定的充要条件为它的不可控振型都是稳定的。

现在把系统的动态方程加以分类：

$$\text{系统}\begin{cases}\text{可控系统}\\ \text{不可控系统}\begin{cases}\text{可镇定}\\ \text{不可镇定}\end{cases}\end{cases}$$

对于可控系统，用状态反馈可任意配置极点，因此可控就一定是可镇定的；对可镇定系统，虽然可以使它从不稳定变成稳定，但不能使它具有任意的特征值分布。可镇定系统也称为可稳定系统。对于不可镇定系统，由于它含有的不稳定振型是不可控的，故无法用状态反馈使之镇定。

4.2 跟踪问题的稳态特性

研究线性系统：

$$\begin{cases}\dot{x}=Ax+Bu+d\\ y=Cx\end{cases} \tag{4.2.1}$$

其中，A、B 和 C 同方程(4.1.1)的定义；d 是 n 维未知的干扰向量。如果希望输出跟踪给定的参考输入信号 y_r，可以采取反馈的方法来达到这一目的，研究偏差 $e(t)=y(t)-y_r(t)$ 当 $t\to\infty$ 时的极限值，也就是系统的稳态误差。

为了简单起见，假设 $y_r(t)$、d 都是阶跃形式的信号，为了实现理想的跟踪，控制中应增加偏差的积分项：

$$q(t)=\int_0^t e(\tau)\mathrm{d}\tau=\int_0^t[y(\tau)-y_r(\tau)]\mathrm{d}\tau \tag{4.2.2}$$

这相当于引入 q 个积分器，在 $\boldsymbol{q}(0)=0$ 的情况下，$\boldsymbol{q}(t)$ 满足的微分方程为

$$\dot{\boldsymbol{q}}(t)=\boldsymbol{e}(t)=\boldsymbol{C}\boldsymbol{x}(t)-\boldsymbol{y}_r(t) \tag{4.2.3}$$

这样可把方程(4.2.1)的系统增广如下：

$$\begin{cases}\begin{bmatrix}\dot{\boldsymbol{x}}\\ \dot{\boldsymbol{q}}\end{bmatrix}=\begin{bmatrix}\boldsymbol{A} & \boldsymbol{0}\\ \boldsymbol{C} & \boldsymbol{0}\end{bmatrix}\begin{bmatrix}\boldsymbol{x}\\ \boldsymbol{q}\end{bmatrix}+\begin{bmatrix}\boldsymbol{B}\\ \boldsymbol{0}\end{bmatrix}\boldsymbol{u}+\begin{bmatrix}\boldsymbol{d}\\ -\boldsymbol{y}_r\end{bmatrix}\\ \boldsymbol{y}=[\boldsymbol{C}\quad \boldsymbol{0}]\begin{bmatrix}\boldsymbol{x}\\ \boldsymbol{q}\end{bmatrix}\end{cases} \tag{4.2.4}$$

这里，新的状态向量维数为 $n+q$ ，等于原系统状态向量维数与积分器个数之和。

首先出现的问题是，增广系统(4.2.4)是否可控。若系统可控，可以改变极点分布，若系统不可控但可镇定，也可以使之进入稳态。否则，若系统不稳定，就无法正常工作。关于这个问题有以下定理。

定理 4.2.1　系统(4.2.4)可控的充分必要条件为系统(4.2.1)可控，且

$$\operatorname{rank}\begin{bmatrix}\boldsymbol{A} & \boldsymbol{B}\\ \boldsymbol{C} & \boldsymbol{0}\end{bmatrix}=n+q \tag{4.2.5}$$

注意，条件式(4.2.5)只有当 $p \geqslant q$ (即输出数至多等于输入数)且 $\operatorname{rank}\boldsymbol{C}=q$ 时才有可能。

证明　考虑矩阵：

$$\begin{bmatrix}\boldsymbol{A}-s\boldsymbol{I} & \boldsymbol{0} & \boldsymbol{B}\\ \boldsymbol{C} & -s\boldsymbol{I} & \boldsymbol{0}\end{bmatrix} \tag{4.2.6}$$

当 s 不等于零时，对于式(4.2.6)中的矩阵，由于 $(\boldsymbol{A},\boldsymbol{B})$ 可控，其从上往下数的 n 行是线性无关的，并且下面的 q 行由于 s 不是零，和前述 n 行也是线性无关的。这时式(4.2.6)矩阵的秩为 $n+q$ 。当 $s=0$ 时，由于式(4.2.5)的秩也是 $n+q$ 。因此，对任意的 s ，式(4.2.6)矩阵的秩均为 $n+q$ ，故式(4.2.4)的系统可控。反之，同样易于说明。

在定理 4.2.1 的条件下，式(4.2.4)的系统是可控的。因此可以利用状态反馈配置闭环系统特征值的方法来改善系统的动态性能和稳态性能。引入状态反馈：

$$\boldsymbol{u}=[\boldsymbol{K}_1\quad \boldsymbol{K}_2]\begin{bmatrix}\boldsymbol{x}\\ \boldsymbol{q}\end{bmatrix}=\boldsymbol{K}_1\boldsymbol{x}+\boldsymbol{K}_2\boldsymbol{q} \tag{4.2.7}$$

由方程(4.2.4)和式(4.2.7)组成的闭环系统的方程为

$$\begin{bmatrix}\dot{\boldsymbol{x}}\\ \dot{\boldsymbol{q}}\end{bmatrix}=\begin{bmatrix}\boldsymbol{A}+\boldsymbol{B}\boldsymbol{K}_1 & \boldsymbol{B}\boldsymbol{K}_2\\ \boldsymbol{C} & \boldsymbol{0}\end{bmatrix}\begin{bmatrix}\boldsymbol{x}\\ \boldsymbol{q}\end{bmatrix}+\begin{bmatrix}\boldsymbol{d}\\ -\boldsymbol{y}_r\end{bmatrix},\quad \boldsymbol{y}=[\boldsymbol{C}\quad \boldsymbol{0}]\begin{bmatrix}\boldsymbol{x}\\ \boldsymbol{q}\end{bmatrix} \tag{4.2.8}$$

方程(4.2.8)的系统表示在图 4.2.1 中，式(4.2.7)中第一项 $\boldsymbol{K}_1\boldsymbol{x}$ 是对象的某个普通的状态反馈，第二项 $\boldsymbol{K}_2\boldsymbol{q}$ 是为了改善稳态性能而引入的偏差的积分信号。

定理 4.2.2　设 $\boldsymbol{K}_1$ 和 $\boldsymbol{K}_2$ 选得使式(4.2.8)的特征值均具有负实部，而且干扰和参考输入均为阶跃信号，即有

$$\boldsymbol{d}(t)=\boldsymbol{d}_0\times\boldsymbol{1}(t),\quad \boldsymbol{y}_r=\boldsymbol{y}_0\times\boldsymbol{1}(t)$$

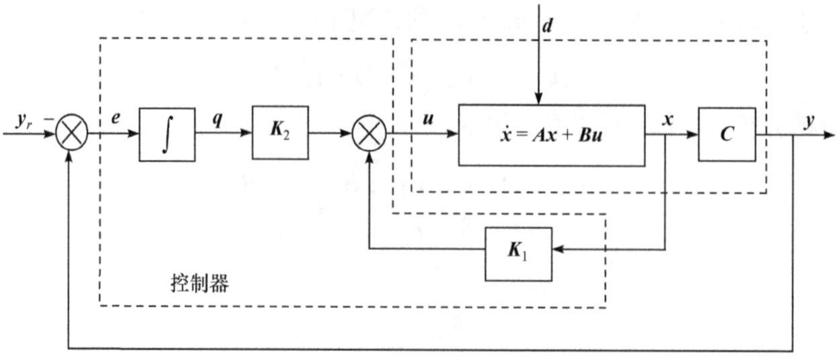

图 4.2.1　包含 q 个积分器的闭环系统

其中，$\boldsymbol{d}_0$、$\boldsymbol{y}_0$ 是 n 维和 q 维的常值向量，则 $\boldsymbol{x}(t)$ 及 $\boldsymbol{q}(t)$ 趋向于常值稳态值，而输出趋向于给定的参考值，即有

$$\lim_{t\to\infty}[\boldsymbol{y}(t)-\boldsymbol{y}_r]=0 \tag{4.2.9}$$

证明　对式(4.2.8)进行拉普拉斯变换，并解出象函数的代数方程，可得

$$\begin{bmatrix}\boldsymbol{x}(s)\\ \boldsymbol{q}(s)\end{bmatrix}=\begin{bmatrix}s\boldsymbol{I}-(\boldsymbol{A}+\boldsymbol{B}\boldsymbol{K}_1) & -\boldsymbol{B}\boldsymbol{K}_2\\ -\boldsymbol{C} & s\boldsymbol{I}\end{bmatrix}^{-1}\begin{bmatrix}\boldsymbol{d}_0\\ -\boldsymbol{y}_0\end{bmatrix}\frac{1}{s}$$

因为式(4.2.8)中的系统是稳定的，应用拉普拉斯变换的终值定理，可得

$$\lim_{t\to\infty}\begin{bmatrix}\boldsymbol{x}(t)\\ \boldsymbol{q}(t)\end{bmatrix}=\lim_{s\to 0}s\begin{bmatrix}\boldsymbol{x}(s)\\ \boldsymbol{q}(s)\end{bmatrix}=\begin{bmatrix}-(\boldsymbol{A}+\boldsymbol{B}\boldsymbol{K}_1) & -\boldsymbol{B}\boldsymbol{K}_2\\ -\boldsymbol{C} & \boldsymbol{0}\end{bmatrix}^{-1}\begin{bmatrix}\boldsymbol{d}_0\\ -\boldsymbol{y}_0\end{bmatrix}$$

即 $\boldsymbol{x}(t)$、$\boldsymbol{q}(t)$ 趋向于常值向量，这意味着 $\dot{\boldsymbol{x}}(t)$ 和 $\dot{\boldsymbol{q}}(t)$ 都趋向于零。又因为

$$\dot{\boldsymbol{q}}(t)=\boldsymbol{y}(t)-\boldsymbol{y}_r(t)$$

故有式(4.2.9)成立。

条件式(4.2.5)的说明：若式(4.2.5)不满足，即有

$$\operatorname{rank}\begin{bmatrix}\boldsymbol{A}-s\boldsymbol{I} & \boldsymbol{0} & \boldsymbol{B}\\ \boldsymbol{C} & -s\boldsymbol{I} & \boldsymbol{0}\end{bmatrix}_{s=0}<n+q$$

这表明增广系统(4.2.4)有 $s=0$ 这一特征值不可控，状态反馈(4.2.7)不能改变这个特征值，它在闭环动态方程中仍存在，从而导致闭环系统不稳定。在闭环传递函数形成时，产生了零、极点相消，闭环传递函数无此 $s=0$ 的极点，这一零、极点相消的原因是正向通道中引入了积分环节，也就是引入了一个 $s=0$ 的极点，它一定是与对象的零点发生了相消。因此式(4.2.5)不成立意味着对象有 $s=0$ 的零点，在单变量的情况下，就是对象传递函数的零点。但是在系统回路中不稳定的零、极点相消是不允许的。以上说明的例子如下。

例 4.2.1　系统方程为

$$\dot{\boldsymbol{x}}=\begin{bmatrix}0 & 1\\ -2 & -3\end{bmatrix}\boldsymbol{x}+\begin{bmatrix}0\\ 1\end{bmatrix}u+\boldsymbol{d},\quad y=\begin{bmatrix}0 & 1\end{bmatrix}\boldsymbol{x}$$

试问是否可以用本节的方法设计控制器，使得在 $y_r(t)=1(t)$ 作用下无稳态误差。

解　验证式(4.2.5)：

$$\operatorname{rank}\begin{bmatrix}0 & 1 & 0\\ -2 & -3 & 1\\ 0 & 1 & 0\end{bmatrix}=2<n+q=3$$

计算对象部分的传递函数：

$$\boldsymbol{G}(s)=\frac{s}{s^2+3s+2}$$

对这一系统无法用本节的方法进行控制器设计以消去稳态误差。

例 4.2.2　系统方程为

$$\dot{\boldsymbol{x}}=\begin{bmatrix}0 & 1 & 0 & 0\\ 0 & 0 & -1 & 0\\ 0 & 0 & 0 & 1\\ 0 & 0 & 11 & 0\end{bmatrix}\boldsymbol{x}+\begin{bmatrix}0\\ 1\\ 0\\ -1\end{bmatrix}u+\begin{bmatrix}0\\ 4\\ 0\\ 6\end{bmatrix}w$$

$$y=\begin{bmatrix}1 & 0 & 0 & 0\end{bmatrix}\boldsymbol{x}$$

要求输出跟踪参考输入 $y_r*1(t)$， y_r 为阶跃函数的幅值。

解　为了消去稳态误差，应如式(4.2.2)所示引入积分器，得到增广系统方程如下：

$$\begin{bmatrix}\dot{\boldsymbol{x}}\\ \dot{\boldsymbol{q}}\end{bmatrix}=\begin{bmatrix}0 & 1 & 0 & 0 & 0\\ 0 & 0 & -1 & 0 & 0\\ 0 & 0 & 0 & 1 & 0\\ 0 & 0 & 11 & 0 & 0\\ 1 & 0 & 0 & 0 & 0\end{bmatrix}\begin{bmatrix}\boldsymbol{x}\\ \boldsymbol{q}\end{bmatrix}+\begin{bmatrix}0\\ 1\\ 0\\ -1\\ 0\end{bmatrix}u+\begin{bmatrix}0\\ 4w\\ 0\\ 6w\\ -y_r\end{bmatrix}$$

$$y=\begin{bmatrix}1 & 0 & 0 & 0 & 0\end{bmatrix}\begin{bmatrix}\boldsymbol{x}\\ \boldsymbol{q}\end{bmatrix}$$

验证系统可控应满足的条件：

$$\begin{bmatrix}\boldsymbol{A} & \boldsymbol{b}\\ \boldsymbol{c} & \boldsymbol{0}\end{bmatrix}=\begin{bmatrix}0 & 1 & 0 & 0 & 0\\ 0 & 0 & -1 & 0 & 1\\ 0 & 0 & 0 & 1 & 0\\ 0 & 0 & 11 & 0 & -1\\ 1 & 0 & 0 & 0 & 0\end{bmatrix},\quad \det\begin{bmatrix}\boldsymbol{A} & \boldsymbol{b}\\ \boldsymbol{c} & \boldsymbol{0}\end{bmatrix}=10$$

故增广系统可控。用状态反馈可以任意配置特征值。令反馈增益矩阵为$[k_1\ \ k_2\ \ k_3\ \ k_4\ \ k_5]$。下面来选 k_i，以使闭环系统有特征值 -2 、 -2 、 -1 、 $-1\pm\mathrm{j}$，即实现期望的特征多项式：

$$s^5+7s^4+20s^3+30s^2+24s+8$$

加了状态反馈后的系统矩阵为

$$\begin{bmatrix} 0 & 1 & 0 & 0 & 0 \\ k_1 & k_2 & k_3-1 & k_4 & k_5 \\ 0 & 0 & 0 & 1 & 0 \\ -k_1 & -k_2 & 11-k_3 & -k_4 & -k_5 \\ 1 & 0 & 0 & 0 & 0 \end{bmatrix}$$

特征多项式为

$$s^5+(k_4-k_2)s^4+(k_3-k_1-11)s^3+(10k_2-k_5)s^2+10k_1s+10k_5$$

比较上面两个多项式同幂次的系数，可以求出反馈增益矩阵为

$$\boldsymbol{K}=[2.4\quad 3.08\quad 33.4\quad 10.08\quad 0.8]$$

并且得到闭环系统：

$$\begin{bmatrix} \dot{\boldsymbol{x}} \\ \dot{\boldsymbol{q}} \end{bmatrix}=\begin{bmatrix} 0 & 1 & 0 & 0 & 0 \\ 2.4 & 3.08 & 32.4 & 10.08 & 0.8 \\ 0 & 0 & 0 & 1 & 0 \\ -2.4 & -3.08 & -22.4 & -10.08 & -0.8 \\ 1 & 0 & 0 & 0 & 0 \end{bmatrix}\begin{bmatrix} \boldsymbol{x} \\ \boldsymbol{q} \end{bmatrix}+\begin{bmatrix} 0 \\ 4w \\ 0 \\ 6w \\ -y_r \end{bmatrix}$$

$$y=[1\quad 0\quad 0\quad 0\quad 0]\begin{bmatrix} \boldsymbol{x} \\ \boldsymbol{q} \end{bmatrix}$$

现在来验证上式的稳态特征。

$$\begin{aligned}\lim_{t\to\infty} y(t) &= -\boldsymbol{c}\boldsymbol{A}_1^{-1}\begin{bmatrix} d \\ -y_r \end{bmatrix} \\ &= -[1\quad 0\quad 0\quad 0\quad 0]\begin{bmatrix} 0 & 0 & 0 & 0 & 1 \\ 1 & 0 & 0 & 0 & 0 \\ 0 & 0.1 & 0 & 0.1 & 0 \\ 0 & 0 & 1 & 0 & 0 \\ -3.85 & -2.8 & -12.6 & -4.05 & -3 \end{bmatrix}\begin{bmatrix} d \\ -y_r \end{bmatrix} \\ &= y_r\end{aligned}$$

其中，$\boldsymbol{A}_1$是闭环系统矩阵，由此可见$y(t)$最终趋近于稳态值y_r，这正是所期望的结果。

4.3　用状态反馈进行解耦控制

系统动态方程为

$$\begin{cases} \dot{\boldsymbol{x}}=\boldsymbol{A}\boldsymbol{x}+\boldsymbol{B}\boldsymbol{u} \\ \boldsymbol{y}=\boldsymbol{C}\boldsymbol{x} \end{cases} \tag{4.3.1}$$

其中，$\boldsymbol{A}$、$\boldsymbol{B}$和$\boldsymbol{C}$分别是$n\times n$、$n\times p$、$q\times n$的矩阵。系统的传递函数矩阵为

$$G(s)=C(sI-A)^{-1}B \tag{4.3.2}$$

定义 4.3.1 解耦。若式(4.3.2)中的传递函数矩阵 $G(s)$ 是对角形非奇异矩阵，则称系统(4.3.1)是**解耦**的。

下面研究的是如何利用状态反馈使系统解耦。状态反馈控制律表示为

$$u=Kx+Hv\ (H\ \text{为非奇异矩阵}) \tag{4.3.3}$$

方程(4.3.1)的系统加上状态反馈(4.3.3)后，得到的闭环动态方程和闭环传递函数矩阵分别为

$$\dot{x}=(A+BK)x+BHv,\qquad y=Cx$$

$$G_f(s,K,H)=C[sI-(A+BK)]^{-1}BH \tag{4.3.4}$$

利用状态反馈使系统解耦：找出矩阵 K 、H ，使 $G_f(s)$ 为对角形非奇异矩阵。注意以下几点。

(1) 开、闭环传递函数矩阵的关系(见习题 4.2)：

$$G_f(s)=G(s)[I+K(sI-A-BK)^{-1}B]H \tag{4.3.5}$$

$$G_f(s)=G(s)[I-K(sI-A)^{-1}B]^{-1}H \tag{4.3.6}$$

(2) 非负整数 d_i 及非零向量 E_i 。

记 C 的第 i 行为 c_i ； $G(s)$ 的第 i 行为 $G_i(s)$ 。根据 $(sI-A)^{-1}=\sum_{i=0}^{\infty}A^i s^{-(i+1)}$ ，可将 $G_i(s)$ 表示成

$$c_i(sI-A)^{-1}B=c_iBs^{-1}+c_iABs^{-2}+\cdots+c_iA^{d_i-1}Bs^{-d_i}+c_iA^{d_i}Bs^{-(d_i+1)}+\cdots \tag{4.3.7}$$

非负整数 d_i 定义为式(4.3.7)中由左向右 s 负幂次系数是零的个数，即有

$$c_iB=c_iAB=\cdots=c_iA^{d_i-1}B=0,\quad E_i=c_iA^{d_i}B\neq 0 \tag{4.3.8}$$

由传递函数矩阵 $G(s)$ 出发，可知非负整数 d_i 及非零向量 E_i 的等价定义分别为

$$d_i=\min[G_i(s)\ \text{各元素分母次数与分子次数之差}]-1 \tag{4.3.9}$$

$$E_i=\lim_{s\to\infty}s^{d_i+1}G_i(s)=c_iA^{d_i}B\neq 0 \tag{4.3.10}$$

例 4.3.1 给定如下的 $G(s)$ ，试计算 d_i 和 E_i 。

$$G(s)=\begin{bmatrix}\dfrac{s+2}{s^2+2s+1} & \dfrac{1}{s^2+s+2}\\ \dfrac{1}{s^2+2s+1} & \dfrac{3}{s^2+2s+4}\end{bmatrix}$$

解

$$d_1=\min[1,2]-1=0,\quad d_2=\min[2,2]-1=1$$

$$E_1=\lim_{s\to\infty}sG_1(s)=[1\quad 0],\quad E_2=\lim_{s\to\infty}s^2G_2(s)=[1\quad 3]$$

例 4.3.2　系统方程为

$$\dot{\boldsymbol{x}}=\begin{bmatrix}0&0&0\\0&0&1\\-1&-2&-3\end{bmatrix}\boldsymbol{x}+\begin{bmatrix}1&0\\0&0\\0&1\end{bmatrix}\boldsymbol{u},\quad \boldsymbol{y}=\begin{bmatrix}1&1&0\\0&0&1\end{bmatrix}\boldsymbol{x}$$

试计算 d_i 和 $\boldsymbol{E}_i$。

解

$$\boldsymbol{c}_1\boldsymbol{B}=[1\quad 0],\ d_1=0,\ \boldsymbol{E}_1=[1\quad 0]$$

$$\boldsymbol{c}_2\boldsymbol{B}=[0\quad 1],\quad d_2=0,\quad \boldsymbol{E}_2=[0\quad 1]$$

(3) 开、闭环传递函数矩阵。

引入非负整数 d_i 及非零向量 $\boldsymbol{E}_i$ 后，开环传递函数矩阵可以表示为式(4.3.11)：

$$\begin{aligned}\boldsymbol{c}_i(s\boldsymbol{I}-\boldsymbol{A})^{-1}\boldsymbol{B}&=s^{-(d_i+1)}(\boldsymbol{c}_i\boldsymbol{A}^{d_i}\boldsymbol{B}+\boldsymbol{c}_i\boldsymbol{A}^{d_i+1}\boldsymbol{B}s^{-1}+\cdots)\\&=s^{-(d_i+1)}[\boldsymbol{c}_i\boldsymbol{A}^{d_i}\boldsymbol{B}+\boldsymbol{c}_i\boldsymbol{A}^{d_i+1}(\boldsymbol{I}s^{-1}+\boldsymbol{A}s^{-2}+\boldsymbol{A}s^{-3}+\cdots)\boldsymbol{B}]\\&=s^{-(d_i+1)}[\boldsymbol{E}_i+\boldsymbol{F}_i(s\boldsymbol{I}-\boldsymbol{A})^{-1}\boldsymbol{B}]\end{aligned}\tag{4.3.11}$$

即

$$\boldsymbol{E}=\begin{bmatrix}\boldsymbol{E}_1\\\boldsymbol{E}_2\\\vdots\\\boldsymbol{E}_p\end{bmatrix},\quad \boldsymbol{F}=\begin{bmatrix}\boldsymbol{c}_1\boldsymbol{A}^{d_1+1}\\\boldsymbol{c}_2\boldsymbol{A}^{d_2+1}\\\vdots\\\boldsymbol{c}_p\boldsymbol{A}^{d_p+1}\end{bmatrix}\tag{4.3.12}$$

则可得

$$\boldsymbol{G}(s)=\begin{bmatrix}s^{-(d_1+1)}&&\\&\ddots&\\&&s^{-(d_p+1)}\end{bmatrix}\left[\boldsymbol{E}+\boldsymbol{F}(s\boldsymbol{I}-\boldsymbol{A})^{-1}\boldsymbol{B}\right]\tag{4.3.13}$$

再利用式(4.3.5)与式(4.3.6)，将闭环传递函数矩阵表示为

$$\boldsymbol{G}_f(s)=\begin{bmatrix}s^{-(d_1+1)}&&\\&\ddots&\\&&s^{-(d_p+1)}\end{bmatrix}\left[\boldsymbol{E}+\boldsymbol{F}(s\boldsymbol{I}-\boldsymbol{A})^{-1}\boldsymbol{B}\right]\left[\boldsymbol{I}+\boldsymbol{K}(s\boldsymbol{I}-\boldsymbol{A}-\boldsymbol{B}\boldsymbol{K})^{-1}\boldsymbol{B}\right]\boldsymbol{H}\tag{4.3.14}$$

或

$$\boldsymbol{G}_f(s)=\begin{bmatrix}s^{-(d_1+1)}&&\\&\ddots&\\&&s^{-(d_p+1)}\end{bmatrix}\left[\boldsymbol{E}+\boldsymbol{F}(s\boldsymbol{I}-\boldsymbol{A})^{-1}\boldsymbol{B}\right]\left[\boldsymbol{I}-\boldsymbol{K}(s\boldsymbol{I}-\boldsymbol{A})^{-1}\boldsymbol{B}\right]^{-1}\boldsymbol{H}\tag{4.3.15}$$

按照非负整数 d_i 及非零向量 $\boldsymbol{E}_i$ 的定义，用式(4.3.14)可以求出闭环传递函数矩阵所对应的 $\bar{d}_i$ $\bar{\boldsymbol{E}}_i$，并且有 $\bar{d}_i=d_i$，$\bar{\boldsymbol{E}}_i=\boldsymbol{E}_i\boldsymbol{H}$。

定理 4.3.1　系统(4.3.2)可用式(4.3.3)的反馈进行解耦的充分必要条件是式(4.3.12)定

义的 $\boldsymbol{E}$ 为非奇异矩阵。

证明　必要性：因为 $\boldsymbol{G}_f(s)$ 对角非奇异，故有 $\bar{\boldsymbol{E}}=\boldsymbol{EH}$ 是对角的，又因为 $\bar{\boldsymbol{E}}_i$ 是非零向量，因此有 $\bar{\boldsymbol{E}}$ 非奇异，故可知 $\boldsymbol{E}$ 非奇异。

充分性：将

$$\boldsymbol{K}=-\boldsymbol{E}^{-1}\boldsymbol{F}, \quad \boldsymbol{H}=\boldsymbol{E}^{-1} \tag{4.3.16}$$

代入式(4.3.14)可得

$$\boldsymbol{G}_f(s)=\begin{bmatrix} s^{-(d_1+1)} & & \\ & \ddots & \\ & & s^{-(d_p+1)} \end{bmatrix} \tag{4.3.17}$$

对于式(4.3.17)中的传递函数矩阵，由于其对角元都是积分器，故称为积分器解耦系统。它不满足稳定性要求，故在实际中不能使用。但是在理论上，它提供了可解耦系统的一种中间形式，可供进一步研究解耦问题时使用。

例 4.3.3　将例 4.3.2 中的系统化为积分器解耦系统。

解　根据例 4.3.2 的计算可知 $\boldsymbol{E}$ 是单位矩阵，故系统可解耦。现采用定理 4.3.1 充分性证明中提供的式(4.3.16)将其化为积分器解耦系统。计算 $\boldsymbol{F}$ 矩阵，$\boldsymbol{F}_1=\boldsymbol{c}_1\boldsymbol{A}=[0\quad 0\quad 1]$，$\boldsymbol{F}_2=\boldsymbol{c}_2\boldsymbol{A}=[-1\quad -2\quad -3]$，故得

$$\boldsymbol{F}=\begin{bmatrix} 0 & 0 & 1 \\ -1 & -2 & -3 \end{bmatrix}$$

由此求得

$$\boldsymbol{H}=\boldsymbol{E}^{-1}=\begin{bmatrix} 1 & 0 \\ 0 & 1 \end{bmatrix}, \quad \boldsymbol{K}=-\boldsymbol{E}^{-1}\boldsymbol{F}=\begin{bmatrix} 0 & 0 & -1 \\ 1 & 2 & 3 \end{bmatrix}$$

故反馈控制律为

$$\boldsymbol{u}=\boldsymbol{Kx}+\boldsymbol{Hv}=\begin{bmatrix} 0 & 0 & -1 \\ 1 & 2 & 3 \end{bmatrix}\boldsymbol{x}+\begin{bmatrix} 1 & 0 \\ 0 & 1 \end{bmatrix}\boldsymbol{v}$$

闭环系统的动态方程为

$$\dot{\boldsymbol{x}}=(\boldsymbol{A}+\boldsymbol{BK})\boldsymbol{x}+\boldsymbol{BHv}=\begin{bmatrix} 0 & 0 & -1 \\ 0 & 0 & 1 \\ 0 & 0 & 0 \end{bmatrix}\boldsymbol{x}+\begin{bmatrix} 1 & 0 \\ 0 & 0 \\ 0 & 1 \end{bmatrix}\boldsymbol{v}$$

闭环系统的传递函数矩阵为

$$\boldsymbol{G}_f(s)=\begin{bmatrix} \dfrac{1}{s} & 0 \\ 0 & \dfrac{1}{s} \end{bmatrix}$$

由闭环系统动态方程可知，闭环系统不可观测，这一解耦的状态反馈改变了系统的

可观测性。

如前所述，积分器解耦系统是不稳定的。还需在此基础上进一步改善控制律，由于这一问题比较复杂，现省略。下面介绍一种简单情况。

定理 4.3.2 若系统可用状态反馈解耦，且 $d_1+d_2+\cdots+d_p+p=n$，则采用状态反馈：

$$\boldsymbol{H}=\boldsymbol{E}^{-1},\quad \boldsymbol{K}=-\boldsymbol{E}^{-1}\boldsymbol{F} \tag{4.3.18}$$

可以将闭环传递函数矩阵化为

$$\boldsymbol{G}_f(s)=\mathrm{diag}\left(\frac{1}{\Delta_1(s)},\cdots,\frac{1}{\Delta_p(s)}\right) \tag{4.3.19}$$

其中，$\Delta_i(s)=s^{d_i+1}+\alpha_{i1}s^{d_i}+\alpha_{i2}s^{d_i-1}+\cdots+\alpha_{id_i}s+\alpha_{id_i+1}$，$\alpha_{jk}\ (j=1,2,\cdots,p;k=1,2,\cdots,d_p+1)$ 是可调参数，可用来对闭环传递函数矩阵的对角元进行极点配置，如下式定义的 $p\times n$ 矩阵：

$$\boldsymbol{F}=\begin{bmatrix}\boldsymbol{c}_1\Delta_1(\boldsymbol{A})\\ \boldsymbol{c}_2\Delta_2(\boldsymbol{A})\\ \vdots\\ \boldsymbol{c}_p\Delta_p(\boldsymbol{A})\end{bmatrix}$$

由式(4.3.19)可知 $\boldsymbol{G}_f(s)$ 的麦克米伦阶为 n，说明这时解耦状态反馈控制律(4.3.18)未改变系统的可观测性。

证明 用 $\boldsymbol{g}_i(s)$ 表示 $\boldsymbol{G}(s)$ 的第 i 行，并对所有 $k\geqslant d_i+2$，令 $\alpha_{ik}=0$，则由式(4.3.11)和 d_i 的定义得

$$\begin{aligned}\Delta_i(s)\boldsymbol{g}_i(s)&=(s^{d_i+1}+\alpha_{i1}s^{d_i}+\alpha_{i2}s^{d_i-1}+\cdots+\alpha_{id_i}s+\alpha_{id_i+1})s^{-d_i-1}c_i\left[\boldsymbol{A}^{d_i}+\frac{\boldsymbol{A}^{d_i+1}}{s}+\cdots\right]\boldsymbol{B}\\
&=c_i\boldsymbol{A}^{d_i}\boldsymbol{B}+\left[c_i\boldsymbol{A}^{d_i+1}+\alpha_{i1}c_i\boldsymbol{A}^{d_i}\right]\boldsymbol{B}s^{-1}\\
&\quad+\left[c_i\boldsymbol{A}^{d_i+2}+\alpha_{i1}c_i\boldsymbol{A}^{d_i+1}+\alpha_{i2}c_i\boldsymbol{A}^{d_i}\right]\boldsymbol{B}s^{-2}+\cdots\\
&\quad+\left[c_i\boldsymbol{A}^{d_i+k}+\alpha_{i1}c_i\boldsymbol{A}^{d_i+k-1}+\cdots+\alpha_{ik}c_i\boldsymbol{A}^{d_i}\right]\boldsymbol{B}s^{-k}+\cdots\\
&=c_i\boldsymbol{A}^{d_i}\boldsymbol{B}+c_i\left(\boldsymbol{A}^{d_i+1}+\alpha_{i1}\boldsymbol{A}^{d_i}+\cdots+\alpha_{id_i+1}\boldsymbol{I}\right)\boldsymbol{B}s^{-1}\\
&\quad+c_i\left(\boldsymbol{A}^{d_i+1}+\alpha_{i1}\boldsymbol{A}^{d_i}+\cdots+\alpha_{id_i+1}\boldsymbol{I}\right)\boldsymbol{A}\boldsymbol{B}s^{-2}+\cdots\\
&\quad+c_i\left(\boldsymbol{A}^{d_i+1}+\alpha_{i1}\boldsymbol{A}^{d_i}+\cdots+\alpha_{id_i+1}\boldsymbol{I}\right)\boldsymbol{A}^{k-1}\boldsymbol{B}s^{-k}+\cdots\\
&=c_i\boldsymbol{A}^{d_i}\boldsymbol{B}+c_i\Delta_i(\boldsymbol{A})\frac{1}{s}\left(\boldsymbol{I}+\frac{\boldsymbol{A}}{s}+\frac{\boldsymbol{A}^2}{s^2}+\cdots\right)\boldsymbol{B}\\
&=c_i\boldsymbol{A}^{d_i}\boldsymbol{B}+c_i\Delta_i(\boldsymbol{A})(s\boldsymbol{I}-\boldsymbol{A})^{-1}\boldsymbol{B}\end{aligned}$$

所以有

$$G(s)=\operatorname{diag}\left(\frac{1}{\Delta_1(s)},\cdots,\frac{1}{\Delta_p(s)}\right)[E+F(sI-A)^{-1}B]$$

进而由式(4.3.18)得

$$\begin{aligned}G_f(s)&=G(s)[I-K(sI-A)^{-1}B]^{-1}H\\&=G(s)[H^{-1}-H^{-1}K(sI-A)^{-1}B]^{-1}\\&=G(s)[E+F(sI-A)^{-1}B]^{-1}\\&=\operatorname{diag}\left(\frac{1}{\Delta_1(s)},\cdots,\frac{1}{\Delta_p(s)}\right)\end{aligned}$$

例 4.3.4　系统动态方程为

$$\dot{x}=\begin{bmatrix}2&0&1\\0&3&1\\1&2&1\end{bmatrix}x+\begin{bmatrix}0&-1\\1&1\\0&1\end{bmatrix}u$$

$$y=\begin{bmatrix}1&0&0\\1&0&1\end{bmatrix}x$$

能否用状态反馈控制律 $u=Kx+Hv$，将闭环传递函数矩阵变为 $G_f(s)$，若有可能求出 K 和 H 。

$$G_f(s)=\begin{bmatrix}\dfrac{1}{s+1}&0\\0&\dfrac{1}{s^2+3s+1}\end{bmatrix}$$

解　$c_1B=[0\quad -1],\quad d_1=0,\quad c_2B=[0\quad 0],\quad c_2AB=[2\quad 1],\quad d_2=1$

$$E=\begin{bmatrix}E_1\\E_2\end{bmatrix}=\begin{bmatrix}0&-1\\2&1\end{bmatrix},\quad d_1+d_2+p=0+1+2=3=n$$

由式(4.3.19)可知状态反馈控制律应按式(4.3.18)选取：

$$H=E^{-1}=\frac{1}{2}\begin{bmatrix}1&1\\-2&0\end{bmatrix}$$

$$K=-E^{-1}\begin{bmatrix}c_1(A+I)\\c_2(A^2+3A+I)\end{bmatrix}=\begin{bmatrix}-10.5&-8&-7.5\\3&0&1\end{bmatrix}$$

定理 4.3.1 解决了系统能否解耦的问题。为了更一般地讨论解耦系统的反馈控制律的结构形式以及系统解耦后传递函数矩阵的结构形式，先引入标准解耦系统的概念，并针对标准解耦系统来研究反馈控制律的结构形式及传递函数矩阵的结构形式。

定义 4.3.2　标准解耦系统。系统 (A,B,C) 称为**标准解耦系统**，如果以下诸条件成立。

(1) $\boldsymbol{A}$ 、$\boldsymbol{B}$ 、$\boldsymbol{C}$ 有如下分块形式：

$$\left\{\begin{array}{l}
\boldsymbol{A}=\left[\begin{array}{cccccc}
\boldsymbol{A}_1 & & & & 0 & \boldsymbol{A}_1^{\mu} \\
 & \boldsymbol{A}_2 & & & 0 & \boldsymbol{A}_2^{\mu} \\
 & & \ddots & & \vdots & \vdots \\
 & & & \boldsymbol{A}_p & 0 & \boldsymbol{A}_p^{\mu} \\
\boldsymbol{A}_1^c & \boldsymbol{A}_2^c & \cdots & \boldsymbol{A}_p^c & \boldsymbol{A}_{p+1} & \boldsymbol{A}_{p+1}^{\mu} \\
0 & 0 & \cdots & 0 & 0 & \boldsymbol{A}_{p+2}
\end{array}\right]\begin{array}{l} m_1 \\ m_2 \\ \vdots \\ m_p \\ m_{p+1} \\ m_{p+2} \end{array} \\
\qquad\quad \begin{array}{cccccc} m_1 & m_2 & \cdots & m_p & m_{p+1} & m_{p+2} \end{array} \\
\boldsymbol{B}=\left[\begin{array}{cccc}
\boldsymbol{b}_1 & & & \\
 & \boldsymbol{b}_2 & & \\
 & & \ddots & \\
 & & & \boldsymbol{b}_p \\
\boldsymbol{b}_1^c & \boldsymbol{b}_2^c & \cdots & \boldsymbol{b}_p^c \\
0 & 0 & \cdots & 0
\end{array}\right]\begin{array}{l} m_1 \\ m_2 \\ \vdots \\ m_p \\ m_{p+1} \\ m_{p+2} \end{array} \\
\boldsymbol{C}=\left[\begin{array}{ccccc}
\boldsymbol{c}_1 & & & 0 & \boldsymbol{c}_1^{\mu} \\
 & \boldsymbol{c}_2 & & 0 & \boldsymbol{c}_2^{\mu} \\
 & & \ddots & \vdots & \vdots \\
 & & \boldsymbol{c}_p & 0 & \boldsymbol{c}_p^{\mu}
\end{array}\right] \\
\qquad\quad m_1 \quad m_2 \cdots m_p \quad m_{p+1} \quad m_{p+2}
\end{array}\right. \tag{4.3.20}$$

其中，$m_i \geqslant d_i+1(i=1,2,\cdots,p), \sum_{i=1}^{p+2} m_i=n$ ；$\boldsymbol{b}_i^c, \boldsymbol{c}_i^{\mu}$ 是 m_{p+1} 维和 m_{p+2} 维向量。

(2) 对 $i=1,2,\cdots,p, \boldsymbol{A}_i, \boldsymbol{b}_i, \boldsymbol{c}_i$ 有以下分块：

$$\left\{\begin{array}{l}
\boldsymbol{A}_i=\left[\begin{array}{cc:c}
0 & \boldsymbol{I}_{d_i} & 0 \\
0 & 0 & 0 \\
\hdashline
\multicolumn{2}{c:}{\boldsymbol{\varPsi}_i} & \boldsymbol{\varPhi}_i
\end{array}\right]\begin{array}{l} d_i+1 \\ \\ m_i-d_i-1 \end{array}, \quad
\boldsymbol{b}_i=\left[\begin{array}{c} 0 \\ \vdots \\ 0 \\ r_{ii} \\ \times \\ \vdots \\ \times \end{array}\right]\begin{array}{l} d_i \\ \\ d_i+1 \\ \\ m_i-d_i-1 \end{array} \\
\qquad\quad d_i+1 \quad m_i-d_i-1 \\
\boldsymbol{c}_i=[1 \quad \underbrace{0 \cdots 0}_{m_i}]
\end{array}\right. \tag{4.3.21}$$

(3) 对 $i=1,2,\cdots,p$ ，有 $\boldsymbol{b}_i, \boldsymbol{A}_i \boldsymbol{b}_i, \cdots, \boldsymbol{A}_i^{m_i-1} \boldsymbol{b}_i$ 线性无关。

(4) 由方程(4.3.20)所确定的传递函数矩阵为

$$\boldsymbol{G}_0(s)=\boldsymbol{C}(s\boldsymbol{I}-\boldsymbol{A})^{-1}\boldsymbol{B}=\operatorname{diag}\left[\frac{r_{11}}{s^{d_1+1}},\frac{r_{22}}{s^{d_2+1}},\cdots,\frac{r_{pp}}{s^{d_p+1}}\right] \tag{4.3.22}$$

证明：设 $\boldsymbol{G}_{0i}(s)$ 表示 $\boldsymbol{G}_0(s)$ 的第 i 行，则

$$\begin{aligned}
\boldsymbol{G}_{0i}(s)&=\boldsymbol{c}_i(s\boldsymbol{I}-\boldsymbol{A})^{-1}\boldsymbol{B}\\
&=[0\ \cdots\ 0\ \ \boldsymbol{c}_i\ \cdots\ 0\ \ \boldsymbol{c}_i^{\mu}]\begin{bmatrix}(s\boldsymbol{I}-\boldsymbol{A}_1)^{-1} & & & 0 & \times\\ & \ddots & & \vdots & \vdots\\ & & (s\boldsymbol{I}-\boldsymbol{A}_p)^{-1} & 0 & \times\\ \times & \cdots & \times & (s\boldsymbol{I}-\boldsymbol{A}_{p+1})^{-1} & \times\\ 0 & \cdots & 0 & 0 & (s\boldsymbol{I}-\boldsymbol{A}_{p+2})^{-1}\end{bmatrix}\boldsymbol{B}\\
&=[0\ \cdots\ 0\ \ \boldsymbol{c}_i(s\boldsymbol{I}-\boldsymbol{A}_i)^{-1}\ \ 0\ \cdots\ 0\times]\begin{bmatrix}\boldsymbol{b}_1 & & \\ & \ddots & \\ & & \boldsymbol{b}_p\\ \boldsymbol{b}_1^c & \cdots & \boldsymbol{b}_p^c\\ 0 & \cdots & 0\end{bmatrix}=[0\ \cdots\ 0\ \ \boldsymbol{c}_i(s\boldsymbol{I}-\boldsymbol{A}_i)^{-1}\boldsymbol{b}_i\ \ 0\ \cdots\ 0\ \ 0]
\end{aligned}$$

$$\begin{aligned}
\boldsymbol{c}_i(s\boldsymbol{I}-\boldsymbol{A}_i)^{-1}\boldsymbol{b}_i&=[1\ \ 0\ \cdots\ 0]\left[\begin{array}{c:c}\begin{bmatrix}s & -1 & & \\ & s & -1 & \\ & & \ddots & \ddots \\ & & & \ddots & -1\\ & & & & s\end{bmatrix}^{-1} & \boldsymbol{0}\\ \hdashline * & (s\boldsymbol{I}-\boldsymbol{\Phi}_i)^{-1}\end{array}\right]\begin{bmatrix}0\\ \vdots\\ \vdots\\ 0\\ r_{ii}\\ \times\\ \vdots\\ \vdots\\ \times\end{bmatrix}\\
&=[1\ \ 0\ \cdots\ 0]\begin{bmatrix}\begin{bmatrix}s & -1 & & \\ & s & -1 & \\ & & \ddots & -1\\ & & & s\end{bmatrix}\begin{bmatrix}0\\ \vdots\\ 0\\ r_{ii}\end{bmatrix}\\ *\end{bmatrix}\\
&=[1\ \ 0\ \cdots\ 0]\frac{1}{s^{d_i+1}}\begin{bmatrix} & 1\\ * & s\\ & \vdots\\ & s^{d_i}\end{bmatrix}\begin{bmatrix}0\\ \vdots\\ 0\\ r_{ii}\end{bmatrix}\\
&=\frac{r_{ii}}{s^{d_i+1}}
\end{aligned}$$

由方程(4.3.20)所确定的 $\boldsymbol{E}$ 矩阵为 $\mathrm{diag}[r_{11} \quad r_{12} \quad \cdots \quad r_{pp}]$：

$$\boldsymbol{E}_i = \boldsymbol{c}_i \boldsymbol{A}^{d_i} \boldsymbol{B}_i = [0 \quad \cdots \quad 0 \quad r_{ii} \quad 0 \quad \cdots \quad 0] \tag{4.3.23}$$

证明

$$\boldsymbol{c}_i \boldsymbol{A}^{d_i} \boldsymbol{B} = [0 \quad \cdots \quad 0 \quad \boldsymbol{c}_i \quad 0 \quad \cdots \quad \boldsymbol{c}_i^{\mu}] \begin{bmatrix} \boldsymbol{A}_1^{d_i} & & & 0 & \times \\ & \ddots & & \vdots & \vdots \\ & & \boldsymbol{A}_p^{d_i} & 0 & \vdots \\ \times & \cdots & \times & \boldsymbol{A}_{p+1}^{d_i} & \times \\ 0 & \cdots & 0 & 0 & \boldsymbol{A}_{p+2}^{d_i} \end{bmatrix} \boldsymbol{B}$$

$$= [0 \quad \cdots \quad 0 \quad \boldsymbol{c}_i \boldsymbol{A}^{d_i} \quad 0 \quad \cdots \quad 0 \quad \times] \begin{bmatrix} \boldsymbol{b}_1 & & \\ & \ddots & \\ & & \boldsymbol{b}_p \\ \boldsymbol{b}_1^c & \cdots & \boldsymbol{b}_p^c \\ 0 & \cdots & 0 \end{bmatrix} = [0 \quad \cdots \quad 0 \quad \boldsymbol{c}_i \boldsymbol{A}^{d_i} \boldsymbol{b}_i \quad 0 \quad \cdots \quad 0 \quad 0]$$

$$\boldsymbol{c}_i \boldsymbol{A}_i^{d_i} \boldsymbol{b}_i = [1 \quad 0 \quad \cdots \quad 0] \left[\begin{array}{c|c} \begin{bmatrix} 0 & \boldsymbol{I}_{d_i} \\ 0 & 0 \end{bmatrix}^{d_i} & \boldsymbol{0} \\ \hline \times & \boldsymbol{\Phi}_i^{d_i} \end{array}\right] \begin{bmatrix} 0 \\ \vdots \\ 0 \\ r_{ii} \\ \times \\ \vdots \\ \times \end{bmatrix}$$

$$= \left[[1 \quad 0 \quad \cdots \quad 0] \begin{bmatrix} 0 & \boldsymbol{I}_{d_i} \\ 0 & 0 \end{bmatrix}^{d_i} \;\Bigg|\; \boldsymbol{0} \right] \begin{bmatrix} 0 \\ \vdots \\ 0 \\ r_{ii} \\ \times \\ \vdots \\ \times \end{bmatrix} = [1 \quad 0 \quad \cdots \quad 0] \begin{bmatrix} 0 & \boldsymbol{I}_{d_i} \\ 0 & 0 \end{bmatrix}^{d_i} \begin{bmatrix} 0 \\ \vdots \\ 0 \\ r_{ii} \end{bmatrix}$$

$$= [1 \quad 0 \quad \cdots \quad 0] \begin{bmatrix} 0 & \cdots & 0 & 1 \\ & & & 0 \\ & \boldsymbol{0} & & \vdots \\ & & & 0 \end{bmatrix} \begin{bmatrix} 0 \\ \vdots \\ 0 \\ r_{ii} \end{bmatrix} = r_{ii}$$

由方程(4.3.20)所定义的矩阵，恒有 $r_{ii} \neq 0 (i = 1, 2, \cdots, p)$。根据 d_i 的定义可知 $\boldsymbol{E}_i = \lim\limits_{s \to \infty} s^{d_i + 1} \boldsymbol{G}_{0i}(s) = [0 \quad \cdots \quad 0 \quad r_{ii} \quad 0 \quad \cdots \quad 0]$，$\boldsymbol{E}_i \neq 0$，故 $r_{ii} \neq 0$。

由以上性质可知，标准解耦系统是可解耦的，现在研究它的解耦控制律 $\boldsymbol{K}$、$\boldsymbol{H}$ 应具有的形式。

定理 4.3.3　系统(4.3.20)引入反馈控制率 $\boldsymbol{u}=\boldsymbol{K}\boldsymbol{x}+\boldsymbol{H}\boldsymbol{v}$ 能解耦的充分必要条件是 $\boldsymbol{K}$ 和 $\boldsymbol{H}$ 具有下列形式：

$$\begin{cases} \boldsymbol{K}=\begin{bmatrix} \theta_1 & & & & 0 & \theta_1^{\mu} \\ & \ddots & & & \vdots & \\ & & \theta_{p-1} & & 0 & \theta_{p-1}^{\mu} \\ & & & \theta_p & 0 & \theta_p^{\mu} \end{bmatrix} \\ \qquad m_1 \quad \cdots \quad m_{p-1} \quad m_p \quad m_{p+1} \quad m_{p+2} \\ \boldsymbol{H}=\begin{bmatrix} \varphi_1 & & & \\ & \varphi_2 & & \\ & & \ddots & \\ & & & \varphi_p \end{bmatrix}, \quad \varphi_i \neq 0, i=1,2,\cdots,p \end{cases} \tag{4.3.24}$$

证明　充分性：若 $\boldsymbol{K}$、$\boldsymbol{H}$ 具有式(4.3.24)的形式，则 $\boldsymbol{K}$、$\boldsymbol{H}$ 可使系统(4.3.20)解耦。

容易验算：

$$\begin{aligned} \boldsymbol{G}_{0f}(s,\boldsymbol{K},\boldsymbol{H}) &= \boldsymbol{C}[s\boldsymbol{I}-(\boldsymbol{A}+\boldsymbol{B}\boldsymbol{K})]^{-1}\boldsymbol{B}\boldsymbol{H} \\ &= \mathrm{diag}\{\boldsymbol{c}_1[s\boldsymbol{I}-(\boldsymbol{A}_1+\boldsymbol{b}_1\theta_1)]^{-1}\varphi_1\boldsymbol{b}_1,\cdots,c_p[s\boldsymbol{I}-(\boldsymbol{A}_p+\boldsymbol{b}_p\theta_p)]^{-1}\varphi_p\boldsymbol{b}_p\} \end{aligned}$$

并且根据式(4.3.6)有

$$\begin{aligned} \boldsymbol{c}_i[s\boldsymbol{I}-(\boldsymbol{A}_i+\boldsymbol{b}_i\theta_i)]^{-1}\varphi_i\boldsymbol{b}_i &= \varphi_i\boldsymbol{c}_i(s\boldsymbol{I}-\boldsymbol{A}_i)^{-1}\boldsymbol{b}_i[1-\theta_i(s\boldsymbol{I}-\boldsymbol{A}_i)^{-1}\boldsymbol{b}_i]^{-1} \\ &= \varphi_i r_{ii} s^{-(d_i+1)}[1-\theta_i(s\boldsymbol{I}-\boldsymbol{A}_i)^{-1}\boldsymbol{b}_i]^{-1} \neq 0 \end{aligned}$$

这表明 $\boldsymbol{G}_{0f}(s,\boldsymbol{K},\boldsymbol{H})$ 为非奇异对角矩阵。

必要性：$\boldsymbol{K}$、$\boldsymbol{H}$ 可使系统(4.3.20)解耦，要证 $\boldsymbol{K}$、$\boldsymbol{H}$ 必有式(4.3.24)的形式。

由定理 4.3.1 必要性证明中可知

$$\boldsymbol{H}=\boldsymbol{E}^{-1}\mathrm{diag}[\beta_1 \quad \beta_2 \quad \cdots \quad \beta_p], \quad \beta_i \neq 0, i=1,2,\cdots,p$$

且因式(4.3.20)为标准解耦系统，由性质(2)、(3)可知

$$\boldsymbol{E}^{-1}=\mathrm{diag}[r_{11}^{-1} \quad r_{22}^{-1} \quad \cdots \quad r_{pp}^{-1}], \quad r_{ii}^{-1} \neq 0, i=1,2,\cdots,p$$

这表明 $\boldsymbol{H}$ 是对角形非奇异矩阵，即具有所要求的形式。此外，根据

$$\boldsymbol{G}_{0f}(s,\boldsymbol{K},\boldsymbol{H})=\boldsymbol{G}_0(s)[\boldsymbol{I}-\boldsymbol{K}(s\boldsymbol{I}-\boldsymbol{A})^{-1}\boldsymbol{B}]^{-1}\boldsymbol{H}$$

因为 $\boldsymbol{G}_0(s),\boldsymbol{G}_{0f}(s,\boldsymbol{K},\boldsymbol{H}),\boldsymbol{H}$ 均为对角矩阵，所以 $\boldsymbol{K}(s\boldsymbol{I}-\boldsymbol{A})^{-1}\boldsymbol{B}$ 也必为对角矩阵，将式(4.3.20)的 $\boldsymbol{A},\boldsymbol{B}$ 代入 $\boldsymbol{K}(s\boldsymbol{I}-\boldsymbol{A})^{-1}\boldsymbol{B}$，即可推出 $\boldsymbol{K}$ 必具有式(4.3.24)所要求的形式。

有了标准系统的解耦反馈式(4.3.24)后，就可以导出它在解耦以后，系统传递函数矩阵的结构形式。

定理 4.3.4　设有标准解耦系统(4.3.20)，$\boldsymbol{K}$、$\boldsymbol{H}$ 具有式(4.3.24)的形式，则 $\boldsymbol{G}_{0f}(s,\boldsymbol{K},\boldsymbol{H})$ 必具有以下特点。

(1) $\boldsymbol{G}_{0f}(s,\boldsymbol{K},\boldsymbol{H})$ 是对角形，且其对角线上的元素 $\boldsymbol{G}_{0fi}(s,\boldsymbol{K},\boldsymbol{H})$ 为

$$\frac{\alpha_i(s)r_{ii}\varphi_i}{\psi_i(s,\sigma_i)},\quad i=1,2,\cdots,p \tag{4.3.25}$$

其中，$\alpha_i(s)=s^{r_i}-\alpha_{i1}s^{r_i-1}-\cdots-\alpha_{ir_i}(r_i=m_i-d_i-1)$；$\psi_i(s,\sigma_i)=s^{m_i}-\sigma_{i1}s^{m_i-1}-\cdots-\sigma_{im_i}(i=1,2,\cdots,p)$。

(2) $\alpha_i(s)=\det(s\boldsymbol{I}-\boldsymbol{\Phi}_i),\quad i=1,2,\cdots,p$。

(3) $\theta_i\boldsymbol{V}_i=(\sigma_i-\pi_i),\quad i=1,2,\cdots,p$。

其中，$\sigma_i=(\sigma_{im_i}\ \ \cdots\ \ \sigma_{i1})$；$\pi_i=(\overbrace{0\ \ \cdots\ \ 0}^{d_i+1}\ \ \alpha_{ir_i}\ \ \cdots\ \ \alpha_{i1})$；而 $\boldsymbol{V}_i$ 是仅仅依赖于 $\boldsymbol{A}_i,\boldsymbol{b}_i$ 的 $m_i\times m_i$ 非奇异矩阵。

(4)
$$\det[s\boldsymbol{I}-(\boldsymbol{A}+\boldsymbol{BK})]=\det(s\boldsymbol{I}_{p+1}-\boldsymbol{A}_{p+1})\cdot\det(s\boldsymbol{I}_{p+2}-\boldsymbol{A}_{p+2})\prod_{i=1}^{p}\psi_i(s,\sigma_i) \tag{4.3.26}$$

其中，$\boldsymbol{I}_{p+1}$ 和 $\boldsymbol{I}_{p+2}$ 表示与 $\boldsymbol{A}_{p+1}$ 和 $\boldsymbol{A}_{p+2}$ 同样规模的单位矩阵。

证明　定理 4.3.3 的证明中已导出

$$\boldsymbol{c}_i[s\boldsymbol{I}-(\boldsymbol{A}_i+\boldsymbol{b}_i\theta_i)]^{-1}\varphi_i\boldsymbol{b}_i=\varphi_i r_{ii}s^{-(d_i+1)}[1-\theta_i(s\boldsymbol{I}-\boldsymbol{A}_i)^{-1}\boldsymbol{b}_i]^{-1}$$

因为

$$(s\boldsymbol{I}-\boldsymbol{A}_i)^{-1}=\frac{s^{m_i-1}+\boldsymbol{R}_{i1}s^{m_i-2}+\cdots+\boldsymbol{R}_{im_i-1}}{\det(s\boldsymbol{I}-\boldsymbol{A}_i)}$$

而由 $\boldsymbol{A}_i$ 的形式，有 $\det(s\boldsymbol{I}-\boldsymbol{A}_i)=s^{d_i+1}\det(s\boldsymbol{I}-\boldsymbol{\Phi}_i)$，即

$$\alpha_i(s)=\det(s\boldsymbol{I}-\boldsymbol{\Phi}_i)=s^{r_i}-\alpha_{i1}s^{r_i-1}-\cdots-\alpha_{ir_i}$$

$$\det(s\boldsymbol{I}-\boldsymbol{A}_i)=s^{m_i}-\alpha_{i1}s^{m_i-1}-\cdots-\alpha_{ir_i}s^{d_i+1}$$

这样就可得到

$$\begin{aligned}&1-\theta_i(s\boldsymbol{I}-\boldsymbol{A}_i)^{-1}\boldsymbol{b}_i\\&=\frac{s^{m_i}-\alpha_{i1}s^{m_i-1}-\cdots-\alpha_{ir_i}s^{d_i+1}-[\theta_i\boldsymbol{b}_i s^{m_i-1}+\theta_i\boldsymbol{R}_{i1}\boldsymbol{b}_i s^{m_i-2}+\cdots+\theta_i\boldsymbol{R}_{im_i-1}\boldsymbol{b}_i]}{s^{d_i+1}\alpha_i(s)}\\&=\frac{1}{s^{d_i+1}\alpha_i(s)}[s^{m_i}-(\alpha_{i1}+\theta_i\boldsymbol{b}_i)s^{m_i-1}-\cdots-(\alpha_{ir_i}+\theta_i\boldsymbol{R}_{ir_i-1}\boldsymbol{b}_i)s^{d_i+1}-\theta_i\boldsymbol{R}_{ir_i}\boldsymbol{b}_i s^{d_i}-\cdots-\theta_i\boldsymbol{R}_{im_i-1}\boldsymbol{b}_i]\end{aligned}$$

将上式的分子多项式记为

$$\psi_i(s,\sigma_i)=s^{m_i}-\sigma_{i1}s^{m_i-1}-\cdots-\sigma_{im_i},\quad i=1,2,\cdots,p$$

可得

$$\begin{aligned}\sigma_{i1}&=\alpha_{i1}+\theta_i\boldsymbol{b}_i\\&\vdots\\\sigma_{ir_i}&=\alpha_{ir_i}+\theta_i\boldsymbol{R}_{ir_i-1}\boldsymbol{b}_i\\\sigma_{ir_i+1}&=\theta_i\boldsymbol{R}_{ir_i}\boldsymbol{b}_i\\&\vdots\\\sigma_{im_i}&=\theta_i\boldsymbol{R}_{im_i-1}\boldsymbol{b}_i\end{aligned}$$

再记$\sigma_i=[\sigma_{im_i}\quad\sigma_{im_i-1}\quad\cdots\quad\sigma_{i1}],\pi_i=[0\quad\cdots\quad0\quad\alpha_{ir_i}\quad\cdots\quad\alpha_{i1}]$，则上式可表示为

$$(\sigma_i-\pi_i)=\theta_i[\boldsymbol{R}_{im_i-1}\boldsymbol{b}_i\quad\boldsymbol{R}_{im_i-2}\boldsymbol{b}_i\quad\cdots\quad\boldsymbol{R}_{ir_i}\boldsymbol{b}_i\quad\cdots\quad\boldsymbol{b}_i]=\theta_i\boldsymbol{V}_i$$

其中

$$\boldsymbol{V}_i=[\boldsymbol{R}_{im_i-1}\boldsymbol{b}_i\quad\boldsymbol{R}_{im_i-2}\boldsymbol{b}_i\quad\cdots\quad\boldsymbol{R}_{ir_i}\boldsymbol{b}_i\quad\cdots\quad\boldsymbol{b}_i]$$

至此可得

$$\boldsymbol{G}_{0fi}(s,\boldsymbol{K},\boldsymbol{H})=\varphi_i r_{ii}s^{-(d_i+1)}\frac{s^{d_i+1}\alpha_i(s)}{\psi_i(s,\sigma_i)}=\frac{\varphi_i r_{ii}\alpha_i(s)}{\psi_i(s,\sigma_i)}$$

这就证明了定理 4.3.4 中的特点(1)和特点(2)。

由关系式(1.2.21)可知

$$\begin{aligned}&\boldsymbol{R}_0=\boldsymbol{I}\\&\boldsymbol{R}_{ik}=\boldsymbol{A}_i\boldsymbol{R}_{ik-1}+\alpha_{ik}\boldsymbol{I},\quad k=1,2,\cdots,m_i-1\end{aligned}$$

由此可以得出

$$\begin{aligned}\boldsymbol{V}_i&=[\boldsymbol{R}_{im_i-1}\boldsymbol{b}_i\quad\boldsymbol{R}_{im_i-2}\boldsymbol{b}_i\quad\cdots\quad\boldsymbol{b}_i]\\&=[\boldsymbol{A}_i^{m-1}\boldsymbol{b}_i\quad\cdots\quad\boldsymbol{A}_i\boldsymbol{b}_i\quad\boldsymbol{b}_i]\begin{bmatrix}\boldsymbol{I}&0&0&\cdots&&0\\\alpha_{i1}\boldsymbol{I}&\boldsymbol{I}&0&\cdots&&0\\\alpha_{i2}\boldsymbol{I}&\alpha_{i1}\boldsymbol{I}&\boldsymbol{I}&&&0\\\vdots&\vdots&\alpha_{i1}\boldsymbol{I}&\ddots&&\vdots\\&&&\ddots&\ddots&\\\alpha_{im_i-1}\boldsymbol{I}&\alpha_{im_i-2}\boldsymbol{I}&\alpha_{im_i-3}\boldsymbol{I}&\cdots&\alpha_{i1}\boldsymbol{I}&\boldsymbol{I}\end{bmatrix}\end{aligned}$$

最后一个矩阵为非奇异矩阵，因 $\boldsymbol{A}_i^{m-1}\boldsymbol{b}_i,\cdots,\boldsymbol{A}_i\boldsymbol{b}_i,\boldsymbol{b}_i$ 线性无关，故 $\boldsymbol{R}_{im_i-1}\boldsymbol{b}_i,\boldsymbol{R}_{im_i-2}\boldsymbol{b}_i,\cdots,\boldsymbol{b}_i$ 也线性无关，所以 $\boldsymbol{V}_i$ 是非奇异矩阵。

下面证明定理 4.3.4 中的特点(4)，计算 $\det[s\boldsymbol{I}-(\boldsymbol{A}+\boldsymbol{B}\boldsymbol{K})]$，由

$$
s\boldsymbol{I}-(\boldsymbol{A}+\boldsymbol{B}\boldsymbol{K})=\begin{bmatrix} s\boldsymbol{I}-(\boldsymbol{A}_1+\boldsymbol{b}_1\theta_1) & & & 0 & \times \\ & \ddots & & \vdots & \vdots \\ & & s\boldsymbol{I}-(\boldsymbol{A}_p+\boldsymbol{b}_p\theta_p) & 0 & \times \\ \times & \cdots & \times & s\boldsymbol{I}-\boldsymbol{A}_{p+1} & \times \\ 0 & \cdots & 0 & 0 & s\boldsymbol{I}-\boldsymbol{A}_{p+2} \end{bmatrix}
$$

可得

$$
\det[s\boldsymbol{I}-(\boldsymbol{A}+\boldsymbol{B}\boldsymbol{K})]=\prod_{i=1}^{p}\det[s\boldsymbol{I}-(\boldsymbol{A}_i+\boldsymbol{b}_i\theta_i)]\cdot\det[s\boldsymbol{I}-\boldsymbol{A}_{p+1}]\det[s\boldsymbol{I}-\boldsymbol{A}_{p+2}]
$$

现在看 $\det(s\boldsymbol{I}-\boldsymbol{A}_i-\boldsymbol{b}_i\theta_i)$，由前面的讨论已有

$$
\boldsymbol{G}_{0fi}(s,\boldsymbol{K},\boldsymbol{H})=\frac{\alpha_i(s)r_{ii}\varphi_i}{\psi_i(s,\sigma_i)}
$$

又有

$$
\boldsymbol{G}_{0fi}(s,\boldsymbol{K},\boldsymbol{H})=\frac{r_{ii}\boldsymbol{c}_i\mathrm{adj}(s\boldsymbol{I}-\boldsymbol{A}_i-\boldsymbol{b}_i\theta_i)\boldsymbol{b}_i}{\det(s\boldsymbol{I}-\boldsymbol{A}_i-\boldsymbol{b}_i\theta_i)}
$$

注意 $\psi_i(s,\sigma_i)$ 和 $\det(s\boldsymbol{I}-\boldsymbol{A}_i-\boldsymbol{b}_i\theta_i)$ 都是 m_i 次首一多项式，故由 $\boldsymbol{G}_{0fi}(s,\boldsymbol{K},\boldsymbol{H})$ 的两个表达式，必然有

$$
\psi_i(s,\sigma_i)=\det(s\boldsymbol{I}-\boldsymbol{A}_i-\boldsymbol{b}_i\theta_i)
$$

至此，定理分步证毕。

定理 4.3.3 与定理 4.3.4 给出了标准解耦系统的解耦控制律的一般形式(4.3.24)以及解耦后系统传递函数矩阵的结构形式，因此完全解决了系统(4.3.20)的解耦问题。为了利用定理 4.3.3 和定理 4.3.4 的结果来研究一般的可解耦系统，必须解决一般可解耦系统怎样化为标准解耦系统的问题。

为了能把可解耦系统化为标准解耦系统，首先注意到定理 4.3.1 充分性的证明过程，那里用式(4.3.16)的控制律，把一个可解耦系统化成了积分器解耦系统，所以这里只需研究由积分器解耦系统化为标准解耦系统的问题。所要论证的结果是任何一个积分器解耦系统必然等价于一个标准解耦系统。为此，先证明以下的引理。

引理 4.3.1　设系统 $(\boldsymbol{A},\boldsymbol{B},\boldsymbol{C})$ 为积分器解耦系统，且 $(\boldsymbol{A},\boldsymbol{B})$ 可控。以 $\boldsymbol{R}^n$ 表示 n 维行向量空间，令

$$
\boldsymbol{R}_i=\{\boldsymbol{\eta}\mid\boldsymbol{\eta}\boldsymbol{A}^j\boldsymbol{b}_k=0;k\neq i,0\leqslant k\leqslant p,0\leqslant j\leqslant n-1,\boldsymbol{\eta}\in\boldsymbol{R}^n\}
$$

其中，$\boldsymbol{b}_i$ 表示 $\boldsymbol{B}$ 的第 i 列 $(i=1,2,\cdots,p)$，则：

(1) $\boldsymbol{R}_i$ 是 $\boldsymbol{A}$ 的不变子空间，即 $\boldsymbol{R}_i\boldsymbol{A}\subset\boldsymbol{R}_i$；

(2) 对一切 $i\neq j,\boldsymbol{R}_i\cap\boldsymbol{R}_j=0$；

(3) c_i、c_iA、…、$c_iA^{d_i}$ 是 R_i 中的线性无关组，因此，显然 $\dim(R_i)\geqslant d_i+1$。

证明 (1) 设 $\eta\in R_i$，即 $\eta A^j b_k=0,k\neq i,0\leqslant j\leqslant n-1$，因此 $(\eta A)A^j b_k$ 除 $\eta A^n b_k$ 外其余都为零，但由于凯莱-哈密顿定理，可知 $\eta A^n b_k$ 也应为零。因此 $\eta A\in R_i$。

(2) 设 $\eta\in R_i\cap R_j$，则有 $\eta A^j b_k=0$ 对 $0\leqslant j\leqslant n-1,\ 0\leqslant k\leqslant p$ 成立，但因 (A,B) 可控，故必 $\eta=0$。

(3) 因为 (A,B,C) 为积分器解耦系统，故 E 非奇异，因此 $c_i,c_iA,\cdots,c_iA^{d_i}$ 皆非零。但 $c_iA^{d_i+1}=0$，故 $c_i,c_iA,\cdots,c_iA^{d_i}$ 必线性无关。还要证明它们皆在 R_i 中，由于 R_i 是 A 的不变子空间，故只要证 $c_i\in R_i$ 即可。根据 d_i 的定义和积分器解耦系统的条件，显然有，对 $j\neq d_i,0\leqslant j\leqslant n-1,c_iA^jB=0$ 及 $c_iA^{d_i}B=r_{ii}e_i$，即 $c_iA^{d_i}b_k=0,k\neq i$，从而 $c_iA^jb_k=0$，对 $k\neq i,0\leqslant j\leqslant n-1$，这表明 $c_i\in R_i$。

由此引理可得，存在子空间 $R_{p+1}\subset R^n$，使得 $R^n=R_1\oplus R_2\oplus\cdots\oplus R_p\oplus R_{p+1}$，记 $\bar{m}_i=\dim(R_i)(i=1,2,\cdots,p,p+1)$，并且有 $\bar{m}_i\geqslant d_i+1$。

引理 4.3.2 设系统 (A,B,C) 是可控的积分器解耦系统，则它一定代数等价于某个标准解耦系统，并且有 $\bar{m}_i=m_i(i=1,2,\cdots,p,p+1)$，$m_{p+2}=0$。

证明 由假设和引理 4.3.1 可知，有 $R^n=R_1\oplus R_2\oplus\cdots\oplus R_p\oplus R_{p+1}$，以 $R_i(i=1,2,\cdots,p,p+1)$ 的基组为行构造非奇异方阵 Q：

$$Q=\begin{bmatrix} Q_1\\ Q_2\\ \vdots\\ Q_p\\ Q_{p+1}\end{bmatrix}\tag{4.3.27}$$

这里 Q_i 是以 R_i 的基向量为行所构成的矩阵。定义 $\bar{A}=QAQ^{-1}$，不难算出 $\bar{A}$ 的形状为

$$\begin{array}{c} \left[\begin{array}{cccc} \bar{A}_1 & & & \\ & \ddots & & \\ & & \bar{A}_p & \\ \bar{A}_1^c & \cdots & \bar{A}_p^c & \bar{A}_{p+1}\end{array}\right]\begin{array}{l}\bar{m}_1\\ \vdots\\ \bar{m}_p\\ \bar{m}_{p+1}\end{array}\\ \begin{array}{cccc}\bar{m}_1 & \cdots & \bar{m}_p & \bar{m}_{p+1}\end{array}\end{array}$$

这是定义 4.3.2 的分块形式，而且

$$\bar{m}_i=m_i,i=1,2,\cdots,p,p+1,\quad \bar{m}_{p+2}=0,\quad \bar{m}_i\geqslant d_i+1$$

再进一步证明 $\bar{A}_i$ 有定义 4.3.2 的形式，为此取

$$Q_i=\begin{bmatrix} c_i \\ c_iA \\ \vdots \\ c_iA^{d_i} \\ \times \\ \vdots \\ \times \end{bmatrix},\quad i=1,2,\cdots,p$$

由于 $\bar{A}_i=Q_iA\bar{Q}_i$，这里 $\bar{Q}_i$ 表示 Q^{-1} 中的第 $1+\sum_{j=1}^{i-1}m_j$ 列至 $\sum_{j=1}^{i}m_j$ 列组成的矩阵。注意到 $c_iA^{d_i+1}=0$，这里验证 $\bar{A}_i$ 有如下形式：

$$\bar{A}_i=\left[\begin{array}{cc|c} 0 & I_{d_i} & 0 \\ 0 & 0 & \\ \hline \Psi_i & & \Phi_i \end{array}\right]\begin{matrix} d_i+1 \\ m_i-d_i-1 \end{matrix}$$
$$\qquad d_i+1 \quad m_i-d_i-1$$

定义 $\bar{B}=QB$，于是

$$\bar{B}=QB=\begin{bmatrix} Q_1b_1 & Q_1b_2 & \cdots & Q_1b_p \\ \vdots & \vdots & & \vdots \\ Q_pb_1 & Q_pb_2 & \cdots & Q_pb_p \\ Q_{p+1}b_1 & Q_{p+1}b_2 & \cdots & Q_{p+1}b_p \end{bmatrix}$$

注意 $Q_i\subset R_i(i=1,2,\cdots,p)$，故 $Q_ib_k=0,k\neq i(i=1,2,\cdots,p)$，故 $\bar{B}$ 也有定义 4.3.2 的分块形式。进一步考虑：

$$Q_ib_i=\begin{bmatrix} c_i \\ c_iA \\ \vdots \\ c_iA^{d_i} \\ \times \\ \vdots \\ \times \end{bmatrix}b_i=\begin{bmatrix} c_ib_i \\ c_iAb_i \\ \vdots \\ c_iA^{d_i}b_i \\ \times \\ \vdots \\ \times \end{bmatrix}=\begin{bmatrix} 0 \\ \vdots \\ 0 \\ c_iA^{d_i}b_i \\ \times \\ \vdots \\ \times \end{bmatrix}\begin{matrix} \left.\begin{matrix} \\ \\ \\ \end{matrix}\right\}d_i\text{行} \\ \cdots d_i+1 \\ \\ \\ \\ \end{matrix}$$

而 $c_iA^{d_i}b_i$ 正是 E_i 的第 i 个分量，所以 $c_iA^{d_i}b_i=r_{ii}$，故 $\bar{B}$ 有定义 4.3.2 所要求的形式。

定义 $\bar{C}=CQ^{-1}$，故 $C=\bar{C}Q$，由此不难直接推证 $\bar{C}$ 有定义 4.3.2 所要求的形式。

下面再证明 $\bar{b}_i,\bar{A}_i\bar{b}_i,\cdots,\bar{A}_i^{m_i-1}\bar{b}_i(i=1,2,\cdots,p)$ 线性无关。因为 (A,B) 可控，所以 $(\bar{A},\bar{B})$ 可控，则有

$$\operatorname{rank}\begin{bmatrix} \bar{B} & \bar{A}\bar{B} & \cdots & \bar{A}^{n-1}\bar{B} \end{bmatrix}=n$$

具体写出可控性矩阵：

$$\left[\begin{array}{ccc|ccc|c|ccc} \bar{b}_1 & & & \bar{A}_1\bar{b}_1 & & & & \bar{A}_1^{n-1}\bar{b}_1 & & \\ & \ddots & & & \ddots & & \cdots & & \ddots & \\ & & \bar{b}_p & & & \bar{A}_p\bar{b}_p & & & & \bar{A}_p^{n-1}\bar{b}_p \\ \times & \cdots & \times & \times & \cdots & \times & & \times & \cdots & \times \end{array}\right]$$

不难推断 $\bar{b}_i, \bar{A}_i\bar{b}_i, \cdots, \bar{A}_i^{m_i-1}\bar{b}_i (i=1,2,\cdots,p)$ 线性无关。因此这里所定义的 $(\bar{A},\bar{B},\bar{C})$ 符合定义 4.3.2 的所有条件，故是标准解耦系统，且它是和 (A,B,C) 代数等价的。

定理 4.3.5　任何一个积分器解耦系统 (A,B,C) 必和某个标准解耦系统代数等价。

证明　假设 (A,B) 不可控，则存在一个等价变换可将系统化为

$$\begin{bmatrix} \dot{\bar{x}}_1 \\ \dot{\bar{x}}_2 \end{bmatrix} = \begin{bmatrix} A_1 & A_3 \\ 0 & A_2 \end{bmatrix} \begin{bmatrix} \bar{x}_1 \\ \bar{x}_2 \end{bmatrix} + \begin{bmatrix} B_1 \\ 0 \end{bmatrix} u$$

$$y = \begin{bmatrix} C_1 & C_2 \end{bmatrix} \begin{bmatrix} \bar{x}_1 \\ \bar{x}_2 \end{bmatrix}$$

并且 (A_1,B_1) 可控。由于

$$G(s) = C(sI-A)^{-1}B = C_1(sI-A_1)^{-1}B_1$$

所以 (A_1,B_1,C_1) 是可控的积分器解耦系统，由引理 4.3.2 可知 (A_1,B_1,C_1) 代数等价于某个可控的标准解耦系统，于是可以得出系统 (A,B,C) 代数等价于某个标准解耦系统。

以上的讨论表明，一个积分器解耦系统和某一个标准解耦系统代数等价，因此关于标准解耦系统的定理 4.3.3 及定理 4.3.4，只要考虑到代数等价变换后均可用于积分器解耦系统。因此积分器解耦系统的解耦控制律和解耦后系统的结构也就清楚了。

对于一个可解耦的系统，先采用式(4.3.16)的控制律化为一个积分器解耦系统，而后者如上所说可代数等价于一个标准解耦系统来研究。因此这就完全解决了一个可解耦系统的控制律的结构形式和解耦后系统的结构形式等问题。

综合定理 4.3.1 和定理 4.3.2 的结果，可得可解耦系统的解耦反馈控制律和解耦后系统传递函数矩阵的结构形式。

定理 4.3.6　若系统 (A,B,C) 可解耦，则

(1) 它的解耦反馈控制律为

$$K = -E^{-1}F + E^{-1}\begin{bmatrix} \theta_1 & & & & 0 & \theta_1^{\mu} \\ & \theta_2 & & & 0 & \theta_2^{\mu} \\ & & \ddots & & \vdots & \vdots \\ & & & \theta_p & 0 & \theta_p^{\mu} \end{bmatrix} P_2P_1 \tag{4.3.28}$$

$$H = E^{-1}\operatorname{diag}(\varphi_1 \quad \varphi_2 \quad \cdots \quad \varphi_i),\quad \varphi_i \neq 0, i=1,2,\cdots,p \tag{4.3.29}$$

其中，$P_2 = Q$ 由引理 4.3.2 所确定；P_1 是 $n\times n$ 非奇异矩阵，它是化系统 (A,B,C) 为可控部分和不可控部分时所用的等价变换矩阵。

(2) 解耦后系统的传递函数矩阵 $\boldsymbol{G}_f(s,\boldsymbol{K},\boldsymbol{H})$ 对角线上的元素为

$$\frac{\alpha_i(s)r_{ii}\varphi_i}{\psi_i(s,\sigma_i)} \tag{4.3.30}$$

并且

$$\det\left[s\boldsymbol{I}-(\boldsymbol{A}+\boldsymbol{BK})\right]=\prod_{i=1}^{p}\psi_i(s,\sigma_i)\cdot\det(s\boldsymbol{I}-\boldsymbol{A}_{p+1})\cdot\det(s\boldsymbol{I}-\boldsymbol{A}_{p+2}) \tag{4.3.31}$$

定理的证明及 $\alpha_i(s),\psi_i(s,\sigma_i),r_{ii}$ 的意义可参考文献(Gilbert, 1969)。

4.4 状态反馈与静态解耦

按照定义 4.3.1 是解耦的系统，习惯上称为动态解耦系统，因为系统的传递函数矩阵是对角矩阵，其第 i 个输入在系统工作的整个动态过程中均不影响第 $j(j\neq i)$ 个输出。但是这类解耦系统在实际当中有很大的限制，在许多情况下，要求采用复杂的高敏感度的控制规律，而在另外一些情况下，例如，不可观测的子系统是不稳定的，或者 $\boldsymbol{E}$ 是奇异的情况，仅仅用状态反馈不采用附加的校正装置就不能实现动态解耦。显然，如果放宽动态过程中的无相互影响的要求，仅考虑稳态性能，问题的可解性条件与稳定解耦相比就会宽一些。

定义 4.4.1 静态解耦。若一个稳定系统具有对角形非奇异的静态增益矩阵，则称系统是**静态解耦**的。

对静态解耦系统，当输入 $\boldsymbol{u}=a*1(t)$ 时，其输出的稳态为

$$\lim_{t\to\infty}\boldsymbol{y}_i(t)=\boldsymbol{G}_{ii}(0)a_i,\quad i=1,2,\cdots,p$$

现在考虑采用状态反馈控制律 $\boldsymbol{u}=\boldsymbol{Kx}+\boldsymbol{Hv}$，使得系统：

$$\begin{cases}\dot{\boldsymbol{x}}=\boldsymbol{Ax}+\boldsymbol{Bu}\\ \boldsymbol{y}=\boldsymbol{Cx}\end{cases}$$

实现静态解耦的条件。加上反馈的闭环系统为

$$\dot{\boldsymbol{x}}=(\boldsymbol{A}+\boldsymbol{BK})\boldsymbol{x}+\boldsymbol{BHv},\quad \boldsymbol{y}=\boldsymbol{Cx}$$

传递函数矩阵为

$$\boldsymbol{G}_f(s)=\boldsymbol{C}[s\boldsymbol{I}-(\boldsymbol{A}+\boldsymbol{BK})]^{-1}\boldsymbol{BH}$$

定理 4.4.1 使系统能静态解耦的充分必要条件是状态反馈能使系统稳定，且

$$\det\begin{bmatrix}\boldsymbol{A} & \boldsymbol{B}\\ \boldsymbol{C} & \boldsymbol{0}\end{bmatrix}\neq 0 \tag{4.4.1}$$

证明 若 $\boldsymbol{K}$ 可使系统稳定，说明 $(\boldsymbol{A}+\boldsymbol{BK})$ 是非奇异矩阵，输出可以进入稳态。由于式(4.4.1)成立，而且

$$\begin{bmatrix} \boldsymbol{A}+\boldsymbol{BK} & \boldsymbol{B} \\ \boldsymbol{C} & \boldsymbol{0} \end{bmatrix} = \begin{bmatrix} \boldsymbol{A} & \boldsymbol{B} \\ \boldsymbol{C} & \boldsymbol{0} \end{bmatrix} \begin{bmatrix} \boldsymbol{I} & \boldsymbol{0} \\ \boldsymbol{K} & \boldsymbol{I} \end{bmatrix}$$

所以等式左端的矩阵也是非奇异矩阵。又因为

$$\det\begin{bmatrix} \boldsymbol{A}+\boldsymbol{BK} & \boldsymbol{B} \\ \boldsymbol{C} & \boldsymbol{0} \end{bmatrix} = \det(\boldsymbol{A}+\boldsymbol{BK}) \cdot \det[-\boldsymbol{C}(\boldsymbol{A}+\boldsymbol{BK})^{-1}\boldsymbol{B}] \tag{4.4.2}$$

所以 $\boldsymbol{C}(\boldsymbol{A}+\boldsymbol{BK})^{-1}\boldsymbol{B}$ 非奇异，取 $\boldsymbol{H} = -[\boldsymbol{C}(\boldsymbol{A}+\boldsymbol{BK})^{-1}\boldsymbol{B}]^{-1}\boldsymbol{M}$，这里 $\boldsymbol{M}$ 为对角形非奇异矩阵，显然这时：

$$\boldsymbol{G}_f(0) = \boldsymbol{M}$$

系统实现了静态解耦。反之，由 $\boldsymbol{G}_f(0)$ 对角非奇异，实现了静态解耦，可知 $(\boldsymbol{A}+\boldsymbol{BK})$ 非奇异，且 $\boldsymbol{K}$ 必须使系统能稳定，由式(4.4.2)可知

$$\det\begin{bmatrix} \boldsymbol{A}+\boldsymbol{BK} & \boldsymbol{B} \\ \boldsymbol{C} & \boldsymbol{0} \end{bmatrix} \neq 0$$

而由定理 4.3.1，可得式(4.4.1)成立。

例 4.4.1　考虑下列动态方程的解耦问题：

$$\dot{\boldsymbol{x}} = \begin{bmatrix} 0 & 0 & 1 \\ 1 & 0 & 0 \\ 1 & 1 & 1 \end{bmatrix} \boldsymbol{x} + \begin{bmatrix} 1 & 1 \\ -1 & 1 \\ 0 & -1 \end{bmatrix} \boldsymbol{u}$$

$$\boldsymbol{y} = \begin{bmatrix} 0 & 1 & 1 \\ -1 & 1 & 0 \end{bmatrix} \boldsymbol{x}$$

解　不难验证这个系统是可控的，可以用状态反馈使之稳定。又有

$$\det\begin{bmatrix} \boldsymbol{A} & \boldsymbol{B} \\ \boldsymbol{C} & \boldsymbol{0} \end{bmatrix} = \begin{vmatrix} 0 & 0 & 1 & 1 & 1 \\ 1 & 0 & 0 & -1 & 1 \\ 1 & 1 & 1 & 0 & -1 \\ 0 & 1 & 1 & 0 & 0 \\ -1 & 1 & 0 & 0 & 0 \end{vmatrix} \neq 0$$

根据定理 4.4.1，可知该系统可以静态解耦，但

$$\boldsymbol{c}_1\boldsymbol{B} = [-1 \quad 0], \quad \boldsymbol{c}_2\boldsymbol{B} = [-2 \quad 0], \quad \boldsymbol{E} = \begin{bmatrix} -1 & 0 \\ -2 & 0 \end{bmatrix}$$

是奇异的，显然用状态反馈控制律不能使系统动态解耦。

本 章 小 结

本章研究的对象是线性时不变系统，所研究的问题是状态反馈在改善系统性能方面的能力如何。这种能力表现在解决极点配置、实现稳态跟踪和解耦控制等问题上。

利用状态反馈可以任意配置闭环系统的特征值，这是状态反馈最重要的性质。这一性质也充分地体现了系统可控性概念的实用价值，在极点配置中，定理 4.1.3 与定理 4.1.5 是基本的。虽然可控性条件在定理的叙述里以充分条件的形式出现，但不难看出它也是必要条件。定理的证明是构造性的，提供了配置极点的具体途径。

多输入系统状态反馈极点配置问题的特点如下：①达到同样极点配置的 $\boldsymbol{K}$ 值有许多，$\boldsymbol{K}$ 的这种非唯一性是多输入系统与单输入系统极点配置问题的主要区别之一。如何充分利用 $\boldsymbol{K}$ 的自由参数，以满足系统其他性能的要求，是多输入系统状态反馈设计的一个活跃的研究领域。②多输入系统状态反馈极点配置问题的另一特点是"非线性方程"，当系统可控时，可以通过牺牲 $\boldsymbol{K}$ 的自由参数，简化为一组能解出的线性方程组。

系统输出跟踪给定的参考输入，这是某些具体控制系统的技术要求。与经典控制理论一样，在跟踪问题中积分环节起着重要的作用，但是积分环节的引入会使系统的快速性变差，甚至可能破坏系统的稳定性，通过状态反馈可以很好地解决这一矛盾。

解耦控制问题是控制理论中研究得非常广泛的问题之一。20 世纪 50 年代发展了有不变性控制的理论，1963 年摩尔根用状态空间的语言精确阐述了这一问题后，使其获得了重大的发展。本章介绍了吉尔伯特(Gilbert)的工作，主要的结果反映在定理 4.3.1～定理 4.3.6。

习　题

4.1　单变量系统：

$$\dot{\boldsymbol{x}} = \boldsymbol{A}\boldsymbol{x} + \boldsymbol{b}u, \quad y = \boldsymbol{c}\boldsymbol{x}$$

的传递函数为 $g(s)$，试证：

$$g(s) = \boldsymbol{c}(s\boldsymbol{I} - \boldsymbol{A})^{-1}\boldsymbol{b} = \frac{\det(s\boldsymbol{I} - \boldsymbol{A}) - \det(s\boldsymbol{I} - \boldsymbol{A} - \boldsymbol{b}\boldsymbol{c})}{\det(s\boldsymbol{I} - \boldsymbol{A})}$$

4.2　试证矩阵等式：

(1) $[s\boldsymbol{I} - (\boldsymbol{A} + \boldsymbol{B}\boldsymbol{K})]^{-1} = [\boldsymbol{I} - (s\boldsymbol{I} - \boldsymbol{A})^{-1}\boldsymbol{B}\boldsymbol{K}]^{-1}(s\boldsymbol{I} - \boldsymbol{A})^{-1}$

(2) $(\boldsymbol{I} - \boldsymbol{X}\boldsymbol{Y})^{-1} = \boldsymbol{I} + \boldsymbol{X}(\boldsymbol{I} - \boldsymbol{Y}\boldsymbol{X})^{-1}\boldsymbol{Y}$

利用以上两等式导出状态反馈系统开环与闭环传递函数矩阵之间的关系式。

4.3　若 $(\boldsymbol{A},\boldsymbol{B})$ 可控，$\boldsymbol{b} \in Im\boldsymbol{B}(\boldsymbol{b} \neq \boldsymbol{0})$，证明存在 $\boldsymbol{u}_1, \boldsymbol{u}_2, \cdots, \boldsymbol{u}_{n-1}$ 使得如下：

$$\boldsymbol{x}_1 = \boldsymbol{b}, \quad \boldsymbol{x}_{k+1} = \boldsymbol{A}\boldsymbol{x}_k + \boldsymbol{B}\boldsymbol{u}_k, \quad k = 1, 2, \cdots, n-1$$

的向量组 $\boldsymbol{x}_1, \boldsymbol{x}_2, \cdots, \boldsymbol{x}_n$ 线性无关。

4.4　设有若当型动态方程：

$$\dot{\boldsymbol{x}} = \left[\begin{array}{cc|ccc} -2 & 1 & & & \\ & -2 & & & \\ \hline & & 1 & 1 & \\ & & & 1 & 1 \\ & & & & 1 \end{array}\right]\boldsymbol{x} + \begin{bmatrix} 1 \\ 0 \\ 0 \\ 1 \\ 1 \end{bmatrix}u$$

(1) 它有不稳定特征值 1，问能否利用状态反馈使方程稳定？

(2) 若能，试求使闭环方程具有特征值−1、−1、−2、−2 和−2 所需要的增益向量 $\boldsymbol{K}$ 。

4.5 设有不可控状态方程：

$$\dot{\boldsymbol{x}} = \begin{bmatrix} 2 & 1 & & \\ & 2 & & \\ & & -1 & \\ & & & -1 \end{bmatrix} \boldsymbol{x} + \begin{bmatrix} 0 \\ 1 \\ 1 \\ 1 \end{bmatrix} u$$

能否找到增益向量 $\boldsymbol{K}$ ，使闭环方程具有特征值 $\{-2,-2,-1,-1\}$ 、$\{-2,-2,-2,-1\}$ 或 $\{-2,-2,-2,-2\}$ 。

4.6 设系统具有传递函数：

$$\frac{(s-1)(s+2)}{(s+1)(s-2)(s+3)}$$

试问，是否有可能利用状态反馈将传递函数变为

$$\frac{s-1}{(s+2)(s+3)}$$

若有可能，应如何进行变换？

4.7 系统的动态方程为

$$\dot{\boldsymbol{x}} = \begin{bmatrix} 5 & 0 & -4 \\ 0 & -2 & 0 \\ 6 & 0 & -5 \end{bmatrix} \boldsymbol{x} + \begin{bmatrix} 1 \\ 1 \\ 1 \end{bmatrix} u, \quad y = \begin{bmatrix} -3 & 0 & 2 \end{bmatrix} \boldsymbol{x}$$

(1) 将系统化为对角规范型；判断系统可否用状态反馈镇定。

(2) 给定两组希望闭环极点分别为 $\{-2,-2,-1\}$ 和 $\{-2,-3,-2\}$ ，能否用状态反馈配置？

4.8 状态方程为

$$\dot{\boldsymbol{x}} = \begin{bmatrix} 0 & 1 & 0 & 2 & 1 \\ 0 & 0 & 1 & 4 & 3 \\ 7 & 6 & 4 & 3 & 1 \\ 8 & 7 & 5 & 9 & 3 \\ 5 & 8 & 6 & 2 & 9 \end{bmatrix} \boldsymbol{x} + \begin{bmatrix} 0 & 0 & 0 \\ 0 & 0 & 0 \\ 0 & 0 & 1 \\ 0 & 2 & 0 \\ -1 & 0 & 0 \end{bmatrix} \boldsymbol{u}$$

设计状态反馈，使闭环系统的特征值为 $\{-2,-3,-4,-1+\mathrm{j},-1-\mathrm{j}\}$ 。

4.9 对于斜坡输入：

$$d(t) = \bar{d}(t) * 1(t)$$
$$y_r(t) = \bar{y}_r(t) * 1(t)$$

(1) 系统(4.2.7)应作什么样的变动？

(2) 这时相应于定理 4.2.1 和定理 4.2.2 的结果应如何叙述？

4.10　试证：系统 $(\boldsymbol{A},\boldsymbol{B},\boldsymbol{C})$ 可解耦的必要条件是 $\boldsymbol{B}$ 和 $\boldsymbol{C}$ 均满秩。

4.11　系统的动态方程为

$$\dot{\boldsymbol{x}}=\begin{bmatrix}1&2&0&1\\0&0&1&0\\-1&0&1&1\\0&1&1&-2\end{bmatrix}\boldsymbol{x}+\begin{bmatrix}0&-3\\2&-1\\0&1\\6&-5\end{bmatrix}\boldsymbol{u}$$

$$\boldsymbol{y}=\begin{bmatrix}1&0&3&0\\0&-3&2&1\end{bmatrix}\boldsymbol{x}$$

(1) 能否用状态反馈控制律 $\boldsymbol{u}=\boldsymbol{Kx}+\boldsymbol{Hv}$,将闭环化为积分器解耦系统？(要求求出 $\boldsymbol{K}$ 和 $\boldsymbol{H}$)。

(2) 若可解耦，问这时解耦与闭环稳定是否矛盾？为什么？

4.12　问下列系统可否用状态反馈解耦，若可解耦，求出化为积分器解耦系统的解耦反馈控制律。

(1) $\begin{bmatrix}\dfrac{1}{s^3+1}&\dfrac{2}{s^2+1}\\\dfrac{2s+1}{s^3+s+1}&\dfrac{1}{s}\end{bmatrix}$

(2) $\dot{\boldsymbol{x}}=\begin{bmatrix}3&1&0\\0&0&-1\\0&1&-1\end{bmatrix}\boldsymbol{x}+\begin{bmatrix}0&0\\1&0\\0&1\end{bmatrix}\boldsymbol{u}$

$\boldsymbol{y}=\begin{bmatrix}2&-1&1\\0&2&1\end{bmatrix}\boldsymbol{x}$

4.13　系统的动态方程如下：

$$\dot{\boldsymbol{x}}=\begin{bmatrix}-1&0&0\\0&-2&-4\\1&0&1\end{bmatrix}\boldsymbol{x}+\begin{bmatrix}1&0\\0&1\\0&-1\end{bmatrix}\boldsymbol{u}$$

$$\boldsymbol{y}=\begin{bmatrix}1&0&0\\0&1&1\end{bmatrix}\boldsymbol{x}$$

(1) 试求状态反馈控制律，使系统动态解耦。

(2) 试求状态反馈控制律，使系统静态解耦(极点要求配置在−1、−2、−3)。

4.14　系统的动态方程为

$$\dot{\boldsymbol{x}}=\begin{bmatrix}2&0&1\\0&3&1\\1&2&1\end{bmatrix}\boldsymbol{x}+\begin{bmatrix}0&-1\\1&1\\0&1\end{bmatrix}\boldsymbol{u}$$

$$y=\begin{bmatrix}1&0&0\\1&0&1\end{bmatrix}x$$

(1) 能否用状态反馈控制律 $u=Kx+Hv$ ，将闭环化为积分器解耦系统?

(2) 能否用状态反馈控制律 $u=Kx+Hv$ 实现静态解耦? 若能，求出 K 和 H 。(闭环特征值要求设置在 $\{-1,-1,-2\}$ 。)

4.15　系统的动态方程为

$$\dot{x}=\begin{bmatrix}0&0&0\\0&0&1\\-1&-2&-3\end{bmatrix}x+\begin{bmatrix}1&0\\0&0\\0&1\end{bmatrix}u$$

$$y=\begin{bmatrix}1&1&0\\0&0&1\end{bmatrix}x$$

(1) 系统可否用状态反馈控制律 $u=Kx+Hv$ 实现动态解耦?

(2) 能否用状态反馈控制律 $u=Kx+Hv$ 实现静态解耦?

4.16　设系统可解耦，若取控制律为

$$H=E^{-1}$$

$$K=-E^{-1}\begin{bmatrix}c_1(A^{d_1+1}+\alpha_{11}A^{d_1}+\cdots+\alpha_{1d_1+1}I)\\c_2(A^{d_2+1}+\alpha_{21}A^{d_2}+\cdots+\alpha_{2d_2+1}I)\\\vdots\\c_p(A^{d_p+1}+\alpha_{p1}A^{d_p}+\cdots+\alpha_{pd_p+1}I)\end{bmatrix}$$

试证：这时闭环传递函数矩阵为

$$G_f(s)=\mathrm{diag}\left[\frac{1}{s^{d_1+1}+\alpha_{11}s^{d_1}+\cdots+\alpha_{1d_1+1}}\quad\cdots\quad\frac{1}{s^{d_p+1}+\alpha_{p1}s^{d_p}+\cdots+\alpha_{pd_p+1}}\right]$$

4.17　系统的动态方程为

$$\dot{x}=\begin{bmatrix}-1&0&0\\0&-2&-4\\1&0&1\end{bmatrix}x+\begin{bmatrix}1&0\\0&1\\0&-1\end{bmatrix}u$$

$$y=\begin{bmatrix}1&0&0\\0&1&1\end{bmatrix}x$$

(1) 设计用状态反馈控制律 $u=Kx+Hv$ ，将闭环传递函数矩阵变为

$$G_f(s)=\begin{bmatrix}\frac{1}{s+3}&0\\0&\frac{1}{s^2+3s+2}\end{bmatrix}$$

(2) 计算 K 和 H 。

第 5 章　静态输出反馈、观测器和动态补偿器

第 4 章讨论了状态反馈对系统性能的影响。但是在实际中，因为系统的状态变量常常是不能直接量测的，所以用状态变量进行反馈难以直接做到。但系统的输出量总是可以量测的物理量，因此用输出量进行反馈是物理上能够直接实现的方法，它在系统设计中具有现实意义。本章一开始将研究静态输出反馈对系统性能可能产生的影响，并着重介绍静态输出反馈在极点配置问题上的一些结果。

虽然状态变量不能直接量测到，但是在可观测性的讨论中，提出了由输入和输出确定初态的充分必要条件。这表明，若系统是可观测的，至少在理论上初态是可以确定的，而知道了初态就可算出任一时刻的状态，这就是说系统任意时刻的状态都可以间接地得到。如何通过系统输入量和输出量来估计出状态变量，是观测器理论所要讨论的基本问题。由此可见，观测器理论也是具有工程实用价值的内容。5.2 节将研究观测器的一般理论，包括观测器的存在性、极点配置、结构条件以及观测器的最小维数等。

静态输出反馈在改善系统性能上有很大的局限性，例如，利用静态输出反馈进行极点配置，至今尚未得到满意的结果。但是如果把动态环节加到反馈回路中，则线性输出反馈改善系统性能的能力就可以大大提高。在 5.3 节中讨论的由观测器和线性状态反馈组合而成的反馈就是构成动态反馈的一种方法。作为一般情况，5.4 节研究了固定阶次的动态输出反馈进行极点配置的能力。另外，整个讨论都是用状态空间方法进行的。

5.1　静态输出反馈和极点配置

静态输出反馈是最简单而且最容易实现的一种反馈方式，但是与状态反馈相比，在改善系统性能方面有较大的局限性，本节研究静态输出反馈与状态反馈的区别，这样可看到后面几节要讨论的观测器理论及动态补偿器设计的重要意义。

若给定线性时不变系统的动态方程为

$$\begin{cases} \dot{\boldsymbol{x}} = \boldsymbol{A}\boldsymbol{x} + \boldsymbol{B}\boldsymbol{u} \\ \boldsymbol{y} = \boldsymbol{C}\boldsymbol{x} \end{cases} \tag{5.1.1}$$

其中，各符号意义同前。如果取

$$\boldsymbol{u} = \boldsymbol{K}\boldsymbol{y} + \boldsymbol{v} \tag{5.1.2}$$

其中，$\boldsymbol{K}$ 是 $p \times q$ 的常值矩阵；$\boldsymbol{v}$ 是 p 维输入向量。通常称式(5.1.2)为静态输出反馈控制律。联合方程(5.1.1)和式(5.1.2)，可以得到闭环系统的动态方程为

$$\begin{cases} \dot{\boldsymbol{x}} = (\boldsymbol{A} + \boldsymbol{B}\boldsymbol{K}\boldsymbol{C})\boldsymbol{x} + \boldsymbol{B}\boldsymbol{v} \\ \boldsymbol{y} = \boldsymbol{C}\boldsymbol{x} \end{cases} \tag{5.1.3}$$

闭环系统如图 5.1.1 (a) 和 (b) 所示。

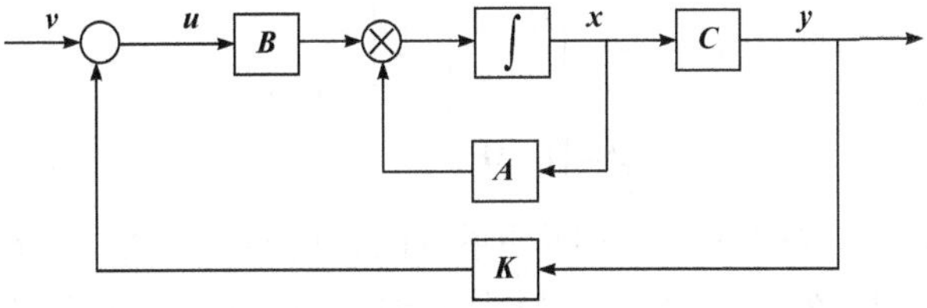

(a)

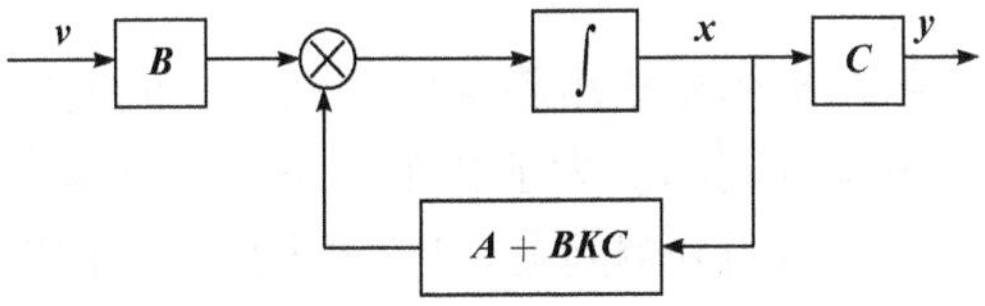

(b)

图 5.1.1　输出反馈系统

定理 5.1.1　式(5.1.2)描述的反馈规律不改变系统的可观测性。

证明　根据等式：

$$\begin{bmatrix} s\boldsymbol{I}-(\boldsymbol{A}+\boldsymbol{BKC}) \\ \boldsymbol{C} \end{bmatrix} = \begin{bmatrix} \boldsymbol{I} & -\boldsymbol{BK} \\ \boldsymbol{0} & \boldsymbol{I} \end{bmatrix} \cdot \begin{bmatrix} s\boldsymbol{I}-\boldsymbol{A} \\ \boldsymbol{C} \end{bmatrix} \tag{5.1.4}$$

由于其右端第一个矩阵是非奇异矩阵，因此对任意的 s 和 $\boldsymbol{K}$ ，均有

$$\operatorname{rank}\begin{bmatrix} s\boldsymbol{I}-(\boldsymbol{A}+\boldsymbol{BKC}) \\ \boldsymbol{C} \end{bmatrix} = \operatorname{rank}\begin{bmatrix} s\boldsymbol{I}-\boldsymbol{A} \\ \boldsymbol{C} \end{bmatrix} \tag{5.1.5}$$

由此可见，系统(5.1.3)可观测的充分必要条件是系统(5.1.1)可观测，这表明静态输出反馈不改变系统的可观测性。

如果系统(5.1.1)不可观测，由式(5.1.5)可知，使得式(5.1.5)右边矩阵降秩的那些 s 值也使式(5.1.5)左边矩阵降秩。这表明静态输出反馈不会改变系统的不可观振型，即输出解耦零点。令系统(5.1.1)与系统(5.1.3)的可观测性矩阵为 $\boldsymbol{V}_1$ 和 $\boldsymbol{V}_2$:

$$\boldsymbol{V}_1 = \begin{bmatrix} \boldsymbol{C} \\ \boldsymbol{CA} \\ \vdots \\ \boldsymbol{CA}^{n-1} \end{bmatrix},\quad \boldsymbol{V}_2 = \begin{bmatrix} \boldsymbol{C} \\ \boldsymbol{C}(\boldsymbol{A}+\boldsymbol{BKC}) \\ \vdots \\ \boldsymbol{C}(\boldsymbol{A}+\boldsymbol{BKC})^{n-1} \end{bmatrix}$$

不难证明， $\operatorname{Ker}\boldsymbol{V}_1 = \operatorname{Ker}\boldsymbol{V}_2$ 。记 $\eta_1 = \operatorname{Ker}\boldsymbol{V}_1$ ， $\eta_2 = \operatorname{Ker}\boldsymbol{V}_2$ ， η_1 和 η_2 分别是系统(5.1.1)和系统(5.1.3)的不可观测子空间，因此，从几何观点来看，式(5.1.2)的输出反馈不改变不可观测子空间。

式(5.1.2)的反馈控制律也不改变系统的可控性。事实上，可以把系统(5.1.3)中的 $\boldsymbol{KC}$ 视为一种状态反馈的增益阵，显然这种特殊的状态反馈不改变系统的可控性。第 4 章证明了一个可控的系统通过状态反馈可以任意移动它的极点，但是作为一种特殊的状态反馈的输出反馈一般不具有这一性质。

例 5.1.1　二维系统动态方程为

$$\dot{\boldsymbol{x}}=\begin{bmatrix}0 & 1\\ 0 & 0\end{bmatrix}\boldsymbol{x}+\begin{bmatrix}0\\ 1\end{bmatrix}u$$
$$y=[1\quad 0]\boldsymbol{x}$$

解　取$u=\boldsymbol{K}y+v$，这样可以得到闭环系统的特征多项式为$s^2-\boldsymbol{K}$，无论取何值，闭环系统的极点只能在复平面的实轴或虚轴上移动。这说明输出反馈不能任意改变这个系统的极点。

式(5.1.2)的输出反馈控制律中的$\boldsymbol{K}$矩阵与闭环极点之间的关系是复杂的，可以说仍是线性控制理论至今尚未解决的问题。为了介绍静态输出反馈在极点配置问题上的一些结果，先讨论可控系统状态空间的分解问题，这一问题对于用输出反馈(包括静态反馈及动态反馈)进行极点配置是基本的。

下面介绍用于极点配置问题中的几个定理。在线性代数中，研究空间相对于线性变换的分解，对于了解线性变换的特性是十分重要的。对于完全可控的系统，因为状态空间是可控子空间，它由$\boldsymbol{A}$和$\mathrm{Im}\boldsymbol{B}$确定，这里出现的问题，可以称为空间相对于$\boldsymbol{A}$和$\boldsymbol{B}$的分解。

引理 5.1.1　设$\boldsymbol{X}$是n维状态空间，$\boldsymbol{S}\subset\boldsymbol{X}$是任一个子空间，$f(s)$是$\boldsymbol{A}$在$\boldsymbol{S}$上的最小多项式，则存在$\boldsymbol{x}\in\boldsymbol{S}$，使得$\boldsymbol{x}$相对$\boldsymbol{A}$的最小多项式是$f(s)$。

证明　令$\boldsymbol{A}$的循环指数为k，则根据空间分解的第二定理，在$\boldsymbol{X}$中总可找到一组基：

$$\boldsymbol{g}_1,\boldsymbol{A}\boldsymbol{g}_1,\cdots,\boldsymbol{A}^{k_1-1}\boldsymbol{g}_1;\boldsymbol{g}_2,\boldsymbol{A}\boldsymbol{g}_2,\cdots,\boldsymbol{A}^{k_2-1}\boldsymbol{g}_2;\cdots;\boldsymbol{g}_k,\boldsymbol{A}\boldsymbol{g}_k,\cdots,\boldsymbol{A}^{k_k-1}\boldsymbol{g}_k$$

其中，$k_1+k_2+\cdots+k_k=n$。而且$\boldsymbol{A}^{k_i}\boldsymbol{g}_i$都可用$\boldsymbol{g}_i,\boldsymbol{A}\boldsymbol{g}_i,\cdots,\boldsymbol{A}^{k_i-1}\boldsymbol{g}_i$线性表出。令$\boldsymbol{S}$中的一组基为$\boldsymbol{q}_1,\boldsymbol{q}_2,\cdots,\boldsymbol{q}_m$，则

$$\boldsymbol{q}_i=\varphi_{i1}(\boldsymbol{A})\boldsymbol{g}_1+\varphi_{i2}(\boldsymbol{A})\boldsymbol{g}_2+\cdots+\varphi_{ik}(\boldsymbol{A})\boldsymbol{g}_k,\quad i=1,2,\cdots,m$$

其中，$\varphi_{ij}(s)$是s的多项式，并且$\varphi_{ij}(s)$的次数$\partial[\varphi_{ij}(s)]<\partial[f_j(s)]$，$\partial[f_j(s)]$表示$\boldsymbol{g}_j$相对$\boldsymbol{A}$的最小多项式$f_j(s)$的次数。设$\boldsymbol{q}_i$的最小多项式为$\psi_i(s)$，显然有

$$\psi_i(s)=\underset{j}{\mathrm{LCM}}\left\{\varphi_{ij}(\boldsymbol{A})\boldsymbol{g}_j\text{的最小多项式}\right\},\quad i=1,2,\cdots,m$$

其中，$\underset{j}{\mathrm{LCM}}\{\cdot\}$表示括号内共$j$项取最小公倍式，进而有

$$\psi_i(s)=\underset{j}{\mathrm{LCM}}\left\{\frac{f_j(s)}{\mathrm{GCD}[f_j(s),\varphi_{ij}(s)]}\right\}$$

其中，$\mathrm{GCD}[\cdot]$表示括号内各项的最大公因式。于是

$$\begin{aligned}f(s)&=\mathrm{LCM}\{\psi_1(s),\psi_2(s),\cdots,\psi_m(s)\}\\&=\underset{i}{\mathrm{LCM}}\left\{\underset{j}{\mathrm{LCM}}\frac{f_j(s)}{\mathrm{GCD}[f_j(s),\varphi_{ij}(s)]}\right\}\end{aligned}$$

$$=\underset{j}{\mathrm{LCM}}\left\{\underset{i}{\mathrm{LCM}}\frac{f_j(s)}{\mathrm{GCD}[f_j(s),\varphi_{ij}(s)]}\right\}$$

$$=\underset{j}{\mathrm{LCM}}\left\{\frac{f_j(s)}{\mathrm{GCD}[f_j(s),\varphi_{1j}(s),\varphi_{2j}(s),\cdots,\varphi_{mj}(s)]}\right\}$$

取 $\boldsymbol{q}\in\boldsymbol{S}$，$\boldsymbol{q}$ 可表示为 $\boldsymbol{q}=r_1\boldsymbol{q}_1+r_2\boldsymbol{q}_2+\cdots+r_m\boldsymbol{q}_m$，这里 r_i 都是待定的实数，选取 r_i 使 $\boldsymbol{q}$ 的最小多项式就是 $f(s)$。

$$\boldsymbol{q}=\sum_{i=1}^{m}r_i\boldsymbol{q}_i=\sum_{i=1}^{m}r_i\sum_{j=1}^{k}\varphi_{ij}(\boldsymbol{A})\boldsymbol{g}_j=\sum_{j=1}^{k}\sum_{i=1}^{m}r_i\varphi_{ij}(\boldsymbol{A})\boldsymbol{g}_j$$

若 $\boldsymbol{q}$ 的最小多项式为 $f_0(s)$，则

$$f_0(s)=\underset{j}{\mathrm{LCM}}\left\{\sum_{i=1}^{m}r_i\varphi_{ij}(\boldsymbol{A})\boldsymbol{g}_j\text{的最小多项式}\right\}$$

$$=\underset{j}{\mathrm{LCM}}\left\{\frac{f_j(s)}{\mathrm{GCD}\left[f_j(s),\sum_{i=1}^{m}r_i\varphi_{ij}(s)\right]}\right\}$$

要使 $f_0(s)=f(s)$，只要取 r_i 使得对 $j=1,2,\cdots,k$，均有

$$\mathrm{GCD}\left\{f_j(s),\varphi_{1j}(s),\varphi_{2j}(s),\cdots,\varphi_{mj}(s)\right\}=\mathrm{GCD}\left\{f_j(s),\sum_{i=1}^{m}r_i\varphi_{ij}(s)\right\}$$

令 $\varphi_i(s)$ 表示上式左边的最大公因式，即有

$$f_j(s)=\lambda_j(s)\varphi_j(s),\quad \varphi_{ij}(s)=\lambda_{ij}(s)\varphi_j(s),\quad i=1,2,\cdots,m$$

显然 $\lambda_j(s)$ 与 $\lambda_{ij}(s)$ 互质，要使上面“GCD”的关系成立，只要取 r_i 使 $\lambda_j(s)$ 与 $\sum_{i=1}^{m}r_i\lambda_{ij}(s)$ 互质即可，这样的 r_i 是存在的，事实上，设 $\lambda_{j\mu}$ 是 $\lambda_j(s)$ 的任一零点，总可取到 r_i 使得 $\lambda_{j\mu}$ 不是 $\sum_{i=1}^{m}r_i\lambda_{ij}(s)$ 的零点，则有

$$\sum_{i=1}^{m}r_i\lambda_{ij}(\lambda_{j\mu})\neq 0,\quad j=1,2,\cdots,k$$

对每一个 j，$\lambda_{ij}(\lambda_{j\mu})$ 对所有的 i 不可能全为零，否则和 $\lambda_j(s)$ 与 $\lambda_{ij}(s)$ 互质相矛盾。这说明在 $\boldsymbol{S}$ 中几乎可以随便取一个向量，它的最小多项式即是 $\boldsymbol{A}$ 相对 $\boldsymbol{S}$ 的最小多项式。

定理 5.1.2　若 $(\boldsymbol{A},\boldsymbol{B})$ 可控，$\boldsymbol{A}$ 的最小多项式是 $f(s)$，并且 $\partial[f(s)]=n_1<n$，则存在 $\boldsymbol{b}\in Im\boldsymbol{B}$，使得 $f(s)$ 是 $\boldsymbol{b}$ 相对 $\boldsymbol{A}$ 的最小多项式，从而 $\boldsymbol{b},\boldsymbol{A}\boldsymbol{b},\cdots,\boldsymbol{A}^{n_1-1}\boldsymbol{b}$ 是线性无关的。

证明　因为 $f(s)$ 是 $Im\boldsymbol{B}$ 的最小多项式，令 $f_1(s)$ 是 $Im\boldsymbol{B}$ 的最小多项式，且 $\partial[f_1(s)]<$

n_1，则必对一切 $\boldsymbol{b}\in Im\boldsymbol{B}$ 都有 $f_1(\boldsymbol{A})\boldsymbol{b}=0$，由于 $(\boldsymbol{A},\boldsymbol{B})$ 可控，空间的任一向量 $\boldsymbol{x}$ 均属于可控子空间，所以 $f_1(\boldsymbol{A})\boldsymbol{x}=0$，而这与 $f(s)$ 是 $\boldsymbol{A}$ 的最小多项式矛盾。由引理 5.1.1 可知，存在 $\boldsymbol{b}\in Im\boldsymbol{B}$，使得 $f(s)$ 是 $\boldsymbol{b}$ 相对 $\boldsymbol{A}$ 的最小多项式，从而 $\boldsymbol{b},\boldsymbol{Ab},\cdots,\boldsymbol{A}^{n_1-1}\boldsymbol{b}$ 线性无关。

推论 5.1.1　若 $(\boldsymbol{A},\boldsymbol{B})$ 可控，$\boldsymbol{A}$ 是循环矩阵，则存在向量 $\boldsymbol{b}\in Im\boldsymbol{B}$，使 $(\boldsymbol{A},\boldsymbol{b})$ 可控。

证明　因为 $\boldsymbol{A}$ 的最小多项式就是 $\boldsymbol{A}$ 的特征多项式，由引理 5.1.1，在 $\boldsymbol{b}\in Im\boldsymbol{B}$ 中存在向量 $\boldsymbol{b}$，$\boldsymbol{b}$ 相对于 $\boldsymbol{A}$ 的最小多项式也是 $\boldsymbol{A}$ 的特征多项式，故向量 $\boldsymbol{b},\boldsymbol{Ab},\cdots,\boldsymbol{A}^{n-1}\boldsymbol{b}$ 线性无关，故 $(\boldsymbol{A},\boldsymbol{b})$ 可控。这一推论表明 $\boldsymbol{A}$ 的生成元可以在 $Im\boldsymbol{B}$ 中找到。

定理 5.1.3　若 $(\boldsymbol{A},\boldsymbol{B})$ 可控，则存在 $\boldsymbol{b}\in Im\boldsymbol{B}$ 和非奇异矩阵 $\boldsymbol{P}$，使得

$$\boldsymbol{PAP}^{-1}=\mathrm{diag}[\boldsymbol{A}_1\quad \boldsymbol{A}_2\quad \cdots\quad \boldsymbol{A}_k] \tag{5.1.6}$$

$$\boldsymbol{Pb}=[0\ \ \cdots\ \ 0\ \ \underset{n_1}{1}\ \ 0\ \ \cdots\ \ 0] \tag{5.1.7}$$

其中，k 是 $\boldsymbol{A}$ 的循环指数；$\boldsymbol{A}_i$ 是相伴标准形；n_1 表示 $\boldsymbol{A}$ 的最小多项式的次数。

证明　由于 $\boldsymbol{A}$ 的最小多项式为 n_1 次，设为 $f_1(s)$，由定理 5.1.2 可知存在 $\boldsymbol{b}\in Im\boldsymbol{B}$，并且 $\boldsymbol{b},\boldsymbol{Ab},\cdots,\boldsymbol{A}^{n_1-1}\boldsymbol{b}$ 线性无关。取 $\boldsymbol{v}_{n_1+1},\cdots,\boldsymbol{v}_n$，使其和 $\boldsymbol{b},\boldsymbol{Ab},\cdots,\boldsymbol{A}^{n_1-1}\boldsymbol{b}$ 构成状态空间的基底，取 $\boldsymbol{T}_1=[\boldsymbol{b},\boldsymbol{Ab},\cdots,\boldsymbol{A}^{n_1-1}\boldsymbol{b},\boldsymbol{v}_{n_1+1},\cdots,\boldsymbol{v}_n]$，则

$$\boldsymbol{T}_1^{-1}\boldsymbol{AT}_1=\begin{bmatrix}\boldsymbol{A}_{11} & \boldsymbol{A}_{12}\\ \boldsymbol{0} & \boldsymbol{A}_{22}\end{bmatrix}$$

其中，$\boldsymbol{A}_{11}$ 是 $n_1\times n_1$ 矩阵；$\boldsymbol{A}_{22}$ 是 $(n-n_1)\times(n-n_1)$ 矩阵，现设 $\boldsymbol{A}_{22}$ 的最小多项式是 $f_2(s)$，次数为 n_2，可以证明，在 $n-n_1$ 维的子空间中，必存在 $\boldsymbol{u}$，使 $\boldsymbol{u},\boldsymbol{A}_{22}\boldsymbol{u},\cdots,\boldsymbol{A}_{22}^{n_2-1}\boldsymbol{u}$ 是线性无关的，且 $f_2(\boldsymbol{A}_{22})\boldsymbol{u}=\boldsymbol{0}$。

取 $\boldsymbol{g}^*=\begin{bmatrix}\boldsymbol{v}\\ \boldsymbol{u}\end{bmatrix}$，这里 $\boldsymbol{v}$ 是 n_1 维向量，有

$$f_2(\boldsymbol{T}_1^{-1}\boldsymbol{AT}_1)\boldsymbol{g}^*=\begin{bmatrix}f_2(\boldsymbol{A}_{11}) & *\\ \boldsymbol{0} & f_2(\boldsymbol{A}_{22})\end{bmatrix}\begin{bmatrix}\boldsymbol{v}\\ \boldsymbol{u}\end{bmatrix}=\begin{bmatrix}\boldsymbol{h}\\ \boldsymbol{0}\end{bmatrix} \tag{5.1.8}$$

若取 $\boldsymbol{e}_i$ 为 n_1 维单位矩阵的第 i 列，则有 $\boldsymbol{h}=\sum_{i=1}^{n_1}h_i\boldsymbol{e}_i$ 及

$$\boldsymbol{T}_1\begin{bmatrix}\boldsymbol{h}\\ \boldsymbol{0}\end{bmatrix}=\sum_{i=1}^{n_1}h_i\boldsymbol{T}_1\begin{bmatrix}\boldsymbol{e}_i\\ \boldsymbol{0}\end{bmatrix}=\sum_{i=1}^{n_1}h_i\boldsymbol{A}^{i-1}\boldsymbol{b} \tag{5.1.9}$$

由式(5.1.8)和式(5.1.9)可知，必存在 $\psi(s)$，$\psi(s)$ 的次数 $\partial[\psi(s)]\leqslant n_1-1$，使得

$$f_2(\boldsymbol{A})\boldsymbol{T}_1\boldsymbol{g}^*=\psi(\boldsymbol{A})\boldsymbol{b} \tag{5.1.10}$$

另外，因为 $f_2(s)$ 可整除 $f_1(s)$，所以 $f_1(s)=\eta(s)f_2(s)$。$f_1(s)$ 是 $\boldsymbol{A}$ 的最小多项式：

$$\eta(\boldsymbol{A})f_2(\boldsymbol{A})\boldsymbol{T}_1\boldsymbol{g}^*=\eta(\boldsymbol{A})\psi(\boldsymbol{A})\boldsymbol{b}=\boldsymbol{0}$$

$\eta(\boldsymbol{A})\psi(\boldsymbol{A})$ 是 $\boldsymbol{b}$ 的化零多项式，故可被 $f_1(s)$ 整除：

$$\eta(s)\psi(s)=\eta_1(s)f_1(s)=\eta_1(s)\eta(s)f_2(s)$$

可知 $\psi(s)=\eta_1(s)f_2(s)$，代入式(5.1.10)整理后可得

$$f_2(\boldsymbol{A})[\boldsymbol{T}_1\boldsymbol{g}^*-\eta_1(\boldsymbol{A})\boldsymbol{b}]=\boldsymbol{0}$$

令 $\boldsymbol{g}_2=\boldsymbol{T}_1\boldsymbol{g}^*-\eta_1(\boldsymbol{A})\boldsymbol{b}$，$f_2(s)$ 是 $\boldsymbol{g}_2$ 的化零多项式，也是 $\boldsymbol{g}_2$ 的最小多项式。用反证法，否则有 $f_2^*(s)$，$\partial[f_2^*(s)]<\partial[f_2(s)]$，且 $f_2^*(\boldsymbol{A})\boldsymbol{g}_2=0$，即

$$f_2^*(\boldsymbol{A})\boldsymbol{T}_1\boldsymbol{g}^*=f_2^*(\boldsymbol{A})\eta_1(\boldsymbol{A})\boldsymbol{b}$$

上式左乘 $\boldsymbol{T}_1^{-1}$，可得

$$f_2^*(\boldsymbol{T}_1^{-1}\boldsymbol{A}\boldsymbol{T}_1)\boldsymbol{g}^*=\begin{bmatrix}*\\\boldsymbol{0}\end{bmatrix}$$

从而有 $f_2^*(\boldsymbol{A}_{22})\boldsymbol{u}=\boldsymbol{0}$，而这和 $f_2(s)$ 是 $\boldsymbol{u}$ 的最小多项式矛盾。矛盾表明 $f_2(s)$ 是 $\boldsymbol{g}_2$ 的最小多项式，从而 $\boldsymbol{g}_2,\boldsymbol{A}\boldsymbol{g}_2,\cdots,\boldsymbol{A}^{n_2-1}\boldsymbol{g}_2$ 线性无关。现在要证明：

$$\boldsymbol{b},\boldsymbol{A}\boldsymbol{b},\cdots,\boldsymbol{A}^{n_1-1}\boldsymbol{b};\boldsymbol{g}_2,\boldsymbol{A}\boldsymbol{g}_2,\cdots,\boldsymbol{A}^{n_2-1}\boldsymbol{g}_2$$

线性无关。用反证法，否则它们线性相关，即存在：

$$\alpha(\boldsymbol{A})\boldsymbol{g}_2=\beta(\boldsymbol{A})\boldsymbol{b}$$

其中，$\partial[\alpha(s)]<n_2$，再利用 $\boldsymbol{g}_2$ 的表达式有

$$\alpha(\boldsymbol{A})\boldsymbol{T}_1\boldsymbol{g}^*=[\alpha(\boldsymbol{A})\eta_1(\boldsymbol{A})+\beta(\boldsymbol{A})]\boldsymbol{b}$$

和前面的推理相同，可说明 $\alpha(s)$ 是 $\boldsymbol{A}_{22}$ 的零化多项式，而这与 $f_2(s)$ 是它的最小多项式矛盾。

再取 $\boldsymbol{T}_2=[\boldsymbol{b},\boldsymbol{A}\boldsymbol{b},\cdots,\boldsymbol{A}^{n_1-1}\boldsymbol{b};\boldsymbol{g}_2,\boldsymbol{A}\boldsymbol{g}_2,\cdots,\boldsymbol{A}^{n_2-1}\boldsymbol{g}_2;\overline{\boldsymbol{v}}_{n_1+n_2-1},\cdots,\overline{\boldsymbol{v}}_n]$ 为非奇异矩阵，这时：

$$\boldsymbol{T}_2^{-1}\boldsymbol{A}\boldsymbol{T}_2=\begin{bmatrix}\boldsymbol{A}_{31}&\boldsymbol{A}_{32}\\\boldsymbol{0}&\boldsymbol{A}_{33}\end{bmatrix}$$

其中，$\boldsymbol{A}_{32}$ 是 $(n-n_1-n_2)\times(n-n_1-n_2)$ 的矩阵，设其最小多项式 $f_3(s)$ 为 n_3 次，使得 $f_3(s)$ 是 $\boldsymbol{g}_3$ 的最小多项式，而且

$$\boldsymbol{b},\boldsymbol{A}\boldsymbol{b},\cdots,\boldsymbol{A}^{n_1-1}\boldsymbol{b};\boldsymbol{g}_2,\boldsymbol{A}\boldsymbol{g}_2,\cdots,\boldsymbol{A}^{n_2-1}\boldsymbol{g}_2;\boldsymbol{g}_3,\boldsymbol{A}\boldsymbol{g}_3,\cdots,\boldsymbol{A}^{n_3-1}\boldsymbol{g}_3$$

线性无关。

按上述方法继续下去，因为空间是有限维的，所以一定到某一步 k 为止。可以得到 k 个向量 $\boldsymbol{b},\boldsymbol{g}_2,\cdots,\boldsymbol{g}_k$，它们的最小多项式为 $f_1(s),f_2(s),\cdots,f_k(s)$，后者能整除前者，而且

$$\boldsymbol{b},\boldsymbol{A}\boldsymbol{b},\cdots,\boldsymbol{A}^{n_1-1}\boldsymbol{b};\boldsymbol{g}_2,\boldsymbol{A}\boldsymbol{g}_2,\cdots,\boldsymbol{A}^{n_2-1}\boldsymbol{g}_2;\cdots;\boldsymbol{g}_k,\boldsymbol{A}\boldsymbol{g}_k,\cdots,\boldsymbol{A}^{n_k-1}\boldsymbol{g}_k$$

线性无关，且 $n_1+n_2+\cdots+n_k=n$，令

$$[\boldsymbol{b},\boldsymbol{A}\boldsymbol{b},\cdots,\boldsymbol{A}^{n_1-1}\boldsymbol{b};\boldsymbol{g}_2,\boldsymbol{A}\boldsymbol{g}_2,\cdots,\boldsymbol{A}^{n_2-1}\boldsymbol{g}_2;\cdots;\boldsymbol{g}_k,\boldsymbol{A}\boldsymbol{g}_k,\cdots,\boldsymbol{A}^{n_k-1}\boldsymbol{g}_k]^{-1}=\boldsymbol{H}$$

其中，$\boldsymbol{H}$ 的第n_1行、第n_1+n_2行、…、第n行分别记为$\bar{\boldsymbol{e}}_1,\bar{\boldsymbol{e}}_2,\cdots,\bar{\boldsymbol{e}}_k$，令

$$\boldsymbol{P}=\begin{bmatrix}\bar{\boldsymbol{e}}_1\\ \bar{\boldsymbol{e}}_1\boldsymbol{A}\\ \vdots\\ \bar{\boldsymbol{e}}_1\boldsymbol{A}^{n_1-1}\\ \bar{\boldsymbol{e}}_2\\ \bar{\boldsymbol{e}}_2\boldsymbol{A}\\ \vdots\\ \bar{\boldsymbol{e}}_2\boldsymbol{A}^{n_2-1}\\ \vdots\\ \bar{\boldsymbol{e}}_k\\ \bar{\boldsymbol{e}}_k\boldsymbol{A}\\ \vdots\\ \bar{\boldsymbol{e}}_k\boldsymbol{A}^{n_k-1}\end{bmatrix}$$

容易证明 $\boldsymbol{P}$ 为非奇异矩阵，这时：

$$\boldsymbol{PAP}^{-1}=\mathrm{diag}[\boldsymbol{A}_1\quad \boldsymbol{A}_2\quad \cdots\quad \boldsymbol{A}_k]$$
$$\boldsymbol{Pb}=[0\quad\cdots\quad 0\quad \underset{n_1}{1}\quad 0\quad\cdots\quad 0]$$

符合定理的要求。

这个定理实际上是第二空间分解定理，这里不过是在 $Im\boldsymbol{B}$ 中找出 $\boldsymbol{A}$ 的生成元。

例 5.1.2　给定可控状态方程如下：

$$\dot{\boldsymbol{x}}=\begin{bmatrix}1&1&0&0\\0&1&1&0\\0&0&1&0\\0&0&0&1\end{bmatrix}\boldsymbol{x}+\begin{bmatrix}0&0\\0&0\\1&0\\0&1\end{bmatrix}\boldsymbol{u}$$

解　因为 $\boldsymbol{A}$ 的最小多项式为 $f_1(s)=(s-1)^3=s^3-3s^2+3s-1$，根据定理 5.1.2，容易找出 $\boldsymbol{b}=[0\quad 0\quad 1\quad 0]^{\mathrm{T}}$，并且 $\boldsymbol{b},\boldsymbol{Ab},\boldsymbol{A}^2\boldsymbol{b}$ 线性无关，取 $\boldsymbol{v}_4=[0\quad 0\quad 0\quad 1]^{\mathrm{T}}$，令 $\boldsymbol{T}_1=[\boldsymbol{b}\quad \boldsymbol{Ab}\quad \boldsymbol{A}^2\boldsymbol{b}\quad \boldsymbol{v}_4]$ 则有

$$\boldsymbol{T}_1=\begin{bmatrix}0&0&1&0\\0&1&2&0\\1&1&1&0\\0&0&0&1\end{bmatrix},\quad \boldsymbol{T}^{-1}=\begin{bmatrix}1&-1&1&0\\-2&1&0&0\\1&0&0&0\\0&0&0&1\end{bmatrix},\quad \boldsymbol{T}_1^{-1}\boldsymbol{AT}_1=\begin{bmatrix}0&0&1&0\\1&0&-3&0\\0&1&3&0\\0&0&0&1\end{bmatrix}$$

因为 $\boldsymbol{A}_{22}=1$，最小多项式为 $f_2(s)=s-1$，取 $u=1$，即令 $\boldsymbol{g}^*=[1\quad 1\quad 1\quad 1]^{\mathrm{T}}$，于是有

$$f_2(\boldsymbol{T}_1^{-1}\boldsymbol{AT}_1)\boldsymbol{g}^*=\begin{bmatrix}-1&0&1&0\\1&-1&-3&0\\0&1&2&0\\0&0&0&0\end{bmatrix}\begin{bmatrix}1\\1\\1\\1\end{bmatrix}=\begin{bmatrix}0\\-3\\3\\0\end{bmatrix},\quad f_2(\boldsymbol{A})\boldsymbol{T}_1\boldsymbol{g}^*=\boldsymbol{T}_1\begin{bmatrix}\boldsymbol{h}\\ \boldsymbol{0}\end{bmatrix}=\begin{bmatrix}3\\3\\0\\0\end{bmatrix}$$

因为 $h_1 = 0, h_2 = -3, h_3 = 3$，所以 $\psi(s) = 3s(s-1)$，于是

$$\eta(s) = (s-1)^2, \quad \eta_1(s) = 3s, \quad \boldsymbol{g}_2(\boldsymbol{A}) = \boldsymbol{T}_1\boldsymbol{g}^* - \eta_1(\boldsymbol{A})\boldsymbol{b} = [1 \quad 0 \quad 0 \quad 1]^{\mathrm{T}}$$

令

$$\boldsymbol{H} = \begin{bmatrix} \boldsymbol{b} & \boldsymbol{A}\boldsymbol{b} & \boldsymbol{A}^2\boldsymbol{b} & \boldsymbol{g}_2 \end{bmatrix}^{-1}$$

于是

$$\boldsymbol{H} = \begin{bmatrix} 0 & 0 & 1 & 1 \\ 0 & 1 & 2 & 0 \\ 1 & 1 & 1 & 0 \\ 0 & 0 & 0 & 1 \end{bmatrix}^{-1} = \begin{bmatrix} 1 & -1 & 1 & -1 \\ -2 & 1 & 0 & 2 \\ 1 & 0 & 0 & -1 \\ 0 & 0 & 0 & 1 \end{bmatrix}$$

因此 $\bar{\boldsymbol{e}}_1 = \begin{bmatrix} 1 & 0 & 0 & -1 \end{bmatrix}, \bar{\boldsymbol{e}}_2 = \begin{bmatrix} 0 & 0 & 0 & 1 \end{bmatrix}$，最后可得

$$\boldsymbol{P} = \begin{bmatrix} \bar{\boldsymbol{e}}_1 \\ \bar{\boldsymbol{e}}_1\boldsymbol{A} \\ \bar{\boldsymbol{e}}_1\boldsymbol{A}^2 \\ \bar{\boldsymbol{e}}_2 \end{bmatrix} = \begin{bmatrix} 1 & 0 & 0 & -1 \\ 1 & 1 & 0 & -1 \\ 1 & 2 & 1 & -1 \\ 0 & 0 & 0 & 1 \end{bmatrix}, \quad \boldsymbol{P}^{-1} = \begin{bmatrix} 1 & 0 & 0 & 1 \\ -1 & 1 & 0 & 0 \\ 1 & -2 & 1 & 0 \\ 0 & 0 & 0 & 1 \end{bmatrix}$$

容易直接验证：

$$\boldsymbol{P}\boldsymbol{A}\boldsymbol{P}^{-1} = \left[\begin{array}{ccc|c} 0 & 1 & 0 & 0 \\ 0 & 0 & 1 & 0 \\ 1 & -3 & 3 & 0 \\ \hline 0 & 0 & 0 & 1 \end{array}\right], \quad \boldsymbol{P}\boldsymbol{b} = \begin{bmatrix} 0 \\ 0 \\ 1 \\ 0 \end{bmatrix}$$

定理 5.1.4　假设 $(\boldsymbol{A},\boldsymbol{B})$ 可控，$(\boldsymbol{A},\boldsymbol{C})$ 可观测，并且 $\boldsymbol{A}$ 的最小多项式次数为 $n_1 < n$，则存在 $\boldsymbol{b} \in Im\boldsymbol{B}$，$\boldsymbol{c} \in Im\boldsymbol{C}^{\mathrm{T}}$，使得 $(\boldsymbol{A}+\boldsymbol{b}\boldsymbol{c}^{\mathrm{T}},\boldsymbol{B})$ 可控，$(\boldsymbol{A}+\boldsymbol{b}\boldsymbol{c}^{\mathrm{T}},\boldsymbol{C})$ 可观测，同时 $(\boldsymbol{A}+\boldsymbol{b}\boldsymbol{c}^{\mathrm{T}})$ 的最小多项式的次数比 n_1 大。

证明　对任意 $\boldsymbol{b} \in Im\boldsymbol{B}$，$\boldsymbol{c} \in Im\boldsymbol{C}^{\mathrm{T}}$，都有 $(\boldsymbol{A}+\boldsymbol{b}\boldsymbol{c}^{\mathrm{T}},\boldsymbol{B})$ 可控，$(\boldsymbol{A}+\boldsymbol{b}\boldsymbol{c}^{\mathrm{T}},\boldsymbol{C})$ 可观测。因为状态反馈不改变可控性，输出反馈不改变可观测性，这里所用的反馈矩阵是一种秩为 1 的矩阵。下面证明 $\boldsymbol{A}+\boldsymbol{b}\boldsymbol{c}^{\mathrm{T}}$ 的最小多项式的次数比 n_1 大。

因为 $\boldsymbol{A}$ 的最小多项式次数为 n_1，由定理 5.1.3 可知，总存在 $\boldsymbol{b} \in Im\boldsymbol{B}$，使得

$$\bar{\boldsymbol{A}} = \boldsymbol{P}\boldsymbol{A}\boldsymbol{P}^{-1}, \quad \boldsymbol{P}\boldsymbol{b} = [0 \ \cdots \ 0 \quad 1 \quad 0 \ \cdots \ 0]^{\mathrm{T}} = \bar{\boldsymbol{b}}, \quad \bar{\boldsymbol{C}} = \boldsymbol{C}\boldsymbol{P}^{-1} = [\bar{\boldsymbol{C}}_1 \quad \bar{\boldsymbol{C}}_2]$$

$$\bar{\boldsymbol{A}} = \begin{bmatrix} \bar{\boldsymbol{A}}_1 & \boldsymbol{0} \\ \boldsymbol{0} & \bar{\boldsymbol{A}}_2 \end{bmatrix}, \quad \bar{\boldsymbol{A}}_1 = \begin{bmatrix} 0 & 1 & & \\ \vdots & & \ddots & \\ 0 & & & 1 \\ -\alpha_0 & \cdots & & -\alpha_{n_1-1} \end{bmatrix}_{n_1 \times n_1}$$

而 $f(s) = s^{n_1} + \alpha_{n_1-1}s^{n_1-1} + \cdots + \alpha_1 s + \alpha_0$ 是 $\boldsymbol{A}$ 的最小多项式，$\bar{\boldsymbol{A}}_2$ 是 $(n-n_1)\times(n-n_1)$ 矩阵，$\bar{\boldsymbol{C}}_1$

是 $q\times n_1$ 矩阵，显然 $(\overline{\boldsymbol{A}}_1,\overline{\boldsymbol{C}}_1)$ 具有可观测性，存在 $\overline{\boldsymbol{v}}_1\in Im\overline{\boldsymbol{C}}_1^{\mathrm{T}}$ 使得 $(\overline{\boldsymbol{A}}_1,\overline{\boldsymbol{v}}_1^{\mathrm{T}})$ 可观测，取得 n_1 维向量 $\boldsymbol{b}_1=[0\ \ \cdots\ \ 0\ \ 1]^{\mathrm{T}}$，令

$$\overline{\boldsymbol{A}}_1(\alpha)=\overline{\boldsymbol{A}}_1+\alpha\overline{\boldsymbol{b}}_1\overline{\boldsymbol{v}}_1^{\mathrm{T}}$$

其中，α 是任意实数。现在计算 $\overline{\boldsymbol{A}}_1(\alpha)$ 的特征多项式，记 $\det[s\boldsymbol{I}-\overline{\boldsymbol{A}}_1(\alpha)]=\varDelta(s)$，$\overline{\boldsymbol{v}}_1^{\mathrm{T}}=[\beta_0\ \ \beta_1\ \ \cdots\ \ \beta_{n_1-1}]$，从而有

$$\begin{aligned}\varDelta(s)&=s^{n_1}+(\alpha_{n_1-1}-\alpha\beta_{n_1-1})s^{n_1-1}+\cdots+(\alpha_1-\alpha\beta_1)s+(\alpha_0-\alpha\beta_0)\\&=f(s)-\alpha\varphi(s)\end{aligned}$$

其中，$\varphi(s)=\beta_{n_1-1}s^{n_1-1}+\cdots+\beta_1 s+\beta_0$。可以证明 $f(s)$ 和 $\varphi(s)$ 互质，否则，若 s_0 是 $f(s)$ 和 $\varphi(s)$ 的公共零点，令 $\boldsymbol{x}_0=[1\ \ s_0\cdots s_0^{n_1-1}]^{\mathrm{T}}$，则有

$$\overline{\boldsymbol{A}}_1\boldsymbol{x}_0=s_0\boldsymbol{x}_0,\quad \overline{\boldsymbol{v}}_1^{\mathrm{T}}\boldsymbol{x}_0=0$$

这说明 s_0 是 $(\overline{\boldsymbol{A}}_1,\overline{\boldsymbol{v}}_1^{\mathrm{T}})$ 的输出解耦零点，这与 $(\overline{\boldsymbol{A}}_1,\overline{\boldsymbol{v}}_1^{\mathrm{T}})$ 可观测相矛盾。由于 $f(s)$ 和 $\varphi(s)$ 互质，因此可以到 $\overline{\alpha}$，使 $\overline{\boldsymbol{A}}_1(\alpha)$ 与 $\overline{\boldsymbol{A}}_2$ 没有公共特征值。这样的 $\overline{\alpha}$ 总是存在的，只需取：

$$\overline{\alpha}\neq\frac{f(s_i)}{\varphi(s_i)}$$

其中，s_i 不是 $\varphi(s)$ 的零点，而是 $\overline{\boldsymbol{A}}_2$ 的特征值。而那些既是 $\overline{\boldsymbol{A}}_2$ 的特征值又是 $\varphi(s)$ 零点的 s_i 肯定不是 $\overline{\boldsymbol{A}}_1(\alpha)$ 的特征值，而不管 α 取任何值。

记 $\boldsymbol{c}_1=\overline{\alpha}\overline{\boldsymbol{v}}_1$，取 n 维向量 $\tilde{\boldsymbol{c}}_1\in Im\overline{\boldsymbol{C}}^{\mathrm{T}}$，并且 $\tilde{\boldsymbol{c}}_1$ 的前 n_1 个元素与 $\boldsymbol{c}_1$ 的元素相同。考虑：

$$\boldsymbol{A}^*=\overline{\boldsymbol{A}}+\overline{\boldsymbol{b}}\tilde{\boldsymbol{c}}_1^{\mathrm{T}}=\begin{bmatrix}\overline{\boldsymbol{A}}_1 & \boldsymbol{0}\\ \boldsymbol{0} & \overline{\boldsymbol{A}}_2\end{bmatrix}+\begin{bmatrix}0\\ \vdots\\ 0\\ 1\\ 0\\ \vdots\\ 0\end{bmatrix}[\overline{\alpha}\beta_0\ \ \overline{\alpha}\beta_1\ \ \cdots\ \ \overline{\alpha}\beta_{n_1-1}\ \ \beta_{n_1}\ \ \cdots\ \ \beta_n]=\begin{bmatrix}\overline{\boldsymbol{A}}_1(\overline{\alpha}) & \overline{\boldsymbol{A}}_{12}\\ \boldsymbol{0} & \overline{\boldsymbol{A}}_2\end{bmatrix}$$

其中

$$\overline{\boldsymbol{A}}_1(\overline{\alpha})=\begin{bmatrix}0 & 1 & & \\ \vdots & & \ddots & \\ 0 & & & 1\\ -(\alpha_0+\overline{\alpha}\beta_0) & \cdots & \cdots & -(\alpha_{n_1-1}+\overline{\alpha}\beta_{n_1-1})\end{bmatrix}$$

$$\overline{\boldsymbol{A}}_{12}=\begin{bmatrix}\boldsymbol{0}\\ \beta_{n_1}\cdots\beta_n\end{bmatrix}$$

由于 $\overline{\boldsymbol{A}}_1(\overline{\alpha})$ 与 $\overline{\boldsymbol{A}}_2$ 无公共特征值，故对给定矩阵 $\overline{\boldsymbol{A}}_{12}$，矩阵方程：

$$\bar{A}_1(\bar{\alpha})P - P\bar{A}_2 = -\bar{A}_{12}$$

必有唯一解，这里 P 为 $n_1 \times (n-n_1)$ 矩阵。令

$$M = \begin{bmatrix} I_{n_1} & P \\ 0 & I_{n-n_1} \end{bmatrix}, \quad M^{-1} = \begin{bmatrix} I_{n_1} & -P \\ 0 & I_{n-n_1} \end{bmatrix}$$

于是 $\bar{A}^* = M^{-1}A^*M = \mathrm{diag}[\bar{A}_1(\bar{\alpha}) \quad \bar{A}_2]$。

显然 $\bar{A}^*$ 与 A^* 有相同的最小多项式，如果设 $\bar{A}^*$ 的最小多项式为 $\psi(s)$，$\bar{A}_1(\bar{\alpha})$ 和 $\bar{A}_2$ 的最小多项式为 $\psi_1(s)$ 与 $\psi_2(s)$，因为 $\bar{A}_1(\bar{\alpha})$ 和 $\bar{A}_2$ 无公共特征值，所以 $\psi_1(s)$ 与 $\psi_2(s)$ 互质，$\psi(s) = \psi_1(s)\psi_2(s)$，由 $\bar{A}_1(\bar{\alpha})$ 的特殊形式可知其最小多项式为 n_1 次，而 $\psi_2(s)$ 至少是一次，所以 $\bar{A}^*$ 的最小多项式至少是 n_1+1 次，又因为

$$T^{-1}A^*T = T^{-1}\bar{A}T + T^{-1}\bar{b}\bar{c}_1^{\mathrm{T}}T = A + bc^{\mathrm{T}}$$

其中，$c \in ImC^{\mathrm{T}}$，而 $A+bc^{\mathrm{T}}$ 的最小多项式至少是 n_1+1 次，定理证毕。

推论 5.1.2　设 (A,B,C) 可控可观测，存在一个 $p \times q$ 矩阵 H，使 $(A+BHC,B)$ 可控，$(A+BHC,C)$ 可观测，并且 $A+BHC$ 是循环矩阵，即它的最小多项式是 n 次。

这一推论可以通过反复用定理 5.1.4 而得到。它表明在 (A,B,C) 可控可观测的条件下，存在输出反馈增益矩阵 H，使闭环系统矩阵 $A+BHC$ 是循环的。因此在讨论输出反馈问题时，总可认为系统矩阵是循环矩阵。

例 5.1.3　给定系统 (A,B,C) 如下：

$$A = \begin{bmatrix} 1 & 1 & 0 & 0 \\ 0 & 1 & 1 & 0 \\ 0 & 0 & 1 & 0 \\ 0 & 0 & 0 & 1 \end{bmatrix}, \quad B = \begin{bmatrix} 0 & 0 \\ 0 & 0 \\ 1 & 0 \\ 0 & 1 \end{bmatrix}, \quad C = \begin{bmatrix} 1 & 0 & 0 & 0 \\ 0 & 0 & 0 & 1 \end{bmatrix}$$

解　根据例 5.1.2 的结果，可知 $\bar{b} = [0 \quad 0 \quad 1 \quad 0]^{\mathrm{T}}$。

$$P = \begin{bmatrix} 1 & 0 & 0 & -1 \\ 1 & 1 & 0 & -1 \\ 1 & 2 & 1 & -1 \\ 0 & 0 & 0 & 1 \end{bmatrix}, \quad P^{-1} = \begin{bmatrix} 1 & 0 & 0 & 1 \\ -1 & 1 & 0 & 0 \\ 1 & -2 & 1 & 0 \\ 0 & 0 & 0 & 1 \end{bmatrix}$$

$$\bar{A} = PAP^{-1}\begin{bmatrix} \bar{A}_1 & \\ & \bar{A}_2 \end{bmatrix} = \begin{bmatrix} 0 & 1 & 0 & 0 \\ 0 & 0 & 1 & 0 \\ 1 & -3 & 3 & 0 \\ 0 & 0 & 0 & 1 \end{bmatrix}$$

$$\bar{B} = PB = \begin{bmatrix} 0 & -1 \\ 0 & -1 \\ 1 & -1 \\ 0 & 1 \end{bmatrix}$$

$$\bar{\boldsymbol{C}} = \boldsymbol{C}\boldsymbol{P}^{-1} = \begin{bmatrix} \bar{\boldsymbol{C}}_1 & \bar{\boldsymbol{C}}_2 \end{bmatrix} = \left[\begin{array}{ccc|c} 1 & 0 & 0 & 1 \\ 0 & 0 & 0 & 1 \end{array}\right]$$

而 $f_1(s) = s^3 - 3s^2 + 3s - 1$ 是 $\boldsymbol{A}$ 的最小多项式，不难看出 $(\bar{\boldsymbol{A}}_1, \bar{\boldsymbol{C}}_1)$ 可观测。

$$\bar{\boldsymbol{v}}_1 = \begin{bmatrix} 1 & 0 & 0 \end{bmatrix}^{\mathrm{T}}, \quad \bar{\boldsymbol{b}}_1 = \begin{bmatrix} 0 & 0 & 1 \end{bmatrix}^{\mathrm{T}}$$

$$\bar{\boldsymbol{A}}_1(\alpha) = \bar{\boldsymbol{A}}_1 + \alpha \begin{bmatrix} 0 \\ 0 \\ 1 \end{bmatrix} \begin{bmatrix} 1 & 0 & 0 \end{bmatrix} = \begin{bmatrix} 0 & 1 & 0 \\ 0 & 0 & 1 \\ 1+\alpha & -3 & 3 \end{bmatrix}$$

$\det[s\boldsymbol{I} - \bar{\boldsymbol{A}}_1(\alpha)] = s^3 - 3s^2 + 3s - (1+\alpha)$。显然只要取 $\alpha \neq 0$，例如，$\alpha = 1$ 就可做到 $\bar{\boldsymbol{A}}_1(\alpha)$ 和 $\bar{\boldsymbol{A}}_2$ 无公共特征值，因此 $\boldsymbol{c}_1 = \bar{\boldsymbol{v}}_1$，$\tilde{\boldsymbol{c}}_1 = \begin{bmatrix} 1 & 0 & 0 & 2 \end{bmatrix}^{\mathrm{T}}$，可得

$$\boldsymbol{A}^* = \bar{\boldsymbol{A}} + \bar{\boldsymbol{b}}\tilde{\boldsymbol{c}}_1^{\mathrm{T}} = \begin{bmatrix} 0 & 1 & 0 & 0 \\ 0 & 0 & 1 & 0 \\ 2 & -3 & 3 & 2 \\ 0 & 0 & 0 & 1 \end{bmatrix}$$

由矩阵方程：

$$\begin{bmatrix} 0 & 1 & 0 \\ 0 & 0 & 1 \\ 2 & -3 & 3 \end{bmatrix} \begin{bmatrix} p_1 \\ p_2 \\ p_3 \end{bmatrix} - \begin{bmatrix} p_1 \\ p_2 \\ p_3 \end{bmatrix} \cdot [1] = \begin{bmatrix} 0 \\ 0 \\ -2 \end{bmatrix}$$

可解出

$$p_1 = p_2 = p_3 = -2$$

这时：

$$\boldsymbol{M} = \begin{bmatrix} 1 & 0 & 0 & -2 \\ 0 & 1 & 0 & -2 \\ 0 & 0 & 1 & -2 \\ 0 & 0 & 0 & 1 \end{bmatrix}, \quad \boldsymbol{M}^{-1} = \begin{bmatrix} 1 & 0 & 0 & 2 \\ 0 & 1 & 0 & 2 \\ 0 & 0 & 1 & 2 \\ 0 & 0 & 0 & 1 \end{bmatrix}$$

于是有

$$\bar{\boldsymbol{A}}^* = \boldsymbol{M}^{-1}\boldsymbol{A}^*\boldsymbol{M} = \begin{bmatrix} 0 & 1 & 0 & 0 \\ 0 & 0 & 1 & 0 \\ 2 & -3 & 3 & 0 \\ 0 & 0 & 0 & 1 \end{bmatrix}$$

$\bar{\boldsymbol{A}}^*$ 和 $\boldsymbol{A}^*$ 有相同的最小多项式 $(s-1)(s^3 - 3s^2 + 3s - 2)$，其次数为 4，又因为

$$\boldsymbol{P}^{-1}\boldsymbol{A}^*\boldsymbol{P} = \boldsymbol{A} + \boldsymbol{P}^{-1}\bar{\boldsymbol{b}}\tilde{\boldsymbol{c}}_1^{\mathrm{T}}\boldsymbol{P} = \boldsymbol{A} + \boldsymbol{b}\boldsymbol{c}^{\mathrm{T}}$$

所以

$$\boldsymbol{b}=\boldsymbol{P}^{-1}\overline{\boldsymbol{b}}=\begin{bmatrix}1&0&0&1\\-1&1&0&0\\1&-2&1&0\\0&0&0&1\end{bmatrix}\begin{bmatrix}0\\0\\1\\0\end{bmatrix}=\begin{bmatrix}0\\0\\1\\0\end{bmatrix}=\boldsymbol{B}\begin{bmatrix}1\\0\end{bmatrix}$$

$$\boldsymbol{c}^{\mathrm{T}}=[1\quad 0\quad 0\quad 2]\begin{bmatrix}1&0&0&-1\\1&1&0&-1\\1&2&1&-1\\0&0&0&1\end{bmatrix}=[1\quad 0\quad 0\quad 1]=[1\quad 1]\boldsymbol{C}$$

令 $\boldsymbol{H}=\begin{bmatrix}1\\0\end{bmatrix}[1\quad 1]=\begin{bmatrix}1&1\\0&0\end{bmatrix}$，可知 $(\boldsymbol{A}+\boldsymbol{BHC},\boldsymbol{B})$ 可控，$(\boldsymbol{A}+\boldsymbol{BHC},\boldsymbol{C})$ 可观测，且 $\boldsymbol{A}+\boldsymbol{BHC}$ 是循环矩阵，它的最小多项式为 4 次。整理后，矩阵 $(\boldsymbol{A}+\boldsymbol{BHC})$ 有如下形式：

$$\boldsymbol{A}+\boldsymbol{BHC}=\begin{bmatrix}1&1&0&0\\0&1&1&0\\1&0&1&1\\0&0&0&1\end{bmatrix}$$

定理 5.1.2～定理 5.1.4 对于研究极点配置问题是基本的。但因为证明过程较为烦琐，读者可略过这些证明，着重了解它们的结论和应用。

下面介绍用静态输出反馈配置极点。首先研究单输入多输出的系统，以说明用静态输出反馈配置极点时所遇到的困难，而这些困难是用全部状态变量进行反馈时所未遇到的。一个单输入多输出系统的动态方程为

$$\begin{cases}\dot{\boldsymbol{x}}=\boldsymbol{A}\boldsymbol{x}+\boldsymbol{b}u\\ \boldsymbol{y}=\boldsymbol{C}\boldsymbol{x}\end{cases}\tag{5.1.11}$$

其中，$\boldsymbol{A}$、$\boldsymbol{b}$ 和 $\boldsymbol{C}$ 分别是 $n\times n$、$n\times 1$ 和 $q\times n$ 的常值矩阵。若静态输出反馈控制律为

$$u=\boldsymbol{K}\boldsymbol{y}+v\tag{5.1.12}$$

其中，$\boldsymbol{K}$ 是 $1\times q$ 的常值向量，联合式(5.1.11)和式(5.1.12)可得闭环系统的动态方程为

$$\begin{cases}\dot{\boldsymbol{x}}=(\boldsymbol{A}+\boldsymbol{bKC})\boldsymbol{x}+\boldsymbol{b}v\\ \boldsymbol{y}=\boldsymbol{C}\boldsymbol{x}\end{cases}\tag{5.1.13}$$

设 $\boldsymbol{A}$ 和 $\boldsymbol{A}+\boldsymbol{bKC}$ 特征多项式分别为 $\varDelta_0(s)$ 和 $\varDelta_c(s)$：

$$\varDelta_0(s)=s^n+a_{n-1}s^{n-1}+\cdots+a_1s+a_0$$

$$\varDelta_c(s)=s^n+\overline{a}_{n-1}s^{n-1}+\cdots+\overline{a}_1s+\overline{a}_0$$

若 $(\boldsymbol{A},\boldsymbol{b})$ 可控，则可用一等价变换化为可控标准形，变换矩阵为 $\boldsymbol{P}$。

$$\bar{A}=PAP^{-1}=\begin{bmatrix}0 & 1 & & & \\ \vdots & & 1 & & \\ \vdots & & & \ddots & \\ 0 & & & & 1 \\ -a_0 & -a_1 & \cdots & \cdots & -a_{n-1}\end{bmatrix}$$

$$\bar{b}=Pb=\begin{bmatrix}0\\ \vdots\\ 0\\ 1\end{bmatrix},\quad \bar{C}=CP^{-1}$$

这时闭环系统矩阵为

$$\begin{bmatrix}0 & 1 & & \\ \vdots & & \ddots & \\ 0 & & & 1 \\ -a_0 & -a_1 & \cdots & -a_{n-1}\end{bmatrix}+\begin{bmatrix}0\\ \vdots\\ \vdots\\ 0\\ 1\end{bmatrix}K\bar{C}=\begin{bmatrix}0 & 1 & & \\ \vdots & & \ddots & \\ 0 & & & 1 \\ -\bar{a}_0 & -\bar{a}_1 & \cdots & -\bar{a}_{n-1}\end{bmatrix}$$

其中，$\bar{a}_i=a_i-K\bar{c}_{i+1}\ (i=0,1,\cdots,n-1)$，$\bar{c}_i$ 表示 $\bar{C}$ 的第 i 列。若给定了所要求的闭环极点，$\bar{a}_i$ 就确定了。极点配置问题就是要选取 K，使得式(5.1.14)成立：

$$\begin{cases}\bar{c}_1^{\mathrm{T}}K^{\mathrm{T}}=a_0-\bar{a}_0\\ \bar{c}_2^{\mathrm{T}}K^{\mathrm{T}}=a_1-\bar{a}_1\\ \qquad\vdots\\ \bar{c}_n^{\mathrm{T}}K^{\mathrm{T}}=a_{n-1}-\bar{a}_{n-1}\end{cases}\tag{5.1.14}$$

或

$$\bar{C}^{\mathrm{T}}K^{\mathrm{T}}=\delta\tag{5.1.15}$$

式(5.1.15)是含 q 个未知量、n 个方程的方程组，而 δ 是任意的 n 维向量，它由所期望的极点所决定。式(5.1.15)对任意的 δ 有解，显然要求 $\bar{C}$ 是 $n\times n$ 可逆方阵，这相当于全状态反馈的情况。一般来说当 $q<n$ 时，对于任意 δ，式(5.1.15)无解。对于给定的 δ，式(5.1.15)有解的条件是它们相容，即当 C 的秩为 q 时，q 个方程的唯一解应满足剩下的 $n-q$ 个方程。这时，这 $n-q$ 个等式给出了加在 $\bar{a}_0,\bar{a}_1,\cdots,\bar{a}_{n-1}$ 上的约束，这意味着 $\bar{a}_0,\bar{a}_1,\cdots,\bar{a}_{n-1}$ 中仅有 q 个系数可以任意选取。若所期望的极点使那 $n-q$ 个等式成立，即表示这组极点可以用输出反馈所达到，否则就不能。

例 5.1.4　给定 (A,B,C) 如下：

$$A=\begin{bmatrix}0 & 1 & 0\\ 0 & 0 & 1\\ -3 & -2 & -4\end{bmatrix},\quad B=\begin{bmatrix}0\\ 0\\ 1\end{bmatrix}$$

$$C=\begin{bmatrix}1 & 0 & 2\\ 0 & 1 & 1\end{bmatrix},\quad K=[K_1\quad K_2]$$

解　根据式(5.1.15)可知 K 应满足

$$K_1=3-\overline{a}_0,\quad K_2=2-\overline{a}_1,\quad 2K_1+K_2=4-\overline{a}_2$$

方程组相容的条件为

$$2\overline{a}_0+\overline{a}_1-\overline{a}_2=4 \tag{5.1.16}$$

若所给三个极点使得闭环特征方程系数满足这一关系，所给极点可用输出反馈配置，否则不可用输出反馈配置。进一步分析约束条件(5.1.16)，对于所给极点 $\lambda_1,\lambda_2,\lambda_3$，除复数极点应共轭成对之外，满足

$$-2\lambda_1\lambda_2\lambda_3+\lambda_1\lambda_2+\lambda_2\lambda_3+\lambda_3\lambda_1+\lambda_1+\lambda_2+\lambda_3=4$$

显然不可用输出反馈达到 $\lambda_1=-1,\ \lambda_2=-1,\ \lambda_3=-2$ 的配置，若给定 $\lambda_1=\dfrac{-5}{6},\ \lambda_2=-1,$ $\lambda_3=-2$，令 $K_1=\dfrac{4}{3}$，$K_2=\dfrac{-5}{2}$，即达到要求的配置。

所给的例题是否可以任意配置两个极点呢？例如，取 $\lambda_1=-0.5,\ \lambda_2=-0.25$ 就不能达配置，只能做到使极点任意接近于它，因为这时要满足约束条件，λ_3 需取无穷。

定理 5.1.5　设单输入系统(5.1.11)可控，$\mathrm{rank}\boldsymbol{C}=q$，总存在常值向量 $\boldsymbol{K}$，使得 $\boldsymbol{A}+\boldsymbol{bKC}$ 有 q 个特征值任意接近于预先给定的 q 个值，这 q 个值中若有复数，应共轭成对出现。

证明　设预先给定的 q 个值为 $\lambda_1,\lambda_2,\cdots,\lambda_q$，并设它们彼此不同，根据前面的推导，可得闭环系统的特征方程为

$$s^n+(a_{n-1}-\boldsymbol{K}\overline{\boldsymbol{c}}_n)s^{n-1}+(a_{n-2}-\boldsymbol{K}\overline{\boldsymbol{c}}_{n-1})s^{n-2}+\cdots+(a_1-\boldsymbol{K}\overline{\boldsymbol{c}}_2)s+a_0-\boldsymbol{K}\overline{\boldsymbol{c}}_1=0$$

将 $\lambda_i(i=1,2,\cdots,q)$ 代入上式可得

$$\lambda_i^n+a_{n-1}\lambda_i^{n-1}+\cdots+a_1\lambda_i+a_0=\boldsymbol{K}\overline{\boldsymbol{c}}_n\lambda_i^{n-1}+\cdots+\boldsymbol{K}\overline{\boldsymbol{c}}_2\lambda_i+\boldsymbol{K}\overline{\boldsymbol{c}}_1$$

即

$$\Delta_0(\lambda_i)=\boldsymbol{K}\overline{\boldsymbol{C}}\boldsymbol{h}_i,\quad i=1,2,\cdots,q$$

其中，$\boldsymbol{h}_i=[1\quad \lambda_i\quad \lambda_i^2\quad \cdots\quad \lambda_i^{n-1}]^{\mathrm{T}}$，并记 $\Delta_0(\lambda_i)$ 为 Δ_i，则

$$[\Delta_1\quad \Delta_2\quad \cdots\quad \Delta_q]=\boldsymbol{K}\overline{\boldsymbol{C}}[\boldsymbol{h}_1\quad \boldsymbol{h}_2\quad \cdots\quad \boldsymbol{h}_q]$$

若 $\boldsymbol{S}=\overline{\boldsymbol{C}}[\boldsymbol{h}_1\quad \boldsymbol{h}_2\quad \cdots\quad \boldsymbol{h}_q]$ 是非奇异矩阵，即有

$$\boldsymbol{K}=[\Delta_1\quad \Delta_2\quad \cdots\quad \Delta_q]\boldsymbol{S}^{-1} \tag{5.1.17}$$

若 $\det\boldsymbol{S}=0$，可对 λ_i 进行一些小的扰动，即用 $\lambda_i+\Delta\lambda_i$ 代替 λ_i，$\Delta\lambda_i\to 0$ 使得扰动后的 $\boldsymbol{S}$ 非奇异，由于 $\overline{\boldsymbol{C}}$ 的秩为 q，这总是可以做到的。式(5.1.17)给出了 $\boldsymbol{K}$ 的一个明显表达式，并且 $\Delta_i\boldsymbol{h}_i$ 是给定的 $\lambda_1,\lambda_2,\cdots,\lambda_q$ 的函数，如果所给的 λ_i 能使 $\boldsymbol{S}$ 非奇异，则可精确地使

闭环的 q 极点就是要求的 λ_i，若所给的 λ_i 值使 $\boldsymbol{S}$ 奇异，则只能使极点接近所给的 λ_i。

例 5.1.5　考察例 5.1.4，对 $\lambda_1=-1$、$\lambda_2=-2$ 及 $\lambda_1=-0.5$、$\lambda_2=-0.25$ 分别计算 $\boldsymbol{S}$ 和选取 $\boldsymbol{K}$。

解　当 $\lambda_1=-1,\lambda_2=-2$ 时可计算 Δ_1、Δ_2、$\boldsymbol{h}_1$、$\boldsymbol{h}_2$ 如下：

$$\Delta_1=4,\quad \Delta_2=7,\quad \boldsymbol{h}_1=\begin{bmatrix}1 & -1 & 1\end{bmatrix}^{\mathrm{T}},\quad \boldsymbol{h}_2=\begin{bmatrix}1 & -2 & 4\end{bmatrix}^{\mathrm{T}}$$

因此有

$$\boldsymbol{S}=\begin{bmatrix}3 & 9\\ 0 & 2\end{bmatrix},\quad \det\boldsymbol{S}\neq 0,\quad \boldsymbol{S}^{-1}=\begin{bmatrix}\dfrac{1}{3} & \dfrac{-3}{2}\\ 0 & \dfrac{1}{2}\end{bmatrix}$$

$$\boldsymbol{K}=\begin{bmatrix}4 & 7\end{bmatrix}\begin{bmatrix}\dfrac{1}{3} & \dfrac{-3}{2}\\ 0 & \dfrac{1}{2}\end{bmatrix}=\begin{bmatrix}\dfrac{4}{3} & \dfrac{-5}{2}\end{bmatrix}$$

当 $\lambda_1=-0.5,\lambda_2=-0.25$ 时，可算出

$$\Delta_1=2.875,\quad \Delta_2=\frac{175}{64},\quad \boldsymbol{h}_1=\begin{bmatrix}1 & \dfrac{-1}{2} & \dfrac{1}{4}\end{bmatrix}^{\mathrm{T}},\quad \boldsymbol{h}_2=\begin{bmatrix}1 & \dfrac{-1}{4} & \dfrac{1}{16}\end{bmatrix}^{\mathrm{T}}$$

因此有

$$\boldsymbol{S}=\begin{bmatrix}1 & 0 & 2\\ 0 & 1 & 1\end{bmatrix}\begin{bmatrix}1 & 1\\ \dfrac{-1}{2} & \dfrac{-1}{4}\\ \dfrac{1}{4} & \dfrac{1}{16}\end{bmatrix}=\frac{1}{4}\begin{bmatrix}6 & \dfrac{9}{2}\\ -1 & -\dfrac{3}{4}\end{bmatrix},\quad \det\boldsymbol{S}=0$$

为了选取 $\boldsymbol{K}$，可取 $\lambda_1+\varepsilon=\dfrac{-1}{2}+\varepsilon,\varepsilon\to 0,\lambda_2=\dfrac{-1}{4}$，再计算 Δ_1、h_1 和 $\boldsymbol{S}$，经计算可知

$$\Delta_1=\varepsilon^3+2.5\varepsilon^2-1.25\varepsilon+2.875,\quad \boldsymbol{h}_1=\begin{bmatrix}1 & \varepsilon-0.5 & \varepsilon^2-\varepsilon+0.25\end{bmatrix}^{\mathrm{T}}$$

$$\boldsymbol{S}=\begin{bmatrix}1 & 0 & 2\\ 0 & 1 & 1\end{bmatrix}\begin{bmatrix}1 & 1\\ \varepsilon-0.5 & -0.25\\ \varepsilon^2-\varepsilon+0.25 & 0.0625\end{bmatrix}=\begin{bmatrix}2\varepsilon^2-2\varepsilon+1.5 & 1.125\\ \varepsilon^2-0.25 & -0.1875\end{bmatrix}$$

$$\boldsymbol{S}^{-1}=\frac{8}{3\varepsilon(1-4\varepsilon)}\begin{bmatrix}-0.1875 & -1.125\\ 0.25-\varepsilon^2 & 2\varepsilon^2-2\varepsilon+1.5\end{bmatrix}$$

$$\boldsymbol{K}=\begin{bmatrix}\varepsilon^3+2.5\varepsilon^2-1.25\varepsilon+2.875 & 175/64\end{bmatrix}\boldsymbol{S}^{-1}=\begin{bmatrix}\dfrac{1}{\varepsilon} & \dfrac{6}{\varepsilon}\end{bmatrix}$$

对只能接近 λ_i 这一事实，可给一个直观的解释。当 $q=1$ 时，使 $\boldsymbol{S}$ 奇异的 λ 值相当于开环传递函数的零点。一个单变量系统对常值的反馈增益矩阵 $\boldsymbol{K}$ 作的根轨迹图表明，闭

环极点(根轨迹)只能趋近于开环零点，而达不到开环零点，而且在接近开环零点时需要很大的 $\boldsymbol{K}$ 值。定理 5.1.5 可以推广到多输入的情况。

定理 5.1.6　若 $(\boldsymbol{A},\boldsymbol{B},\boldsymbol{C})$ 可控可观测，$\text{rank}\boldsymbol{B}=p,\text{rank}\boldsymbol{C}=q$，总可找到常值矩阵 $\boldsymbol{K}$，使 $\boldsymbol{A}+\boldsymbol{BKC}$ 有 $\max(p,q)$ 个特征值任意接近于预先给定的 $\max(p,q)$ 个值(复数应共轭成对出现)。

证明　若 $\boldsymbol{A}$ 的最小多项式不是 n 次，根据推论 5.1.2 可知存在 $\boldsymbol{K}_1$ 矩阵，使 $(\boldsymbol{A}+\boldsymbol{BK}_1\boldsymbol{C},\boldsymbol{B},\boldsymbol{C})$ 可控可观测，而且 $\boldsymbol{A}+\boldsymbol{BK}_1\boldsymbol{C}$ 是循环矩阵，即它的最小多项式为 n 次。再根据推论 5.1.1 可知，在 $\boldsymbol{B}$ 的值域内存在着 $\boldsymbol{A}+\boldsymbol{BK}_1\boldsymbol{C}$ 的生成元。考虑以下的系统：

$$\begin{cases}\dot{\boldsymbol{x}}=(\boldsymbol{A}+\boldsymbol{BK}_1\boldsymbol{C})\boldsymbol{x}+\boldsymbol{BL}\mu\\ \boldsymbol{y}=\boldsymbol{Cx}\end{cases}\tag{5.1.18}$$

其中，$\boldsymbol{L}$ 是 p 维列向量，$\boldsymbol{L}$ 的取法是使 $\boldsymbol{BL}$ 是 $\boldsymbol{A}+\boldsymbol{BK}_1\boldsymbol{C}$ 的生成元，或 $(\boldsymbol{A}+\boldsymbol{BK}_1\boldsymbol{C},\boldsymbol{BL})$ 可控。当 $\mu=\boldsymbol{fy}$ 时，就相当于 $\boldsymbol{u}=\boldsymbol{L}\cdot\boldsymbol{fy}$，令 $\boldsymbol{L}\cdot\boldsymbol{f}=\boldsymbol{K}_2$，$\boldsymbol{K}_2$ 是一个秩为 1 的矩阵，$\boldsymbol{f}$ 是 q 维行向量。

由定理 5.1.5 可知，对系统(5.1.18)，存在 $\boldsymbol{f}$，使得闭环系统矩阵有任意接近于 q 个指定值的特征值，这时闭环系统矩阵为 $\boldsymbol{A}+\boldsymbol{BK}_1\boldsymbol{C}+\boldsymbol{BL}\cdot\boldsymbol{fC}=\boldsymbol{A}+\boldsymbol{B}(\boldsymbol{K}_1+\boldsymbol{K}_2)\boldsymbol{C}$，因此对原来的 $(\boldsymbol{A},\boldsymbol{B},\boldsymbol{C})$ 只要取反馈增益矩阵 $\boldsymbol{K}=(\boldsymbol{K}_1+\boldsymbol{K}_2)$ 就可使闭环 q 个特征值接近于 q 个任意指定值。

另外，$(\boldsymbol{A},\boldsymbol{C})$ 可观测意味着 $(\boldsymbol{A}^{\mathrm{T}},\boldsymbol{C}^{\mathrm{T}})$ 可控，用对偶形式可知存在 $\boldsymbol{K}^{\mathrm{T}}$，使 $\boldsymbol{A}^{\mathrm{T}}+\boldsymbol{C}^{\mathrm{T}}\boldsymbol{K}^{\mathrm{T}}\boldsymbol{B}^{\mathrm{T}}$ 的 p 个特征值可任意接近指定的 p 个值，而 $\boldsymbol{A}^{\mathrm{T}}+\boldsymbol{C}^{\mathrm{T}}\boldsymbol{K}^{\mathrm{T}}\boldsymbol{B}^{\mathrm{T}}$ 的特征值和 $\boldsymbol{A}+\boldsymbol{BKC}$ 的特征值相同，所以当 $p>q$ 时，将前述方法用于系统 $(\boldsymbol{A}^{\mathrm{T}},\boldsymbol{C}^{\mathrm{T}},\boldsymbol{B}^{\mathrm{T}})$ 可以增加可配置的特征值数目。定理 5.1.6 证毕。

无论定理 5.1.5 还是定理 5.1.6，都未说明剩下的 $n-\max(p,q)$ 个特征值的去向。

定理 5.1.7　若 $(\boldsymbol{A},\boldsymbol{B},\boldsymbol{C})$ 可控可观测，$\text{rank}\boldsymbol{B}=p,\text{rank}\boldsymbol{C}=q$，$\boldsymbol{A}$ 有 n 个不同的特征值，则对几乎所有的 $(\boldsymbol{B},\boldsymbol{C})$ 对，存在一个 $p\times q$ 的输出反馈增益矩阵 $\boldsymbol{K}$，使得闭环系统 $\boldsymbol{A}+\boldsymbol{BKC}$ 的特征值有 $\max(p,q)-1$ 个是任意指定的 $\boldsymbol{A}$ 的特征值(复数成对指定)，且 $s=\min(n,p+q-1)-\max(p,q)+1$ 个任意接近于任意指定的值(复数成对)。

证明　设 $q\geqslant p$，且 $q>1$。若要在闭环矩阵中保留 $\boldsymbol{A}$ 的特征值：$\lambda_1,\lambda_2,\cdots,\lambda_t(t=q-1)$，对开环系统方程作等价变换，使 $\bar{\boldsymbol{A}}$ 为对角形：

$$\begin{cases}\dot{\bar{\boldsymbol{x}}}=\begin{bmatrix}\bar{\boldsymbol{A}}_1 & 0\\ 0 & \bar{\boldsymbol{A}}_2\end{bmatrix}\bar{\boldsymbol{x}}+\begin{bmatrix}\bar{\boldsymbol{B}}_1\\ \bar{\boldsymbol{B}}_2\end{bmatrix}\boldsymbol{u}\\ \boldsymbol{y}=\begin{bmatrix}\bar{\boldsymbol{C}}_1 & \bar{\boldsymbol{C}}_2\end{bmatrix}\bar{\boldsymbol{x}}\end{cases}\tag{5.1.19}$$

其中，$\bar{\boldsymbol{A}}_1=\text{diag}(\lambda_1,\cdots,\lambda_t)$；$\bar{\boldsymbol{A}}_2=\text{diag}(\lambda_{r+1},\cdots,\lambda_n)$，假设：$\bar{\boldsymbol{C}}_2$ 的任一列均不能用 $\bar{\boldsymbol{C}}_1$ 的列线性表出，且满足以下条件：

$$\text{rank}\bar{\boldsymbol{B}}_2=\min(p,n-t)\tag{5.1.20}$$

取 $\boldsymbol{L}^{\mathrm{T}}$ 是 $1\times q$ 向量，使得 $\boldsymbol{L}^{\mathrm{T}}\bar{\boldsymbol{C}}_1=0$。因此 $\boldsymbol{L}^{\mathrm{T}}\bar{\boldsymbol{C}}_2=(C_{t+1}^*,C_{t+2}^*,\cdots,C_n^*)$ 中没有为零的数。对

方程(5.1.19)采用$\boldsymbol{u}=\boldsymbol{K}^*\boldsymbol{L}^{\mathrm{T}}\boldsymbol{y}$的反馈，可得闭环系统矩阵为

$$\begin{bmatrix} \bar{\boldsymbol{A}}_1 & \bar{\boldsymbol{B}}_1\boldsymbol{K}^*\boldsymbol{L}^{\mathrm{T}}\bar{\boldsymbol{C}}_2 \\ \boldsymbol{0} & \bar{\boldsymbol{A}}_2+\bar{\boldsymbol{B}}_2\boldsymbol{K}^*\boldsymbol{L}^{\mathrm{T}}\bar{\boldsymbol{C}}_2 \end{bmatrix} \tag{5.1.21}$$

由于$(\bar{\boldsymbol{A}}_2,\bar{\boldsymbol{B}}_2)$可控，$(\bar{\boldsymbol{A}}_2,\boldsymbol{L}^{\mathrm{T}}\bar{\boldsymbol{C}}_2)$可观测，并且由于$\operatorname{rank}\bar{\boldsymbol{B}}_2=\min(p,n-t)$，则由定理5.1.6总可找到$\boldsymbol{K}^*$，使$\bar{\boldsymbol{A}}_2+\bar{\boldsymbol{B}}_2\boldsymbol{K}^*\boldsymbol{L}^{\mathrm{T}}\bar{\boldsymbol{C}}_2$具有$\min(p,n-t)$个特征值任意接近$\min(p,n-t)$个指定的复数成对的值。这表明，$\boldsymbol{K}=\boldsymbol{K}^*\boldsymbol{L}^{\mathrm{T}}$可使闭环系统矩阵有$q-1$个指定的开环极点，且$\min(p,n-q+1)$个极点任意接近于$\min(p,n-q+1)$个任意指定的值，因为$\min(p,n-q+1)=\min(n,p+q-1)-q=1$，这就证明了定理对于$q\geqslant p$成立。对于$q<p$的情况，用对偶系统$(\boldsymbol{A}^{\mathrm{T}},\boldsymbol{C}^{\mathrm{T}},\boldsymbol{B}^{\mathrm{T}})$来证即可。

现在来考察假设条件：它是对几乎所有的$(\boldsymbol{B},\boldsymbol{C})$都成立的。这可证明如下：

$$\bar{\boldsymbol{C}}_1=(c_1 \quad c_2 \quad \cdots \quad c_t), \quad \bar{\boldsymbol{C}}_2=(d_1 \quad d_2 \quad \cdots \quad d_{n-t})$$

的假设条件(5.1.20)可表示为

$$\operatorname{rank}(\bar{\boldsymbol{C}}_1 \quad \boldsymbol{d}_j)=\operatorname{rank}\bar{\boldsymbol{C}}_1+1, \quad j=1,2,\cdots,n-t \tag{5.1.22}$$

可以将式(5.1.20)和式(5.1.22)表示为

$$\bar{\boldsymbol{C}}_1=\begin{bmatrix}\boldsymbol{I}_t\\ \boldsymbol{0}\end{bmatrix}, \quad \bar{\boldsymbol{C}}_2=\begin{bmatrix} & \boldsymbol{0} & & \\ 1 & 1 & \cdots & 1\end{bmatrix}, \quad \bar{\boldsymbol{B}}_2=\begin{cases}\begin{bmatrix}\boldsymbol{I}_p\\ \boldsymbol{0}\end{bmatrix}, & p\leqslant n-t\\ [\boldsymbol{I}_{n-t} \quad \boldsymbol{0}], & p>n-t\end{cases} \tag{5.1.23}$$

其中，$\boldsymbol{I}_t$代表$t\times t$单位矩阵，从式(5.1.23)可直接看出，$(\bar{\boldsymbol{B}},\bar{\boldsymbol{C}})$是空集或是位于$(\bar{\boldsymbol{B}},\bar{\boldsymbol{C}})$参数空间中的一个超曲面上，而$(\bar{\boldsymbol{B}},\bar{\boldsymbol{C}})$参数空间的超曲面唯一对应于$(\boldsymbol{B},\boldsymbol{C})$参数空间的超曲面，反之亦然，这意味着对于假设条件，几乎所有的$(\boldsymbol{B},\boldsymbol{C})$对都可满足。定理证毕。

推论 5.1.3 在定理5.1.7的条件下，若$\max(p,q)$用$\min(p,q)-1$代替，s用$s'=\min(n,p+q-1)-\min(p,q)+1$代替，定理的结论仍然成立。

定理 5.1.8 若$(\boldsymbol{A},\boldsymbol{B},\boldsymbol{C})$可控可观测，$\operatorname{rank}\boldsymbol{B}=p$，$\operatorname{rank}\boldsymbol{C}=q$，则对几乎所有$(\boldsymbol{B},\boldsymbol{C})$对，存在一个输出反馈增益矩阵$\boldsymbol{K}$，使得$\boldsymbol{A}+\boldsymbol{BKC}$有$\min(n,p+q-1)$个特征值设置得任意接近于$\min(n,p+q-1)$个任意指定的值(复数成对)。在$p+q\geqslant n+1$的情况下，几乎所有的线性时不变系统都可通过输出反馈来稳定。

证明 直接由定理5.1.6和定理5.1.7就可得到定理的结果，下面分四种情况来说明$\boldsymbol{K}$的构造。

(1) $\min(n,q+p-1)$和$\max(p,q)$都是奇数，此时由定理5.1.6找$\boldsymbol{K}_1$，使得$\boldsymbol{A}+\boldsymbol{BK}_1\boldsymbol{C}$设置$\max(p,q)$个所指定的对称极点，如果必要，稍微摄动增益矩阵$\boldsymbol{K}_1$，使得$\boldsymbol{A}+\boldsymbol{BK}_1\boldsymbol{C}$所有极点互不相同，由定理5.1.7找$\boldsymbol{K}_2$使得$\boldsymbol{A}+\boldsymbol{BK}_2\boldsymbol{C}$的$\max(p,q)-1$个指定的对称极点保留，并使所设置的$\min(n,p+q-1)-\max(p,q)+1$个特征值就是所指定的另外那些特征值，这样通过反馈增益矩阵$\boldsymbol{K}=\boldsymbol{K}_1+\boldsymbol{K}_2$就使$\min(n,p+q-1)$个特征值设置得任意接近于$\min(n,p+q-1)$个任意指定的值。

(2) $\min(n, p+q-1)$ 是奇数，$\max(p,q)$ 是偶数，此时由定理 5.1.6 找 $\boldsymbol{K}_1$，使 $\boldsymbol{A}+\boldsymbol{B}\boldsymbol{K}_1\boldsymbol{C}$ 设置 $\max(p,q)$ 个所指定的对称极点，并使得设置的极点至少有一个是实的(这也许只能通过设置一个非指定的实极点才能做到)。如果必要，稍微摄动 $\boldsymbol{K}_1$ 以使 $\boldsymbol{A}+\boldsymbol{B}\boldsymbol{K}_1\boldsymbol{C}$ 的特征值彼此不同。由定理 5.1.7 可找到 $\boldsymbol{K}_2$，使得保留 $\boldsymbol{A}+\boldsymbol{B}\boldsymbol{K}_2\boldsymbol{C}$ 的 $\max(p,q)-1$ 个指定的对称极点，并且所设置的 $\min(n,p+q-1)-\max(p,q)+1$ 个特征值就是所指定的另外那些特征值。这样，$\boldsymbol{K}=\boldsymbol{K}_1+\boldsymbol{K}_2$ 就给出了所需要的反馈增益矩阵。

(3) $\min(n, p+q-1)$ 是偶数，$\max(p,q)$ 是奇数，此时由定理 5.1.6 找 $\boldsymbol{K}_1$，使得 $\boldsymbol{A}+\boldsymbol{B}\boldsymbol{K}_1\boldsymbol{C}$ 设置 $\max(p,q)$ 个指定的对称极点，并且使得设置的极点至少有一个是实的(这也许只能通过设置一个非指定的实极点才能做到)。如果必要，稍微摄动 $\boldsymbol{K}_1$ 使得 $\boldsymbol{A}+\boldsymbol{B}\boldsymbol{K}_1\boldsymbol{C}$ 所有极点互不相同。由定理 5.1.7 可找到 $\boldsymbol{K}_2$，使得保留 $\boldsymbol{A}+\boldsymbol{B}\boldsymbol{K}_2\boldsymbol{C}$ 的 $\max(p,q)-1$ 个指定的对称极点，并使所设置的 $\min(n,p+q-1)-\max(p,q)+1$ 个特征值就是所指定的另外那些特征值。这样，$\boldsymbol{K}=\boldsymbol{K}_1+\boldsymbol{K}_2$ 就是所要求的反馈增益矩阵。

(4) $\min(n, p+q-1)$ 是偶数，$\max(p,q)$ 是偶数，这时，若 $n \geqslant p+q-1$，则 $\min(p,q)$ 是奇数；若 $n < p+q-1$，则 $\min(p,q)$ 可以是奇数也可以是偶数，如果 $\min(p,q)$ 是偶数，把 q 或 p 减 1，使 $\min(p,q)$ 是奇数(这不改变 $\min(n,p+q-1)$ 的值)。由定理 5.1.6 可找到 $\boldsymbol{K}_1$，使得 $\boldsymbol{A}+\boldsymbol{B}\boldsymbol{K}_1\boldsymbol{C}$ 设置 $\min(p,q)$ 个所指定的对称极点，并且使得设置的极点至少有一个是实极点(这也许只能通过设置一个非指定的实极点才可能做到)。如果必要，稍微摄动 $\boldsymbol{K}_1$，使 $\boldsymbol{A}+\boldsymbol{B}\boldsymbol{K}_1\boldsymbol{C}$ 所有极点互不相同。由推论 5.1.3 可找到 $\boldsymbol{K}_2$，使得保留 $\boldsymbol{A}+\boldsymbol{B}\boldsymbol{K}_2\boldsymbol{C}$ 的 $\min(p+q-1)$ 个指定的对称极点，并使所设置的 $\min(n,p+q-1)-\max(p,q)+1$ 个特征值就是所指定的另外那些特征值。这样，$\boldsymbol{K}=\boldsymbol{K}_1+\boldsymbol{K}_2$ 就是所要求的反馈增益矩阵。

定理最后的结论是显然的。定理证毕。

例 5.1.6　系统 $\boldsymbol{A}$、$\boldsymbol{B}$、$\boldsymbol{C}$ 矩阵如下：

$$\boldsymbol{A}=\begin{bmatrix}0&1&0&0\\0&0&0&0\\0&0&0&1\\0&0&0&0\end{bmatrix},\quad \boldsymbol{B}=\begin{bmatrix}0&0\\1&0\\0&0\\0&1\end{bmatrix},\quad \boldsymbol{C}=\begin{bmatrix}1&0&0&0\\0&0&1&0\end{bmatrix}$$

解　容易验证定理 5.1.8 的条件满足，现用输出反馈 $\boldsymbol{u}=\boldsymbol{K}\boldsymbol{y}$ 来配置极点，假设：

$$\boldsymbol{K}=\begin{bmatrix}K_1&K_2\\K_3&K_4\end{bmatrix}$$

则 $\boldsymbol{A}+\boldsymbol{B}\boldsymbol{K}\boldsymbol{C}$ 的特征多项式为

$$\lambda^4+\lambda^2(K_1-K_4)+(K_1K_4-K_2K_3)=0$$

无论 $\boldsymbol{K}$ 取何值，仅能配置 2 个极点，而 $\min(n,p+q-1)=3$，这说明定理的结论并不是对所有的 $(\boldsymbol{B},\boldsymbol{C})$ 对成立，而仅仅对几乎所有的 $(\boldsymbol{B},\boldsymbol{C})$ 对成立。

例 5.1.7　系统 $\boldsymbol{A}$、$\boldsymbol{B}$、$\boldsymbol{C}$ 矩阵如下：

$$A=\begin{bmatrix}0&1&0\\0&0&1\\0&0&0\end{bmatrix},\quad B=\begin{bmatrix}1&0\\1&0\\1&1\end{bmatrix},\quad C=\begin{bmatrix}1&0&0\\0&1&0\end{bmatrix}$$

要找出一个输出反馈增益矩阵使得闭环极点任意接近指定的三个极点$\{-1,-2,-5\}$。

解　假设：

$$K=\begin{bmatrix}K_1&K_2\\K_3&K_4\end{bmatrix}$$

可以求出闭环的特征多项式为

$$s^3-(K_1+K_2)s^2-(K_1+K_2+K_4)s-(K_1+K_3)(K_2+1)+K_1(K_2+K_4)$$

与期望的极点多项式$(s+1)(s+2)(s+5)=s^3+8s^2+17s+10$相比较，可得

$$\begin{cases}K_1+K_2=-8\\K_1+K_2+K_4=-17\\K_1+K_3+K_2K_3-K_1K_4=-10\end{cases}$$

解得$K_4=-9$，K_1,K_2,K_3满足以上方程：

$$\begin{cases}K_1+K_2=-8\\10K_1+(1+K_2)K_3=-10\end{cases}$$

故$\boldsymbol{K}$有一个元素可任意选取，并且可以精确地达到上述指定的配置。现用这个例子说明在证明定理 5.1.8 情况(2)时所采用的构造$\boldsymbol{K}$矩阵的方法，首先考虑$\boldsymbol{A}$矩阵，它是循环矩阵，并且$\boldsymbol{b}_2=[0\quad 0\quad 1]^{\mathrm{T}}$就是一个生成元，可以取$\boldsymbol{f}$使得$\boldsymbol{A}+\boldsymbol{b}_2\boldsymbol{f}\boldsymbol{C}$有指定的特征值$-1,-2$。实际上$\boldsymbol{f}=[6\ \ 7]$，所以

$$K_1=\begin{bmatrix}0&0\\6&7\end{bmatrix},\quad A+BK_1C=\begin{bmatrix}0&1&0\\0&0&1\\6&7&0\end{bmatrix}$$

作等价变换，可得

$$\dot{\bar{x}}=\begin{bmatrix}-1&0&0\\0&-2&0\\0&0&3\end{bmatrix}\bar{x}+\begin{bmatrix}\frac{3}{2}&-\frac{1}{4}\\-\frac{4}{5}&\frac{1}{5}\\\frac{3}{10}&\frac{1}{20}\end{bmatrix}u$$

$$y=\begin{bmatrix}1&1&1\\-1&-2&3\end{bmatrix}\bar{x}$$

$$\qquad\bar{C}_1\quad\bar{C}_2$$

$\bar{\boldsymbol{C}}_2$的列不能用$\bar{\boldsymbol{C}}_1$来表出，$\bar{\boldsymbol{B}}_2$的秩为 2，式(5.1.20)的条件满足，用$\boldsymbol{u}=\boldsymbol{K}^*\boldsymbol{L}^{\mathrm{T}}\boldsymbol{y}$的反馈，

$\boldsymbol{L}^{\mathrm{T}}$ 取为[1　1]，得以下闭环矩阵：

$$\begin{bmatrix} -1 & \begin{bmatrix} \dfrac{3}{2} & \dfrac{-1}{4} \end{bmatrix}\boldsymbol{K}^*\begin{bmatrix} -1 & 4 \end{bmatrix} \\ \boldsymbol{0} & \begin{bmatrix} -2 & 0 \\ 0 & 3 \end{bmatrix} + \begin{bmatrix} \dfrac{-4}{5} & \dfrac{1}{5} \\ \dfrac{3}{10} & \dfrac{1}{20} \end{bmatrix}\boldsymbol{K}^*\begin{bmatrix} -1 & 4 \end{bmatrix} \end{bmatrix}$$

根据定理 5.1.6，找到 $\boldsymbol{K}^* = \begin{bmatrix} -4 \\ -16 \end{bmatrix}$，令

$$\begin{bmatrix} -2 & 0 \\ 0 & 3 \end{bmatrix} + \begin{bmatrix} \dfrac{-4}{5} & \dfrac{1}{5} \\ \dfrac{3}{10} & \dfrac{1}{20} \end{bmatrix}\boldsymbol{K}^*\begin{bmatrix} -1 & 4 \end{bmatrix}$$

的特征值任意接近于–2、–5。$\boldsymbol{K}_2 = \boldsymbol{K}^*\boldsymbol{L}^{\mathrm{T}}$，所以 $\boldsymbol{K}_2 = \begin{bmatrix} -4 & -4 \\ -16 & -16 \end{bmatrix}$，因此反馈增益矩阵 $\boldsymbol{K}$ 为

$$\boldsymbol{K} = \boldsymbol{K}_1 + \boldsymbol{K}_2 = \begin{bmatrix} 0 & 0 \\ 6 & 7 \end{bmatrix} + \begin{bmatrix} -4 & -4 \\ -16 & -16 \end{bmatrix} = \begin{bmatrix} -4 & -4 \\ -10 & -9 \end{bmatrix}$$

闭环系统矩阵 $\boldsymbol{A} + \boldsymbol{BKC}$ 的特征值可以精确地选取–1、–2、–5。比较两种方法，说明采取定理 5.1.8 的方法使 $\boldsymbol{K}$ 的自由参数受到损失，原因在于计算中两次使用了秩等于 1 的反馈增益矩阵。

这里介绍的用静态输出反馈配置极点的方法，一般地说只能使 $\min(n, p+q-1)$ 个极点接近所希望的位置，其余极点不确定被移向何处，如果这些极点中的一个被移到了右半面，那这种做法就没有意义了。但是在 $n \leqslant p+q-1$ 的特殊情况下，可以使所有极点移到左半面，这是一个有实用意义的结果。

在上述介绍中，同时说明了定理 5.1.2～定理 5.1.4 的应用。在极点配置问题的研究中，许多人从不同的角度运用这些定理得到反馈增益矩阵的算法，熟悉这些定理对于了解这方面的工作无疑是必要的。

另外，在用静态输出反馈配置极点的研究中，以单输入系统为例曾经谈到方程组(5.1.14)的相容性问题，如果相容性条件不满足，只能按照某种误差准则来求解方程组(5.1.14)。同样的想法可以推广到多变量的情况，这时问题化为研究某些矩阵方程有解的条件，以及在无解时如何求近似解的问题。例如，比较状态反馈增益矩阵 $\boldsymbol{K}_x$ 和输出反馈增益矩阵 $\boldsymbol{K}_y$，可得出 $\boldsymbol{A} + \boldsymbol{BK}_y\boldsymbol{C}$ 以 $\lambda_1, \lambda_2, \cdots, \lambda_n$ 为其特征值，应有

$$\boldsymbol{K}_y\boldsymbol{C} = \boldsymbol{K}_x \tag{5.1.24}$$

这里 $\boldsymbol{K}_x$ 是使 $\boldsymbol{A} + \boldsymbol{BK}_x$ 有特征值 $\lambda_1, \lambda_2, \cdots, \lambda_n$ 的状态反馈增益矩阵。求 $\boldsymbol{K}_y$ 就相当于对某些 $\boldsymbol{K}_x$，求矩阵方程(5.1.24)的解。而式(5.1.24)的相容性条件为

$$K_x C^{g_1} C = K_x \tag{5.1.25}$$

其中，C^{g_1} 是第一类广义逆。若相容性条件(5.1.25)不满足，式(5.1.24)的解不存在，则可以研究式(5.1.24)在各种意义下的近似解。但是注意这些近似解未必导致特征值近似符合要求。

5.2　状态观测器

根据系统可量测的物理量，如输入 $\boldsymbol{u}$ 和输出 $\boldsymbol{y}$，重新构造出状态变量，无论对了解系统内部运动的情况，还是形成状态反馈组成闭环系统都是很有必要的。如前所述，如果系统可观测，从输入 $\boldsymbol{u}$ 和输出 $\boldsymbol{y}$ 间接地把状态变量 $\boldsymbol{x}$ 重构出来是可能的。这种必要性与可能性正是观测器理论的出发点。

首先介绍状态估计的方案。为了估计动态系统的状态，一个最简单的直观想法是，人为地构成一个模型系统，这个模型系统以原系统的输入作为输入，它的状态变量用 $\hat{\boldsymbol{x}}$ 表示，则有

$$\dot{\hat{\boldsymbol{x}}} = \boldsymbol{A}\hat{\boldsymbol{x}} + \boldsymbol{B}\boldsymbol{u}$$

模型系统的状态 $\hat{\boldsymbol{x}}$ 可以量测出来，它可以作为原系统状态 $\boldsymbol{x}$ 的一个估计值。原系统和模型系统都表示在图 5.2.1 中。这个估计 $\boldsymbol{x}$ 的方案是开环的形式，显然存在两个问题：第一，要使 $\boldsymbol{x}$ 和 $\hat{\boldsymbol{x}}$ 一致，就需要保证 $\boldsymbol{x}(t_0)$ 和 $\hat{\boldsymbol{x}}(t_0)$ 设置得相同，这点实际上无法做到；第二，模型系统的 $\boldsymbol{A}$、$\boldsymbol{B}$ 难以做到与真实系统的系统矩阵 $\boldsymbol{A}$ 和控制分布矩阵 $\boldsymbol{B}$ 完全一样。这两种情况，特别在 $\boldsymbol{A}$ 有不稳定特征值时，都会导致 $\hat{\boldsymbol{x}}$ 和 $\boldsymbol{x}$ 之间的差别越来越大。

因此图 5.2.1 的方案是不可用的。对这个开环方案，一个自然的改进方法是引入一个校正信号，以形成闭环来抵消前述那些影响。如果将模型系统的输出 $\hat{\boldsymbol{y}}$ 和实际系统的输出 $\boldsymbol{y} = \boldsymbol{C}\boldsymbol{x}$ 的差 $\tilde{\boldsymbol{y}} = \boldsymbol{C}(\boldsymbol{x} - \hat{\boldsymbol{x}})$ 作为校正信号，就可形成图 5.2.2 所示的闭环方案。对图 5.2.2 的闭环方案，可以写出状态估计值的动态方程为

$$\dot{\hat{\boldsymbol{x}}} = \boldsymbol{A}\hat{\boldsymbol{x}} + \boldsymbol{B}\boldsymbol{u} + \boldsymbol{G}\tilde{\boldsymbol{y}} = (\boldsymbol{A} - \boldsymbol{G}\boldsymbol{C})\hat{\boldsymbol{x}} + \boldsymbol{G}\boldsymbol{y} + \boldsymbol{B}\boldsymbol{u}$$

其中，$\boldsymbol{G}$ 是 $n \times q$ 的矩阵。联合原来的系统方程可以得到估计误差 $\tilde{\boldsymbol{x}} = \boldsymbol{x} - \hat{\boldsymbol{x}}$ 所满足的方程为

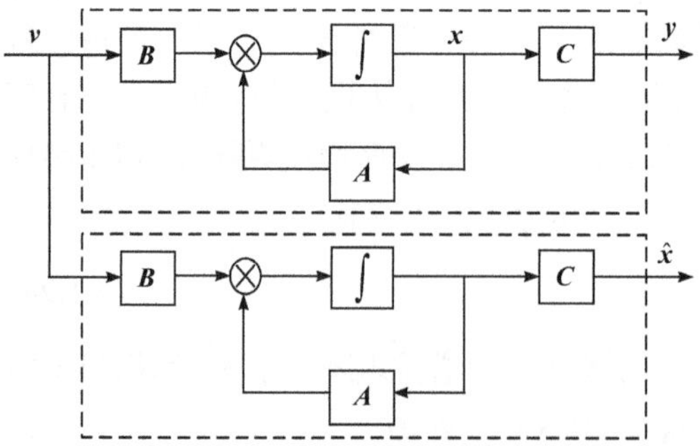

图 5.2.1　状态 $\boldsymbol{x}$ 的开环估计方案

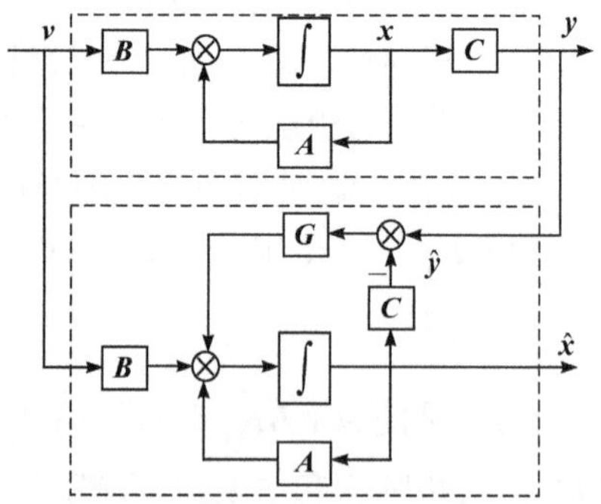

图 5.2.2　状态 $\boldsymbol{x}$ 的闭环估计方案

$$\dot{\tilde{x}} = (A - GC)\tilde{x}$$

如果原系统可观测，总可选取 G 矩阵，使得

$$\lim_{t\to+\infty} \tilde{x} = 0$$

而且 $\tilde{x}$ 趋向于零的速度只要做到比系统中的动力学过程更快，就可以实现用 $\hat{x}$ 代替 x 的设想。

在一类工程实际问题中，产生状态估计值 $\hat{x}$ 的目的是构成反馈控制律 $K\hat{x}$，在这种情况下，完全可以直接讨论如何产生状态的线性组合 Kx 的估计值，而没有必要去产生状态的估计值，因此更一般地引入 Kx 观测器的概念。

定义 5.2.1　状态观测器。设线性时不变系统 Σ ：(A,B,C) 的状态是不能直接量测的，另一状态变量为 z 的动态系统 Σ_0 称为系统 Σ 的 **Kx 观测器**，如果 Σ_0 以 Σ 的输入 u 和输出 y 为其输入，且对给定的常数矩阵 K ，Σ_0 的输出 w 满足

$$\lim_{t\to+\infty} (Kx - w) = 0, \quad \forall x_0, z_0, u \tag{5.2.1}$$

在上述定义中，如果 $K = I$ ，则 Σ_0 称为**状态观测器**或**状态估计器**。由定义可知，构成原系统 Kx 观测器的是另一个动态系统 Σ_0 以原系统的输入量和输出量作为它的输入量，它的输出应满足式(5.2.1)，在 Σ 是线性时不变的情况下，假设 Σ_0 也是线性时不变的。首先遇到的问题就是这样的动态系统 Σ_0 是否存在?

关于状态观测器的存在性和极点配置问题，前面已直观地说明，若系统可观测，它的状态观测器总是存在的。但可观测只是一个充分条件，不是必要条件，关于状态观测器的存在性有以下定理。

定理 5.2.1　对线性时不变系统 (A,B,C)，其状态观测器存在的充分必要条件是系统可检测。(若系统中的不可观模态是稳定模态，则称系统可检测。)

证明　因为 (A,B,C) 不可观测时，可按可观测性进行结构分解，故这里不妨假设 (A,B,C) 已具有如下形式:

$$A = \begin{bmatrix} A_{11} & 0 \\ A_{21} & A_{22} \end{bmatrix}, \quad B = \begin{bmatrix} B_1 \\ B_2 \end{bmatrix}, \quad C = [C_1 \quad 0]$$

其中，(A_{11},C_1) 可观测，A_{22} 的特征值具有负实部。现构造如下的动态系统:

$$\dot{\hat{x}} = A\hat{x} + Bu + G(y - C\hat{x})$$

即

$$\dot{\hat{x}} = (A - GC)\hat{x} + Bu + Gy \tag{5.2.2}$$

这时，不难导出 $\dot{x} - \dot{\hat{x}} = \dot{\tilde{x}}$ 的关系为

$$\begin{aligned}\dot{\tilde{x}} = \begin{bmatrix} \dot{\tilde{x}}_1 \\ \dot{\tilde{x}}_2 \end{bmatrix} &= \left\{ \begin{bmatrix} A_{11}x_1 + B_1u \\ A_{21}x_1 + A_{22}x_2 + B_2u \end{bmatrix} - \begin{bmatrix} (A_{11} - G_1C_1)\hat{x}_1 + B_1u + G_1C_1x_1 \\ (A_{21} - G_2C_1)\hat{x}_1 + A_{22}\hat{x}_2 + B_2u + G_2C_1x_1 \end{bmatrix} \right\} \\ &= \begin{bmatrix} (A_{11} - G_1C_1)\tilde{x}_1 \\ (A_{21} - G_2C_1)\tilde{x}_1 + A_{22}\tilde{x}_2 \end{bmatrix}\end{aligned}$$

从而可得

$$\dot{\tilde{x}} = \begin{bmatrix} A_{11} - G_1C_1 & 0 \\ A_{21} - G_2C_1 & A_{22} \end{bmatrix} \tilde{x}$$

显然，因为$(A_{11}^{\mathrm{T}}, C_1^{\mathrm{T}})$可控，适当选择$G_1^{\mathrm{T}}$，可使$A_{11}^{\mathrm{T}} - C_1^{\mathrm{T}}G_1^{\mathrm{T}}$的特征值，即$A_{11} - G_1C_1$的特征值均有负实部，这时：

$$\lim_{t\to\infty} \tilde{x}_1 = 0, \quad \forall x_0, \hat{x}_0, u$$

另外：

$$\dot{\tilde{x}}_2 = (A_{21} - G_2C_1)\tilde{x}_1 + A_{22}\tilde{x}_2$$

当且仅当A_{22}的特征值具有负实部时，有

$$\lim_{t\to\infty} \tilde{x}_2 = 0, \quad \forall x_0, \hat{x}_0, u$$

而A_{22}是系统的不可观测部分，由可检测的假设可知，A_{22}的特征值具有负实部，于是定理的充分性得证。

定理 5.2.1 说明如果系统可检测，状态观测器总是存在的，并且状态观测器可取成式(5.2.2)的形式。同样，Kx观测器也是存在的，可以取为

$$\begin{cases} \dot{\hat{x}} = (A - GC)\hat{x} + Bu + Gy \\ w = K\hat{x} \end{cases} \tag{5.2.3}$$

式(5.2.2)和方程(5.2.3)的观测器分别称为n维基本状态观测器和n维基本Kx观测器。

定理 5.2.2　线性时不变系统(A,B,C)的状态观测器(5.2.2)可任意配置特征值的充分必要条件是(A,C)可观测。

证明　令定理 5.2.1 的证明中A_{22}的维数为零，即可证明本定理。事实上，这个定理相当于(A,B,C)的极点用状态反馈可任意配置的对偶形式。

在单输入单输出的情况下，若(A,b,c)可观测，状态观测器的极点配置问题可用以下步骤来解决。

(1) 若$\det(sI - A) = s^n + a_1s^{n-1} + \cdots + a_{n-1}s + a_n$，因为$(A,c)$可观测，对原系统作等价变换$\bar{x} = Px$，$P$的取法如下：

$$P = \begin{bmatrix} a_{n-1} & a_{n-2} & \cdots & a_1 & 1 \\ a_{n-2} & & & 1 & \\ \vdots & & \therefore & & \\ a_1 & 1 & & & \\ 1 & & & & \end{bmatrix} \begin{bmatrix} c \\ cA \\ \vdots \\ \vdots \\ \vdots \\ cA^{n-1} \end{bmatrix}$$

这时系统方程化为可观测标准形$(\bar{A},\bar{b},\bar{c})$：

$$\dot{\bar{\boldsymbol{x}}}=\begin{bmatrix}0 & & & & -a_n\\ 1 & & & & -a_{n-1}\\ & 1 & & & \vdots\\ & & \ddots & & \vdots\\ & & & 1 & -a_1\end{bmatrix}\bar{\boldsymbol{x}}+\begin{bmatrix}\beta_n\\ \beta_{n-1}\\ \vdots\\ \vdots\\ \beta_1\end{bmatrix}\boldsymbol{u}$$

$$\boldsymbol{y}=[0\quad 0\quad \cdots\quad 0\quad 1]\bar{\boldsymbol{x}}$$

(2) 对可观测标准形 $(\bar{\boldsymbol{A}},\bar{\boldsymbol{b}},\bar{\boldsymbol{c}})$ 构成观测器：

$$\dot{\hat{\bar{\boldsymbol{x}}}}=(\bar{\boldsymbol{A}}-\bar{\boldsymbol{g}}\,\bar{\boldsymbol{c}})\hat{\bar{\boldsymbol{x}}}+\bar{\boldsymbol{b}}u+\bar{\boldsymbol{g}}y$$

$$\bar{\boldsymbol{A}}-\bar{\boldsymbol{g}}\,\bar{\boldsymbol{c}}=\bar{\boldsymbol{A}}-\begin{bmatrix}g_n\\ g_{n-1}\\ \vdots\\ \vdots\\ g_1\end{bmatrix}[0\quad\cdots\quad 0\quad 1]=\begin{bmatrix}0 & 0 & \cdots & 0 & -(a_n+g_n)\\ 1 & & & & -(a_{n-1}+g_{n-1})\\ & 1 & & & \vdots\\ & & \ddots & & \vdots\\ & & & 1 & -(a_1+g_1)\end{bmatrix}$$

当给定了 n 个希望极点 $s_1,s_2,\cdots,s_n$ 时，有

$$f(s)=\prod_{i=1}^{n}(s-s_i)=s^n+\bar{\alpha}_1 s^{n-1}+\cdots+\bar{\alpha}_{n-1}s+\bar{\alpha}_n$$

可取

$$\bar{\boldsymbol{g}}=(\bar{a}_n-a_n\quad \bar{a}_{n-1}-a_{n-1}\quad \cdots\quad \bar{a}_1-a_1)^{\mathrm{T}}$$

显然这时 $\bar{\boldsymbol{A}}-\bar{\boldsymbol{g}}\bar{\boldsymbol{c}}$ 具有特征多项式 $f(s)$ 和所期望的极点配置。

(3) 取 $\boldsymbol{g}=\boldsymbol{P}^{-1}\bar{\boldsymbol{g}}$，就可得给定系统 $(\boldsymbol{A},\boldsymbol{b},\boldsymbol{c})$ 的观测器方程为

$$\dot{\hat{\boldsymbol{x}}}=(\boldsymbol{A}-\boldsymbol{g}\boldsymbol{c})\hat{\boldsymbol{x}}+\boldsymbol{b}u+\boldsymbol{g}y$$

例 5.2.1　给定系统 $(\boldsymbol{A},\boldsymbol{b},\boldsymbol{c})$ 为

$$\boldsymbol{A}=\begin{bmatrix}1 & 0 & 0\\ 0 & 2 & 1\\ 0 & 0 & 2\end{bmatrix},\quad \boldsymbol{b}=\begin{bmatrix}1\\ 0\\ 1\end{bmatrix},\quad \boldsymbol{c}=[1\quad 1\quad 0]$$

容易验证这个系统是可观测的，现在来构成极点为 -3 、-4 、-5 的状态观测器。

解　$\boldsymbol{A}$ 的特征多项式为 s^3-5s^2+8s-4 。

计算变换矩阵 $\boldsymbol{P}$ ：

$$\boldsymbol{P}=\begin{bmatrix}8 & -5 & 1\\ -5 & 1 & 0\\ 1 & 0 & 0\end{bmatrix}\begin{bmatrix}1 & 1 & 0\\ 1 & 2 & 1\\ 1 & 4 & 4\end{bmatrix}=\begin{bmatrix}4 & 2 & -1\\ -4 & -3 & 1\\ 1 & 1 & 0\end{bmatrix}$$

$$\boldsymbol{P}^{-1}=\begin{bmatrix}1 & 1 & 1\\ -1 & -1 & 0\\ 1 & 2 & 4\end{bmatrix}$$

期望多项式为

$$f(s)=(s+3)(s+4)(s+5)=s^3+12s^2+47s+60$$

取 $\overline{\boldsymbol{g}}=[60-(-4)\quad 47-8\quad 12-(-5)]^{\mathrm{T}}=[64\quad 39\quad 17]^{\mathrm{T}}$

$$\boldsymbol{g}=\boldsymbol{P}^{-1}\overline{\boldsymbol{g}}=\begin{bmatrix}1 & 1 & 1\\ -1 & -1 & 0\\ 1 & 2 & 4\end{bmatrix}\begin{bmatrix}64\\ 39\\ 17\end{bmatrix}=\begin{bmatrix}120\\ -103\\ 210\end{bmatrix}$$

计算：

$$\boldsymbol{A}-\boldsymbol{g}\boldsymbol{c}=\begin{bmatrix}1 & 0 & 0\\ 0 & 2 & 1\\ 0 & 0 & 2\end{bmatrix}-\begin{bmatrix}120\\ -103\\ 210\end{bmatrix}[1\quad 1\quad 0]=\begin{bmatrix}-119 & -120 & 0\\ 103 & 105 & 1\\ -210 & -210 & 2\end{bmatrix}$$

最后可得状态观测器的方程为

$$\dot{\hat{\boldsymbol{x}}}=\begin{bmatrix}-119 & -120 & 0\\ 103 & 105 & 1\\ -210 & -210 & 2\end{bmatrix}\hat{\boldsymbol{x}}+\begin{bmatrix}1\\ 0\\ 1\end{bmatrix}u+\begin{bmatrix}120\\ -103\\ 210\end{bmatrix}y$$

$$\boldsymbol{w}=\hat{\boldsymbol{x}}$$

状态观测器的方块图如图 5.2.3(a)所示。在得到 $\hat{\overline{\boldsymbol{x}}}$ 的估计后，也可通过 $\boldsymbol{P}^{-1}\hat{\overline{\boldsymbol{x}}}$ 得到 $\hat{\boldsymbol{x}}$，如图 5.2.3(b)所示。

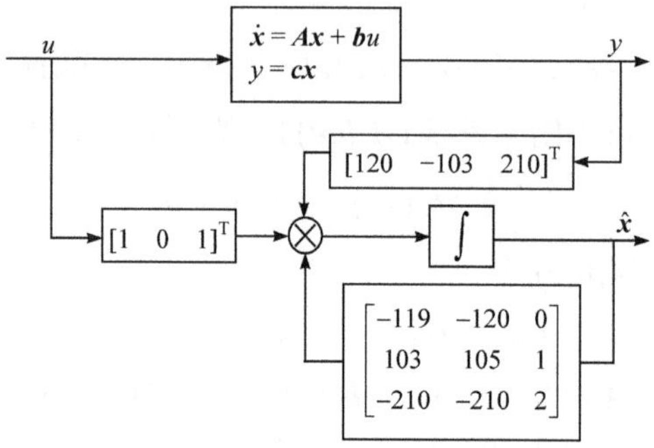

(a)

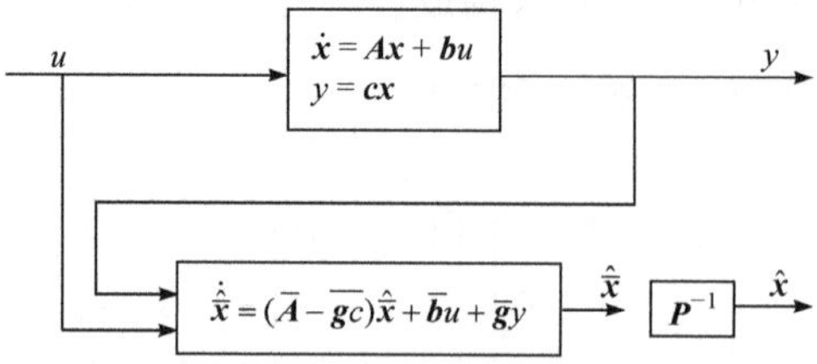

(b)

图 5.2.3　例 5.2.1 的状态观测器

线性时不变系统 $(\boldsymbol{A},\boldsymbol{B},\boldsymbol{C})$ 的观测器也是一个线性时不变系统 Σ_0，其一般形式如下：

$$\begin{cases} \dot{\boldsymbol{z}} = \boldsymbol{Fz} + \boldsymbol{Nu} + \boldsymbol{Gy} \\ \boldsymbol{w} = \boldsymbol{Ez} + \boldsymbol{My} \end{cases} \tag{5.2.4}$$

其中，$\boldsymbol{F}$、$\boldsymbol{N}$、$\boldsymbol{G}$、$\boldsymbol{E}$ 和 $\boldsymbol{M}$ 分别为 $r\times r$、$r\times p$、$r\times q$、$l\times r$ 和 $l\times q$ 的常值矩阵。下面讨论这些矩阵满足什么条件时，系统 Σ_0 才可以构成 $(\boldsymbol{A},\boldsymbol{B},\boldsymbol{C})$ 的一个 $\boldsymbol{Kx}$ 观测器。由 $\boldsymbol{Kx}$ 观测器的定义可知，若 Σ_0 是系统 Σ 的 $\boldsymbol{Kx}$ 观测器，则 $\boldsymbol{w}$ 给出了 $\boldsymbol{Kx}$ 的渐近估计。一个自然的问题是，这时在状态变量 $\boldsymbol{z}$ 和 $\boldsymbol{x}$ 之间是否存在类似的线性渐近关系，即是否存在 $\boldsymbol{P}$，使得

$$\lim_{t\to\infty}(\boldsymbol{Px}-\boldsymbol{z})=0$$

对一切 $\boldsymbol{x}_0$、$\boldsymbol{z}_0$、$\boldsymbol{u}$ 成立。

定理 5.2.3　若系统 $(\boldsymbol{A},\boldsymbol{B},\boldsymbol{C})$ 可控，对于某 $\boldsymbol{P}$ 矩阵，使得

$$\lim_{t\to\infty}[\boldsymbol{Px}(t)-\boldsymbol{z}(t)]=0 \tag{5.2.5}$$

对任意的 $\boldsymbol{x}_0$、$\boldsymbol{z}_0$、$\boldsymbol{u}$ 都成立的充要条件为

(1) $\mathrm{Re}\,\lambda_i(\boldsymbol{F})<0 \quad (i=1,2,\cdots,r)$；

(2) $\boldsymbol{PA}-\boldsymbol{FP}=\boldsymbol{GC}$；

(3) $\boldsymbol{N}=\boldsymbol{PB}$。　(5.2.6)

证明　充分性：令 $\boldsymbol{e}=\boldsymbol{Px}-\boldsymbol{z}$，对 $\boldsymbol{e}$ 求导数：

$$\begin{aligned}\dot{\boldsymbol{e}} &= \boldsymbol{P}\dot{\boldsymbol{x}}-\dot{\boldsymbol{z}}\\ &=\boldsymbol{P}(\boldsymbol{Ax}+\boldsymbol{Bu})-(\boldsymbol{Fz}+\boldsymbol{Nu}+\boldsymbol{Gy})\\ &=(\boldsymbol{PA}-\boldsymbol{GC})\boldsymbol{x}-\boldsymbol{Fz}\\ &=\boldsymbol{FPx}-\boldsymbol{Fz}\\ &=\boldsymbol{Fe}\end{aligned}$$

则对任意的 $\boldsymbol{x}_0$、$\boldsymbol{z}_0$ 和 $\boldsymbol{u}$ 有

$$\boldsymbol{e}(t)=\mathrm{e}^{\boldsymbol{F}t}(\boldsymbol{Px}_0-\boldsymbol{z}_0)=\boldsymbol{0}$$

所以有

$$\lim_{t\to\infty}\boldsymbol{e}(t)=\lim_{t\to\infty}(\boldsymbol{Px}-\boldsymbol{z})=0$$

必要性：设对任意的 $\boldsymbol{x}_0$、$\boldsymbol{z}_0$ 和 $\boldsymbol{u}$ 都有 $\lim\limits_{t\to\infty}(\boldsymbol{Px}-\boldsymbol{z})=0$。取 $\boldsymbol{u}\equiv\boldsymbol{0},\boldsymbol{x}_0=\boldsymbol{0}$，这时 $\boldsymbol{x}=\boldsymbol{0}$，$\boldsymbol{y}=\boldsymbol{0}$，从而由 $\dot{\boldsymbol{e}}=\boldsymbol{Fe}$ 可得 $\dot{\boldsymbol{z}}=\boldsymbol{Fz}$，而且对任意的 $\boldsymbol{z}_0$ 都有 $\lim\limits_{t\to\infty}\boldsymbol{z}=0$，由此可得条件(1)成立。

下面证明条件(2)、条件(3)。因为

$$\begin{aligned}\dot{\boldsymbol{e}}&=\boldsymbol{P}\dot{\boldsymbol{x}}-\dot{\boldsymbol{z}}=\boldsymbol{P}(\boldsymbol{Ax}+\boldsymbol{Bu})-(\boldsymbol{Fz}+\boldsymbol{Nu}+\boldsymbol{Gy})\\ &=\boldsymbol{Fe}+(\boldsymbol{PA}-\boldsymbol{FP}-\boldsymbol{GC})\boldsymbol{x}+(\boldsymbol{PB}-\boldsymbol{N})\boldsymbol{u}\end{aligned}$$

记 $\boldsymbol{PA}-\boldsymbol{FP}-\boldsymbol{GC}$ 和 $\boldsymbol{PB}-\boldsymbol{N}$ 分别为 $\boldsymbol{W}$ 和 $\boldsymbol{Q}$，要证 $\boldsymbol{W}$、$\boldsymbol{Q}$ 为零。对上式取拉普拉斯变换，并解出 $\boldsymbol{e}(s)$。

$$\begin{aligned}&s\boldsymbol{e}(s)-\boldsymbol{e}(0)=\boldsymbol{Fe}(s)+\boldsymbol{Wx}(s)+\boldsymbol{Qu}(s)\\ &\boldsymbol{e}(s)=(s\boldsymbol{I}-\boldsymbol{F})^{-1}\boldsymbol{e}(0)+(s\boldsymbol{I}-\boldsymbol{F})^{-1}[\boldsymbol{Wx}(s)+\boldsymbol{Qu}(s)]\end{aligned}$$

由条件 $\lim\limits_{t\to\infty}\boldsymbol{e}(t)=0$ 可知 $\lim\limits_{s\to 0}s\boldsymbol{e}(s)=0$。又取 $\boldsymbol{z}_0=\boldsymbol{0},\ \boldsymbol{x}_0=\boldsymbol{0}$，这时：

$$\boldsymbol{e}(0)=\boldsymbol{0},\quad \boldsymbol{x}(s)=(s\boldsymbol{I}-\boldsymbol{A})^{-1}\boldsymbol{B}\boldsymbol{u}(s)$$

$$\lim_{s\to 0}s\boldsymbol{e}(s)=\lim_{s\to 0}(s\boldsymbol{I}-\boldsymbol{F})^{-1}[\boldsymbol{W}(s\boldsymbol{I}-\boldsymbol{A})^{-1}\boldsymbol{B}+\boldsymbol{Q}]s\boldsymbol{u}(s)=0$$

由于 $\boldsymbol{u}(s)$ 的任意性，又因为 $\boldsymbol{F}$ 非奇异，故必然有

$$\boldsymbol{W}(s\boldsymbol{I}-\boldsymbol{A})^{-1}\boldsymbol{B}+\boldsymbol{Q}=\boldsymbol{0}$$

所以

$$\boldsymbol{W}(s\boldsymbol{I}-\boldsymbol{A})^{-1}\boldsymbol{B}=\boldsymbol{0},\quad \boldsymbol{Q}=\boldsymbol{0}$$

由于系统是可控的，在复数域上 $(s\boldsymbol{I}-\boldsymbol{A})^{-1}\boldsymbol{B}$ 行线性无关，故 $\boldsymbol{W}=\boldsymbol{0}$，条件(2)、条件(3)得证。

推论 5.2.1　若系统 $(\boldsymbol{A},\boldsymbol{B},\boldsymbol{C})$ 可控，则方程(5.2.4)的系统成为它的状态观测器的充要条件为

(1) $\mathrm{Re}\,\lambda_i(\boldsymbol{F})<0\quad(i=1,2,\cdots,n)$；

(2) $\boldsymbol{F}=\boldsymbol{A}-\boldsymbol{G}\boldsymbol{C}$；

(3) $\boldsymbol{N}=\boldsymbol{B}$。

推论 5.2.1 表明 $(\boldsymbol{A},\boldsymbol{B},\boldsymbol{C})$ 的状态观测器必具有式(5.2.2)的形式。定理 5.2.1 的必要性由此即可说明，事实上，若状态观测器存在，必具有式(5.2.2)的形式，由条件(1)、(2)可知 $(\boldsymbol{A},\boldsymbol{C})$ 可检测。或者由定理 5.2.1 的充分性证明中也可得 $(\boldsymbol{A},\boldsymbol{C})$ 可检测。

定理 5.2.4　若系统 $(\boldsymbol{A},\boldsymbol{B},\boldsymbol{C})$ 可控，$(\boldsymbol{F},\boldsymbol{E})$ 可观测，则式(5.2.4)成为系统 $(\boldsymbol{A},\boldsymbol{B},\boldsymbol{C})$ 的 $\boldsymbol{Kx}$ 观测器的充要条件为存在 $r\times n$ 矩阵 $\boldsymbol{P}$，使得下列条件满足：

(1) $\mathrm{Re}\,\lambda_i(\boldsymbol{F})<0\quad(i=1,2,\cdots,r)$；

(2) $\boldsymbol{PA}-\boldsymbol{FP}=\boldsymbol{GC}$；

(3) $\boldsymbol{K}=\boldsymbol{EP}+\boldsymbol{MC}$；

(4) $\boldsymbol{N}=\boldsymbol{PB}$。　　(5.2.7)

证明　由 $\boldsymbol{Kx}-\boldsymbol{w}=(\boldsymbol{EP}+\boldsymbol{MC})\boldsymbol{x}-(\boldsymbol{Ez}+\boldsymbol{My})=\boldsymbol{E}(\boldsymbol{Px}-\boldsymbol{z})$，按定理 5.2.3 可给出 $\lim\limits_{t\to\infty}(\boldsymbol{Px}-\boldsymbol{z})=0$。因而对一切的 $\boldsymbol{x}_0$、z_0 和 $\boldsymbol{u}$，均有 $\lim\limits_{t\to\infty}(\boldsymbol{Kx}-\boldsymbol{w})=0$ 成立。下面证定理中诸条件成立，因为

$$\begin{aligned}&\lim_{t\to\infty}\boldsymbol{Kx}-\boldsymbol{w}=0\\&\lim_{t\to\infty}(\boldsymbol{K}\dot{\boldsymbol{x}}-\dot{\boldsymbol{w}})=0\\&\qquad\vdots\\&\lim_{t\to\infty}(\boldsymbol{K}\boldsymbol{x}^{(r-1)}-\boldsymbol{w}^{(r-1)})=0\end{aligned}$$

具体写出这些式子，可得

$$\boldsymbol{Kx}-\boldsymbol{w}=\boldsymbol{Kx}-\boldsymbol{Ez}-\boldsymbol{My}=\boldsymbol{Kx}-\boldsymbol{Ez}-\boldsymbol{MCx}=\bar{\boldsymbol{M}}_0\boldsymbol{x}-\boldsymbol{Ez}$$

$$\bar{\boldsymbol{M}}_0=\boldsymbol{K}-\boldsymbol{MC}$$

$$\begin{aligned}\boldsymbol{K\dot{x}}-\dot{\boldsymbol{w}}&=\boldsymbol{K}(\boldsymbol{Ax}+\boldsymbol{Bu})-(\boldsymbol{E\dot{z}}+\boldsymbol{M\dot{y}})\\&=\boldsymbol{K}(\boldsymbol{Ax}+\boldsymbol{Bu})-\boldsymbol{E}(\boldsymbol{Fz}+\boldsymbol{Nu}+\boldsymbol{Gy})-\boldsymbol{MC}(\boldsymbol{Ax}+\boldsymbol{Bu})\\&=\bar{\boldsymbol{M}}_1\boldsymbol{x}-\boldsymbol{EFz}+\bar{\boldsymbol{N}}_1\boldsymbol{u}\end{aligned}$$

$$\bar{\boldsymbol{M}}_1=\bar{\boldsymbol{M}}_0\boldsymbol{A}-\boldsymbol{EGC},\quad \bar{\boldsymbol{N}}_1=\bar{\boldsymbol{M}}_0\boldsymbol{B}-\boldsymbol{EN}$$

$$\boldsymbol{K\ddot{x}}-\ddot{\boldsymbol{w}}=\bar{\boldsymbol{M}}_2\boldsymbol{x}-\boldsymbol{EF}^2\boldsymbol{z}+\bar{\boldsymbol{N}}_2\boldsymbol{u}+\bar{\boldsymbol{N}}_1\dot{\boldsymbol{u}},\quad \bar{\boldsymbol{M}}_2=\bar{\boldsymbol{M}}_1\boldsymbol{A}-\boldsymbol{EFGC},\quad \bar{\boldsymbol{N}}_2=\bar{\boldsymbol{M}}_1\boldsymbol{B}-\boldsymbol{EFN}$$

$$\vdots$$

$$\boldsymbol{Kx}^{(i)}-\boldsymbol{w}^{(i)}=\bar{\boldsymbol{M}}_i\boldsymbol{x}-\boldsymbol{EF}^i\boldsymbol{z}+\bar{\boldsymbol{N}}_i\boldsymbol{u}+\cdots+\bar{\boldsymbol{N}}_1\boldsymbol{u}^{(i-1)}$$

于是可得

$$\begin{aligned}&\lim_{t\to\infty}(\bar{\boldsymbol{M}}_0\boldsymbol{x}-\boldsymbol{Ez})=0\\&\lim_{t\to\infty}(\bar{\boldsymbol{M}}_1\boldsymbol{x}-\boldsymbol{EFz}+\bar{\boldsymbol{N}}_1\boldsymbol{u})=0\\&\qquad\vdots\\&\lim_{t\to\infty}(\bar{\boldsymbol{M}}_i\boldsymbol{x}-\boldsymbol{EF}^i\boldsymbol{z}+\bar{\boldsymbol{N}}_i\boldsymbol{u}+\cdots+\bar{\boldsymbol{N}}_1\boldsymbol{u}^{(i-1)})=0\end{aligned}$$

另外，通过拉普拉斯变换可得

$$\boldsymbol{x}(s)=(s\boldsymbol{I}-\boldsymbol{A})^{-1}\boldsymbol{x}_0+(s\boldsymbol{I}-\boldsymbol{A})^{-1}\boldsymbol{Bu}(s)$$

$$\begin{aligned}\boldsymbol{z}(s)&=(s\boldsymbol{I}-\boldsymbol{F})^{-1}\boldsymbol{z}_0+(s\boldsymbol{I}-\boldsymbol{F})^{-1}[\boldsymbol{Nu}(s)+\boldsymbol{GCx}(s)]\\&=(s\boldsymbol{I}-\boldsymbol{F})^{-1}\boldsymbol{z}_0+(s\boldsymbol{I}-\boldsymbol{F})^{-1}[\boldsymbol{N}+\boldsymbol{GC}(s\boldsymbol{I}-\boldsymbol{A})^{-1}\boldsymbol{B}]\boldsymbol{u}(s)+(s\boldsymbol{I}-\boldsymbol{F})^{-1}\boldsymbol{GC}(s\boldsymbol{I}-\boldsymbol{A})^{-1}\boldsymbol{x}_0\end{aligned}$$

由拉普拉斯变换的终值定理可得

$$\lim_{t\to\infty}(\bar{\boldsymbol{M}}_1\boldsymbol{x}-\boldsymbol{EFz}+\bar{\boldsymbol{N}}_1\boldsymbol{u})=\lim_{s\to 0}s[\bar{\boldsymbol{M}}_1\boldsymbol{x}(s)-\boldsymbol{EFz}(s)+\bar{\boldsymbol{N}}_1\boldsymbol{u}(s)]$$

将 $\boldsymbol{x}(s)$ 及 $\boldsymbol{z}(s)$ 的表达式代入上式，取 $\boldsymbol{x}_0=\boldsymbol{0},\boldsymbol{z}_0=\boldsymbol{0}$，由于 $\boldsymbol{u}(s)$ 的任意性，可以得到

$$\bar{\boldsymbol{M}}_1(s\boldsymbol{I}-\boldsymbol{A})^{-1}\boldsymbol{B}-\boldsymbol{EF}(s\boldsymbol{I}-\boldsymbol{F})^{-1}[\boldsymbol{N}+\boldsymbol{GC}(s\boldsymbol{I}-\boldsymbol{A})^{-1}\boldsymbol{B}]+\bar{\boldsymbol{N}}_1=\boldsymbol{0}$$

从而必有 $\bar{\boldsymbol{N}}_1=\boldsymbol{0}$，同理可证 $\bar{\boldsymbol{N}}_i=\boldsymbol{0}(i=1,2,\cdots,r-1)$。于是对任意的 $\boldsymbol{u}$、$\boldsymbol{x}_0$、$\boldsymbol{z}_0$，有

$$\lim_{t\to\infty}(\bar{\boldsymbol{M}}_i\boldsymbol{x}-\boldsymbol{EF}^i\boldsymbol{z})=0,\quad i=1,2,\cdots,r-1$$

令

$$\boldsymbol{R}=\begin{bmatrix}\bar{\boldsymbol{M}}_0\\\bar{\boldsymbol{M}}_1\\\vdots\\\bar{\boldsymbol{M}}_{r-1}\end{bmatrix},\quad \boldsymbol{Q}=\begin{bmatrix}\boldsymbol{E}\\\boldsymbol{EF}\\\vdots\\\boldsymbol{EF}^{r-1}\end{bmatrix}$$

于是可得

$$\lim_{t\to\infty}(\boldsymbol{Rx}-\boldsymbol{Qz})=0$$

因为$(\boldsymbol{F},\boldsymbol{E})$可观测，$\boldsymbol{P}$满列秩，令$\boldsymbol{P}=\boldsymbol{Q}^{+}\boldsymbol{R}$，故对一切$\boldsymbol{x}_0$、$z_0$、$\boldsymbol{u}$，有

$$\lim_{t\to\infty}(\boldsymbol{Q}^{+}\boldsymbol{Rx}-z)=\lim_{t\to\infty}(\boldsymbol{Px}-z)=0$$

由定理 5.2.3，条件(1)、(2)、(4)得证。又因为

$$\begin{aligned}\lim_{t\to\infty}(\boldsymbol{Kx}-\boldsymbol{w})&=\lim_{t\to\infty}[\boldsymbol{Kx}-(\boldsymbol{E}z+\boldsymbol{MCx})]=\lim_{t\to\infty}[\boldsymbol{K}-(\boldsymbol{EP}+\boldsymbol{MC})]\boldsymbol{x}\\&=[\boldsymbol{K}-(\boldsymbol{EP}+\boldsymbol{MC})]\lim_{t\to\infty}\boldsymbol{x}\\&=0,\qquad \forall \boldsymbol{x}_0,z_0,\boldsymbol{u}\end{aligned}$$

取适当$\boldsymbol{x}_0$和$\boldsymbol{u}$，总可做到$\lim\limits_{t\to\infty}\boldsymbol{x}\neq 0$，所以条件(3)得证。定理的必要性证毕。

综合定理 5.2.3 和定理 5.2.4，可得以下推论。

推论 5.2.2　若$(\boldsymbol{A},\boldsymbol{B})$可控，$(\boldsymbol{F},\boldsymbol{E})$可观测，则式(5.2.4)所表示的系统成为$(\boldsymbol{A},\boldsymbol{B},\boldsymbol{C})$的一个$\boldsymbol{Kx}$观测器的充要条件为存在某$\boldsymbol{P}$矩阵，满足

(1) 对任意$\boldsymbol{x}_0$、z_0、$\boldsymbol{u}$有$\lim\limits_{t\to\infty}(\boldsymbol{Px}-z)=0$；

(2) $\boldsymbol{K}=\boldsymbol{EP}+\boldsymbol{MC}$。

定理 5.2.5　设$\boldsymbol{A}$、$\boldsymbol{F}$和$\boldsymbol{GC}$分别是$n\times n$、$r\times r$和$r\times n$矩阵，则方程：

$$\boldsymbol{PA}-\boldsymbol{FP}=\boldsymbol{GC}\tag{5.2.8}$$

有$r\times n$矩阵$\boldsymbol{P}$唯一存在的充要条件为$\boldsymbol{F}$与$\boldsymbol{A}$无相同的特征值。

证明　设

$$\boldsymbol{A}=\begin{bmatrix}a_{11}&a_{12}&\cdots&a_{1n}\\a_{21}&a_{22}&\cdots&a_{2n}\\\vdots&\vdots&&\vdots\\a_{n1}&a_{n2}&\cdots&a_{nn}\end{bmatrix},\quad \boldsymbol{F}=\begin{bmatrix}f_{11}&f_{12}&\cdots&f_{1r}\\f_{21}&f_{22}&\cdots&f_{2r}\\\vdots&\vdots&&\vdots\\f_{r1}&f_{r2}&\cdots&f_{rr}\end{bmatrix}$$

$$\boldsymbol{GC}=\begin{bmatrix}w_{11}&w_{12}&\cdots&w_{1n}\\w_{21}&w_{22}&\cdots&w_{2n}\\\vdots&\vdots&&\vdots\\w_{r1}&w_{r2}&\cdots&w_{rn}\end{bmatrix},\quad \boldsymbol{P}=\begin{bmatrix}p_{11}&p_{12}&\cdots&p_{1n}\\p_{21}&p_{22}&\cdots&p_{2n}\\\vdots&\vdots&&\vdots\\p_{r1}&p_{r2}&\cdots&p_{rn}\end{bmatrix}$$

$$\bar{\boldsymbol{p}}=[p_{11}\quad p_{12}\quad\cdots\quad p_{1n}\quad p_{21}\quad p_{22}\quad\cdots\quad p_{2n}\quad\cdots\quad p_{r1}\quad p_{r2}\quad\cdots\quad p_{rn}]^{\mathrm{T}}$$
$$\bar{\boldsymbol{w}}=[w_{11}\quad w_{12}\quad\cdots\quad w_{1n}\quad w_{21}\quad w_{22}\quad\cdots\quad w_{2n}\quad\cdots\quad w_{r1}\quad w_{r2}\quad\cdots\quad w_{rn}]^{\mathrm{T}}$$

引入两矩阵的克罗内克积如下：

$$\boldsymbol{A}\otimes\boldsymbol{B}=\begin{bmatrix}a_{11}\boldsymbol{B}&a_{12}\boldsymbol{B}&\cdots&a_{1n}\boldsymbol{B}\\a_{21}\boldsymbol{B}&a_{22}\boldsymbol{B}&\cdots&a_{2n}\boldsymbol{B}\\\vdots&\vdots&&\vdots\\a_{m1}\boldsymbol{B}&a_{m2}\boldsymbol{B}&\cdots&a_{mn}\boldsymbol{B}\end{bmatrix}$$

容易验证克罗内克积有下列性质(见习题 5.12)：

$$(\boldsymbol{A}_1 \otimes \boldsymbol{B}_1)(\boldsymbol{A}_2 \otimes \boldsymbol{B}_2) = (\boldsymbol{A}_1\boldsymbol{A}_2) \otimes (\boldsymbol{B}_1\boldsymbol{B}_2)$$

采用克罗内克积的符号，矩阵方程(5.2.8)可写成

$$(\boldsymbol{I}_r \otimes \boldsymbol{A}^{\mathrm{T}} - \boldsymbol{F} \otimes \boldsymbol{I}_n)\overline{\boldsymbol{p}} = \overline{\boldsymbol{w}} \tag{5.2.9}$$

这一代数方程有唯一解的条件是

$$\det(\boldsymbol{I}_r \otimes \boldsymbol{A}^{\mathrm{T}} - \boldsymbol{F} \otimes \boldsymbol{I}_n) \neq 0$$

即 $\boldsymbol{I}_r \otimes \boldsymbol{A}^{\mathrm{T}} - \boldsymbol{F} \otimes \boldsymbol{I}_n$ 无零特征值。设 $\boldsymbol{A}$ 的特征值为 $\mu_1,\mu_2,\cdots,\mu_n$，$\boldsymbol{F}$ 的特征值为 $\lambda_1,\lambda_2,\cdots,\lambda_r$，下面证明 $\boldsymbol{I}_r \otimes \boldsymbol{A}^{\mathrm{T}} - \boldsymbol{F} \otimes \boldsymbol{I}_n$ 的特征值为 $(\mu_i - \lambda_j)(i=1,2,\cdots,n;\ j=1,2,\cdots,r)$。

设 $\boldsymbol{x}_j$ 为 $\boldsymbol{F}$ 关于 λ_j 的特征向量，$\boldsymbol{y}_i$ 为 $\boldsymbol{A}^{\mathrm{T}}$ 关于 μ_i 的特征向量，即有 $\boldsymbol{F}\boldsymbol{x}_j = \lambda_j\boldsymbol{x}_j$，$\boldsymbol{A}^{\mathrm{T}}\boldsymbol{y}_i = \mu_i\boldsymbol{y}_i$。于是

$$\begin{aligned}(\boldsymbol{I}_r \otimes \boldsymbol{A}^{\mathrm{T}} - \boldsymbol{F} \otimes \boldsymbol{I}_n)(\boldsymbol{x}_j \otimes \boldsymbol{y}_i) &= (\boldsymbol{I}_r \otimes \boldsymbol{A}^{\mathrm{T}})(\boldsymbol{x}_j \otimes \boldsymbol{y}_i) - (\boldsymbol{F} \otimes \boldsymbol{I}_n)(\boldsymbol{x}_j \otimes \boldsymbol{y}_i)\\ &= (\boldsymbol{I}_r\boldsymbol{x}_j) \otimes (\boldsymbol{A}^{\mathrm{T}}\boldsymbol{y}_i) - (\boldsymbol{F}\boldsymbol{x}_j) \otimes (\boldsymbol{I}_n\boldsymbol{y}_i)\\ &= \boldsymbol{x}_j \otimes (\mu_i\boldsymbol{y}_i) - (\lambda_j\boldsymbol{x}_j) \otimes \boldsymbol{y}_i\\ &= \mu_i(\boldsymbol{x}_j \otimes \boldsymbol{y}_i) - \lambda_j(\boldsymbol{x}_j \otimes \boldsymbol{y}_j)\\ &= (\mu_i - \lambda_j)(\boldsymbol{x}_j \otimes \boldsymbol{y}_i)\end{aligned}$$

这表示 rn 个值 $\mu_i - \lambda_j$ 是 $\boldsymbol{I}_r \otimes \boldsymbol{A}^{\mathrm{T}} - \boldsymbol{F} \otimes \boldsymbol{I}_n$ 的特征值，若 $\boldsymbol{A}$ 和 $\boldsymbol{F}$ 无相同的特征值，即有 $\mu_i - \lambda_j \neq 0$，代数方程组(5.2.9)有唯一解。反之亦然，定理证毕。

根据定理 5.2.3～定理 5.2.5，可以得出计算确定 $\boldsymbol{K}\boldsymbol{x}$ 观测器参数的步骤：

(1) 确定一个 $\boldsymbol{F}$ 矩阵，它的特征值在复平面左半部且与 $\boldsymbol{A}$ 的特征值不同；

(2) 选取 $\boldsymbol{G}$ 矩阵，由 $\boldsymbol{PA} - \boldsymbol{FP} = \boldsymbol{GC}$ 解出 $\boldsymbol{P}$；

(3) 由 $\boldsymbol{PB} = \boldsymbol{N}$ 定出 $\boldsymbol{N}$；

(4) 求解 $\boldsymbol{K} = \boldsymbol{EP} + \boldsymbol{MC}$，求出 $\boldsymbol{E}$、$\boldsymbol{M}$；

(5) 验证 $(\boldsymbol{F},\boldsymbol{E})$ 是否可观测。

在以上步骤中，随着 $\boldsymbol{F}$、$\boldsymbol{G}$ 的不同取值，会得到不同的 $\boldsymbol{P}$，因此对一个系统可构造出不止一个 $\boldsymbol{K}\boldsymbol{x}$ 观测器。下面讨论它们之间的内在联系。若系统：

$$\begin{cases}\dot{\boldsymbol{z}} = \boldsymbol{F}_1\boldsymbol{z} + \boldsymbol{N}_1\boldsymbol{u} + \boldsymbol{G}_1\boldsymbol{y}\\ \boldsymbol{w} = \boldsymbol{E}_1\boldsymbol{z} + \boldsymbol{M}_1\boldsymbol{y}\end{cases} \tag{5.2.10}$$

是系统 $(\boldsymbol{A},\boldsymbol{B},\boldsymbol{C})$ 的一个 $\boldsymbol{K}\boldsymbol{x}$ 观测器，作变换 $\overline{\boldsymbol{z}} = \boldsymbol{T}\boldsymbol{z}$ 后可得

$$\begin{cases}\dot{\overline{\boldsymbol{z}}} = \boldsymbol{F}_2\overline{\boldsymbol{z}} + \boldsymbol{N}_2\boldsymbol{u} + \boldsymbol{G}_2\boldsymbol{y}\\ \boldsymbol{w} = \boldsymbol{E}_2\overline{\boldsymbol{z}} + \boldsymbol{M}_2\boldsymbol{y}\end{cases} \tag{5.2.11}$$

其中，$\boldsymbol{F}_2 = \boldsymbol{T}\boldsymbol{F}_1\boldsymbol{T}^{-1}$；$\boldsymbol{N}_2 = \boldsymbol{T}\boldsymbol{N}_1$；$\boldsymbol{G}_2 = \boldsymbol{T}\boldsymbol{G}_1$；$\boldsymbol{E}_2 = \boldsymbol{E}_1\boldsymbol{T}^{-1}$；$\boldsymbol{M}_2 = \boldsymbol{M}_1$。方程(5.2.11)给出了方程(5.2.10)的代数等价系统。

定理 5.2.6　若系统 $(\boldsymbol{A},\boldsymbol{B},\boldsymbol{C})$ 可控，方程(5.2.10)是它的一个 $\boldsymbol{K}\boldsymbol{x}$ 观测器，则其代数等

价方程(5.2.11)也是它的一个 $\boldsymbol{Kx}$ 观测器。

证明 首先 $\boldsymbol{F}_2$ 和 $\boldsymbol{F}_1$ 有相同的特征值，$\boldsymbol{F}_1$ 的特征值在左半面，所以 $\boldsymbol{F}_2$ 的特征值也在左半面，满足定理 5.2.4 的条件(1)。另外，可知有 $\boldsymbol{P}_1$ 存在，于是有

$$\boldsymbol{P}_1\boldsymbol{A}-\boldsymbol{F}_1\boldsymbol{P}_1=\boldsymbol{G}_1\boldsymbol{C},\quad \boldsymbol{N}_1=\boldsymbol{P}_1\boldsymbol{B},\quad \boldsymbol{K}=\boldsymbol{E}_1\boldsymbol{P}_1+\boldsymbol{M}_1\boldsymbol{C}$$

令 $\boldsymbol{P}_2=\boldsymbol{T}\boldsymbol{P}_1$，可证方程(5.2.11)也满足定理 5.2.4 的条件(2)～条件(4)，事实上：

$$\boldsymbol{P}_2\boldsymbol{A}-\boldsymbol{F}_2\boldsymbol{P}_2=\boldsymbol{T}\boldsymbol{P}_1\boldsymbol{A}-\boldsymbol{T}\boldsymbol{F}_1\boldsymbol{T}^{-1}\boldsymbol{T}\boldsymbol{P}_1=\boldsymbol{T}(\boldsymbol{P}_1\boldsymbol{A}-\boldsymbol{F}_1\boldsymbol{P}_1)=\boldsymbol{T}\boldsymbol{G}_1\boldsymbol{C}=\boldsymbol{G}_2\boldsymbol{C}$$

$$\boldsymbol{N}_2=\boldsymbol{T}\boldsymbol{N}_1=\boldsymbol{T}\boldsymbol{P}_1\boldsymbol{B}=\boldsymbol{P}_2\boldsymbol{B}$$

$$\boldsymbol{K}=\boldsymbol{E}_1\boldsymbol{P}_1+\boldsymbol{M}_1\boldsymbol{C}=\boldsymbol{E}_2\boldsymbol{T}\boldsymbol{T}^{-1}\boldsymbol{P}_2+\boldsymbol{M}_2\boldsymbol{C}=\boldsymbol{E}_2\boldsymbol{P}_2+\boldsymbol{M}_2\boldsymbol{C}$$

这说明方程(5.2.11)是系统 $(\boldsymbol{A},\boldsymbol{B},\boldsymbol{C})$ 的 $\boldsymbol{Kx}$ 观测器。

前面叙述观测器的结构条件时，假设观测器的维数为 r，进行了一般的讨论。这里讨论 $r=n$ 的情况，引入基本观测器的概念，然后在此基础上导出建立一般 n 维观测器的方法。

本节一开始就建立了 $(\boldsymbol{A},\boldsymbol{B},\boldsymbol{C})$ 的 n 维状态观测器：

$$\begin{cases}\dot{\hat{\boldsymbol{x}}}=(\boldsymbol{A}-\boldsymbol{G}\boldsymbol{C})\hat{\boldsymbol{x}}+\boldsymbol{B}\boldsymbol{u}+\boldsymbol{G}\boldsymbol{y}\\ \boldsymbol{w}=\boldsymbol{I}\hat{\boldsymbol{x}}\end{cases}\tag{5.2.12}$$

和 n 维 $\boldsymbol{Kx}$ 观测器：

$$\begin{cases}\dot{\hat{\boldsymbol{x}}}=(\boldsymbol{A}-\boldsymbol{G}\boldsymbol{C})\hat{\boldsymbol{x}}+\boldsymbol{B}\boldsymbol{u}+\boldsymbol{G}\boldsymbol{y}\\ \boldsymbol{w}=\boldsymbol{K}\hat{\boldsymbol{x}}\end{cases}\tag{5.2.13}$$

这两个最简单的观测器分别称为 n 维基本状态观测器与 n 维基本 $\boldsymbol{Kx}$ 观测器。基本观测器的一个突出优点是它设计上很方便，归结为求出 $\boldsymbol{G}$ 矩阵。显然，根据结构条件 $\boldsymbol{G}$ 矩阵的确定原则应使 $\boldsymbol{A}-\boldsymbol{G}\boldsymbol{C}$ 的特征值不同于 $\boldsymbol{A}$ 的特征值，而且都在左半面所期望的位置上。

方程(5.2.12)和方程(5.2.13)的特点是 $\boldsymbol{M}=0$，即对 n 维观测器而言，可取其一般形式如下：

$$\begin{cases}\dot{\boldsymbol{z}}=\boldsymbol{F}\boldsymbol{z}+\boldsymbol{N}\boldsymbol{u}+\boldsymbol{G}\boldsymbol{y}\\ \boldsymbol{w}=\boldsymbol{E}\boldsymbol{z}\end{cases}\tag{5.2.14}$$

定理 5.2.7 若系统 $(\boldsymbol{A},\boldsymbol{B},\boldsymbol{C})$ 可控可观测，则方程(5.2.14)是 n 维状态观测器的充要条件是它与某个 n 维基本状态观测器代数等价。

证明 充分性显然成立。现只证必要性：若方程(5.2.14)是 n 维状态观测器，由定理 5.2.4 可知存在 $n\times n$ 的 $\boldsymbol{P}$ 矩阵，满足

$$\mathrm{Re}\lambda_i(\boldsymbol{F})<0\ (i=1,2,\cdots,n),\quad \boldsymbol{P}\boldsymbol{A}-\boldsymbol{F}\boldsymbol{P}=\boldsymbol{G}\boldsymbol{C},\quad \boldsymbol{N}=\boldsymbol{P}\boldsymbol{B}$$
$$\boldsymbol{I}=\boldsymbol{E}\boldsymbol{P}\quad (\boldsymbol{K}=\boldsymbol{E}\boldsymbol{P}+\boldsymbol{M}\boldsymbol{C},\quad \boldsymbol{K}=\boldsymbol{I},\quad \boldsymbol{M}=\boldsymbol{0})$$

由此可知 $\boldsymbol{P}^{-1}=\boldsymbol{E}$，从而可令 $\boldsymbol{H}=\boldsymbol{P}^{-1}\boldsymbol{G}$，于是

$$F=(PA-GC)P^{-1}=P(A-P^{-1}GC)P^{-1}=P(A-HC)P^{-1}$$
$$G=PH$$

这样，若令 $z=P\hat{x}$，可将方程(5.2.14)化为

$$\dot{\hat{x}}=(A-HC)\hat{x}+Bu+Hy$$
$$w=\hat{x}$$

这表明方程(5.2.14)与上面的基本状态观测器等价。对于 n 维 Kx 观测器，没有 n 维状态观测器那样好的结果，但对单输入单输出系统，仍有同样的结果。

定理 5.2.8　若系统 (A,b,c) 可控可观测，则形如方程(5.2.15)的系统：

$$\begin{cases}\dot{z}=Fz+nu+gy\\ w=Ez\end{cases}\tag{5.2.15}$$

成为系统 (A,b,c) 的 Kx 观测器的充要条件是方程(5.2.15)与系统 (A,b,c) 的一个基本 Kx 观测器代数等价。其中 (F,E) 可观测，(F,g) 可控。

证明　充分性显然成立。现证必要性：已知式(5.2.15)为系统 (A,b,c) 的 Kx 观测器，所以必存在 $n\times n$ 的 P 矩阵，和定理 5.2.7 一样，当 P 为非奇异矩阵时，必有方程(5.2.15)与某个基本 Kx 观测器代数等价。所以问题就归结为证明 P 是非奇异的。注意到 P 满足

$$PA-FP=gc\tag{5.2.16}$$

现用反证法证明 P 非奇异。若 P 奇异，则存在非奇异矩阵 T_1、T_2，令

$$T_1PT_2=\begin{bmatrix}P_1 & 0\\ 0 & 0\end{bmatrix}$$

其中，P_1 是维数小于 n 的非奇异矩阵，设其维数为 l，对式(5.2.16)左乘 T_1，右乘 T_2 可得

$$T_1PT_2T_2^{-1}AT_2-T_1FT_1^{-1}T_1PT_2=T_1gcT_2$$

因为 (A,c) 可观测，所以 $(T_2^{-1}AT_2,cT_2)$ 也可观测，又因为 (F,g) 可控，所以 $(T_1FT_1^{-1},T_1g)$ 也可控。为简单起见，不妨设式(5.2.16)中的 P 矩阵有 $\begin{bmatrix}P_1 & 0\\ 0 & 0\end{bmatrix}$ 的形式。对 A、F、$gc=Q$ 进行相应的分块处理：

$$A=\begin{bmatrix}A_1 & A_2\\ A_3 & A_4\end{bmatrix},\quad F=\begin{bmatrix}F_1 & F_2\\ F_3 & F_4\end{bmatrix},\quad Q=\begin{bmatrix}Q_1 & Q_2\\ Q_3 & Q_4\end{bmatrix}$$

这时式(5.2.16)成为

$$\begin{bmatrix}P_1A_1 & P_1A_2\\ 0 & 0\end{bmatrix}-\begin{bmatrix}F_1P_1 & 0\\ F_3P_1 & 0\end{bmatrix}=\begin{bmatrix}Q_1 & Q_2\\ Q_3 & Q_4\end{bmatrix}$$

于是有 $Q_4=0$：

$$Q_4=\begin{bmatrix}g_{l+1}\\ \vdots\\ g_n\end{bmatrix}[c_{l+1}\cdots c_n]=0$$

说明$[g_{l+1} \ \cdots \ g_n]^{\mathrm{T}}$和$[c_{l+1} \ \cdots \ c_n]$必有一个是零，而这是不可能的，因为若$[g_{l+1} \ \cdots \ g_n]^{\mathrm{T}}=\mathbf{0}$则有$\boldsymbol{Q}_3=\mathbf{0}$，从而由$\boldsymbol{F}_3\boldsymbol{P}_1=\mathbf{0}$可知$\boldsymbol{F}_3=\mathbf{0}$。考虑可控性矩阵：

$$[\boldsymbol{g} \quad \boldsymbol{F}\boldsymbol{g} \quad \cdots \quad \boldsymbol{F}^{n-1}\boldsymbol{g}]=\begin{bmatrix} g_1 & \times & \cdots & \times \\ \vdots & \vdots & & \vdots \\ g_l & \times & \cdots & \times \\ 0 & 0 & \cdots & 0 \end{bmatrix}_{n-l}$$

其秩不可能为 n，与假设$(\boldsymbol{F},\boldsymbol{g})$可控相矛盾。同样若$[c_{l+1} \ \cdots \ c_n]$为零，也会导致矛盾。矛盾表明满足式(5.2.16)的$\boldsymbol{P}$矩阵是非奇异的，从而定理得证。但是对多输入多输出系统，应当指出，尽管和基本$\boldsymbol{Kx}$观测器代数等价的系统必为$\boldsymbol{Kx}$观测器，可是相反的命题却不成立。这是因为方程$\boldsymbol{PA}-\boldsymbol{FP}=\boldsymbol{GC}$的解不一定是非奇异的。

例 5.2.2 设

$$\boldsymbol{A}=\begin{bmatrix} -1 & 0 & 0 \\ 0 & 1 & 1 \\ 0 & 0 & 1 \end{bmatrix}, \quad \boldsymbol{B}=\begin{bmatrix} 1 & 0 \\ 0 & 1 \\ 0 & 1 \end{bmatrix}, \quad \boldsymbol{C}=\begin{bmatrix} 1 & 0 & 0 \\ 0 & 1 & 1 \end{bmatrix}$$

$$\boldsymbol{F}=\begin{bmatrix} -2 & & \\ & -3 & \\ & & -4 \end{bmatrix}, \quad \boldsymbol{G}=\begin{bmatrix} 1 & 0 \\ 1 & 0 \\ 1 & 0 \end{bmatrix}$$

解 容易验证，$(\boldsymbol{A},\boldsymbol{C})$可观测，$(\boldsymbol{F},\boldsymbol{G})$可控，且$\boldsymbol{A}$与$\boldsymbol{F}$无相同的特征值。因此满足$\boldsymbol{PA}-\boldsymbol{FP}=\boldsymbol{GC}$的解是唯一的，可求出它为

$$\boldsymbol{P}=\begin{bmatrix} 1 & 0 & 0 \\ \dfrac{1}{2} & 0 & 0 \\ \dfrac{1}{3} & 0 & 0 \end{bmatrix}, \quad \mathrm{rank}\boldsymbol{P}=1$$

选$\boldsymbol{E}=\begin{bmatrix} 1 & 0 & 1 \\ 0 & 1 & 0 \end{bmatrix}$，$(\boldsymbol{F},\boldsymbol{E})$可观测，令$\boldsymbol{K}=\boldsymbol{EP}$，$\boldsymbol{N}=\boldsymbol{PB}$。由定理 5.2.4 可知，方程：

$$\begin{aligned} \dot{\boldsymbol{z}} &= \boldsymbol{Fz}+\boldsymbol{Gy}+\boldsymbol{Nu} \\ \boldsymbol{w} &= \boldsymbol{Ez} \end{aligned}$$

是系统$(\boldsymbol{A},\boldsymbol{B},\boldsymbol{C})$的$\boldsymbol{Kx}$观测器，但它却不能与一个基本$\boldsymbol{Kx}$观测器代数等价。

为了估计系统的状态$\boldsymbol{x}$或$\boldsymbol{Kx}$，用n维观测器总是可以做到的。现在提出的问题是观测器的维数是否可以降低？r 可能的最小值是多少？维数的降低意味着观测器可具有较为简单的形式，从而使工程实现更加方便。因此研究降维观测器以及最小维观测器的设计问题就成为观测器理论的重要课题之一。

考虑系统的最小维状态观测器，假设 n 维线性时不变动态方程为

$$
\begin{cases} \dot{\boldsymbol{x}} = \boldsymbol{A}\boldsymbol{x} + \boldsymbol{B}\boldsymbol{u} \\ \boldsymbol{y} = \boldsymbol{C}\boldsymbol{x} \end{cases} \tag{5.2.17}
$$

若假设 $\mathrm{rank}\boldsymbol{C} = q$，那么输出 $\boldsymbol{y}$ 实际上已经给出了部分状态变量的估计，显然为了估计全部状态，只需用一个低阶的观测器估计出其余的状态变量就可以了，即状态观测器的维数显然可比 n 低。

定理 5.2.9　若系统 $(\boldsymbol{A},\boldsymbol{B},\boldsymbol{C})$ 可控可观测，且 $\mathrm{rank}\boldsymbol{C} = q$，则系统的状态观测器的最小维数是 $n-q$。

证明　根据观测器的结构条件，对于状态观测器，要求：

$$
\boldsymbol{EP} + \boldsymbol{MC} = [\boldsymbol{E} \quad \boldsymbol{M}]\begin{bmatrix} \boldsymbol{P} \\ \boldsymbol{C} \end{bmatrix} = \boldsymbol{I}
$$

其中，$\boldsymbol{P}$ 是 $r \times n$ 矩阵，且满足 $\boldsymbol{PA} - \boldsymbol{FP} = \boldsymbol{GC}$。要使上式有解，应有

$$
\mathrm{rank}\begin{bmatrix} \boldsymbol{P} \\ \boldsymbol{C} \end{bmatrix} \geqslant n
$$

而已知 $\mathrm{rank}\boldsymbol{C} = q$，所以 $\mathrm{rank}\boldsymbol{P} \geqslant n-q$，故 $\boldsymbol{P}$ 的最小维数 $r_{\min} = n-q$。

下面来具体建立最小维数的状态观测器，不妨假设 $\boldsymbol{C} = (\boldsymbol{C}_1 \quad \boldsymbol{C}_2)$，这里 $\boldsymbol{C}_1$、$\boldsymbol{C}_2$ 分别是 $q \times q$ 和 $q \times (n-q)$ 矩阵，而且 $\mathrm{rank}\boldsymbol{C}_1 = q$，取等价变换 $\bar{\boldsymbol{x}} = \boldsymbol{T}\boldsymbol{x}$，变换矩阵 $\boldsymbol{T}$ 定义为

$$
\boldsymbol{T} = \begin{bmatrix} \boldsymbol{C}_1 & \boldsymbol{C}_2 \\ \boldsymbol{0} & \boldsymbol{I}_{n-q} \end{bmatrix}
$$

由于矩阵 $\boldsymbol{T}$ 是满秩的，这时方程(5.2.17)可化为

$$
\begin{cases} \begin{bmatrix} \dot{\bar{\boldsymbol{x}}}_1 \\ \dot{\bar{\boldsymbol{x}}}_2 \end{bmatrix} = \begin{bmatrix} \bar{\boldsymbol{A}}_{11} & \bar{\boldsymbol{A}}_{12} \\ \bar{\boldsymbol{A}}_{21} & \bar{\boldsymbol{A}}_{22} \end{bmatrix}\begin{bmatrix} \bar{\boldsymbol{x}}_1 \\ \bar{\boldsymbol{x}}_2 \end{bmatrix} + \begin{bmatrix} \bar{\boldsymbol{B}}_1 \\ \bar{\boldsymbol{B}}_2 \end{bmatrix}\boldsymbol{u} \\ \boldsymbol{y} = [\boldsymbol{I}_q \quad \boldsymbol{0}]\bar{\boldsymbol{x}} \end{cases} \tag{5.2.18}
$$

显然输出 $\boldsymbol{y}$ 直接给出了 $\bar{\boldsymbol{x}}_1$，状态估计的问题就化为只需对 $n-q$ 个分量 $\bar{\boldsymbol{x}}_2$ 进行估计。

引理 5.2.1　若 $(\boldsymbol{A},\boldsymbol{C})$ 可观测，则 $(\bar{\boldsymbol{A}}_{22},\bar{\boldsymbol{A}}_{12})$ 也可观测。

证明　因为等价变换不影响可观测性，故 $(\bar{\boldsymbol{A}},\bar{\boldsymbol{C}})$ 可观测，对任意复数 λ 均有

$$
\mathrm{rank}\begin{bmatrix} \bar{\boldsymbol{A}} - \lambda\boldsymbol{I} \\ \bar{\boldsymbol{C}} \end{bmatrix} = \mathrm{rank}\begin{bmatrix} \bar{\boldsymbol{A}}_{11} - \lambda\boldsymbol{I} & \bar{\boldsymbol{A}}_{12} \\ \bar{\boldsymbol{A}}_{21} & \bar{\boldsymbol{A}}_{22} - \lambda\boldsymbol{I} \\ \boldsymbol{I}_q & \boldsymbol{0} \end{bmatrix}
$$

故对任意复数 λ 有

$$
\mathrm{rank}\begin{bmatrix} \bar{\boldsymbol{A}}_{12} \\ \bar{\boldsymbol{A}}_{22} - \lambda\boldsymbol{I} \end{bmatrix} = n
$$

所以 $(\bar{\boldsymbol{A}}_{22},\bar{\boldsymbol{A}}_{12})$ 可观测。方程(5.2.18)可写为

$$\dot{\bar{x}}_2 = \bar{A}_{22}\bar{x}_2 + \bar{A}_{21}y + \bar{B}_2 u$$
$$\dot{y} = \bar{A}_{11}y + \bar{A}_{12}\bar{x}_2 + \bar{B}_1 u$$

其中，第二式可写为

$$\bar{y} = \dot{y} - \bar{A}_{11}y - \bar{B}_1 u = \bar{A}_{12}\bar{x}_2$$

考虑系统：

$$\begin{cases} \dot{\bar{x}}_2 = \bar{A}_{22}\bar{x}_2 + (\bar{A}_{21}y + \bar{B}_2 u) \\ \bar{y} = \bar{A}_{12}\bar{x}_2 \end{cases} \tag{5.2.19}$$

它的状态观测器为

$$\dot{\hat{\bar{x}}}_2 = (\bar{A}_{22} - G_2\bar{A}_{12})\hat{\bar{x}}_2 + (\bar{A}_{21}y + \bar{B}_2 u) + G_2(\dot{y} - \bar{A}_{11}y - \bar{B}_1 u)$$

或

$$\dot{\hat{\bar{x}}}_2 = (\bar{A}_{22} - G_2\bar{A}_{12})\hat{\bar{x}}_2 + (\bar{B}_2 - G_2\bar{B}_1)u + (\bar{A}_{21} - G_2\bar{A}_{11})y + G_2\dot{y}$$

其中，G_2 为 $(n-q)\times q$ 的增益矩阵，并且 $\bar{A}_{22} - G_2\bar{A}_{12}$ 的特征值可以任意配置，这个 $n-q$ 维的观测器就是最小阶的观测器。但是在观测器方程中用到了 $\dot{y}$ 信号，当 y 中含有量测噪声时，将会造成较大的误差。为了避免在观测器方程中使用 $\dot{y}$，可进行以下变换，令

$$z = \hat{\bar{x}}_2 - G_2 y$$

其中，z 满足方程：

$$\dot{z} = (\bar{A}_{22} - G_2\bar{A}_{12})z + (\bar{B}_2 - G_2\bar{B}_1)u + [(\bar{A}_{21} - G_2\bar{A}_{11}) + (\bar{A}_{22} - G_2\bar{A}_{12})G_2]y \tag{5.2.20}$$

这时 $\hat{\bar{x}}_2 = z + G_2 y$，由于 $\bar{x} = [\bar{x}_1^{\mathrm{T}} \quad \bar{x}_2^{\mathrm{T}}]^{\mathrm{T}}$，而

$$\lim_{t\to\infty}\left(\bar{x} - \begin{bmatrix} y \\ z + G_2 y \end{bmatrix}\right) = \lim_{t\to\infty}\begin{bmatrix} 0 \\ \bar{x}_2 - \hat{\bar{x}}_2 \end{bmatrix} = 0$$

表明：

$$\begin{bmatrix} \hat{\bar{x}}_1 \\ \hat{\bar{x}}_2 \end{bmatrix} = \begin{bmatrix} I_q & 0 \\ G_2 & I_{n-q} \end{bmatrix}\begin{bmatrix} y \\ z \end{bmatrix}$$

就是 $\bar{x}$ 的估计，再由 $x = T^{-1}\bar{x}$ 可得 x 的估计值为

$$\hat{x} = \begin{bmatrix} C_1^{-1} & -C_1^{-1}C_2 \\ 0 & I \end{bmatrix}\begin{bmatrix} I & 0 \\ G_2 & I \end{bmatrix}\begin{bmatrix} y \\ z \end{bmatrix}$$

$$= \begin{bmatrix} C_1^{-1}[(I - C_2G_2)y - C_2 z] \\ z + G_2 y \end{bmatrix}$$

即

$$w = \begin{bmatrix} -C_1^{-1}C_2 \\ I \end{bmatrix}z + \begin{bmatrix} C_1^{-1}(I - C_2G_2) \\ G_2 \end{bmatrix}y \tag{5.2.21}$$

可以验证式(5.2.20)及式(5.2.21)的系数矩阵满足定理 5.2.4 中的条件(4)，并且 P 矩阵

取为 $(-G_2 \quad I_{n-q})T$，因此式(5.2.20)、式(5.2.21)是系统 (A,B,C) 的一个 $n-q$ 维观测器，而且由定理 5.2.9 可知是一个最小阶观测器，于是有以下定理。

定理 5.2.10　若 (A,C) 可观测，$\mathrm{rank}C=q$，则对系统 (A,B,C) 可构造 $n-q$ 维观测器式(5.2.20)、式(5.2.21)，而且观测器的极点可任意配置。若再假设 (A,B) 可控，则该观测器具有最小维数。

定理的证明已如前所述，这样构成的降维状态观测器称为伦伯格观测器。

例 5.2.3　设计如下系统的状态观测器：

$$A=\begin{bmatrix}-1 & 0 & 0\\ 0 & 1 & 1\\ 0 & 0 & 1\end{bmatrix},\quad B=\begin{bmatrix}1 & 0\\ 0 & 1\\ 0 & 1\end{bmatrix},\quad C=\begin{bmatrix}1 & 0 & 0\\ 0 & 1 & 1\end{bmatrix}$$

解　计算 $\mathrm{rank}C=2$，故可设计一维观测器。首先作变换：

$$T=\begin{bmatrix}1 & 0 & 0\\ 0 & 1 & 1\\ 0 & 0 & 1\end{bmatrix},\quad T^{-1}=\begin{bmatrix}1 & 0 & 0\\ 0 & 1 & -1\\ 0 & 0 & 1\end{bmatrix}$$

$$\bar{A}=\left[\begin{array}{cc|c}-1 & 0 & 0\\ 0 & 1 & 1\\ \hline 0 & 0 & 1\end{array}\right],\quad \bar{B}=\left[\begin{array}{cc}1 & 0\\ 0 & 2\\ \hline 0 & 1\end{array}\right],\quad \bar{C}=\left[\begin{array}{cc|c}1 & 0 & 0\\ 0 & 1 & 0\end{array}\right]$$

$$\bar{A}_{11}=\begin{bmatrix}-1 & 0\\ 0 & 1\end{bmatrix},\quad \bar{A}_{12}=\begin{bmatrix}0\\ 1\end{bmatrix},\quad \bar{A}_{21}=\begin{bmatrix}0 & 0\end{bmatrix},\quad \bar{A}_{22}=1$$

$$\bar{B}_1=\begin{bmatrix}1 & 0\\ 0 & 2\end{bmatrix},\quad \bar{B}_2=\begin{bmatrix}0 & 1\end{bmatrix},\quad \bar{C}_1=\begin{bmatrix}1 & 0\\ 0 & 1\end{bmatrix}$$

$$\bar{C}_2=\begin{bmatrix}0\\ 0\end{bmatrix},\quad G_2=\begin{bmatrix}g_1 & g_2\end{bmatrix}$$

代入式(5.2.20)和式(5.2.21)中可得

$$\dot{z}=(1-g_2)z-g_1u_1+(1-2g_2)u_2+(2g_1-g_1g_2)y_1-g_2^2y_2$$

$$w=\begin{bmatrix}0\\ -1\\ 1\end{bmatrix}z+\begin{bmatrix}1 & 0\\ -g_1 & 1-g_2\\ g_1 & g_2\end{bmatrix}y$$

其中，g_2 可以选择成任意达到观测器极点配置的要求，且 $g_2>1$。而 g_1 可任意，若取 $g_1=0$，这时观测器的方程为

$$\dot{z}=(1-g_2)z+(1-2g_2)u_2-g_2^2y_2$$

$$w=\begin{bmatrix}0\\ -1\\ 1\end{bmatrix}z+\begin{bmatrix}1 & 0\\ 0 & 1-g_2\\ 0 & g_2\end{bmatrix}y$$

5.3　利用状态观测器构成的状态反馈系统

虽然系统的状态变量不能直接量测到，但是利用状态观测器可以得到状态的渐近估计值 $\hat{\boldsymbol{x}}$，如果用 $\hat{\boldsymbol{x}}$ 代替真实状态进行反馈，即反馈控制律取为

$$\boldsymbol{u}=\boldsymbol{v}+\boldsymbol{K}\hat{\boldsymbol{x}} \tag{5.3.1}$$

这一反馈控制律表明在闭环系统中引入了状态观测器，显然将会发生两个问题：①状态反馈增益矩阵 $\boldsymbol{K}$ 是对真实状态 $\boldsymbol{x}$ 而设计的，当采用 $\hat{\boldsymbol{x}}$ 代替 $\boldsymbol{x}$ 时，为了保持所期望的特征值，$\boldsymbol{K}$ 矩阵是否需重新设计？②观测器的特征值是预先进行设置的，当观测器被引入系统后，这些特征值是否会发生变化？$\boldsymbol{G}$ 矩阵是否需重新设计？下面阐明的分离特性回答了这些问题。

考虑可控可观测的动态方程：

$$\begin{cases}\dot{\boldsymbol{x}}=\boldsymbol{A}\boldsymbol{x}+\boldsymbol{B}\boldsymbol{u}\\ \boldsymbol{y}=\boldsymbol{C}\boldsymbol{x}\end{cases} \tag{5.3.2}$$

由状态反馈的性质可知，存在 $\boldsymbol{K}$ 矩阵，可使 $\boldsymbol{A}+\boldsymbol{B}\boldsymbol{K}$ 具有任意的期望特征值分布。现用式(5.3.1)的反馈代替真实状态进行反馈，即在闭环系统中引入了状态观测器：

$$\dot{\hat{\boldsymbol{x}}}=(\boldsymbol{A}-\boldsymbol{G}\boldsymbol{C})\hat{\boldsymbol{x}}+\boldsymbol{B}\boldsymbol{u}+\boldsymbol{G}\boldsymbol{y} \tag{5.3.3}$$

通过观测器引入状态反馈的系统表示在图 5.3.1 中。联合式(5.3.1)～式(5.3.3)可得图 5.3.1 所示闭环系统的动态方程为

$$\begin{bmatrix}\dot{\boldsymbol{x}}\\ \dot{\hat{\boldsymbol{x}}}\end{bmatrix}=\begin{bmatrix}\boldsymbol{A} & \boldsymbol{B}\boldsymbol{K}\\ \boldsymbol{G}\boldsymbol{C} & \boldsymbol{A}-\boldsymbol{G}\boldsymbol{C}+\boldsymbol{B}\boldsymbol{K}\end{bmatrix}\begin{bmatrix}\boldsymbol{x}\\ \hat{\boldsymbol{x}}\end{bmatrix}+\begin{bmatrix}\boldsymbol{B}\\ \boldsymbol{B}\end{bmatrix}\boldsymbol{v} \tag{5.3.4}$$

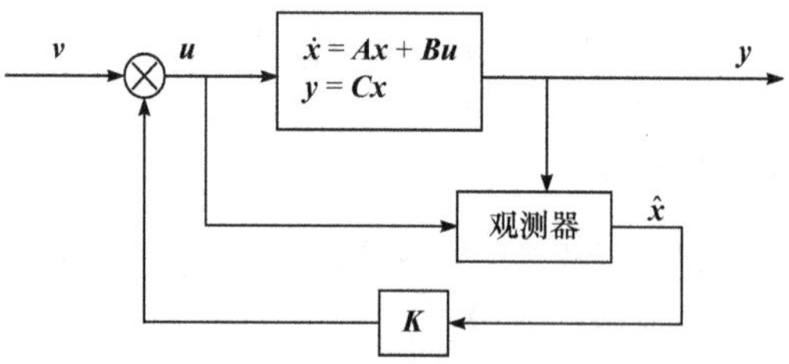

图 5.3.1　带观测器的状态反馈系统(1)

利用如下的等价变换：

$$\begin{bmatrix}\boldsymbol{x}\\ \tilde{\boldsymbol{x}}\end{bmatrix}=\begin{bmatrix}\boldsymbol{I} & \boldsymbol{0}\\ \boldsymbol{I} & -\boldsymbol{I}\end{bmatrix}\begin{bmatrix}\boldsymbol{x}\\ \hat{\boldsymbol{x}}\end{bmatrix}=\begin{bmatrix}\boldsymbol{x}\\ \boldsymbol{x}-\hat{\boldsymbol{x}}\end{bmatrix}$$

方程(5.3.4)变换为

$$\begin{bmatrix}\dot{\boldsymbol{x}}\\ \dot{\tilde{\boldsymbol{x}}}\end{bmatrix}=\begin{bmatrix}\boldsymbol{A}+\boldsymbol{B}\boldsymbol{K} & -\boldsymbol{B}\boldsymbol{K}\\ \boldsymbol{0} & \boldsymbol{A}-\boldsymbol{G}\boldsymbol{C}\end{bmatrix}\begin{bmatrix}\boldsymbol{x}\\ \tilde{\boldsymbol{x}}\end{bmatrix}+\begin{bmatrix}\boldsymbol{B}\\ \boldsymbol{0}\end{bmatrix}\boldsymbol{v} \tag{5.3.5}$$

方程(5.3.5)表明整个闭环系统的特征多项式等于 $\boldsymbol{A}+\boldsymbol{BK}$ 的特征多项式和 $\boldsymbol{A}-\boldsymbol{GC}$ 的特征多项式的乘积。因此可以断言，就所关心的特征值问题来说，在状态反馈系统中，采用 $\hat{\boldsymbol{x}}$ 与采用 $\boldsymbol{x}$ 作反馈是没有区别的，而且状态反馈增益矩阵 $\boldsymbol{K}$ 和观测器的增益矩阵 $\boldsymbol{G}$ 的设计可以相互独立地进行，这一性质通常称为分离特性。同样可以证明，当状态反馈采取降维观测器来实现时，分离特性仍然成立。

这里应用分离特性设计一个用降维状态观测器实现状态反馈的系统。设计的主要步骤是：首先设计反馈增益矩阵 $\boldsymbol{K}$ 以实现系统的极点配置，再单独设计具有任意指定特征值的降维状态观测器，得到状态的渐近估计值，最后按图 5.2.3 的形式组成反馈控制系统。

例 5.3.1　给定系统如下：

$$\boldsymbol{A}=\begin{bmatrix}-1&0&0\\0&1&1\\0&0&1\end{bmatrix}\quad \boldsymbol{B}=\begin{bmatrix}1&0\\0&1\\0&1\end{bmatrix}\quad \boldsymbol{C}=\begin{bmatrix}1&0&0\\0&1&1\end{bmatrix}$$

解　要用状态反馈将系统的特征值配到−1、−2、−3，并用降维状态观测器来实现所需要的反馈。

由于 $(\boldsymbol{A},\boldsymbol{B})$ 可控，$\boldsymbol{A}$ 已是循环矩阵，故在 $\boldsymbol{B}$ 的值域中可找到 $\boldsymbol{b}=\begin{bmatrix}1&1&1\end{bmatrix}^{\mathrm{T}}$，使 $(\boldsymbol{A},\boldsymbol{b})$ 可控。引入记号：$\boldsymbol{b}=\boldsymbol{BL},\ \boldsymbol{L}=\begin{bmatrix}1&1\end{bmatrix}^{\mathrm{T}},\ \boldsymbol{u}=\boldsymbol{L}v_1$，系统方程可写为

$$\dot{\boldsymbol{x}}=\boldsymbol{Ax}+\boldsymbol{b}v_1$$
$$\boldsymbol{y}=\boldsymbol{Cx}$$

利用等价变换 $\bar{\boldsymbol{x}}=\boldsymbol{Px}$，可将上述方程化为可控标准形：

$$\dot{\bar{\boldsymbol{x}}}=\begin{bmatrix}0&1&0\\0&0&1\\-1&1&1\end{bmatrix}\bar{\boldsymbol{x}}+\begin{bmatrix}0\\0\\1\end{bmatrix}v_1$$

变换矩阵为

$$\boldsymbol{P}=\frac{1}{4}\begin{bmatrix}1&2&-3\\-1&2&-1\\1&2&1\end{bmatrix}$$

期望的特征多项式为 $s^3+6s^2+11s+6$，故可得

$$\bar{\boldsymbol{K}}_1=\begin{bmatrix}1-6&-1-11&-1-6\end{bmatrix}=\begin{bmatrix}-5&-12&-7\end{bmatrix}$$
$$\boldsymbol{K}_1=\bar{\boldsymbol{K}}_1\boldsymbol{P}=\begin{bmatrix}0&-12&5\end{bmatrix}$$

这说明状态的反馈增益矩阵可取为

$$\boldsymbol{K}=\boldsymbol{LK}_1=\begin{bmatrix}1\\1\end{bmatrix}\begin{bmatrix}0&-12&5\end{bmatrix}=\begin{bmatrix}0&-12&5\\0&-12&5\end{bmatrix}$$

其中，$\boldsymbol{K}$ 是秩为 1 的矩阵。再设计降维状态观测器以产生状态的估计值。由例 5.2.3，可得一维状态观测器为

$$\dot{z}=(1-g_2)z+(1-2g_2)u_2-g_2^2y_2$$

$$\hat{\boldsymbol{x}}=\begin{bmatrix}0\\-1\\1\end{bmatrix}z+\begin{bmatrix}1&0\\0&1-g_2\\0&g_2\end{bmatrix}\boldsymbol{y}$$

其中，g_2 可用来配置观测器特征值，设所要的特征值为-4，则可取 $g_2=5$，一维状态观测器方程为

$$\dot{z}=-4z-9u_2-25y_2$$

$$\hat{\boldsymbol{x}}=\begin{bmatrix}0\\-1\\1\end{bmatrix}z+\begin{bmatrix}1&0\\0&-4\\0&5\end{bmatrix}\boldsymbol{y}$$

这样可得整个包含状态反馈和降维观测器的闭环系统的方程式如下：

$$\dot{\boldsymbol{x}}=\begin{bmatrix}-1&0&0\\0&1&1\\0&0&1\end{bmatrix}\boldsymbol{x}+\begin{bmatrix}1&0\\0&1\\0&1\end{bmatrix}\boldsymbol{u}$$

$$\boldsymbol{y}=\begin{bmatrix}1&0&0\\0&1&1\end{bmatrix}\boldsymbol{x}$$

$$\dot{z}=-4z-9\begin{bmatrix}0&1\end{bmatrix}\boldsymbol{u}-25\begin{bmatrix}0&1\end{bmatrix}\boldsymbol{y}$$

$$\hat{\boldsymbol{x}}=\begin{bmatrix}0\\-1\\1\end{bmatrix}z+\begin{bmatrix}1&0\\0&-4\\0&-5\end{bmatrix}\boldsymbol{y}$$

$$\boldsymbol{u}=\begin{bmatrix}0&-12&5\\0&-12&5\end{bmatrix}\hat{\boldsymbol{x}}+\boldsymbol{v}$$

将上面的方程合并后，可得闭环系统的矩阵为

$$\begin{bmatrix}-1&73&73&17\\0&74&74&17\\0&73&74&17\\0&-682&-682&-157\end{bmatrix}$$

不难验证其特征多项式为 $(s+1)(s^3+9s^2+26s+24)$。若将上述闭环系统的方程用拉普拉斯变换式表示，可得

$$\boldsymbol{y}(s)=\boldsymbol{G}(s)\boldsymbol{u}(s)$$
$$\boldsymbol{u}(s)=\boldsymbol{u}_1(s)+\boldsymbol{v}(s)$$

$$\boldsymbol{u}_1(s)=\begin{bmatrix}0 & -12 & 5\\ 0 & -12 & 5\end{bmatrix}\left\{\begin{bmatrix}0\\ -1\\ 1\end{bmatrix}\boldsymbol{z}(s)+\begin{bmatrix}1 & 0\\ 0 & -4\\ 0 & 5\end{bmatrix}\boldsymbol{y}(s)\right\}$$

$$\boldsymbol{z}(s)=\frac{1}{s+4}\left\{-9\begin{bmatrix}0 & 1\end{bmatrix}\boldsymbol{u}(s)-25\begin{bmatrix}0 & 1\end{bmatrix}\boldsymbol{y}(s)\right\}$$

因此：

$$\boldsymbol{u}_1(s)=\frac{1}{s+4}\left[\begin{pmatrix}0 & -153\\ 0 & -153\end{pmatrix}\boldsymbol{u}(s)+\begin{pmatrix}0 & 73s-133\\ 0 & 73s-133\end{pmatrix}\boldsymbol{y}(s)\right]$$

从而可得包括降维观测器及线性状态反馈的闭环系统的方块图，如图 5.3.2 所示。

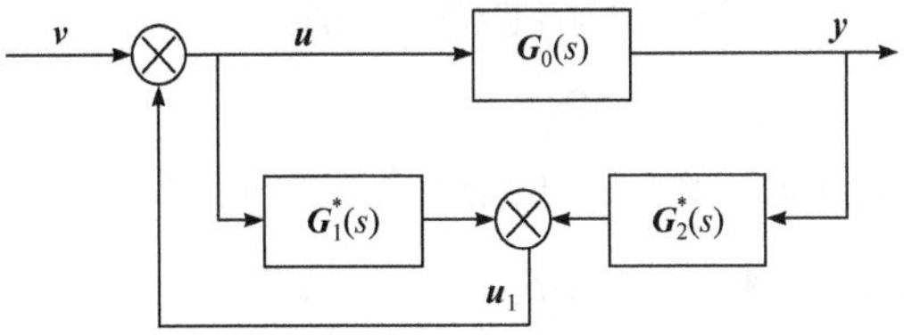

图 5.3.2　带观测器的状态反馈系统(2)

图 5.3.2 中的传递函数矩阵分别为

$$\boldsymbol{G}_0(s)=\boldsymbol{C}(s\boldsymbol{I}-\boldsymbol{A})^{-1}\boldsymbol{B}=\begin{bmatrix}\dfrac{1}{s+1} & 0\\ 0 & \dfrac{2s-1}{(s-1)^2}\end{bmatrix}$$

$$\boldsymbol{G}_1^*(s)=\frac{1}{s+4}\begin{bmatrix}0 & -153\\ 0 & -153\end{bmatrix}$$

$$\boldsymbol{G}_2^*(s)=\frac{1}{s+4}\begin{bmatrix}0 & 73s-133\\ 0 & 73s-133\end{bmatrix}$$

若令 $\boldsymbol{G}_1(s)=\left[\boldsymbol{I}-\boldsymbol{G}_1^*(s)\right]^{-1}$，则图 5.3.2 又可化为图 5.3.3 的形式。

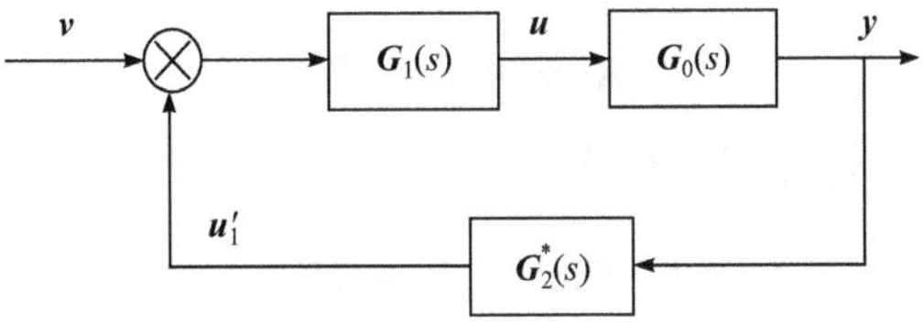

图 5.3.3　图 5.3.2 的等效形式

这里变换的原则是保持系统输入和输出的关系不变，图 5.3.3 中的形式正是反馈校正和串联校正联合应用的形式，这种类型校正的作用在经典理论中已为大家所熟悉。以直观的方式说明了观测器加状态反馈的效果就相当于对系统进行串联和反馈校正。反之，若对系统采用如图 5.3.3 所示的串联和反馈校正，只要 $\boldsymbol{G}_1(s)$ 和 $\boldsymbol{G}_2^*(s)$ 选得合适也可以起到状态反馈的作用。

为了说明图 5.3.3 所示系统，当 $\boldsymbol{G}_1(s)$ 和 $\boldsymbol{G}_2^*(s)$ 取得合适时，可以起到相当于加状态反馈的作用，通过它的动态方程来计算传递函数矩阵。若 $\boldsymbol{G}(s), \boldsymbol{G}_1(s), \boldsymbol{G}_2^*(s)$ 的动态方程实现分别为

$$\begin{cases} \dot{\boldsymbol{x}} = \boldsymbol{A}\boldsymbol{x} + \boldsymbol{B}\boldsymbol{u} \\ \boldsymbol{y} = \boldsymbol{C}\boldsymbol{x} \\ \dot{\boldsymbol{z}}_1 = (\boldsymbol{A} - \boldsymbol{G}\boldsymbol{C} + \boldsymbol{B}\boldsymbol{K})\boldsymbol{z}_1 + \boldsymbol{B}\boldsymbol{u}_2 \\ \boldsymbol{u} = \boldsymbol{K}\boldsymbol{z}_1 + \boldsymbol{u}_2 \\ \dot{\boldsymbol{z}}_2 = (\boldsymbol{A} - \boldsymbol{G}\boldsymbol{C})\boldsymbol{z}_2 + \boldsymbol{G}\boldsymbol{y} \\ \boldsymbol{u}_1' = \boldsymbol{K}\boldsymbol{z}_2 \end{cases} \tag{5.3.6}$$

另外，还有关系式 $\boldsymbol{u}_2 = \boldsymbol{u}_1' + \boldsymbol{v}$ 。整个闭环系统的动态方程为

$$\begin{bmatrix} \dot{\boldsymbol{x}} \\ \dot{\boldsymbol{z}}_1 \\ \dot{\boldsymbol{z}}_2 \end{bmatrix} = \begin{bmatrix} \boldsymbol{A} & \boldsymbol{B}\boldsymbol{K} & \boldsymbol{B}\boldsymbol{K} \\ \boldsymbol{0} & \boldsymbol{A} - \boldsymbol{G}\boldsymbol{C} + \boldsymbol{B}\boldsymbol{K} & \boldsymbol{B}\boldsymbol{K} \\ \boldsymbol{G}\boldsymbol{C} & \boldsymbol{0} & \boldsymbol{A} - \boldsymbol{G}\boldsymbol{C} \end{bmatrix} \begin{bmatrix} \boldsymbol{x} \\ \boldsymbol{z}_1 \\ \boldsymbol{z}_2 \end{bmatrix} + \begin{bmatrix} \boldsymbol{B} \\ \boldsymbol{B} \\ \boldsymbol{0} \end{bmatrix} \boldsymbol{v}$$

$$\boldsymbol{y} = \begin{bmatrix} \boldsymbol{C} & \boldsymbol{0} & \boldsymbol{0} \end{bmatrix} \begin{bmatrix} \boldsymbol{x} \\ \boldsymbol{z}_1 \\ \boldsymbol{z}_2 \end{bmatrix}$$

作等价变换，变换矩阵取为

$$\boldsymbol{P} = \begin{bmatrix} \boldsymbol{I} & \boldsymbol{0} & \boldsymbol{0} \\ -\boldsymbol{I} & \boldsymbol{I} & \boldsymbol{I} \\ \boldsymbol{0} & \boldsymbol{0} & -\boldsymbol{I} \end{bmatrix}$$

则变换后的 $\overline{\boldsymbol{A}}, \overline{\boldsymbol{B}}, \overline{\boldsymbol{C}}$ 矩阵分别为

$$\overline{\boldsymbol{A}} = \begin{bmatrix} \boldsymbol{A} + \boldsymbol{B}\boldsymbol{K} & \boldsymbol{B}\boldsymbol{K} & \boldsymbol{0} \\ \boldsymbol{0} & \boldsymbol{A} - \boldsymbol{G}\boldsymbol{C} & \boldsymbol{0} \\ -\boldsymbol{G}\boldsymbol{C} & \boldsymbol{0} & \boldsymbol{A} - \boldsymbol{G}\boldsymbol{C} \end{bmatrix}, \quad \overline{\boldsymbol{B}} = \begin{bmatrix} \boldsymbol{B} \\ \boldsymbol{0} \\ \boldsymbol{0} \end{bmatrix}$$

$$\overline{\boldsymbol{C}} = \begin{bmatrix} \boldsymbol{C} & \boldsymbol{0} & \boldsymbol{0} \end{bmatrix}$$

不难计算闭环系统的传递函数矩阵为

$$\begin{aligned} \boldsymbol{G}(s) &= \begin{bmatrix} \boldsymbol{C} & \boldsymbol{0} & \boldsymbol{0} \end{bmatrix} \begin{bmatrix} s\boldsymbol{I} - (\boldsymbol{A} + \boldsymbol{B}\boldsymbol{K}) & -\boldsymbol{B}\boldsymbol{K} & \boldsymbol{0} \\ \boldsymbol{0} & s\boldsymbol{I} - (\boldsymbol{A} - \boldsymbol{G}\boldsymbol{C}) & \boldsymbol{0} \\ \boldsymbol{G}\boldsymbol{C} & \boldsymbol{0} & s\boldsymbol{I} - (\boldsymbol{A} - \boldsymbol{G}\boldsymbol{C}) \end{bmatrix}^{-1} \begin{bmatrix} \boldsymbol{B} \\ \boldsymbol{0} \\ \boldsymbol{0} \end{bmatrix} \\ &= \boldsymbol{C}\left[s\boldsymbol{I} - (\boldsymbol{A} + \boldsymbol{B}\boldsymbol{K}) \right]^{-1} \boldsymbol{B} \end{aligned}$$

上式正表示对 $\boldsymbol{G}(s)$ 动态方程采取 $\boldsymbol{u} = \boldsymbol{K}\boldsymbol{x} + \boldsymbol{v}$ 的反馈后的传递函数矩阵。这说明只要

$G_1(s), G_2^*(s)$ 取得合适，像上面所做的那样，就相当于起到了状态反馈的作用。最后应当指出的是，这里所指的相当的含义是仅仅从输入输出特性上来考虑的。

另外，读者不难验证式(5.3.6)的动态方程是由观测器加状态反馈动态演变而来的，因此观测器加状态反馈后的闭环系统也具有传递函数矩阵 $C[sI-(A+BK)]^{-1}B$。

除用降维状态观测器作状态反馈之外，也可以用 n 维状态观测器作状态反馈，但是这时附加的观测器部分阶次提高，要多用积分器。尽管如此，在有噪声和初始条件不精确的情况下，宁可采取 n 维状态观测器，因为降维状态观测器对噪声的敏感度大，要选一组参数，使得观测器在各种不同干扰下都能满意地工作是不容易的。若为了进一步减少观测器的阶次，可以采取最小阶 $\boldsymbol{Kx}$ 观测器，即由观测器直接给出状态的线性函数的估计值。

在利用观测器的状态反馈系统中，观测器的极点在传递函数矩阵中没有反映，但是它对系统的动态性能仍然有着很大的影响。因此如何设置观测器的极点是一个重要的问题，这是最优控制所研究的，这里我们可直观地进行如下说明，如果观测器的极点的实部与系统所要配置的极点的实部相差不大，那么用 $\hat{x}$ 代替 x 的效果较差。但如果观测器的极点比系统所要配置的极点离虚轴远得多，这时观测器又起到微分器的作用，而引入微分器将会使系统抗干扰的能力降低，这也是不希望的(见习题 5.16)。

5.4　固定阶次的动态输出反馈

在 5.1 节中介绍了用静态输出反馈进行极点配置方面的一些结果。这些结果表明和状态反馈的情况不同，静态输出反馈一般不具有任意配置系统 n 个极点的能力。如果把动态环节加到输出反馈中，形成动态输出反馈，那输出反馈的能力就会增大。动态输出反馈也称为动态补偿器。5.3 节讨论的利用观测器构成的状态反馈系统，也是构成动态补偿器的一种方式。如前所述，这种动态补偿器可以完成系统极点配置的作用，它的阶数由观测器的阶数所决定。如果只从极点配置的角度来看，可令图 5.3.3 中的 $v=0$，因此 $G_1(s)$ 可合并于 $G_2^*(s)$，那么图 5.3.3 就可等效为动态输出反馈的形式了。下面一般地讨论用任一固定阶次的动态输出反馈配置闭环系统极点的能力。

考虑下列可控可观测的动态方程：

$$\begin{cases}\dot{x}=Ax+Bu\\ y=Cx\end{cases}\tag{5.4.1}$$

为了方便起见，假设 A 是循环矩阵，由推论 5.1.2 可知，这种假设不失一般性。由推论 5.1.1 可知，存在 $b\in ImB$，使 (A,b) 可控，将 b 写成 BL 的形式，这里 L 是 $p\times 1$ 的向量。这样方程(5.4.1)可表示为

$$\begin{cases}\dot{x}=Ax+bv\\ y=Cx\end{cases}\tag{5.4.2}$$

$$\boldsymbol{b}=\boldsymbol{B}\boldsymbol{L},\quad \boldsymbol{u}=\boldsymbol{L}\boldsymbol{v} \tag{5.4.3}$$

对于方程(5.4.2)所表示的单输入系统，它的 p 阶动态补偿器假设为

$$v^{(p)}+\sum_{i=0}^{p-1}A_i v^{(i)}=-\sum_{i=0}^{p}\boldsymbol{B}_i\boldsymbol{y}^{(i)} \tag{5.4.4}$$

其中，A_i 是常数；$\boldsymbol{B}_i$ 是 q 维的行向量，联合方程(5.4.2)和式(5.4.4)可得扩大了维数的系统：

$$\begin{aligned}
&\dot{\boldsymbol{x}}=\boldsymbol{A}\boldsymbol{x}+\boldsymbol{b}v_1\\
&\dot{v}_1=v_2\\
&\dot{v}_2=v_3\\
&\dot{v}=w\\
&w=-\sum_{i=0}^{p-1}A_i v_{i+1}-\sum_{i=0}^{p}\boldsymbol{B}_i\boldsymbol{y}^{(i)}
\end{aligned}$$

将最后一式中的 $\boldsymbol{y}^{(i)}$ 用 $\boldsymbol{C}\boldsymbol{x}^{(i)}$ 代替，即

$$\begin{aligned}
\boldsymbol{y}&=\boldsymbol{C}\boldsymbol{x}\\
\dot{\boldsymbol{y}}&=\boldsymbol{C}\dot{\boldsymbol{x}}=\boldsymbol{C}(\boldsymbol{A}\boldsymbol{x}+\boldsymbol{b}v_1)=\boldsymbol{C}\boldsymbol{A}\boldsymbol{x}+\boldsymbol{C}\boldsymbol{b}v_1\\
\ddot{\boldsymbol{y}}&=\boldsymbol{C}\boldsymbol{A}(\boldsymbol{A}\boldsymbol{x}+\boldsymbol{b}v_1)+\boldsymbol{C}\boldsymbol{b}\dot{v}_1\\
&=\boldsymbol{C}\boldsymbol{A}^2\boldsymbol{x}+\boldsymbol{C}\boldsymbol{A}\boldsymbol{b}v_1+\boldsymbol{C}\boldsymbol{b}v_2\\
&\vdots
\end{aligned}$$

记 $\bar{\boldsymbol{x}}^{\mathrm{T}}=[\boldsymbol{x}^{\mathrm{T}}\quad v_1\quad\cdots\quad v_p]^{\mathrm{T}}$，这样可得

$$\begin{cases}\dot{\bar{\boldsymbol{x}}}=\bar{\boldsymbol{A}}\boldsymbol{x}+\bar{\boldsymbol{B}}u\\ \bar{\boldsymbol{y}}=\bar{\boldsymbol{C}}\bar{\boldsymbol{x}}\\ w=\bar{\boldsymbol{N}}\bar{\boldsymbol{Y}}\end{cases} \tag{5.4.5}$$

其中

$$\bar{\boldsymbol{A}}=\begin{bmatrix}\boldsymbol{A} & \boldsymbol{b}\quad \boldsymbol{0}\\ \boldsymbol{0} & \boldsymbol{F}\end{bmatrix},\quad \bar{\boldsymbol{B}}=\begin{bmatrix}0\\ \vdots\\ 0\\ 1\end{bmatrix},\quad \bar{\boldsymbol{C}}=\begin{bmatrix}\bar{\boldsymbol{C}}_1\\ \boldsymbol{0}\quad -\boldsymbol{I}_p\end{bmatrix}$$

$$\boldsymbol{F}=\begin{bmatrix}0 & 1 & & & \\ \vdots & & 1 & & \\ \vdots & & & \ddots & \\ \vdots & & & & 1\\ 0 & \cdots & \cdots & \cdots & 0\end{bmatrix},\quad \bar{\boldsymbol{C}}_1=\begin{bmatrix}-\boldsymbol{C} & 0 & \cdots & 0\\ -\boldsymbol{C}\boldsymbol{A} & -\boldsymbol{C}\boldsymbol{b} & & \vdots\\ \vdots & \vdots & & 0\\ -\boldsymbol{C}\boldsymbol{A}^p & -\boldsymbol{C}\boldsymbol{A}^{p-1}\boldsymbol{b} & \cdots & -\boldsymbol{C}\boldsymbol{b}\end{bmatrix}$$

$$\bar{\boldsymbol{N}}=[\bar{\boldsymbol{N}}_1\quad \bar{\boldsymbol{N}}_2],\quad \boldsymbol{N}_1=[\boldsymbol{B}_0\quad \boldsymbol{B}_1\quad\cdots\quad \boldsymbol{B}_p],\quad \boldsymbol{N}_2=[A_0\quad A_1\quad\cdots\quad A_{p-1}]$$

定理 5.4.1 若 $(\boldsymbol{A},\boldsymbol{B},\boldsymbol{C})$ 可控可观测，$\boldsymbol{A}$ 是循环矩阵，$\mathrm{rank}[\boldsymbol{C}^{\mathrm{T}}\quad \boldsymbol{A}^{\mathrm{T}}\boldsymbol{C}^{\mathrm{T}}\quad\cdots\quad (\boldsymbol{A}^{\mathrm{T}})^p\boldsymbol{C}^{\mathrm{T}}]=$

α $(0 \leqslant p < n)$，则存在一个 p 阶动态补偿器使得闭环系统有 $\alpha + p$ 个预先给定的值(复数成对)。

证明　考察式(5.4.5)的方程，因为 $(\bar{\boldsymbol{A}}, \bar{\boldsymbol{B}})$ 可控，$\bar{\boldsymbol{C}}$ 的秩为 $\alpha + p$，由定理 5.1.5 可知存在 $\bar{\boldsymbol{N}}$ 矩阵，使得 $\bar{\boldsymbol{A}} + \bar{\boldsymbol{B}}\bar{\boldsymbol{N}}\bar{\boldsymbol{C}}$ 有 $\alpha + p$ 个特征值任意接近于预先指定的 $\alpha + p$ 个值，这 $\alpha + p$ 个值中若有复数应共轭成对出现。

引理 5.4.1　若给定系统(5.4.1)存在一个 l 阶补偿器使得增广系统具有给定的特征值集合 $\Lambda = \{\lambda_1, \lambda_2, \cdots, \lambda_{n+l}\}$，则系统(5.4.1)的对偶系统也一定存在一个 l 阶补偿器，使得它和系统(5.4.1)的对偶系统所组成的闭环系统具有相同的特征值集合 Λ。

证明　使得系统(5.4.1)具有特征值集合 Λ 的 l 阶补偿器若为

$$\dot{z}_1 = \boldsymbol{F} z_1 + \boldsymbol{G} \boldsymbol{y}_1$$
$$\boldsymbol{u}_1 = \boldsymbol{H} z_1 + \boldsymbol{N} \boldsymbol{y}_1$$

构成另一个 l 阶补偿器如下：

$$\dot{z}_2 = \boldsymbol{F}^{\mathrm{T}} z_2 + \boldsymbol{H}^{\mathrm{T}} \boldsymbol{y}_2$$
$$\boldsymbol{u}_2 = \boldsymbol{G}^{\mathrm{T}} z_2 + \boldsymbol{N}^{\mathrm{T}} \boldsymbol{y}_2$$

不难验证这个 l 阶补偿器和系统(5.4.1)的对偶系统组成的闭环系统具有相同的特征值集合 Λ。

定理 5.4.2　若 $(\boldsymbol{A}, \boldsymbol{B}, \boldsymbol{C})$ 可控可观测，$\boldsymbol{A}$ 是循环矩阵，$\operatorname{rank}[\boldsymbol{B} \quad \boldsymbol{AB} \quad \cdots \quad \boldsymbol{A}^p \boldsymbol{B}] = \beta$ $(0 \leqslant p < n)$，则存在一个 p 阶补偿器，使得闭环系统有 $\beta + p$ 个特征值任意接近于 $\beta + p$ 个预先给定的值(复数成对)。

定理 5.4.3　若 $(\boldsymbol{A}, \boldsymbol{B}, \boldsymbol{C})$ 可控可观测，$\boldsymbol{A}$ 是循环矩阵，$\operatorname{rank}[\boldsymbol{C}^{\mathrm{T}} \quad \boldsymbol{A}^{\mathrm{T}}\boldsymbol{C}^{\mathrm{T}} \quad \cdots \quad (\boldsymbol{A}^{\mathrm{T}})^p \boldsymbol{C}^{\mathrm{T}}] = \alpha$，$\operatorname{rank}[\boldsymbol{B} \quad \boldsymbol{AB} \quad \cdots \quad \boldsymbol{A}^p \boldsymbol{B}] = \beta$，则存在一个 p 阶补偿器，使得闭环系统有 $p + \max(\alpha, \beta)$ 个特征值任意接近 $p + \max(\alpha, \beta)$ 个预先给定的值(复数成对)。

由引理 5.4.1 容易证明定理 5.4.2，将定理 5.4.1 与定理 5.4.2 合起来就可得到定理 5.4.3。当 $p = 0$ 时，即为采取静态输出反馈时定理 5.1.6 的结果。

结合本节所阐明的定理 5.4.1 的证明，设给定系统 $(\boldsymbol{A}, \boldsymbol{B}, \boldsymbol{C})$ 可控可观测，补偿器的阶次为 p，$p + \max(\alpha, \beta)$ 个给定值为 $\lambda_1, \lambda_2, \cdots, \lambda_{p+\max(\alpha,\beta)}$。可将固定阶次动态补偿的设计步骤概括如下。

(1) 设一个 $\boldsymbol{K}_1$ 矩阵，使得 $\boldsymbol{A} + \boldsymbol{B}\boldsymbol{K}_1\boldsymbol{C}$ 是循环矩阵，这可反复运用定理 5.1.4 的构造性证明中提供的步骤。若已知 $\boldsymbol{A}$ 已是循环的，当然 $\boldsymbol{K}_1 = \boldsymbol{0}$。

(2) 计算 α 和 β，若 $\alpha \geqslant \beta$ 就可转入步骤(3)计算。若 $\alpha < \beta$，则用 $(\boldsymbol{A}^{\mathrm{T}}, \boldsymbol{C}^{\mathrm{T}}, \boldsymbol{B}^{\mathrm{T}})$ 和 β 代替 $(\boldsymbol{A}, \boldsymbol{B}, \boldsymbol{C})$ 和 α 进入步骤(3)计算。

(3) 由定理 5.1.2 的构造性证明中可以找到 $\boldsymbol{b}$，根据定理 5.2.1 的证明，按式(5.4.5)构造 $\bar{\boldsymbol{A}}$、$\bar{\boldsymbol{B}}$、$\bar{\boldsymbol{C}}$、$\bar{\boldsymbol{C}}_1$、$\bar{\boldsymbol{N}}$、$\bar{\boldsymbol{N}}_1$、$\bar{\boldsymbol{N}}_2$ 等矩阵。选 $\bar{\boldsymbol{C}}_1$ 的列和 $\bar{\boldsymbol{N}}_1$ 的相应的列(分别记为 $\boldsymbol{C}_{2\alpha}$ 和 $\boldsymbol{N}_{3\alpha}$)，使得

$$\bar{C}_0=\begin{bmatrix} C_{2\alpha} \\ \hline 0 \mid -I_p \end{bmatrix} \tag{5.4.6}$$

有$\alpha+p$个线性无关行。置$\bar{N}_1$余下的列为零，并定义：

$$\bar{N}_0=[N_{3\alpha}\quad \bar{N}_2] \tag{5.4.7}$$

系统($\bar{A},\bar{B},\bar{C},\bar{N}$)可由($\bar{A},\bar{B},\bar{C}_0,\bar{N}_0$)代替。

(4) 按照定理 5.1.5 证明中提供的方法，由给定的Λ集合计算$\varDelta_i$、h_i及S矩阵，可得

$$\bar{N}_0=(\varDelta_1\quad \varDelta_2\quad \cdots\quad \varDelta_{\alpha+p})S^{-1},\quad S=\bar{C}_0(h_1\quad h_2\quad \cdots\quad h_{\alpha+p})$$

当所计算出的S是奇异矩阵时，令$\lambda_k+\Delta\lambda_k$ $(k=1,2,\cdots,\alpha+p)$，$\Delta\lambda_k\to 0$，总可以做到使S非奇异。

(5) 根据式(5.4.7)，可得到$N_{3\alpha}$和$\bar{N}_2$，用式(5.4.5)中的表达式可得到$B_0,\cdots,B_p$和$A_0,\cdots,A_{p-1}$，将它们代入式(5.4.4)可得

$$v(s)=G_1(s)y(s)$$

这样就得到了补偿器的传递函数矩阵表示：

$$G_2(s)=LG_1(s)$$

若考虑到整个补偿器为

$$G_2(s)+K_1$$

当$\alpha<\beta$时，所期望的补偿器为$G_3(s)+K_1$，$G_3(s)$为$G_2(s)$的对偶形式。

注意在步骤(5)中，重要的是确定补偿器的阶次，最好直接由最低维(p=0)做起，对每个p都是$p+\max(\alpha,\beta)$个特征值可任意预先指定，如果剩下的$n-p-\max(\alpha,\beta)$个特征值位于复平面适宜的区域，这表明所选的p是一个可以允许的补偿器的阶次。否则所需要的p阶补偿器不存在，这时可取补偿器的阶次为$p+1$，重复以上步骤，直到得到满意的补偿器阶数。下面将要指出，至多当$p=p_0$时，总可达到满意的特征值配置。

例 5.4.1　设给定系统如下：

$$\dot{x}=\begin{bmatrix}-1 & 0 & 1\\ 0 & -1 & 1\\ 0 & -2 & -4\end{bmatrix}x+\begin{bmatrix}0\\1\\0\end{bmatrix}u$$

$$y=[1\quad -1\quad 1]x$$

解　要求找出一个一阶补偿器，使得尽可能多的闭环极点可以预先设置。根据前述设计步骤：A已是循环矩阵，故$K_1=0$。

计算α和β：

$$[\boldsymbol{B}\quad \boldsymbol{AB}]=\begin{bmatrix}0 & 0\\ 1 & -1\\ 0 & -2\end{bmatrix},\quad [\boldsymbol{C}^{\mathrm{T}}\quad \boldsymbol{A}^{\mathrm{T}}\boldsymbol{C}^{\mathrm{T}}]=\begin{bmatrix}1 & -1\\ -1 & -1\\ 1 & -4\end{bmatrix}$$

显然$\alpha=\beta=2$，由定理 5.4.1 可知，闭环有三个特征值可任意接近于三个预先设置的值。指定$\lambda_1=-4,\lambda_2=-5,\lambda_3=-6$。

按式(5.4.5)形成所需要的矩阵：

$$\bar{\boldsymbol{A}}=\left[\begin{array}{ccc:c}-1 & 0 & 1 & 0\\ 0 & -1 & 1 & 1\\ 0 & -2 & -4 & 0\\ \hdashline 0 & 0 & 0 & 0\end{array}\right],\quad \bar{\boldsymbol{B}}=\begin{bmatrix}0\\0\\0\\1\end{bmatrix},\quad \bar{\boldsymbol{C}}=\left[\begin{array}{ccc:c}-1 & 1 & -1 & 0\\ 1 & 1 & 4 & 1\\ \hdashline 0 & 0 & 0 & -1\end{array}\right],\quad \bar{\boldsymbol{N}}=[\boldsymbol{B}_0\quad \boldsymbol{B}_1\quad \boldsymbol{A}_0]$$

应用定理 5.1.5 所提供的方法求$\bar{\boldsymbol{N}}$，首先将$(\bar{\boldsymbol{A}},\bar{\boldsymbol{B}})$化为可控标准形，因为$\bar{\boldsymbol{A}}$的特征多项式为$s^4+6s^3+11s^2+6s$，所以可得

$$\bar{\boldsymbol{U}}^{-1}=\begin{bmatrix}6 & 11 & 6 & 1\\ 11 & 6 & 1 & 0\\ 6 & 1 & 0 & 0\\ 1 & 0 & 0 & 0\end{bmatrix},\quad \boldsymbol{U}=\begin{bmatrix}0 & 0 & 0 & -2\\ 0 & 1 & -1 & -1\\ 0 & 0 & -2 & 10\\ 1 & 0 & 0 & 0\end{bmatrix}$$

这样可得基底变换矩阵：

$$\boldsymbol{Q}=\boldsymbol{U}\bar{\boldsymbol{U}}^{-1}=\begin{bmatrix}-2 & 0 & 0 & 0\\ 4 & 5 & 1 & 0\\ -2 & -2 & 0 & 0\\ 6 & 11 & 6 & 1\end{bmatrix},\quad \bar{\boldsymbol{C}}\boldsymbol{Q}=\begin{bmatrix}8 & 7 & 1 & 0\\ 1 & 8 & 7 & 1\\ -6 & -11 & -6 & -1\end{bmatrix}$$

取$\lambda_1=-4,\lambda_2=-5,\lambda_3=-6$，可得$\varDelta_1=24,\varDelta_2=120,\varDelta_3=360$。

$$\boldsymbol{S}=\begin{bmatrix}8 & 7 & 1 & 0\\ 1 & 8 & 7 & 1\\ -6 & -11 & -6 & -1\end{bmatrix}\begin{bmatrix}1 & 1 & 1\\ -4 & -5 & -6\\ 16 & 25 & 36\\ -64 & -125 & -216\end{bmatrix}=\begin{bmatrix}-4 & -2 & 2\\ 17 & 11 & -11\\ 6 & 24 & 60\end{bmatrix}$$

$$[\boldsymbol{B}_0\quad \boldsymbol{B}_1\quad \boldsymbol{A}_0]=[24\quad 120\quad 360]\boldsymbol{S}^{-1}$$

$$\boldsymbol{B}_0=-16.8,\quad \boldsymbol{B}_1=-4.8,\quad \boldsymbol{A}_0=5.6$$

补偿器可由下列传递函数描述：

$$\frac{4.8s+16.8}{s+5.6}$$

由闭环特征多项式根与系数的关系，可得

$$\lambda_1+\lambda_2+\lambda_3+\lambda_4=-\left\{6-\begin{bmatrix}-16.8 & -4.8 & 5.6\end{bmatrix}\begin{bmatrix}0\\1\\-1\end{bmatrix}\right\}=-16.4$$

可以求出这时闭环的第四个特征值 $\lambda_4=-1.4$, λ_4 在数量上比较适当，故所求的这个一阶动态补偿器是合适的。

现在研究定理 5.4.3 的一个特殊情况，令 $p_0=\min\{\nu_0-1,\mu_0-1\}$，这里 ν_0 和 μ_0 分别表示系统的可观测性指数和可控性指数。

定理 5.4.4 若 $(\boldsymbol{A},\boldsymbol{B},\boldsymbol{C})$ 可控可观测，则可设计 p_0 阶动态补偿器，使闭环系统的 $n+p_0$ 个特征值可以任意配置。

证明 不妨假设 $\boldsymbol{A}$ 为循环矩阵。因为 $(\boldsymbol{A},\boldsymbol{B},\boldsymbol{C})$ 可控可观测，故矩阵 $[\boldsymbol{B}\quad \boldsymbol{AB}\quad \cdots\quad \boldsymbol{A}^{p_0}\boldsymbol{B}]$ 和 $[\boldsymbol{C}^{\mathrm{T}}\quad \boldsymbol{A}^{\mathrm{T}}\boldsymbol{C}^{\mathrm{T}}\quad \cdots\quad (\boldsymbol{A}^{\mathrm{T}})^{p_0}\boldsymbol{C}^{\mathrm{T}}]$ 至少有一个秩为 n，由定理 5.4.2 可知闭环系统有 $n+p_0$ 个特征值任意接近 $n+p_0$ 个预先给定的值。进一步考察可知，这时 $\bar{\boldsymbol{C}}_0$ 的秩为 $n+p_0$，$\boldsymbol{S}$ 总是可逆矩阵，故 $n+p_0$ 个预设值可以精确地达到。

这一定理表明 p_0 给出了任意配置特征值所需要的补偿器阶数的上限，即至多需要 p_0 阶动态补偿器，就可配置所有的特征值，而且可以精确达到任给的 $n+p_0$ 个预设值。

例 5.4.2 设给定系统如下：

$$\dot{\boldsymbol{x}}=\begin{pmatrix}0&0&0&1\\1&0&0&0\\0&1&0&0\\0&0&0&0\end{pmatrix}\boldsymbol{x}+\begin{pmatrix}0\\0\\0\\1\end{pmatrix}\boldsymbol{u}$$

$$\boldsymbol{y}=\begin{bmatrix}1&0&0&0\\0&0&1&0\end{bmatrix}\boldsymbol{x}$$

解 这个系统的可观测性指数为 2，所以用一阶补偿器即可进行闭环 5 个极点的配置。若 5 个极点均要求为 -1，现在来定出一阶补偿器的参数。

首先已知 $\boldsymbol{A}$ 已是循环矩阵，故 $\boldsymbol{K}_1=\boldsymbol{0}$，由 α 和 β 的计算表明 $\alpha>\beta$，构成：

$$\bar{\boldsymbol{A}}=\begin{bmatrix}0&0&0&1&0\\1&0&0&0&0\\0&1&0&0&0\\0&0&0&0&1\\0&0&0&0&0\end{bmatrix},\quad \bar{\boldsymbol{b}}=\begin{bmatrix}0\\0\\0\\0\\1\end{bmatrix},\quad \bar{\boldsymbol{C}}=\begin{bmatrix}-1&0&0&0&0\\0&0&-1&0&0\\0&0&0&-1&0\\0&-1&0&0&0\\0&0&0&0&-1\end{bmatrix}$$

$$\boldsymbol{N}=\begin{bmatrix}\boldsymbol{B}_0 & \boldsymbol{B}_1 & \boldsymbol{A}_0\end{bmatrix}$$

这里 $\boldsymbol{B}_0$、$\boldsymbol{B}_1$ 均是 2 维的行向量。$\bar{\boldsymbol{A}}$ 的特征多项式为 s^5，将 $(\bar{\boldsymbol{A}},\bar{\boldsymbol{b}})$ 化为可控标准形的基底变换矩阵为 $\boldsymbol{Q}$：

$$
\boldsymbol{U}=\begin{bmatrix}0&0&1&0&0\\0&0&0&1&0\\0&0&0&0&1\\0&1&0&0&0\\1&0&0&0&0\end{bmatrix},\quad \bar{\boldsymbol{U}}^{-1}=\begin{bmatrix}0&0&0&0&1\\0&0&0&1&0\\0&0&1&0&0\\0&1&0&0&0\\1&0&0&0&0\end{bmatrix}
$$

$$
\boldsymbol{Q}=\begin{bmatrix}0&0&1&0&0\\0&1&0&0&0\\1&0&0&0&0\\0&0&0&1&0\\0&0&0&0&1\end{bmatrix},\quad \bar{\boldsymbol{C}}\boldsymbol{Q}=\begin{bmatrix}0&0&-1&0&0\\-1&0&0&0&0\\0&0&0&-1&0\\0&-1&0&0&0\\0&0&0&0&-1\end{bmatrix}
$$

因为这时 $\lambda_1=-1$ 是 5 重根，故需要将特征方程分别求 1～4 次导数后，再将 $\lambda_i=-1$ 代入，可得

$$
\boldsymbol{S}=\bar{\boldsymbol{C}}\boldsymbol{Q}\begin{bmatrix}1&0&0&0&0\\-1&1&0&0&0\\1&-2&1&0&0\\-1&3&-3&1&0\\1&-4&6&-4&1\end{bmatrix}=\begin{bmatrix}-1&2&-1&0&0\\-1&0&0&0&0\\1&-3&3&-1&0\\1&-1&0&0&0\\-1&4&-6&4&-1\end{bmatrix}
$$

在这种情况下，因为 $\bar{\boldsymbol{C}}$ 的可逆性，故 $\boldsymbol{S}$ 总是可逆的，所以所要求的特征值可精确地达到。求出 $\boldsymbol{S}^{-1}$ 后，可得

$$
\bar{\boldsymbol{N}}=\begin{bmatrix}-1&5&-10&10&-5\end{bmatrix}\boldsymbol{S}^{-1}=\begin{bmatrix}-1&5&-10&10&-5\end{bmatrix}\begin{bmatrix}0&-1&0&0&0\\0&-1&0&-1&0\\-1&-1&0&-2&0\\-3&-1&-1&-3&0\\-6&-1&-4&-4&-1\end{bmatrix}
$$

$$
=\begin{bmatrix}10&1&10&5&5\end{bmatrix}
$$

这样一阶补偿器的传递函数为

$$
-\frac{\begin{bmatrix}10&5\end{bmatrix}s+\begin{bmatrix}10&1\end{bmatrix}}{s+5}
$$

若用状态方程表示，为

$$
\dot{z}=-5z+\begin{bmatrix}40&24\end{bmatrix}\boldsymbol{y}
$$

$$
u_1=z+\begin{bmatrix}-10&-5\end{bmatrix}\boldsymbol{y}
$$

不难验证闭环系统具有所要求的特征值集合，闭环系统的方块图表示在图 5.4.1 中，图 5.4.1(b)则是图 5.4.1(a)的简化形式。

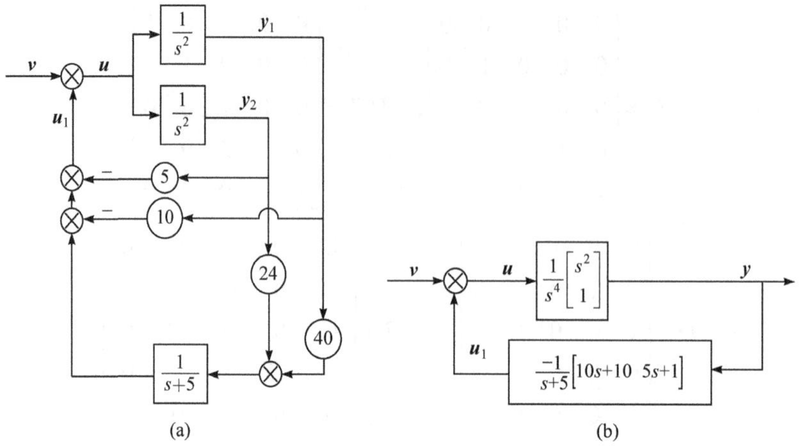

图 5.4.1　闭环系统的方块图

本 章 小 结

本章研究的对象仍然是线性时不变系统，首先介绍了静态输出反馈在极点配置方面的主要结果，在认识了静态输出反馈的局限性的基础上，很自然地感觉到引入观测器和动态补偿器的必要性。

用静态输出反馈进行极点配置方面的结果主要体现在定理 5.1.6 和定理 5.1.8 中。而定理 5.1.2～定理 5.1.4 则是在探讨极点配置问题时最常用到的一些基本结果。它们不只在讨论静态输出反馈时用到，在讨论动态输出反馈时也曾用到。读者可以略去这些证明，着重了解它们的结论和应用。对于需要了解证明细节的读者，可以先从甘特马赫尔所著《矩阵论》一书中获得必要的准备知识。从所介绍的有关极点配置方面的结果可以看出，这些结果都不够完善和理想，因此输出反馈极点配置作为一个问题，目前仍然在继续探索。

在观测器理论中，5.2 节介绍了状态观测器和 $\boldsymbol{Kx}$ 观测器的有关问题，包括观测器的存在性条件、极点任意设置的条件、结构条件、维数问题以及观测器的代数等价问题。最小维 $\boldsymbol{Kx}$ 观测器的设计没有涉及。感兴趣的读者可参考有关文献。

设计满足不同技术要求的动态补偿器，是改善系统性能的重要手段，因此动态补偿器的设计是控制理论中最有实用价值的内容。限于篇幅，这里只从达到系统极点配置的角度来研究动态补偿器的设计问题。5.3 节研究了观测器加线性状态反馈这种特殊形式的动态补偿器的设计，介绍了分离特性在设计时的应用，并指出这种形式的补偿器等价于输入输出反馈系统(图 5.3.2)的结构形式。5.4 节研究了“单回路”系统的动态补偿器的设计问题，这里“单回路”是指由对象与补偿器构成“一个回路”，区别于图 5.3.2 中的形式。为了保持方法上的延续性，仍采用状态空间方法讨论了固定阶次的补偿器在进行极点配置上的能力，指出 p_0 阶动态补偿器是达到任意配置极点的补偿器阶数的上限。动态补偿器的设计一般更多地采用复数域的方法，限于篇幅，这里没有涉及。

习　题

5.1　给定可控状态方程为

(1) $\dot{\boldsymbol{x}}=\begin{bmatrix}-1&0&0\\0&-2&0\\0&0&-3\end{bmatrix}\boldsymbol{x}+\begin{bmatrix}1&0\\1&1\\0&1\end{bmatrix}\boldsymbol{u}$

(2) $\dot{\boldsymbol{x}}=\begin{bmatrix}1&1&0&0\\0&1&1&0\\0&0&1&0\\0&0&0&2\end{bmatrix}\boldsymbol{x}+\begin{bmatrix}0&0\\0&0\\1&0\\0&1\end{bmatrix}\boldsymbol{u}$

在 $\boldsymbol{B}$ 的值域中找出 $\boldsymbol{b}$，使 $(\boldsymbol{A},\boldsymbol{b})$ 可控，并写出 $\boldsymbol{b}$ 的一般形式。

5.2　给定系统 $(\boldsymbol{A},\boldsymbol{B},\boldsymbol{C})$ 为

$$\boldsymbol{A}=\begin{bmatrix}1&1&0&0\\0&1&0&0\\0&0&1&1\\0&0&0&1\end{bmatrix},\quad \boldsymbol{B}=\begin{bmatrix}0&0\\1&0\\0&0\\0&1\end{bmatrix},\quad \boldsymbol{C}=\begin{bmatrix}1&0&0&0\\0&0&1&0\end{bmatrix}$$

寻求 2×2 矩阵 $\boldsymbol{H}$，使 $(\boldsymbol{A}+\boldsymbol{BHC},\boldsymbol{B})$ 可控，$(\boldsymbol{A}+\boldsymbol{BHC},\boldsymbol{C})$ 可观测，并且 $\boldsymbol{A}+\boldsymbol{BHC}$ 是循环矩阵。

5.3　证明系统：

$$\dot{\boldsymbol{x}}=\begin{bmatrix}-3&2&0\\4&-5&1\\0&0&-3\end{bmatrix}\boldsymbol{x}+\begin{bmatrix}0&1\\1&0\\0&1\end{bmatrix}\boldsymbol{u},\quad \boldsymbol{y}=\begin{bmatrix}1&0&0\\0&1&0\end{bmatrix}\boldsymbol{x}$$

用输出反馈可以任意配置极点。导出配置 λ_1、λ_2、λ_3 的反馈增益矩阵 $\boldsymbol{K}$ 的通式，并求 $\lambda_1=-1,\ \lambda_2=-2,\ \lambda_3=-3$ 时的 $\boldsymbol{K}$ 矩阵。

5.4　动态方程如下：

$$\dot{\boldsymbol{x}}=\begin{bmatrix}0&0&1\\0&0&0\\0&1&0\end{bmatrix}\boldsymbol{x}+\begin{bmatrix}1&0\\0&1\\0&0\end{bmatrix}\boldsymbol{u},\quad \boldsymbol{y}=\begin{bmatrix}1&0&1\\0&1&0\end{bmatrix}\boldsymbol{x}$$

其闭环特征多项式为 $\det[s\boldsymbol{I}-(\boldsymbol{A}+\boldsymbol{BKC})]=s^3+d_2s^2+d_1s+d_0$，试在参数空间 $(d_0\ d_1\ d_2)$ 中，求出可用输出反馈配置极点的区域，并在此区域中取一点具体进行配置，即求出反馈增益矩阵。

5.5　若 $\boldsymbol{A}+\boldsymbol{BKC}$ 的特征多项式的系数是 $\boldsymbol{K}$ 矩阵各元素的线性函数。证明用输出反馈增益矩阵 $\boldsymbol{K}$ 可以任意配置 $\boldsymbol{A}+\boldsymbol{BKC}$ 的特征值的充要条件是

$$\mathrm{rank}\boldsymbol{E}_n=n$$

其中，$E_n=[e_0\ e_1\cdots e_{n-1}]$，$e_i(i=0,1,2,\cdots,n-1)$ 是矩阵 CA^iB 按列接着排的 $p\times q$ 维列向量。

5.6 设 A 矩阵是下 Hessenberg 矩阵且次对角线上的元素均非零，即

$$A=\begin{bmatrix}\times & a_1 & 0 & \cdots & 0\\ \times & \times & a_2 & & \vdots\\ \vdots & & \ddots & \ddots & 0\\ \vdots & & & \ddots & a_{n-1}\\ \times & \times & \cdots & \cdots & \times\end{bmatrix},\quad a_1a_2\cdots a_{n-1}\neq 0$$

而

$$B=\begin{bmatrix}\mathbf{0}\\ B_1\end{bmatrix},\quad C=[C_1\quad \mathbf{0}]$$

其中，B_1,C_1 分别为 $p\times p,q\times q$ 的非奇异矩阵，证明：

(1) 当 $p+q-1\leqslant n$ 时，$A+BKC$ 的特征多项式的系数是 K 的各元素的线性函数；

(2) 当 $p+q-1\geqslant n$ 时，$A+BKC$ 的特征值可以任意配置。

5.7 若实数 λ 不是 A 的特征值，且有

$$\text{rank}\begin{bmatrix}B^{\perp}(\lambda I-A)\\ C\end{bmatrix}=n-p$$

试证：λ 必不可能成为 $A+BKC$ 的特征值。其中 $B^{\perp}$ 是满足 $B^{\perp}B=\mathbf{0}$ 、$\text{rank}B^{\perp}=n-p$ 的任何一个矩阵。

5.8 动态方程为

$$\dot{x}=\begin{bmatrix}1 & 0 & 0\\ -1 & 1 & 0\\ -1 & 1 & 2\end{bmatrix}x+\begin{bmatrix}1\\ 0\\ 1\end{bmatrix}u,\quad y=[5\quad -6\quad 0]x$$

闭环系统 $A+BKC$ 是否能以 $\left\{-1,[6\quad 3\quad 5]^{\mathrm{T}};\ -2,[12\quad 4\quad 11]^{\mathrm{T}}\right\}$ 为其特征值和特征向量？闭环系统另一个特征值应是多少？

5.9 动态方程为

$$\dot{x}=\begin{bmatrix}1 & 0\\ 0 & 0\end{bmatrix}x+\begin{bmatrix}1\\ 1\end{bmatrix}u,\quad y=[2\quad -1]x$$

试构造一个具有特征值 -10 、-10 的二维状态观测器。

5.10 动态方程为

$$\dot{x}=\begin{bmatrix}-1 & -2 & -2\\ 0 & -1 & 1\\ 1 & 0 & -1\end{bmatrix}x+\begin{bmatrix}2\\ 0\\ 1\end{bmatrix}u,\quad y=[1\quad 1\quad 0]x$$

构造具有特征值 2、-2 、-3 的三维状态观测器。

5.11 对于习题 5.10 中的动态方程，求具有特征值 -2 、-3 的二维状态观测器。

5.12　验证克罗内克积有如下性质：

$$(\boldsymbol{A}_1 \otimes \boldsymbol{B}_1)(\boldsymbol{A}_2 \otimes \boldsymbol{B}_2) = (\boldsymbol{A}_1\boldsymbol{A}_2) \otimes (\boldsymbol{B}_1\boldsymbol{B}_2)$$

5.13　试对下列系统构造降维状态观测器：

$$\dot{\boldsymbol{x}} = \begin{bmatrix} \boldsymbol{A}_{11} & \boldsymbol{A}_{12} \\ \boldsymbol{A}_{21} & \boldsymbol{A}_{22} \end{bmatrix}\boldsymbol{x} + \begin{bmatrix} \boldsymbol{B}_1 \\ \boldsymbol{B}_2 \end{bmatrix}\boldsymbol{u}, \quad \boldsymbol{y} = [0 \quad 1]\boldsymbol{x}$$

5.14　系统动态方程为

$$\dot{\boldsymbol{x}} = \begin{bmatrix} 0 & 0 & 0 & 0 \\ 1 & 0 & 1 & 0 \\ 0 & 0 & 0 & 0 \\ 1 & 0 & 0 & 0 \end{bmatrix}\boldsymbol{x} + \begin{bmatrix} 1 & 0 \\ 0 & 0 \\ 0 & 1 \\ 0 & 0 \end{bmatrix}\boldsymbol{u}, \quad \boldsymbol{y} = \begin{bmatrix} 1 & 0 & 1 & 1 \\ 0 & 1 & 0 & 0 \end{bmatrix}\boldsymbol{x}$$

试构造最小维状态观测器。

5.15　动态方程为

$$\dot{\boldsymbol{x}} = \begin{bmatrix} 1 & 1 \\ 0 & -2 \end{bmatrix}\boldsymbol{x} + \begin{bmatrix} 1 \\ 1 \end{bmatrix}\boldsymbol{u}, \quad y = [2 \quad 1]\boldsymbol{x}$$

用状态反馈将闭环极点设置在 $-1 \pm \mathrm{j}$。若状态反馈不能直接被利用，设计具有特征值 -3、-4 的二维状态观测器。画出包括线性状态反馈及观测器的整个闭环系统的方块图。

5.16　对习题 5.15 的系统，若采用特征值为−3 的降维状态观测器，试画出包括线性状态反馈及降维观测器的整个闭环系统的方块图。若观测器的特征值设置在 $-a$，而 $a \gg 1$，试证明这时相当于在系统中引入了微分器。

5.17　设一个系统具有传递函数：

$$\frac{(s-1)(s+2)}{(s+1)(s-2)(s+3)}$$

试问：是否有可能利用状态反馈将传递函数变成

$$\frac{s-1}{(s+2)(s+3)}$$

若有可能，问如何进行变换？若状态变量不能直接被利用，用特征值为 -1、-1 的降维状态观测器来产生状态变量。试写出整个闭环系统的动态方程与传递函数 $\boldsymbol{G}_1^*(s)$ 与 $\boldsymbol{G}_2^*(s)$ (参考图 5.3.2)。

5.18　动态方程为

$$\dot{\boldsymbol{x}} = \begin{bmatrix} 0 & 0 \\ 1 & 2 \end{bmatrix}\boldsymbol{x} + \begin{bmatrix} -1 \\ 1 \end{bmatrix}\boldsymbol{u}, \quad y = [0 \quad 1]\boldsymbol{x}$$

设计一阶动态补偿器，使闭环系统极点配置到 -1、-2、-3。

5.19　动态方程为

$$\dot{\boldsymbol{x}} = \begin{bmatrix} 0 & 0 & -1 \\ 1 & 0 & 3 \\ 0 & 1 & 0 \end{bmatrix}\boldsymbol{x} + \begin{bmatrix} -1 \\ 0 \\ 1 \end{bmatrix}\boldsymbol{u}, \quad y = [0 \quad 0 \quad 1]\boldsymbol{x}$$

讨论一阶、二阶动态补偿器对系统进行极点配置的能力。

5.20 动态方程如下：

(1) $\dot{\boldsymbol{x}}=\begin{bmatrix}0&1&0\\0&0&1\\0&1&0\end{bmatrix}\boldsymbol{x}+\begin{bmatrix}0\\0\\1\end{bmatrix}\boldsymbol{u},\quad \boldsymbol{y}=\begin{bmatrix}1&2&1\\0&1&0\end{bmatrix}\boldsymbol{x}$

(2) $\dot{\boldsymbol{x}}=\begin{bmatrix}1&1&0&0\\0&1&0&0\\0&0&1&1\\0&0&0&1\end{bmatrix}\boldsymbol{x}+\begin{bmatrix}0&0\\1&0\\0&0\\0&1\end{bmatrix}\boldsymbol{u},\quad \boldsymbol{y}=\begin{bmatrix}1&0&0&0\\0&0&1&0\end{bmatrix}\boldsymbol{x}$

用 p_0 阶的动态输出反馈配置 $n+p_0$ 个任给的极点。

第 6 章　线性时变系统

和线性时不变系统相比，线性时变系统的问题要复杂一些，首先在线性时变系统状态空间表达式中的矩阵均是时间的函数，系统的性质如状态可控性、可达性、可观测性、可重构性等和所研究的时刻有关，因此提出这些性质对 t 是否具有一致性的问题。在时变系统的设计中，一致性常是设计问题有解的条件。另外，时变系统的特征值和系统运动之间的联系不像时不变系统那样密切，在时不变系统中特征值对应于系统运动的模式，而在时变系统中为了分析系统运动，一般不能用对特征值的分析来代替，有时不得不去研究与系统运动关系密切的状态转移矩阵，而求出时变系统的状态转移矩阵本身就是一件困难的事情。另外，在研究方法上，显然复数域的方法一般不再适用，所采取的完全是时域的方法。

本章的目的是在第 1、2 章的基础上，介绍一致完全可控性与一致完全可观测性的概念，并对应于时不变系统的极点配置及观测器设计等问题，讨论时变系统的类似问题。企图通过这些讨论，介绍一些一般在研究时变系统时所遇到的困难和基本方法。

6.1　一致完全可控性与一致完全可观测性

本章所考虑的 n 维线性时变系统的方程为

$$\begin{cases} \dot{\boldsymbol{x}} = \boldsymbol{A}(t)\boldsymbol{x} + \boldsymbol{B}(t)\boldsymbol{u} \\ \boldsymbol{y} = \boldsymbol{C}(t)\boldsymbol{x} \end{cases} \tag{6.1.1}$$

其中，$\boldsymbol{u}$ 是 p 维输入向量；$\boldsymbol{y}$ 是 q 维输出向量；$\boldsymbol{A}(t)$、$\boldsymbol{B}(t)$ 和 $\boldsymbol{C}(t)$ 是相应维数的矩阵，并假设状态方程满足解存在和唯一性条件。对这一时变系统，在第 1、2 章已经进行过一些讨论。对于时变系统(6.1.1)，不仅要像第 2 章所做的那样，讨论可控性、可达性、可观测性以及可重构性，而且要研究这些性质对 t 是否具有一致性。下面介绍一致完全可控和一致完全可观测的概念，它们对于最优控制和滤波问题解的存在性及稳定性来说都是非常重要的。

为了引入一致完全可控的概念，先回忆 2.2 节所阐明的可控性和可达性的概念，在定义 2.2.1 和定义 2.2.2 中，所要求的有限时间 t_1 和定义在 $[t_0,t_1]$ 上的容许控制一般都是和 t_0 有关的，这点和时不变的情况大不相同，另外，时变系统的可控性与可达性也像时不变系统那样是等价的概念。希望定义一种“可控性”，使得具有这种“可控性”的系统，在以上所说的这些问题上类似于时不变系统，即使得时变的影响能相对小一些。另外，在最小能量消耗的控制中，需要完成控制的 $U_{[t_0,t_1]}$，因为它与可控性矩阵的逆阵呈正比关系，因此若可控性矩阵很“小”，将导致控制很“大”，而这是不期望的，故希望在所定义的

“可控性”中，对此也给出限制。

定义 6.1.1　一致完全可控。线性时变系统(6.1.1)称为**一致完全可控**的，如果存在$\sigma>0$以及与σ有关的正数$\alpha_i(\sigma)(i=1,2,3,4)$，使得对一切$t$有

$$0<\alpha_1(\sigma)\boldsymbol{I}\leqslant \boldsymbol{W}(t,t+\sigma)\leqslant \alpha_2(\sigma)\boldsymbol{I} \tag{6.1.2}$$

$$0<\alpha_3(\sigma)\boldsymbol{I}\leqslant \boldsymbol{\Phi}(t+\sigma,t)\boldsymbol{W}(t,t+\sigma)\boldsymbol{\Phi}^{\mathrm{T}}(t+\sigma,t)\leqslant \alpha_4(\sigma)\boldsymbol{I} \tag{6.1.3}$$

其中，$\boldsymbol{\Phi}(t_1,t_2)$是系统的状态转移矩阵；$\boldsymbol{W}$的定义如式(2.2.2)所示，是系统的可控性矩阵。

这一定义可以保证，在时间定义域内任何时刻的状态转移均可在时间间隔σ内完成，而与时间的起点无关。这里所说的状态转移，包括了从t时刻的任何状态转移到$t+\sigma$时刻的零状态(可控)以及由$t-\sigma$时刻的零状态转移到t时刻的任意状态(可达)，这两点分别由式(6.1.2)与式(6.1.3)所保证。实际上用可达性矩阵的概念，式(6.1.3)可以写成

$$0<\alpha_3(\sigma)\boldsymbol{I}\leqslant \boldsymbol{Y}(t-\sigma,t)\leqslant \alpha_4(\sigma)\boldsymbol{I} \tag{6.1.4}$$

其中，$\boldsymbol{Y}(t-\sigma,t)=\int_{t-\sigma}^{t}\boldsymbol{\Phi}(t,\tau)\boldsymbol{B}(\tau)\boldsymbol{B}^{\mathrm{T}}(\tau)\boldsymbol{\Phi}^{\mathrm{T}}(t,\tau)\mathrm{d}\tau$。所以定义中的一致性包含了对可控性的一致与对可达性的一致。另外，在这一时间间隔内，$\boldsymbol{u}$也可取得与时刻t无关，同时由于式(6.1.2)、式(6.1.3)给出了$\boldsymbol{W}(t,t+\sigma)$及$\boldsymbol{Y}(t-\sigma,t)$的上界与下界，这反映在进行控制时，$\boldsymbol{u}$的幅值也给出了限制，从而消耗的能量也受到了限制，有它的上界与下界。因此式(6.1.2)、式(6.1.3)就可与系统自由项的衰减速度和最优控制的最优化指标发生一定的联系。可以利用$\alpha_i(\sigma)$来估计系统自由项的衰减速度以及最优化指标的数值。由此可见定义 6.1.1 中的$\alpha_i(\sigma)$是很有价值的量。

按定义 2.2.1 是可控的系统，可以不是一致完全可控的。

例 6.1.1　一维线性系统：

$$\dot{x}=\mathrm{e}^{-|t|}u$$

解　该系统$M_0(t)=\mathrm{e}^{-|t|}$不等于零，故按定义 2.2.1 是可控的，但它不是一致完全可控的，因为对$t>0$，使$\boldsymbol{W}(t,t+\sigma)=\int_{t}^{t+\sigma}\mathrm{e}^{-2t}\mathrm{d}t=0.5\mathrm{e}^{-2t}(1-\mathrm{e}^{-2\sigma})>\alpha(\sigma)$成立的$\alpha(\sigma)$不存在，因为当$t$充分大时，因子$\mathrm{e}^{-2t}$可任意小。

例 6.1.2　一维线性系统$\dot{x}=b(t)u$，式中$b(t)$由图 6.1.1 所定义。

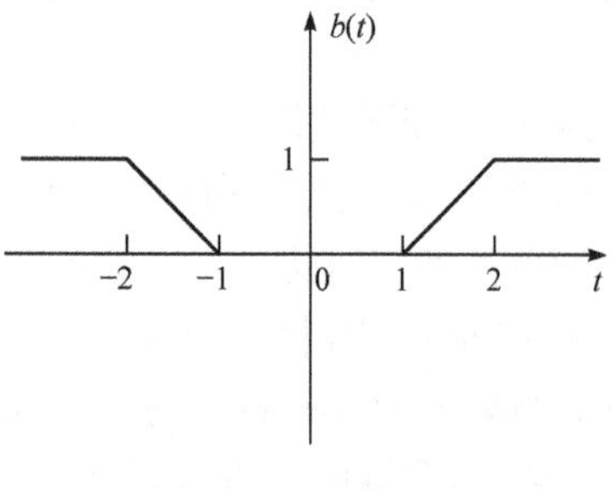

图 6.1.1　函数 $b(t)$

解　只要选择$\sigma=5$就可证明在$(-\infty,+\infty)$内系统是一致完全可控的，当然也是可控的。

在应用一致完全可控定义时，要借助于可控性矩阵，而$\boldsymbol{W}(t_0,t)$的计算又有赖于$\boldsymbol{\Phi}(t_0,t)$，这对一般时变系统来说，仍然是比较复杂的。关于可控性矩阵有以下定理。

定理 6.1.1　可控性矩阵$\boldsymbol{W}(t_0,t)$具有以下性质。

(1) $\boldsymbol{W}(t_0,t)$是对称的。

(2) $\boldsymbol{W}(t_0,t)$对于$t>t_0$是非负定的。

(3) $\boldsymbol{W}(t_0,t)$ 满足线性矩阵微分方程：

$$\frac{\mathrm{d}}{\mathrm{d}t}\boldsymbol{W}(t,t_1)=\boldsymbol{A}(t)\boldsymbol{W}(t,t_1)+\boldsymbol{W}(t,t_1)\boldsymbol{A}^{\mathrm{T}}(t)-\boldsymbol{B}(t)\boldsymbol{B}^{\mathrm{T}}(t) \tag{6.1.5}$$

$$\boldsymbol{W}(t_1,t_1)=0$$

(4) $\boldsymbol{W}(t_0,t)$ 满足

$$\boldsymbol{W}(t_0,t_1)=\boldsymbol{W}(t_0,t)+\boldsymbol{\Phi}(t_0,t)\boldsymbol{W}(t,t_1)\boldsymbol{\Phi}^{\mathrm{T}}(t_0,t_1) \tag{6.1.6}$$

证明　由于这些证明都很简单，作为习题留给读者(见习题 6.1)。

定理 6.1.2　若 $\boldsymbol{A}(t)$ 及 $\boldsymbol{B}(t)$ 有界，即存在 K 使得对任意的 t，均有

$$\|\boldsymbol{A}(t)\|<K,\quad \|\boldsymbol{B}(t)\|<K \tag{6.1.7}$$

则系统一致完全可控的充分必要条件为：存在 $\sigma>0$ 及 $\alpha_0(\sigma)$，使得对一切 t 有

$$0<\alpha_0(\sigma)\boldsymbol{I}\leqslant \boldsymbol{W}(t,t+\sigma) \tag{6.1.8}$$

条件(6.1.8)的必要性根据一致完全可控的定义是显然成立的。要证明条件(6.1.8)的充分性，只要证明定义 6.1.1 中的另外两个不等式。为此，先证明两个引理。

引理 6.1.1　(Gronwall-Bellman 不等式)　设 $u(t)$ 、$v(t)\geqslant 0$，而 $c>0$，若

$$u\leqslant c+\int_0^t uv\mathrm{d}t,\quad \forall t\geqslant 0 \tag{6.1.9}$$

则有

$$u\leqslant c\mathrm{e}^{\int_0^t v\mathrm{d}t},\quad \forall t\geqslant 0 \tag{6.1.10}$$

证明　由式(6.1.9)可得

$$\frac{uv}{c+\int_0^t uv\mathrm{d}t}\leqslant v$$

积分上式得

$$\int_0^t \frac{uv}{c+\int_0^t uv\mathrm{d}t}\mathrm{d}t\leqslant \int_0^t v\mathrm{d}t$$

引入 $w=c+\int_0^t uv\mathrm{d}t, \mathrm{d}w=uv\mathrm{d}t$，并注意到 $t=0$ 时，$w=c$，所以

$$\ln\left(c+\int_0^t uv\mathrm{d}t\right)-\ln c\leqslant \int_0^t v\mathrm{d}t$$

即

$$c+\int_0^t uv\mathrm{d}t\leqslant c\mathrm{e}^{\int_0^t v\mathrm{d}t}$$

再根据式(6.1.9)，显然有式(6.1.10)成立。

引理 6.1.2 系统 $\dot{\boldsymbol{x}}=\boldsymbol{A}(t)\boldsymbol{x}$ 的矩阵 $\boldsymbol{A}(t)$ 有界，即存在 K，使得对一切 t 有 $\|\boldsymbol{A}(t)\|\leqslant K$ 成立，则其状态转移矩阵 $\boldsymbol{\Phi}(t+\sigma,t)$ 满足不等式：

$$\|\boldsymbol{\Phi}(t+\sigma,t)\|\leqslant \mathrm{e}^{K\sigma} \tag{6.1.11}$$

更一般地，对 $\forall s,t$ 均有 $\|\boldsymbol{\Phi}(t,s)\|\leqslant \mathrm{e}^{K|t-s|}$ 成立。

证明 这里只证明式(6.1.11)。设 $t\geqslant\tau$，则有

$$\frac{\mathrm{d}}{\mathrm{d}t}\boldsymbol{\Phi}(t,\tau)=\boldsymbol{A}(t)\boldsymbol{\Phi}(t,\tau),\quad \boldsymbol{\Phi}(\tau,\tau)=\boldsymbol{I}$$

积分上式得到

$$\boldsymbol{\Phi}(t,\tau)=\boldsymbol{I}+\int_{\tau}^{t}\boldsymbol{A}(\rho)\boldsymbol{\Phi}(\rho,\tau)\mathrm{d}\rho$$

对上式进行估值：

$$\|\boldsymbol{\Phi}(t,\tau)\|\leqslant 1+\int_{\tau}^{t}\|\boldsymbol{A}(\rho)\|\|\boldsymbol{\Phi}(\rho,\tau)\|\,\mathrm{d}\rho$$

应用引理 6.1.1 的不等式，整理得

$$\|\boldsymbol{\Phi}(t+\sigma,t)\|\leqslant \exp\int_{t}^{t+\sigma}\|\boldsymbol{A}(\rho)\|\,\mathrm{d}\rho\leqslant \mathrm{e}^{K\sigma}$$

定理 6.1.2 充分性：

$$\|\boldsymbol{W}(t,t+\sigma)\|\leqslant\int_{t}^{t+\sigma}\|\boldsymbol{\Phi}(t,\tau)\|^{2}\|\boldsymbol{B}(\tau)\|^{2}\,\mathrm{d}\tau$$

$$\leqslant K^{2}\int_{t}^{t+\sigma}\|\boldsymbol{\Phi}(t,\tau)\|^{2}\,\mathrm{d}\tau$$

因为 $\|\boldsymbol{A}(t)\|< K$，由引理 6.1.2 可知 $\|\boldsymbol{\Phi}(t,\tau)\|\leqslant \mathrm{e}^{K(t-\tau)}$，所以

$$\|\boldsymbol{W}(t,t+\sigma)\|\leqslant K^{2}\int_{t}^{t+\sigma}\mathrm{e}^{2K(t-\tau)}\mathrm{d}\tau=\frac{K}{2}(1-\mathrm{e}^{-2K\sigma})=\alpha_{1}(\sigma)$$

即

$$\boldsymbol{W}(t,t+\sigma)\leqslant\alpha_{1}(\sigma)\boldsymbol{I}$$

上式与式(6.1.8)表明式(6.1.2)成立。再证式(6.1.3)也成立，因为 $\boldsymbol{W}(t,t+\sigma)\geqslant\alpha_{0}(\sigma)\boldsymbol{I}>0$ 均为正定对称矩阵，故

$$\boldsymbol{W}^{-1}(t,t+\sigma)\leqslant\frac{1}{\alpha_{0}(\sigma)}\boldsymbol{I}$$

因为 $\boldsymbol{\Phi}(t,t+\sigma)$ 非奇异，可得

$$\boldsymbol{\Phi}^{\mathrm{T}}(t,t+\sigma)\boldsymbol{W}^{-1}(t,t+\sigma)\boldsymbol{\Phi}(t,t+\sigma)\leqslant\frac{1}{\alpha_{0}(\sigma)}\boldsymbol{\Phi}^{\mathrm{T}}(t,t+\sigma)\boldsymbol{\Phi}(t,t+\sigma)$$

已知 $\|\boldsymbol{\Phi}(t,t+\sigma)\|=\|\boldsymbol{\Phi}^{\mathrm{T}}(t,t+\sigma)\|\leqslant \mathrm{e}^{K\sigma}$，所以

$$\|\boldsymbol{\Phi}^{\mathrm{T}}(t,t+\sigma)\boldsymbol{W}^{-1}(t,t+\sigma)\boldsymbol{\Phi}(t,t+\sigma)\| \leqslant \frac{1}{\alpha_0(\sigma)}\mathrm{e}^{2K\sigma} = \frac{1}{\alpha_3(\sigma)}$$

$$\boldsymbol{\Phi}^{\mathrm{T}}(t,t+\sigma)\boldsymbol{W}^{-1}(t,t+\sigma)\boldsymbol{\Phi}(t,t+\sigma) \leqslant \frac{1}{\alpha_3(\sigma)}\boldsymbol{I}$$

$$\boldsymbol{\Phi}(t+\sigma,t)\boldsymbol{W}(t,t+\sigma)\boldsymbol{\Phi}^{\mathrm{T}}(t+\sigma,t) \geqslant \alpha_3(\sigma)\boldsymbol{I}$$

这里利用了关系式$\boldsymbol{\Phi}^{-1}(t,t+\sigma)=\boldsymbol{\Phi}(t+\sigma,t)$。最后有

$$\|\boldsymbol{\Phi}(t+\sigma,t)\boldsymbol{W}(t,t+\sigma)\boldsymbol{\Phi}^{\mathrm{T}}(t+\sigma,t)\| \leqslant \|\boldsymbol{\Phi}(t+\sigma,t)\|^2\|\boldsymbol{W}(t,t+\sigma)\| \leqslant \mathrm{e}^{2K\sigma}\alpha_1(\sigma)=\alpha_4(\sigma)$$

$$\boldsymbol{\Phi}(t+\sigma,t)\boldsymbol{W}(t,t+\sigma)\boldsymbol{\Phi}^{\mathrm{T}}(t+\sigma,t) \leqslant \alpha_4(\sigma)\boldsymbol{I}$$

定义 6.1.1 中的式(6.1.2)、式(6.1.3)均成立，定理 6.1.2 的充分性证毕。

特别指出定理 6.1.2 中的有界条件对于得出定理结论是不可少的，举例如下。

例 6.1.3　考虑一维系统：

$$\dot{x}=3t^2x+\sqrt{6}tu$$

解　$\sigma=1$时的可控性矩阵是

$$\boldsymbol{W}(t,t+1)=1-\exp(-6t^2-6t-2)$$

因为对于所有的t均有

$$1-\mathrm{e}^{-1/2} \leqslant \boldsymbol{W}(t,t+1) \leqslant 1$$

所以式(6.1.2)成立，但是：

$$\boldsymbol{Y}(t-\sigma,t)=\exp(6\sigma t^2-6\sigma^2 t+2\sigma^3)-1$$

对于任何的$\sigma>0$，式(6.1.3)均不可能成立，因此该系统不是一致完全可控的。实际上一致完全可控性的概念中包含对完全可控性的一致性与对完全可达性的一致性，该例题说明对于可控性有一致性，但对可达性无一致性，因此不是一致完全可控的。定理 6.1.2 说明在有界的条件下，对可控性具有一致性即对可达性也具有一致性，因此是一致完全可控的。

与一致完全可控的定义对应有一致完全可观测的定义。

定义 6.1.2　一致完全可观测。线性时变系统(6.1.1)称为**一致完全可观测**的，如果存在$\sigma>0$及$\beta_i(\sigma)(i=1,2,3,4)$，使得对一切$t$有

$$0<\beta_1(\sigma)\boldsymbol{I} \leqslant \boldsymbol{V}(t,t+\sigma) \leqslant \beta_2(\sigma)\boldsymbol{I} \tag{6.1.12}$$

$$0<\beta_3(\sigma)\boldsymbol{I} \leqslant \boldsymbol{\Phi}^{\mathrm{T}}(t,t+\sigma)\boldsymbol{V}(t,t+\sigma)\boldsymbol{\Phi}(t,t+\sigma) \leqslant \beta_4(\sigma)\boldsymbol{I} \tag{6.1.13}$$

其中，$\boldsymbol{V}$是可观测性矩阵，定义如下：

$$\boldsymbol{V}(t,t+\sigma)=\int_t^{t+\sigma}\boldsymbol{\Phi}^{\mathrm{T}}(\tau,t)\boldsymbol{C}^{\mathrm{T}}(\tau)\boldsymbol{C}(\tau)\boldsymbol{\Phi}(\tau,t)\mathrm{d}\tau \tag{6.1.14}$$

显然一致完全可观测的系统在时间定义域内的任意时刻t的一个区间$[t,t+\sigma]$上都是可观测的，在$[t-\sigma,t]$上都是可重构的。同时根据一致完全可观测的定义可知，$\boldsymbol{V}(t,t+\sigma)$

及$\boldsymbol{\Phi}^{\mathrm{T}}(t,t+\sigma)\boldsymbol{V}(t,t+\sigma)\boldsymbol{\Phi}(t,t+\sigma)$有上界与下界，这种有界性在讨论最优估计和对估计误差进行判断时，是十分有用的。

定理 6.1.3　可观测性矩阵(6.1.14)具有以下性质。

(1) $\boldsymbol{V}(t_0,t_1)$是对称的。

(2) $\boldsymbol{V}(t_0,t_1)$对于$t_1>t_0$是非负定的。

(3) $\boldsymbol{V}(t_0,t_1)$满足线性矩阵微分方程：

$$\frac{\mathrm{d}\boldsymbol{V}(t,t_1)}{\mathrm{d}t}=-\boldsymbol{A}^{\mathrm{T}}(t)\boldsymbol{V}(t,t_1)-\boldsymbol{V}(t,t_1)\boldsymbol{A}(t)-\boldsymbol{C}^{\mathrm{T}}(t)\boldsymbol{C}(t) \tag{6.1.15}$$

$$\boldsymbol{V}(t_1,t_1)=0$$

(4) $\boldsymbol{V}(t_0,t_1)$满足

$$\boldsymbol{V}(t_0,t_1)=\boldsymbol{V}(t_0,t)+\boldsymbol{\Phi}^{\mathrm{T}}(t,t_0)\boldsymbol{V}(t,t_1)\boldsymbol{\Phi}(t,t_0) \tag{6.1.16}$$

定理 6.1.4　若存在K使对任意的t有

$$\|\boldsymbol{A}(t)\|<K,\quad \|\boldsymbol{C}(t)\|<K \tag{6.1.17}$$

则系统一致完全可观测的充分必要条件为：存在$\sigma>0$及$\beta_0(\sigma)$，使得对一切t有

$$0<\beta_0(\sigma)\boldsymbol{I}\leqslant\boldsymbol{V}(t,t+\sigma) \tag{6.1.18}$$

证明　必要性显然成立。充分性证明如下：

$$\begin{aligned}
\|\boldsymbol{V}(t,t+\sigma)\|&=\left\|\int_t^{t+\sigma}\boldsymbol{\Phi}^{\mathrm{T}}(\tau,t)\boldsymbol{C}^{\mathrm{T}}(\tau)\boldsymbol{C}(\tau)\boldsymbol{\Phi}(\tau,t)\mathrm{d}\tau\right\|\\
&\leqslant\int_t^{t+\sigma}\|\boldsymbol{\Phi}(\tau,t)\|^2\|\boldsymbol{C}(\tau)\|^2\,\mathrm{d}\tau\\
&\leqslant K^2\int_t^{t+\sigma}\|\boldsymbol{\Phi}(\tau,t)\|^2\,\mathrm{d}\tau\\
&\leqslant K^2\int_t^{t+\sigma}(\mathrm{e}^{K(\tau-t)})^2\mathrm{d}\tau\\
&=K^2\int_t^{t+\sigma}\mathrm{e}^{2K(\tau-t)}\mathrm{d}\tau\\
&=\frac{K}{2}(\mathrm{e}^{2K\sigma}-1)
\end{aligned}$$

取$\beta_2(\sigma)=\dfrac{K}{2}(\mathrm{e}^{2K\sigma}-1)>0$，从而就有

$$\boldsymbol{V}(t,t+\sigma)\leqslant\beta_2(\sigma)\boldsymbol{I}$$

上式与式(6.1.18)表明式(6.1.12)成立。再证式(6.1.13)也成立。

$$\begin{aligned}
\|\boldsymbol{\Phi}^{\mathrm{T}}(t,t+\sigma)\boldsymbol{V}(t,t+\sigma)\boldsymbol{\Phi}(t,t+\sigma)\|&\leqslant\|\boldsymbol{\Phi}(t,t+\sigma)\|^2\|\boldsymbol{V}(t,t+\sigma)\|\\
&\leqslant\mathrm{e}^{-2K\sigma}\frac{K}{2}(\mathrm{e}^{2K\sigma}-1)\\
&=\frac{K}{2}(1-\mathrm{e}^{-2K\sigma})\\
&=\beta_4(\sigma)
\end{aligned}$$

所以

$$\boldsymbol{\Phi}^{\mathrm{T}}(t,t+\sigma)\boldsymbol{V}(t,t+\sigma)\boldsymbol{\Phi}(t,t+\sigma)\leqslant\beta_4(\sigma)\boldsymbol{I}$$

又因为$\boldsymbol{V}^{-1}(t,t+\sigma)\leqslant(1/\beta_0(\sigma))\boldsymbol{I}$，故可得

$$\|\boldsymbol{\Phi}(t+\sigma,t)\boldsymbol{V}^{-1}(t,t+\sigma)\boldsymbol{\Phi}^{\mathrm{T}}(t+\sigma,t)\|\leqslant \mathrm{e}^{2K\sigma}/\beta_0(\sigma)=1/\beta_3(\sigma)$$

$$\boldsymbol{\Phi}(t+\sigma,t)\boldsymbol{V}^{-1}(t,t+\sigma)\boldsymbol{\Phi}^{\mathrm{T}}(t+\sigma,t)\leqslant(1/\beta_3(\sigma))\boldsymbol{I}$$

$$\boldsymbol{\Phi}^{\mathrm{T}}(t,t+\sigma)\boldsymbol{V}(t,t+\sigma)\boldsymbol{\Phi}(t,t+\sigma)\geqslant\beta_3(\sigma)\boldsymbol{I}$$

定义 6.1.2 中的式(6.1.12)和式(6.1.13)均成立，定理 6.1.4 的充分性证毕。

6.2　利用反馈改变系统的衰减度

在线性时不变系统中，已经证明了可控性等价于状态反馈可任意配置闭环系统的特征值。对于线性时变系统，一个自然的问题是，这一特征值任意配置的性质以怎样的形式出现呢？因为对于时变系统，特征值的概念不像时不变系统那样和系统运动有直接联系，所以不能按照配置特征值的观点处理时变系统的动态特性，因此需要考察的是比特征值更为基本的量，即闭环系统的状态转移矩阵。

考虑齐次方程$\dot{\boldsymbol{x}}=\boldsymbol{A}(t)\boldsymbol{x}$，它的解为$\boldsymbol{x}(t)=\boldsymbol{\Phi}(t,t_0)\boldsymbol{x}(t_0)$，这里$\boldsymbol{\Phi}(t,t_0)$是状态转移矩阵。

定义 6.2.1　衰减度。若存在实数$M\geqslant m,a>0,b>0$，使得对一切$t\geqslant t_0$及一切$\boldsymbol{x}(t_0)=\boldsymbol{x}_0$均有

$$a\|\boldsymbol{x}_0\|\mathrm{e}^{m(t-t_0)}\leqslant\|\boldsymbol{x}(t)\|\leqslant b\|\boldsymbol{x}_0\|\mathrm{e}^{M(t-t_0)} \tag{6.2.1}$$

称$\boldsymbol{x}(t)$具有**衰减上限**M、**衰减下限**m，简称系统具有**衰减度**(M,m)。

定理 6.2.1　定义 6.2.1 中的式(6.2.1)与下面两式等价：

$$\|\boldsymbol{\Phi}(t,t_0)\|\leqslant b\mathrm{e}^{M(t-t_0)},\quad \forall t\geqslant t_0 \tag{6.2.2}$$

$$\|\boldsymbol{\Phi}^{-1}(t,t_0)\|\leqslant a^{-1}\mathrm{e}^{-m(t-t_0)},\quad \forall t\geqslant t_0 \tag{6.2.3}$$

证明　对于齐次方程$\dot{\boldsymbol{x}}=\boldsymbol{A}(t)\boldsymbol{x}$有

$$\boldsymbol{x}(t)=\boldsymbol{\Phi}(t,t_0)\boldsymbol{x}(t_0)$$

因此有

$$\|\boldsymbol{x}(t)\|\leqslant\|\boldsymbol{\Phi}(t,t_0)\|\|\boldsymbol{x}(t_0)\|\leqslant b\|\boldsymbol{x}_0\|\mathrm{e}^{M(t-t_0)}$$

又因为

$$\|\boldsymbol{x}_0\|=\|\boldsymbol{\Phi}^{-1}(t,t_0)\boldsymbol{x}(t)\|\leqslant\|\boldsymbol{\Phi}^{-1}(t,t_0)\|\|\boldsymbol{x}(t)\|\leqslant a^{-1}\|\boldsymbol{x}(t)\|\mathrm{e}^{-m(t-t_0)}$$

所以

$$\|\boldsymbol{x}(t)\|\geqslant a\|\boldsymbol{x}_0\|\mathrm{e}^{m(t-t_0)}$$

这表明由式(6.2.2)和式(6.2.3)可推出式(6.2.1)成立。反之，由式(6.2.1)可导出

$$\|\boldsymbol{\Phi}(t,t_0)\|=\sup_{\|\boldsymbol{x}_0\|\neq 0}\frac{\|\boldsymbol{\Phi}(t,t_0)\boldsymbol{x}_0\|}{\|\boldsymbol{x}_0\|}=\sup_{\|\boldsymbol{x}_0\|\neq 0}\frac{\|\boldsymbol{x}(t)\|}{\|\boldsymbol{x}_0\|}\leqslant b\mathrm{e}^{M(t-t_0)}$$

$$\|\boldsymbol{\Phi}^{-1}(t,t_0)\|=\sup_{\|\boldsymbol{x}\|\neq 0}\frac{\|\boldsymbol{\Phi}^{-1}(t,t_0)\boldsymbol{x}\|}{\|\boldsymbol{x}\|}=\sup_{\|\boldsymbol{x}\|\neq 0}\frac{\|\boldsymbol{x}_0\|}{\|\boldsymbol{x}\|}\leqslant a^{-1}\mathrm{e}^{-m(t-t_0)}$$

定理 6.2.1 表明自由运动的衰减度和$\boldsymbol{\Phi}(t,t_0)$的衰减度是等价的。

对线性时不变系统，若系统可控，则利用状态反馈可以任意配置闭环系统的特征值。时变系统与此相对应的是在系统一致完全可控的条件下，利用状态反馈可任意改变闭环系统的衰减度。因此下列定理可视为定理 4.1.5 在时变系统的对应结果。

定理 6.2.2　若系统(6.1.1)一致完全可控，则对任意实数$M\geqslant m$，存在反馈增益矩阵$\boldsymbol{K}_1(t)$、$\boldsymbol{K}_2(t)$和$\boldsymbol{K}_3(t)$，使得状态反馈后的系统$(\boldsymbol{A}(t)+\boldsymbol{B}(t)\boldsymbol{K}_1(t),\boldsymbol{B}(t),\boldsymbol{C}(t))$具有衰减上限$M$，使$(\boldsymbol{A}(t)+\boldsymbol{B}(t)\boldsymbol{K}_2(t),\boldsymbol{B}(t),\boldsymbol{C}(t))$具有衰减下限$m$，使$(\boldsymbol{A}(t)+\boldsymbol{B}(t)\boldsymbol{K}_3(t),\boldsymbol{B}(t),\boldsymbol{C}(t))$具有衰减度$(M,m)$。

证明　用可控性矩阵：

$$\boldsymbol{W}(t_0,t_1)=\int_{t_0}^{t_1}\boldsymbol{\Phi}(t_0,\tau)\boldsymbol{B}(\tau)\boldsymbol{B}^{\mathrm{T}}(\tau)\boldsymbol{\Phi}^{\mathrm{T}}(t_0,\tau)\mathrm{d}\tau$$

可表示一致完全可控条件：

$$0<\alpha_0(\sigma)\boldsymbol{I}\leqslant\boldsymbol{W}(t,t+\sigma)\leqslant\alpha_1(\sigma)\boldsymbol{I}\tag{6.2.4}$$

$$0<\beta_0(\sigma)\boldsymbol{I}\leqslant\boldsymbol{\Phi}(t+\sigma,t)\boldsymbol{W}(t,t+\sigma)\boldsymbol{\Phi}^{\mathrm{T}}(t+\sigma,t)\leqslant\beta_1(\sigma)\boldsymbol{I}\tag{6.2.5}$$

将式(6.2.5)改写为

$$0<\beta_0(\sigma)\boldsymbol{I}\leqslant\boldsymbol{Y}(t-\sigma,t)\leqslant\beta_1(\sigma)\boldsymbol{I}\tag{6.2.6}$$

其中，$\boldsymbol{Y}(t-\sigma,t)=\int_{t-\sigma}^{t}\boldsymbol{\Phi}(t,\tau)\boldsymbol{B}(\tau)\boldsymbol{B}^{\mathrm{T}}(\tau)\boldsymbol{\Phi}^{\mathrm{T}}(t,\tau)\mathrm{d}\tau$。

以下分别证明定理的三个论断。

(1) 由式(6.2.4)推导出$\|\boldsymbol{x}\|\leqslant b\|\boldsymbol{x}_0\|\mathrm{e}^{M(t-t_0)}$。研究线性系统：

$$\dot{\boldsymbol{x}}=[\boldsymbol{A}(t)-M\boldsymbol{I}]\boldsymbol{x}+\boldsymbol{B}(t)\boldsymbol{u}\tag{6.2.7}$$

它的状态转移矩阵为

$$\tilde{\boldsymbol{\Phi}}(t,t_0)=\boldsymbol{\Phi}(t,t_0)\mathrm{e}^{-M\boldsymbol{I}(t-t_0)}\tag{6.2.8}$$

其中，$\boldsymbol{\Phi}(t,t_0)$是$\dot{\boldsymbol{x}}=\boldsymbol{A}(t)\boldsymbol{x}$的状态转移矩阵，直接验证即可得到这一论断。考虑式(6.2.7)的可控性矩阵：

$$\tilde{\boldsymbol{W}}(t,t+\sigma)=\int_{t}^{t+\sigma}\boldsymbol{\Phi}(t,\tau)\boldsymbol{B}(\tau)\boldsymbol{B}^{\mathrm{T}}(\tau)\boldsymbol{\Phi}^{\mathrm{T}}(t,\tau)\mathrm{e}^{-2M(t-\tau)}\mathrm{d}\tau$$

可进行如下估计：

$$\begin{aligned}\tilde{\boldsymbol{W}}(t,t+\sigma)&\leqslant\int_{t}^{t+\sigma}\boldsymbol{\Phi}(t,\tau)\boldsymbol{B}(\tau)\boldsymbol{B}^{\mathrm{T}}(\tau)\boldsymbol{\Phi}^{\mathrm{T}}(t,\tau)\mathrm{d}\tau\cdot\mathrm{e}^{2|M|\sigma}\\&=\boldsymbol{W}(t,t+\sigma)\mathrm{e}^{2|M|\sigma}\leqslant a_1(\sigma)\mathrm{e}^{2|M|\sigma}\boldsymbol{I}\end{aligned}$$

$$\mathrm{e}^{2|M|\sigma}\tilde{\boldsymbol{W}}(t,t+\sigma)=\int_t^{t+\sigma}\boldsymbol{\Phi}(t,\tau)\boldsymbol{B}(\tau)\boldsymbol{B}^{\mathrm{T}}(\tau)\boldsymbol{\Phi}^{\mathrm{T}}(t,\tau)\mathrm{e}^{2|M|\sigma-2M(t-\tau)}\mathrm{d}\tau$$
$$\geqslant\boldsymbol{W}(t,t+\sigma)\geqslant a_0(\sigma)\boldsymbol{I}$$

上式中用到$2|M|\sigma-2M(t-\tau)\geqslant 0$，因此有$\mathrm{e}^{2|M|\sigma-2M(t-\tau)}\geqslant 1$这一结果。故

$$\tilde{\boldsymbol{W}}(t,t+\sigma)\geqslant a_0(\sigma)\mathrm{e}^{-2|M|\sigma}\boldsymbol{I}$$

于是可知式(6.2.7)的可控性矩阵满足

$$0<a_0(\sigma)\mathrm{e}^{-2|M|\sigma}\boldsymbol{I}\leqslant\tilde{\boldsymbol{W}}(t,t+\sigma)\leqslant a_1(\sigma)\mathrm{e}^{2|M|\sigma}\boldsymbol{I}\tag{6.2.9}$$

式(6.2.9)表明$\boldsymbol{W}$非奇异，选反馈增益矩阵为

$$\boldsymbol{K}_1(t)=-\frac{1}{2}\boldsymbol{B}^{\mathrm{T}}(t)\tilde{\boldsymbol{W}}^{-1}(t,t+\sigma)\tag{6.2.10}$$

以下将证明引入式(6.2.10)的状态反馈后，闭环系统自由运动具有衰减上限M。设$\boldsymbol{x}$为$\dot{\boldsymbol{x}}=[\boldsymbol{A}(t)+\boldsymbol{B}(t)\boldsymbol{K}_1(t)]\boldsymbol{x}$的解，考虑二次型：

$$V_1(\boldsymbol{x},t)=\boldsymbol{x}^{\mathrm{T}}\tilde{\boldsymbol{W}}^{-1}(t,t+\sigma)\boldsymbol{x}\tag{6.2.11}$$

由式(6.2.9)可知

$$a_1^{-1}(\sigma)\mathrm{e}^{-2|M|\sigma}\|\boldsymbol{x}\|^2\leqslant V_1(\boldsymbol{x},t)\leqslant a_0^{-1}(\sigma)\mathrm{e}^{2|M|\sigma}\|\boldsymbol{x}\|^2\tag{6.2.12}$$

式(6.2.12)中使用的范数为欧几里得范数，这并不影响一般性。以后在本章中向量和矩阵的范数都使用欧几里得范数。为了得到$\boldsymbol{x}$的估计，计算$V_1(\boldsymbol{x},t)$沿方程的导数：

$$\dot{\boldsymbol{x}}=[\boldsymbol{A}(t)+\boldsymbol{B}(t)\boldsymbol{K}_1(t)]\boldsymbol{x}$$
$$\dot{V}_1(\boldsymbol{x},t)=\dot{\boldsymbol{x}}^{\mathrm{T}}\tilde{\boldsymbol{W}}^{-1}\boldsymbol{x}+\boldsymbol{x}^{\mathrm{T}}\dot{\tilde{\boldsymbol{W}}}^{-1}\boldsymbol{x}+\boldsymbol{x}^{\mathrm{T}}\tilde{\boldsymbol{W}}^{-1}\dot{\boldsymbol{x}}$$

其中，$\dot{\tilde{\boldsymbol{W}}}^{-1}$先单独计算如下，由$\tilde{\boldsymbol{W}}\tilde{\boldsymbol{W}}^{-1}=\boldsymbol{I}$，可得$\dot{\tilde{\boldsymbol{W}}}^{-1}=-\tilde{\boldsymbol{W}}^{-1}\dot{\tilde{\boldsymbol{W}}}\tilde{\boldsymbol{W}}^{-1}$，而

$$\dot{\tilde{\boldsymbol{W}}}(t,t+\sigma)=-\boldsymbol{B}(t)\boldsymbol{B}^{\mathrm{T}}(t)+\boldsymbol{\Phi}(t,t+\sigma)\boldsymbol{B}(t+\sigma)\boldsymbol{B}^{\mathrm{T}}(t+\sigma)\boldsymbol{\Phi}^{\mathrm{T}}(t,t+\sigma)\mathrm{e}^{2M\sigma}$$
$$+(\boldsymbol{A}(t)-M\boldsymbol{I})\tilde{\boldsymbol{W}}(t,t+\sigma)+\tilde{\boldsymbol{W}}(t,t+\sigma)(\boldsymbol{A}^{\mathrm{T}}(t)-M\boldsymbol{I})$$

$$\begin{aligned}\dot{V}_1(\boldsymbol{x},t)&=\boldsymbol{x}^{\mathrm{T}}[2M\tilde{\boldsymbol{W}}^{-1}-\tilde{\boldsymbol{W}}^{-1}\boldsymbol{\Phi}(t,t+\sigma)\boldsymbol{B}(t+\sigma)\boldsymbol{B}^{\mathrm{T}}(t+\sigma)\boldsymbol{\Phi}^{\mathrm{T}}(t,t+\sigma)\mathrm{e}^{2M\sigma}\tilde{\boldsymbol{W}}^{-1}]\boldsymbol{x}\\&\leqslant\boldsymbol{x}^{\mathrm{T}}2M\tilde{\boldsymbol{W}}^{-1}\boldsymbol{x}\\&=2MV_1(\boldsymbol{x},t),\quad\forall t\end{aligned}\tag{6.2.13}$$

由式(6.2.13)可得

$$\frac{\mathrm{d}V_1}{V_1}\leqslant 2M\mathrm{d}t$$

积分上式可得

$$V_1(\boldsymbol{x},t)\leqslant V_1(\boldsymbol{x}_0,t)\mathrm{e}^{2M(t-t_0)},\quad\forall t\geqslant t_0$$

考虑式(6.2.12)，可知

$$a_1^{-1}(\sigma)\mathrm{e}^{-2|M|\sigma}\|\boldsymbol{x}\|^2 \leqslant \boldsymbol{V}_1(\boldsymbol{x},t) \leqslant \boldsymbol{V}_1(\boldsymbol{x}_0,t)\mathrm{e}^{2M(t-t_0)}$$

$$\boldsymbol{V}_1(\boldsymbol{x}_0,t) \leqslant a_0^{-1}(\sigma)\mathrm{e}^{2|M|\sigma}\|\boldsymbol{x}_0\|^2$$

$$\|\boldsymbol{x}\|^2 \leqslant a_1(\sigma)a_0^{-1}\mathrm{e}^{4|M|\sigma}\|\boldsymbol{x}_0\|^2\,\mathrm{e}^{2M(t-t_0)}$$

令 $a_1(\sigma)a_0^{-1}(\sigma)\mathrm{e}^{4|M|\sigma}=b^2$，由上式便可得

$$\|\boldsymbol{x}\| \leqslant b\|\boldsymbol{x}_0\|\mathrm{e}^{M(t-t_0)} \tag{6.2.14}$$

(2) 由式(6.2.6)推导出 $\|\boldsymbol{x}\| \geqslant a\|\boldsymbol{x}_0\|\mathrm{e}^{m(t-t_0)}$。证明过程与前面几乎一样。研究系统：

$$\dot{\boldsymbol{x}}=(\boldsymbol{A}(t)-m\boldsymbol{I})\boldsymbol{x}+\boldsymbol{B}(t)\boldsymbol{u} \tag{6.2.15}$$

式(6.2.15)所对应的状态转移矩阵为

$$\tilde{\boldsymbol{\Phi}}(t,t_0)=\boldsymbol{\Phi}(t,t_0)\mathrm{e}^{-m\boldsymbol{I}(t-t_0)}$$

而 $\boldsymbol{\Phi}(t,t_0)$ 仍为 $\dot{\boldsymbol{x}}=\boldsymbol{A}(t)\boldsymbol{x}$ 的状态转移矩阵，系统(6.2.15)的可达性矩阵此时表示为

$$\tilde{\boldsymbol{Y}}(t-\sigma,t)=\int_{t-\sigma}^{t}\boldsymbol{\Phi}(t,\tau)\boldsymbol{B}(\tau)\boldsymbol{B}^{\mathrm{T}}(\tau)\boldsymbol{\Phi}^{\mathrm{T}}(t,\tau)\mathrm{e}^{-2m(t-\tau)}\mathrm{d}\tau$$

由式(6.2.6)可导出

$$0<\beta_0(\sigma)\mathrm{e}^{-2|m|\sigma}\boldsymbol{I} \leqslant \tilde{\boldsymbol{Y}}(t-\sigma,t) \leqslant \beta_1(\sigma)\mathrm{e}^{2|m|\sigma}\boldsymbol{I} \tag{6.2.16}$$

选状态反馈增益矩阵：

$$\boldsymbol{K}_2(t)=\frac{1}{2}\boldsymbol{B}^{\mathrm{T}}(t)\tilde{\boldsymbol{Y}}^{-1}(t-\sigma,t)$$

考虑二次型：

$$\boldsymbol{V}_2(\boldsymbol{x},t)=\boldsymbol{x}^{\mathrm{T}}\tilde{\boldsymbol{Y}}^{-1}(t-\sigma,t)\boldsymbol{x}$$

由式(6.2.16)可知

$$\beta_1^{-1}(\sigma)\mathrm{e}^{-2|m|\sigma}\|\boldsymbol{x}\|^2 \leqslant \boldsymbol{V}_2(\boldsymbol{x},t) \leqslant \beta_0^{-1}(\sigma)\mathrm{e}^{2|m|\sigma}\|\boldsymbol{x}\|^2 \tag{6.2.17}$$

经过与式(6.2.13)相似的推导，可得 $\boldsymbol{V}_2(\boldsymbol{x},t)$ 沿方程 $\dot{\boldsymbol{x}}=[\boldsymbol{A}(t)+\boldsymbol{B}(t)\boldsymbol{K}_2(t)]\boldsymbol{x}$ 的导数满足

$$\dot{\boldsymbol{V}}_2(\boldsymbol{x},t) \geqslant 2m\boldsymbol{V}_2(\boldsymbol{x},t)$$

积分以上不等式，得

$$\boldsymbol{V}_2(\boldsymbol{x},t) \geqslant \boldsymbol{V}_2(\boldsymbol{x}_0,t)\mathrm{e}^{2m(t-t_0)},\quad \forall t \geqslant t_0 \tag{6.2.18}$$

利用式(6.2.17)可将式(6.2.18)变为

$$\|\boldsymbol{x}(t)\|^2 \geqslant \beta_0(\sigma)\beta_1^{-1}(\sigma)\mathrm{e}^{-4|m|\sigma}\|\boldsymbol{x}_0\|^2\,\mathrm{e}^{2m(t-t_0)}$$

令 $\beta_0(\sigma)\beta_1^{-1}(\sigma)\mathrm{e}^{-4|m|\sigma}=a^2$，由上式便可得

$$\|\boldsymbol{x}(t)\| \geqslant a\|\boldsymbol{x}_0\|\mathrm{e}^{m(t-t_0)}$$

(3) 对任给的衰减度 (M,m)，可以求一个反馈增益矩阵 $\boldsymbol{K}_3(t)$，使得闭环系统：

$$\dot{\boldsymbol{x}}=[\boldsymbol{A}(t)+\boldsymbol{B}(t)\boldsymbol{K}_3(t)]\boldsymbol{x}$$

具有给定的衰减度，这也是可以的，但证明比较复杂，这里不再证明。最后应当指出，定理 6.2.2 中的一致完全可控性的假设，是闭环系统的零输入响应可以像式(6.2.1)那样，用指数函数从上或下限制或上、下一起限制的充分条件。

例 6.2.1　设一维系统：

$$\dot{x}=x+e^{2t}u$$

解　对于任何两个实数 M,m，且 $M>m$，定义：

$$K(t)=[-1+(m+M)/2]e^{-2t}$$

那么闭环系统任意零输入响应满足

$$x(t)=x(t_0)\exp\left[\frac{1}{2}(m+M)(t-t_0)\right]$$

这表明 $x(t)$ 具有衰减度 (M,m)。但是计算系统的可控性矩阵及可达性矩阵可知

$$\boldsymbol{W}(t,t+\sigma)=\frac{1}{2}(e^{2\sigma}-1)e^{4t}$$

$$\boldsymbol{Y}(t-\sigma,t)=\frac{1}{2}(1-e^{-2\sigma})e^{4t}$$

对于任何的 $\sigma>0$，定义 6.1.1 的条件不成立，所以系统不是一致完全可控的。当 $\boldsymbol{A}(t)$ 和 $\boldsymbol{B}(t)$ 都有界时，可以证明定理 6.2.2 中的一致完全可控条件是充分必要条件，这时的结果与时不变系统的下列结果相对应，在时不变系统中，极点可任意配置与系统可控等价。

定理 6.2.3　若 $\boldsymbol{A}(t)$、$\boldsymbol{B}(t)$ 有界，则对任何实数 M、m，$M\geqslant m$，存在有界的反馈增益矩阵 $\boldsymbol{K}(t)$，使状态反馈后的闭环系统 $(\boldsymbol{A}(t)+\boldsymbol{B}(t)\boldsymbol{K}(t),\boldsymbol{B}(t),\boldsymbol{C}(t))$ 具有衰减度 (M,m) 的充分必要条件是系统(6.1.1)一致完全可控。

6.3　利用状态观测器构成的闭环系统

线性时不变系统的观测器和利用观测器的状态反馈系统的讨论，很多可以推广到线性时变系统。为了简单起见，只考虑基本的 n 维状态观测器。

对线性时变系统(6.1.1)，其 n 维基本状态观测器具有如下形式：

$$\begin{cases}\dot{\boldsymbol{z}}=[\boldsymbol{A}(t)-\boldsymbol{H}(t)\boldsymbol{C}(t)]\boldsymbol{z}+\boldsymbol{B}(t)\boldsymbol{u}+\boldsymbol{H}(t)\boldsymbol{y}\\ \boldsymbol{w}=\boldsymbol{z}\end{cases}\tag{6.3.1}$$

系统(6.1.1)的状态 $\boldsymbol{x}$ 和重构状态 $\boldsymbol{z}$ 的误差用 $\boldsymbol{e}$ 表示，即 $\boldsymbol{e}=\boldsymbol{x}-\boldsymbol{z}$，$\boldsymbol{e}$ 所满足的微分方程为

$$\dot{\boldsymbol{e}}=[\boldsymbol{A}(t)-\boldsymbol{H}(t)\boldsymbol{C}(t)]\boldsymbol{e}\tag{6.3.2}$$

为了使得 $\lim\limits_{t\to\infty}\boldsymbol{e}(t)=0$，就需要有合适的 $\boldsymbol{H}(t)$，首先研究这样的 $\boldsymbol{H}(t)$ 是否存在？6.2 节

中，在定理 6.2.2 的条件下，可以适当地选择 $\boldsymbol{K}(t)$ 使 $\dot{\boldsymbol{x}}=(\boldsymbol{A}(t)+\boldsymbol{B}(t)\boldsymbol{K}(t))\boldsymbol{x}$ 的解具有任意的衰减度，但因为在式(6.3.2)中 $\boldsymbol{H}(t)$ 的位置在 $\boldsymbol{C}(t)$ 的前面，所以这个结果不能直接用于式(6.3.2)。在时不变的情况下，这个区别不是本质的，其原因是 $\dot{\boldsymbol{x}}=(\boldsymbol{A}-\boldsymbol{HC})\boldsymbol{x}$ 的解的衰减性由系数矩阵 $(\boldsymbol{A}-\boldsymbol{HC})$ 的特征多项式所决定，$(\boldsymbol{A}-\boldsymbol{HC})$ 的特征值与 $(\boldsymbol{A}^{\mathrm{T}}-\boldsymbol{C}^{\mathrm{T}}\boldsymbol{H}^{\mathrm{T}})$ 的特征值一致，因此可方便地利用对偶关系来说明观测器误差的衰减问题。但是这种对偶关系对于时变系统就不再可以这样简单地被利用了，下面的例子可说明这点。

例 6.3.1　系统：

$$\dot{\boldsymbol{x}}=\begin{bmatrix}-1 & \mathrm{e}^{2t}\\ 0 & -4\end{bmatrix}\boldsymbol{x},\quad \dot{\tilde{\boldsymbol{x}}}=\begin{bmatrix}-1 & 0\\ \mathrm{e}^{2t} & -4\end{bmatrix}\tilde{\boldsymbol{x}}$$

的状态转移矩阵分别为

$$\boldsymbol{\Phi}(t,t_0)=\begin{bmatrix}\mathrm{e}^{-(t-t_0)} & \mathrm{e}^{-(2t-4t_0)}+\mathrm{e}^{-(t-3t_0)}\\ 0 & \mathrm{e}^{-4(t-t_0)}\end{bmatrix}$$

$$\tilde{\boldsymbol{\Phi}}(t,t_0)=\begin{pmatrix}\mathrm{e}^{-(t-t_0)} & 0\\ \dfrac{1}{5}\mathrm{e}^{t+t_0}-\dfrac{1}{5}\mathrm{e}^{-(4t-6t_0)} & \mathrm{e}^{-4(t-t_0)}\end{pmatrix}$$

解　$\lim\limits_{t\to\infty}\|\boldsymbol{x}(t)\|=0$，但对 $\boldsymbol{x}$，只要 $\boldsymbol{x}_1(t_0)\neq 0$，$\|\tilde{\boldsymbol{x}}(t)\|$ 就是发散的。

为了利用定理 6.2.2 的结果，重新考虑系统(6.1.1)的对偶系统：

$$\begin{cases}\dot{\tilde{\boldsymbol{x}}}=-\boldsymbol{A}^{\mathrm{T}}(t)\tilde{\boldsymbol{x}}+\boldsymbol{C}^{\mathrm{T}}(t)\tilde{\boldsymbol{u}}\\ \tilde{\boldsymbol{y}}=\boldsymbol{B}^{\mathrm{T}}(t)\tilde{\boldsymbol{x}}\end{cases}\tag{6.3.3}$$

若对系统(6.3.3)进行状态反馈 $\tilde{\boldsymbol{u}}=\boldsymbol{H}^{\mathrm{T}}(t)\tilde{\boldsymbol{x}}+\boldsymbol{v}$，则闭环系统的方程式为

$$\begin{cases}\dot{\tilde{\boldsymbol{x}}}=[-\boldsymbol{A}^{\mathrm{T}}(t)+\boldsymbol{C}^{\mathrm{T}}(t)\boldsymbol{H}^{\mathrm{T}}(t)]\tilde{\boldsymbol{x}}+\boldsymbol{C}^{\mathrm{T}}(t)\boldsymbol{v}\\ \tilde{\boldsymbol{y}}=\boldsymbol{B}^{\mathrm{T}}(t)\tilde{\boldsymbol{x}}\end{cases}\tag{6.3.4}$$

系统(6.3.4)的自由运动方程为

$$\dot{\tilde{\boldsymbol{x}}}=[-\boldsymbol{A}^{\mathrm{T}}(t)+\boldsymbol{C}^{\mathrm{T}}(t)\boldsymbol{H}^{\mathrm{T}}(t)]\tilde{\boldsymbol{x}}\tag{6.3.5}$$

系统(6.3.5)和系统(6.3.2)互为伴随系统。

定理 6.3.1　若系统(6.1.1)一致完全可观测，则能够选择适当的 $\boldsymbol{H}(t)$，使观测器(6.3.1)的偏差 $\boldsymbol{e}(t)$ 具有任意预定的衰减上限。

证明　根据定义可知系统(6.1.1)的一致完全可观测性，等价于对偶系统(6.3.3)的一致完全可控性。再按照定理 6.2.2，系统(6.3.3)对于任给的 $m>0$，都存在 $\boldsymbol{H}(t)$ 和 $\alpha>0$，使得方程(6.2.5)的解有衰减下限，即有

$$\|\tilde{\boldsymbol{x}}\|\geqslant \alpha\|\tilde{\boldsymbol{x}}_0\|\mathrm{e}^{m(t-t_0)},\quad \forall t\geqslant t_0\tag{6.3.6}$$

由定理 6.2.1，式(6.3.6)等价于：

$$\|\tilde{\boldsymbol{\Phi}}^{-1}(t,t_0)\|\leqslant \alpha^{-1}\mathrm{e}^{-m(t-t_0)},\quad \forall t\geqslant t_0\tag{6.3.7}$$

但由于式(6.3.5)与式(6.3.2)互为伴随系统：

$$\begin{aligned}\frac{\mathrm{d}}{\mathrm{d}t}[\boldsymbol{e}^{\mathrm{T}}(t)\tilde{\boldsymbol{x}}(t)]&=\dot{\boldsymbol{e}}^{\mathrm{T}}(t)\tilde{\boldsymbol{x}}(t)+\boldsymbol{e}^{\mathrm{T}}(t)\dot{\tilde{\boldsymbol{x}}}(t)\\&=\boldsymbol{e}^{\mathrm{T}}(\boldsymbol{A}-\boldsymbol{HC})^{\mathrm{T}}\tilde{\boldsymbol{x}}+\boldsymbol{e}^{\mathrm{T}}(-\boldsymbol{A}^{\mathrm{T}}+\boldsymbol{C}^{\mathrm{T}}\boldsymbol{H}^{\mathrm{T}})\tilde{\boldsymbol{x}}\\&=0\end{aligned}$$

所以有

$$\boldsymbol{e}^{\mathrm{T}}(t)\tilde{\boldsymbol{x}}(t)=\boldsymbol{e}^{\mathrm{T}}(t_0)\tilde{\boldsymbol{x}}(t_0)$$

若用 $\tilde{\boldsymbol{\Phi}}(t,t_0)$ 和 $\boldsymbol{\Phi}(t,t_0)$ 分别表示式(6.3.5)及式(6.3.2)的状态转移矩阵，所得的结果表明，当 $\boldsymbol{e}(t)\to\infty$ 时，必有 $\tilde{\boldsymbol{x}}(t)\to 0$，反之亦然。这也就是说，系统(6.3.2)由 $\boldsymbol{H}(t)$ 稳定，系统(6.3.5)必由 $\boldsymbol{H}(t)$ 造成发散，并且有

$$\tilde{\boldsymbol{\Phi}}^{-1}(t,t_0)=\boldsymbol{\Phi}^{\mathrm{T}}(t,t_0)$$

因此式(6.3.7)可表示为

$$\|\boldsymbol{\Phi}(t,t_0)\|\leqslant\alpha^{-1}\mathrm{e}^{-m(t-t_0)},\quad \forall t\geqslant t_0$$

再利用式(6.2.2)和式(6.2.1)可得

$$\|\boldsymbol{e}(t)\|\leqslant\alpha^{-1}\|\boldsymbol{e}_0\|\mathrm{e}^{-m(t-t_0)},\quad \forall t\geqslant t_0$$

这就证明了，可以选到 $\boldsymbol{H}(t)$，使 $\boldsymbol{e}(t)$ 有衰减上限 $-m$。

设线性系统的方程为

$$\begin{aligned}\dot{\boldsymbol{x}}&=\boldsymbol{A}(t)\boldsymbol{x}+\boldsymbol{B}(t)\boldsymbol{u}\\\boldsymbol{y}&=\boldsymbol{C}(t)\boldsymbol{x}\end{aligned}$$

系统 n 维基本状态观测器的方程：

$$\dot{\boldsymbol{z}}=[\boldsymbol{A}(t)-\boldsymbol{H}(t)\boldsymbol{C}(t)]\boldsymbol{z}+\boldsymbol{B}(t)\boldsymbol{u}+\boldsymbol{H}(t)\boldsymbol{y}$$

引入状态反馈 $\boldsymbol{u}=\boldsymbol{K}(t)\boldsymbol{z}+\boldsymbol{v}$ 后的整个闭环系统示于图 6.3.1 中。

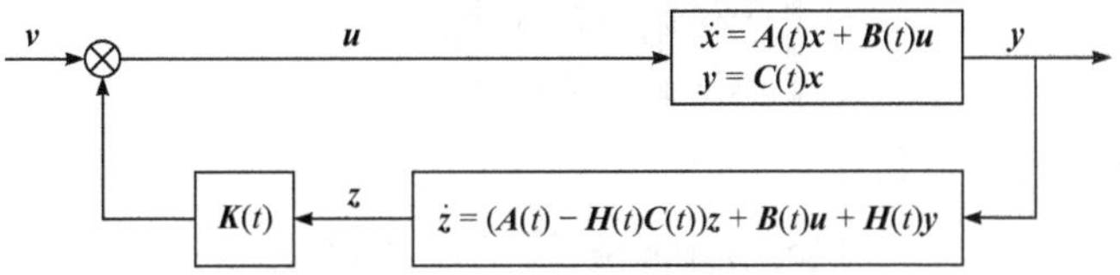

图 6.3.1　闭环系统的方块图

容易导出图 6.3.1 所示闭环系统的方程为

$$\begin{aligned}\begin{bmatrix}\dot{\boldsymbol{x}}\\\dot{\boldsymbol{z}}\end{bmatrix}&=\begin{bmatrix}\boldsymbol{A}(t)&\boldsymbol{B}(t)\boldsymbol{K}(t)\\\boldsymbol{H}(t)\boldsymbol{C}(t)&\boldsymbol{A}(t)-\boldsymbol{H}(t)\boldsymbol{C}(t)+\boldsymbol{B}(t)\boldsymbol{K}(t)\end{bmatrix}\begin{bmatrix}\boldsymbol{x}\\\boldsymbol{z}\end{bmatrix}+\begin{bmatrix}\boldsymbol{B}(t)\\\boldsymbol{B}(t)\end{bmatrix}\boldsymbol{v}\\\boldsymbol{y}&=\begin{bmatrix}\boldsymbol{C}(t)&0\end{bmatrix}\begin{bmatrix}\boldsymbol{x}\\\boldsymbol{z}\end{bmatrix}\end{aligned}\tag{6.3.8}$$

若以 $(\boldsymbol{x}^{\mathrm{T}},\boldsymbol{e}^{\mathrm{T}})^{\mathrm{T}}$ 为复合系统的状态，则图 6.3.1 所示系统的状态方程可改写为

$$\begin{bmatrix}\dot{\boldsymbol{x}}\\ \dot{\boldsymbol{e}}\end{bmatrix}=\begin{bmatrix}\boldsymbol{A}(t)+\boldsymbol{B}(t)\boldsymbol{K}(t) & -\boldsymbol{B}(t)\boldsymbol{K}(t)\\ \boldsymbol{0} & \boldsymbol{A}(t)-\boldsymbol{H}(t)\boldsymbol{C}(t)\end{bmatrix}\begin{bmatrix}\boldsymbol{x}\\ \boldsymbol{e}\end{bmatrix}+\begin{bmatrix}\boldsymbol{B}(t)\\ \boldsymbol{0}\end{bmatrix}\boldsymbol{v}$$
$$\boldsymbol{y}=\begin{bmatrix}\boldsymbol{C}(t) & \boldsymbol{0}\end{bmatrix}\begin{bmatrix}\boldsymbol{x}\\ \boldsymbol{e}\end{bmatrix} \tag{6.3.9}$$

在时不变的情况下,证明了分离特性,即复合系统的特征值是由 $\boldsymbol{A}+\boldsymbol{BK}$ 和 $\boldsymbol{A}-\boldsymbol{HC}$ 的特征值所组成的，这些特征值可以通过分别选择 $\boldsymbol{K}$、$\boldsymbol{H}$ ，独立地做到任意配置。但是这一简单的结果，对时变情况不再成立，关键仍在于要估计时变系统的运动，必须要研究状态转移矩阵，而不是特征值。

若用 $\boldsymbol{\Phi}_2(t,t_0)$ 表示 $\dot{\boldsymbol{e}}=[\boldsymbol{A}(t)-\boldsymbol{H}(t)\boldsymbol{C}(t)]\boldsymbol{e}$ 的状态转移矩阵，即有 $\dot{\boldsymbol{e}}(t)=\boldsymbol{\Phi}_2(t,t_0)\boldsymbol{e}_0$ ，用 $\boldsymbol{\Phi}_1(t,t_0)$ 表示

$$\dot{\boldsymbol{x}}=[\boldsymbol{A}(t)+\boldsymbol{B}(t)\boldsymbol{K}(t)]\boldsymbol{x}-\boldsymbol{B}(t)\boldsymbol{K}(t)\boldsymbol{e}(t)$$

的状态转移矩阵，即有

$$\begin{aligned}\dot{\boldsymbol{x}}(t)&=\boldsymbol{\Phi}_1(t,t_0)\boldsymbol{x}_0-\int_{t_0}^{t}\boldsymbol{\Phi}_1(t,\tau)\boldsymbol{B}(\tau)\boldsymbol{K}(\tau)\boldsymbol{\Phi}_2(\tau,t_2)\boldsymbol{e}_0\mathrm{d}\tau\\ &=\boldsymbol{\Phi}_1(t,t_0)\boldsymbol{x}_0-\int_{t_0}^{t}\boldsymbol{\Phi}_1(t,\tau)\boldsymbol{B}(\tau)\boldsymbol{K}(\tau)\boldsymbol{\Phi}_2(\tau,t_0)\mathrm{d}\tau\boldsymbol{e}_0\end{aligned}$$

于是可得

$$\begin{aligned}\begin{bmatrix}\dot{\boldsymbol{x}}(t)\\ \dot{\boldsymbol{e}}(t)\end{bmatrix}&=\begin{bmatrix}\boldsymbol{\Phi}_1(t,t_0) & -\int_{t_0}^{t}\boldsymbol{\Phi}_1(t,\tau)\boldsymbol{B}(\tau)\boldsymbol{K}(\tau)\boldsymbol{\Phi}_2(\tau,t_0)\mathrm{d}\tau\\ 0 & \boldsymbol{\Phi}_2(t,t_2)\end{bmatrix}\begin{bmatrix}\boldsymbol{x}_0\\ \boldsymbol{e}_0\end{bmatrix}\\ &=\boldsymbol{\Phi}(t,t_0)\begin{bmatrix}\boldsymbol{x}_0\\ \boldsymbol{e}_0\end{bmatrix}\end{aligned}$$

其中，$\boldsymbol{\Phi}(t,t_0)$ 是复合系统(6.3.9)的状态转移矩阵。若要求复合系统有任意指定的衰减上限 $-M$ ， $M>0$ ，即要求对一切 $t\geqslant t_0$ 有

$$\left\|\begin{bmatrix}\boldsymbol{x}(t)\\ \boldsymbol{e}(t)\end{bmatrix}\right\|\leqslant b\left\|\begin{bmatrix}\boldsymbol{x}_0\\ \boldsymbol{e}_0\end{bmatrix}\right\|\mathrm{e}^{-M(t-t_0)}$$

由定理 6.2.1 可知这等价于:

$$\|\boldsymbol{\Phi}(t,t_0)\|\leqslant b\mathrm{e}^{-M(t-t_0)},\quad \forall t\geqslant t_0 \tag{6.3.10}$$

对 $\boldsymbol{\Phi}(t,t_0)$ 取范数可得

$$\begin{aligned}\|\boldsymbol{\Phi}(t,t_0)\|&=\max_{\left\|\begin{bmatrix}x\\ e\end{bmatrix}\right\|=1}\left\|\begin{bmatrix}\boldsymbol{\Phi}_1 & \boldsymbol{\Phi}_{12}\\ \boldsymbol{0} & \boldsymbol{\Phi}_2\end{bmatrix}\begin{bmatrix}\boldsymbol{x}\\ \boldsymbol{e}\end{bmatrix}\right\|\\ &=\max_{\left\|\begin{bmatrix}x\\ e\end{bmatrix}\right\|=1}\|(\boldsymbol{\Phi}_1\boldsymbol{x}+\boldsymbol{\Phi}_{12}\boldsymbol{e},\boldsymbol{\Phi}_2\boldsymbol{e})\|\\ &\leqslant\|\boldsymbol{\Phi}_1\boldsymbol{x}\|+\|\boldsymbol{\Phi}_{12}\boldsymbol{e}\|+\|\boldsymbol{\Phi}_2\boldsymbol{e}\|\\ &\leqslant\|\boldsymbol{\Phi}_1\|+\|\boldsymbol{\Phi}_{12}\|+\|\boldsymbol{\Phi}_2\|\end{aligned} \tag{6.3.11}$$

其中，$\boldsymbol{\Phi}_{12}=-\int_{t_0}^{t}\boldsymbol{\Phi}_1(t,\tau)\boldsymbol{B}(\tau)\boldsymbol{K}(\tau)\boldsymbol{\Phi}_2(\tau,t_0)\mathrm{d}\tau$ 。

若系统(6.1.1)是一致完全可控和一致完全可观测的，可以选取 $\boldsymbol{K}(t)$ 及 $\boldsymbol{H}(t)$ 使得对任意的 $t \geqslant t_0$ 有

$$\begin{cases}\|\boldsymbol{\Phi}_1(t,t_0)\| \leqslant b_1\mathrm{e}^{-(M+\varepsilon)(t-t_0)}\\ \|\boldsymbol{\Phi}_2(t,t_0)\| \leqslant b_2\mathrm{e}^{-(M+\varepsilon)(t-t_0)}\end{cases} \tag{6.3.12}$$

其中，$\varepsilon>0$ 。现在为了估计 $\|\boldsymbol{\Phi}_{12}(t,t_0)\|$ 先介绍以下引理。

引理 6.3.1　若系统(6.1.1)是一致完全可控的，则存在 c_1 、c_2 ，使得

$$\int_{t_1}^{t_2}\|\boldsymbol{B}(\tau)\|^2\,\mathrm{d}\tau \leqslant c_1+c_2(t_2-t_1) \tag{6.3.13}$$

证明　注意到：

$$\|\boldsymbol{B}(t)\|^2=\left\|\boldsymbol{B}^{\mathrm{T}}(t)\right\|^2=\lambda_{\max}\left[\boldsymbol{B}(t)\boldsymbol{B}^{\mathrm{T}}(t)\right]=\left\|\boldsymbol{B}(t)\boldsymbol{B}^{\mathrm{T}}(t)\right\|$$

其中，$\lambda_{\max}[\boldsymbol{B}(t)\boldsymbol{B}^{\mathrm{T}}(t)]$ 表示 $\boldsymbol{B}(t)\boldsymbol{B}^{\mathrm{T}}(t)$ 的最大特征值。对于任意的 t_1 ，均有

$$\begin{aligned}\int_{t_1}^{t_1+\sigma}\|\boldsymbol{B}(\tau)\|^2\,\mathrm{d}\tau &= \int_{t_1}^{t_1+\sigma}\|\boldsymbol{\Phi}(\tau,t_1)\boldsymbol{\Phi}(t_1,\tau)\boldsymbol{B}(\tau)\boldsymbol{B}^{\mathrm{T}}(\tau)\boldsymbol{\Phi}^{\mathrm{T}}(t_1,\tau)\boldsymbol{\Phi}^{\mathrm{T}}(\tau,t_1)\|\,\mathrm{d}\tau\\ &\leqslant \sup_{t_1\leqslant\tau\leqslant t_1+\sigma}\|\boldsymbol{\Phi}(\tau,t_1)\|^2\int_{t_1}^{t_1+\sigma}\|\boldsymbol{\Phi}(t_1,\tau)\boldsymbol{B}(\tau)\boldsymbol{B}^{\mathrm{T}}(\tau)\boldsymbol{\Phi}^{\mathrm{T}}(t_1,\tau)\|\,\mathrm{d}\tau\\ &\leqslant \sup_{0\leqslant\tau\leqslant\sigma}\gamma^2(\tau)\cdot\alpha_2(\sigma)\\ &= c_1\end{aligned}$$

上面最后一步运用了式(6.1.2)以及习题 6.6 的结果。因为对任何 $t_2>t_1$ ，总有某一整数 i 存在，使得 t_2 满足 $t_1+i\sigma\leqslant t_2\leqslant t_1+(i+1)\sigma$ ，这样式(6.3.13)中的积分为

$$\begin{aligned}\int_{t_1}^{t_2}\|\boldsymbol{B}(\tau)\|^2\,\mathrm{d}\tau &\leqslant \int_{t_1}^{t_1+(i+1)\sigma}\|\boldsymbol{B}(\tau)\|^2\,\mathrm{d}\tau\\ &=\left(\int_{t_1}^{t_1+\sigma}+\int_{t_1+\sigma}^{t_1+2\sigma}+\cdots+\int_{t_1+i\sigma}^{t_1+(i+1)\sigma}\right)\|\boldsymbol{B}(\tau)\|^2\,\mathrm{d}\tau\\ &\leqslant (i+1)c_1\\ &\leqslant c_1[1+(t_2-t_1)/\sigma]\\ &= c_1+c_2(t_2-t_1)\end{aligned}$$

根据引理 6.3.1，可对 $\|\boldsymbol{\Phi}_{12}(t,t_0)\|$ 作如下的估计，因为由定理 6.2.2 可知

$$\boldsymbol{K}(t)=-\frac{1}{2}\boldsymbol{B}^{\mathrm{T}}(t)\tilde{\boldsymbol{W}}^{-1}(t,t+\sigma)$$

而从式(6.2.9)的左边不等式可得

$$\left\|\frac{1}{2}\tilde{\boldsymbol{W}}^{-1}(t,t+\sigma)\right\| \leqslant \frac{1}{2}a_0^{-1}\mathrm{e}^{2|M|\sigma}=k_2<+\infty$$

于是

$$\begin{aligned}\|\boldsymbol{\Phi}_{12}(t,t_0)\| &= \left\|\int_{t_0}^{t}\frac{-1}{2}\boldsymbol{\Phi}_1(t,\tau)\boldsymbol{B}(\tau)\boldsymbol{B}^{\mathrm{T}}(\tau)\tilde{\boldsymbol{W}}^{-1}(\tau,\tau+\sigma)\boldsymbol{\Phi}_2(\tau,t_0)\mathrm{d}\tau\right\| \\ &\leqslant b_1b_2\int_{t_0}^{t}\|\boldsymbol{B}(\tau)\boldsymbol{B}^{\mathrm{T}}(\tau)\|\,\mathrm{d}\tau k_2\mathrm{e}^{-(M+\varepsilon)(t-t_0)} \\ &\leqslant b_1b_2k_2[c_1+c_2(t-t_0)]\mathrm{e}^{-(M+\varepsilon)(t-t_0)} \\ &= b_1b_2k_2\mathrm{e}^{-M(t-t_0)}\cdot\mathrm{e}^{-\varepsilon(t-t_0)}[c_1+c_2(t-t_0)] \\ &\leqslant b_3\mathrm{e}^{-M(t-t_0)}\end{aligned} \tag{6.3.14}$$

式(6.3.14)最后一步不等式利用了函数最大值的概念：

$$(t-t_0)\mathrm{e}^{-\varepsilon(t-t_0)} \leqslant \max_{t\geqslant t_0}(t-t_0)\mathrm{e}^{-\varepsilon(t-t_0)} = \varepsilon^{-1}\mathrm{e}^{-1}$$

并且取 $b_3 = b_1b_2k_2(c_1+c_2\varepsilon^{-1}\mathrm{e}^{-1})$。

利用式(6.3.12)和式(6.3.14)，可知式(6.3.11)有

$$\|\boldsymbol{\Phi}(t,t_0)\| \leqslant \|\boldsymbol{\Phi}_1(t,t_0)\| + \|\boldsymbol{\Phi}_2(t,t_0)\| + \|\boldsymbol{\Phi}_{12}(t,t_0)\| \leqslant (b_1+b_2+b_3)\mathrm{e}^{-M(t-t_0)}$$

成立。这就是式(6.3.10)所要求的结果，即复合系统(6.3.9)有任意指定的衰减上限 $-M(M>0)$。上述结论可以归纳为下列定理。

定理 6.3.2　若系统(6.1.1)一致完全可控且一致完全可观测，则可构造观测器：

$$\dot{\boldsymbol{z}} = [\boldsymbol{A}(t)-\boldsymbol{H}(t)\boldsymbol{C}(t)]\boldsymbol{z} + \boldsymbol{B}(t)\boldsymbol{u} + \boldsymbol{H}(t)\boldsymbol{y}$$

并引入状态反馈：

$$\boldsymbol{u} = \boldsymbol{K}(t)\boldsymbol{z} + \boldsymbol{v}$$

所得到的闭环系统为式(6.3.8)，$\boldsymbol{H}(t)$ 和 $\boldsymbol{K}(t)$ 可以选择得使闭环系统具有任意的衰减上限。

类似于定理 6.3.2，也可以证明，选择适当的 $\boldsymbol{K}(t)$ 和 $\boldsymbol{H}(t)$，可使闭环系统具有任意指定的衰减下限。与定理 6.2.2 相比，可知也能使闭环系统具有任意指定的衰减上、下限。但是要注意在定理 6.2.2 中，$M=m$ 是允许的，但通过观测器的状态反馈不能令 $M=m$，这点只需用一个时不变系统作为例子来说明即可，因为时不变系统是时变系统的特例。

例 6.3.2　设一维时不变系统为 $\dot{x}=ax+bu$，$y=cx+du$。它的一维状态观测器为 $\dot{z}=(a-hc)z+(b-hd)u+hy$。使用状态反馈 $u=kz$ 时，闭环系统的方程为

$$\begin{bmatrix}\dot{x}\\ \dot{e}\end{bmatrix} = \begin{bmatrix}a+bk & -bk\\ \mathbf{0} & a-hc\end{bmatrix}\begin{bmatrix}x\\ e\end{bmatrix}$$

其中，反馈常数 k 和观测器常数 h 分别按满足

$$a_1\left\|\begin{matrix}x(0)\\ e(0)\end{matrix}\right\|\mathrm{e}^{Mt} \leqslant \left\|\begin{matrix}x(t)\\ e(t)\end{matrix}\right\| \leqslant b_1\left\|\begin{matrix}x(0)\\ e(0)\end{matrix}\right\|\mathrm{e}^{Mt} \tag{6.3.15}$$

的条件确定，其中，M 是任意实数。由特征根的要求可知应有 $a+bk=a-hc=M$，即 $k=b^{-1}(M-a), h=c^{-1}(a-M)$。这时闭环系统的状态转移矩阵为

$$\boldsymbol{\Phi}(t,t_0)=\begin{bmatrix} e^{M(t-t_0)} & (a-M)(t-t_0)e^{M(t-t_0)} \\ \mathbf{0} & e^{M(t-t_0)} \end{bmatrix}$$

由于其中包含 te^{Mt} 形式的元素，所以不可能存在使 $\|\boldsymbol{\Phi}(t,t_0)\|\leqslant b_1\exp[M(t-t_0)]$ 成立的常数 b_1，即不可能选出使式(6.3.15)成立的 k、h、a_1、b_1。

与定理 6.2.2 的关系类似，定理 6.3.2 中的条件不是必要的。同理对于衰减下限以及衰减度的要求来说，系统(6.1.1)的一致完全可控、一致完全可观测都不是必要条件。但若系统(6.1.1)是有界的，一致完全可控与一致完全可观测就成为充分必要条件。

定理 6.3.3　若方程(6.3.12)是有界的：

$$\|\boldsymbol{A}(t)\|<K,\quad \|\boldsymbol{B}(t)\|<K,\quad \|\boldsymbol{C}(t)\|<K$$

对于任意的实数 $M>m$，存在有界的反馈增益矩阵 $\boldsymbol{K}(t)$ 及有界的观测器增益矩阵 $\boldsymbol{H}(t)$，使得闭环系统(6.3.8)具有衰减度 (M,m) 的充分必要条件是系统(6.1.1)一致完全可控且一致完全可观测。

本 章 小 结

本章主要介绍了一致完全可控与一致完全可观测这两个概念。作为这两个概念的应用，与时不变系统相应，讨论了利用反馈改变系统衰减度和利用 n 维基本状态观测器的反馈系统。现将时变与时不变情况的对应关系归纳如下。

时不变系统：	定理 4.1.5	定理 5.2.2	分离特性(5.3 节)
	↑↓	↑↓	↑↓
时变系统：	定理 6.2.2	定理 6.3.1	定理 6.3.2
(有界时变系统)	(定理 6.2.3)		(定理 6.3.3)

至于本节中省略掉的定理证明，有兴趣的读者可参考相关文献(Ikeda et al., 1975)及(Anderson et al., 1960)。

习　　题

6.1　证明定理 6.1.1、定理 6.1.3。

6.2　证明可控性矩阵的逆满足下列矩微分方程：

$$\frac{\mathrm{d}\boldsymbol{X}}{\mathrm{d}t}=-\boldsymbol{A}^{\mathrm{T}}(t)\boldsymbol{X}-\boldsymbol{X}\boldsymbol{A}(t)+\boldsymbol{X}\boldsymbol{B}(t)\boldsymbol{B}^{\mathrm{T}}(t)\boldsymbol{X}$$

6.3　对系统方程(6.1.1)证明：

(1) 引入状态反馈不改变可控性；

(2) 引入输出反馈不改变可观测性。

6.4　证明一维系统：

$$\dot{x}=-3t^2x+\sqrt{6}tu$$

的可控性矩阵$\boldsymbol{W}(t,t+\sigma)$对任何$\sigma$均不可能满足式(6.1.2)，但是$\boldsymbol{Y}(t-\sigma,t)$满足式(6.1.4)。

6.5 一维系统方程如下：

$$\dot{x}=2tx+1(t)u$$

(1) 若反馈增益常数$K(t)=(-2t+M)1(t)$，证明对任何M有衰减上限，但无衰减下限。

(2) 若系统方程为$\dot{x}=-2tx(t)+1(t)u$，结果如何？

6.6 证明若系统一致完全可控，则存在函数$\gamma(\cdot)$，使得对任何t，τ有

$$\|\boldsymbol{\Phi}(t,\tau)\|\leqslant\gamma(|t-\tau|)$$

参 考 文 献

佛特曼, 海兹, 1980. 线性控制系统引论[M]. 吕林, 等译. 北京: 机械工业出版社.

高为炳, 1996. 变结构控制的理论及设计方法[M]. 北京: 科学出版社.

韩京清, 许可康, 1982. 用状态反馈实现稳定的抗干扰性[J]. 中国科学(A 辑), 12(10): 941-950.

申铁龙, 1996. H_∞ 控制理论及应用[M]. 北京: 清华大学出版社.

王恩平, 秦化淑, 王世林, 1991. 线性控制系统理论引论[M]. 广州: 广东科技出版社.

郑大钟, 1990. 线性系统理论[M]. 北京: 清华大学出版社.

钟玉泉, 1988. 复变函数论[M]. 2 版. 北京: 高等教育出版社.

AHMARI R, VACROUX A G, 1973. On the pole assignment in linear systems with fixed order compensators[J]. International journal of control, 17 (2): 397-404.

ANDERSON B D O, MOORE J B, 1960. New results in linear system stability[J]. SIAM journal on control, 7(3): 398-414.

BOYD S P, GHAOUI L, FERON E, et al., 1994. Linear matrix inequalities in system and control theory[C]. Proceedings Allerton Conference on Communication, Control and Computing.

BRASCH F, PEARSON J, 1970. Pole placement using dynamic compensators[J]. IEEE transactions on automatic control, 15(1): 34-43.

BROCKETT R W, 1970. Finite-dimensional linear systems[M]. New York: Wiley.

BROCKETT R W, LEE H B, 1967. Frequency-domain instability criteria for time-varying and nonlinear systems[J]. Proceedings of the IEEE, 55 (5): 604-619.

CHEN C T, 1970. Introduction to linear system theory[M]. New York: Holt, Rinehart and Winston.

CHEN C T, MITAL D, 1972. A simplified irreducible realization algorithm[J]. IEEE transactions on automatic control, 17(4): 535-537.

DAVISON E, CHATTERJEE R, 1971. A note on pole assignment in linear systems with incomplete state feedback[J]. IEEE transactions on automatic control, 16(1): 98-99.

DAVISON E, HWANG S, 1975. On pole assignment in linear multivariable systems using output feedback[J]. IEEE transactions on automatic control, 20(4): 516-518.

DAVISON E, WONHAM W, 1968. On pole assignment in multivariable linear systems[J]. IEEE transactions on automatic control, 13(6): 747-748.

DESOER C A, VIDYASAGAR M, 1975. Feedback systems: input-output properties[M]. New York: Academic Press.

DOYLE J, 1984. Lecture notes in advances in multivariable control[C]. ONR/Honeywell Workshop.

DOYLE J C, GLOVER K, KHARGONEKAR P P. et al., 1989.State-space solutions to standard H_2 and H_∞ control problems[J]. IEEE transactions on automatic control, 34(8): 831-847.

GILBERT E G, 1969. The decoupling of multivariable systems by state feedback[J]. SIAM journal on control, 7(1): 50-63.

GLOVER K, DOYLE J C, 1989. State space approach to H_∞ optimal control[M]. Berlin: Springer-Verlag.

IKEDA M, MAEDA H, KODAMA S, 1975. Estimation and feedback in linear time-varying systems: a deterministic theory[J]. SIAM journal on control, 13(2): 304-326.

KALMAN R E, 1959. On the general theory of control systems[J]. IEEE transactions on automatic control,

4(3): 110.

KALMAN R E, BERTRAM J E, 1960. Control system analysis and design via the “second method” of Lyapunov: I-continuous-time systems[J]. Journal of basic engineering, 82(2): 371-393.

MUNRO N, 1974. Further results on pole-shifting using output feedback[J]. International journal of control, 20(5): 775-786.

ROSENBROCK H H, 1970. State-space and multivariable theory[M]. London: Nelson.

RÓZSA P, SINHA N K, 1975. Minimal realization of a transfer function matrix in canonical forms[J]. International journal of control, 21(2): 273-284.

SILVERMAN L M, 1971. Realization of linear dynamical systems[J]. IEEE transactions on automatic control, 16(6): 554-567.

SILVERMAN L M, ANDERSON B D O, 1968. Controllability, observability and stability of linear systems[J]. SIAM journal on control, 6(1): 121-130.

WEISS L, KALMAN R E, 1965. Contributions to linear system theory[J]. International journal of engineering science, (3): 141-171.